Siegbert Lattacher · **Viktor Schauberger**

Siegbert Lattacher

Viktor Schauberger

Auf den Spuren des legendären Naturforschers

ENNSTHALER VERLAG STEYR

Dieses Buch ist Lisi gewidmet

www.ennsthaler.at

3., aktualisierte Auflage 2015

ISBN 978-3-85068-544-3
Siegbert Lattacher · Viktor Schauberger

Satz und Verlag: Ennsthaler Gesellschaft m.b.H. & Co KG, 4400 Steyr, Österreich
Umschlaggestaltung: Die Besorger, mediendesign und -technik, Steyr
Titelbild: Verwendung mit freundlicher Genehmigung
des PKS-Vereins, A-4821 Lauffen
Die Rechtschreibung der Originalausgabe wurde beibehalten
Druck und Bindung: Těšínská Tiskárna, Český Těšín

FSC www.fsc.org MIX Papier aus verantwortungsvollen Quellen FSC® C005833

Inhaltsverzeichnis

Vorwort zur dritten Auflage

57 Jahre ist es her, dass Viktor Schauberger verstorben ist. 16 Jahre sind seit dem Erscheinen der ersten Auflage dieses Buchs vergangen. Doch die in diesem Buch enthaltenen Dokumente über das Leben und Wirken des Försters und Naturforschers, seine Aussagen über die Natur und seine Kritik an der traditionellen „Behandlungsweise" der Natur – „Ihr bewegt falsch!" – haben nichts an Aktualität verloren.

Viktor Schauberger lebt in seinen Ideen, Aussagen, Plänen und Ansichten fort. Es gibt Filme und Bücher über Schauberger. Es sind nicht nur mehr Außenseiter, die sich mit den Überlegungen und Ideen des Försters über naturgemäße Bewegungsmodelle beschäftigen, über naturgemäße Wasserführung. Studentinnen und Studenten verfassten Diplomarbeiten über Schaubergers Hypothesen – auch eine Dissertation gibt es bereits; Techniker arbeiten an der Verwirklichung von Schaubergers Ideen. Der Wasserbau zum Beispiel hat Impulse nach Schauberger erhalten. Vor allem der Wassermeister Otmar Grober aus Bruck an der Mur (Steiermark) arbeitet bei der Flussregulierung nach Schaubergers Erkenntnissen, die besagen, dass man einen Fluss von der Mitte aus regulieren muss.

Viktor Schauberger hat mit seinen Erkenntnissen über das Wasser und dessen Gesetze unter anderem Entwickler von Wasseraufbereitungs- und -belebungsgeräten, Spiralrohren und hyperbolischen Trichtern zur Reinhaltung von Biotopen inspiriert. Wirbeltechniken nach Schauberger werden auch in der Skipistenpräparierung oder bei der Herstellung von Kunsteis für Eishockeyhallen in Schweden eingesetzt. In der Landwirtschaft erfreuen sich die PKS-Gartengeräte aus Kupfer an Beliebtheit.

Jörg Schauberger, Viktor Schaubergers Enkel, hält die „Schaubergerei" am Leben. Er widmet sich ganz der Vermittlung des Wissens seines Großvaters und seines Vaters, des Physikers Walter Schauberger. Gemeinsam mit seiner Frau Ingrid veranstaltet er Seminare in der PKS-Villa Rothstein (www.pks.or.at) bei Bad Ischl und ist gern gesehener Referent bei Seminaren über Wasserphänomene und Naturenergien. Außerdem sind nach wie vor Implosions- und Schauberger-Vereinigungen in Deutschland und Skandinavien aktiv.

Der Autor

Einleitung

Welche Beweggründe veranlaßten mich, ein Buch über den österreichischen Förster, Naturforscher, Entdecker und Erfinder Viktor Schauberger (1885-1958) zu verfassen? Allen voran die Faszination, daß ein einfacher Förster in der Lage war, durch Naturbeobachtungen Erkenntnisse zu gewinnen, welche unser naturwissenschaftliches Weltbild infrage stellen. Mit der Aussage: „Ihr (die Wissenschaft) bewegt falsch!“ brüskierte Schauberger die Fachwelt. Seine Auseinandersetzungen mit Wissenschaft und Behörden hinterließen größere Spuren. Die Aufnahme dieser Spuren führte zur Entdeckung spannender Details aus seinem Leben.

In der Zwischenkriegszeit schlug Schaubergers große Stunde. Er konnte den praktischen Beweis für seine Thesen über die „Gesetzmäßigkeit der Wasserbewegung“ in Form einer Holzschwemmanlage liefern. Dadurch ermöglichte er es, die ansonsten mühsame, gefährliche und teure Holzbringung aus dem Gebirge ins Tal viel einfacher und billiger zu gestalten.

Diese Holzschwemmanlage, die gegen alle wissenschaftlichen Theorien funktionierte, brachte die Wissenschaft in Erklärungsnotstand. Sie konnte Schaubergers Thesen über die „Gesetzmäßigkeit der Wasserbewegung“ – die er bei der Anlage berücksichtigte – nicht widerlegen. Der Erfolg war da. Über Nacht avancierte der einfache Förster zum hochbezahlten Konsulenten im Bundesministerium für Land- und Forstwirtschaft.

Doch Neid und Intrigen ließen kein gedeihliches Arbeitsklima im Staatsdienst aufkommen. Die Beamten opponierten gegen den Emporkömmling, sodaß Schauberger nach zwei Jahren entlassen wurde. Sein Dienstvertrag soll angeblich den guten Sitten widersprochen haben. Bei den Recherchen stieß ich auch auf Unterlagen, welche diese Episode näher dokumentieren. Daraus geht hervor, daß der damalige Generaldirektor der Bundesforste mit Schauberger größere Reformen in der Bundesforstverwaltung vorhatte. Die Beamten leisteten Widerstand. So geriet Schauberger in die Rolle des Buhmannes, zwischen Generaldirektor und Beamtenschaft.

Kurz nach der Machtergreifung Hitlers kam es zu einem Treffen zwischen dem Führer und Schauberger in der Berliner Reichskanzlei. Der Ausgang dieses Treffens lieferte eine Menge an Nahrung für die Gerüchteküche. Hat er danach mit Hitler kooperiert oder nicht? Neuesten Gerüchten zufolge sollen mehrere meterdicke Akten über Viktor Schaubergers „braune Vergangenheit" existieren.

Nach mühevoller Recherche und Durchforstung mehrerer deutscher und österreichischer Archive waren vorerst keine meterdicken Akten über Viktor Schaubergers „NS-Vergangenheit" zu finden. Entscheidende Hinweise führten dann doch zur Auffindung des Aktes, der das Treffen Schauberger – Hitler dokumentiert. Dieser Fund war ein Volltreffer. Siehe Kapitel 6 „Schauberger und die NS-Zeit. Sein Empfang bei Adolf Hitler".

Einiges an Ungereimtheit hinterließ auch Schaubergers Arbeit im KZ Mauthausen, wo er mit Häftlingen an einer „Flugscheibe" gearbeitet haben soll. Darüber gibt es, außer Viktor Schaubergers eigenen Aufzeichnungen – bis auf zwei Zeugenaussagen – keine öffentlichen Aufzeichnungen. Doch diese Zeugenaussagen bestätigen im Kern Schaubergers eigene Angaben, daß er an einer Repulsine (Antrieb für Fahr- oder Flugzeuge, durch Luft oder Wasser) gearbeitet habe. Aufgrund dieser Tatsache betrachten einige „Ufologen" Schauberger als Vater der „fliegenden Nazi-Untertasse".

Über Schaubergers schicksalhafte Erlebnisse in den USA fanden sich keine öffentlichen Unterlagen. Darüber berichtet der Australier Callum Coats in seinem Buch „Living Energies" sehr ausführlich. Ich habe als Zeitzeugen der USA-Reise Viktor Schaubergers Schwiegersohn und ärztlichen Betreuer, Primarius Dr. Walter Luib aus Linz, befragen können.

Aus den USA konnte ich mit Hilfe von Univ.-Prof. DDr. Oliver Rathkolb, vom Institut für Zeitgeschichte in Wien, Unterlagen über Viktor Schaubergers Zeit in Leonstein bekommen. Dort arbeitete er mit Häftlingen aus Mauthausen an der angeblichen „Flugscheibe". Nach Kriegsende stand er dort noch eine Zeit lang unter „Hausarrest". Die Amerikaner, an seinen Atomforschungen sehr interessiert, schützten ihn dadurch vor dem Zugriff der Russen.

Vieles, was über Viktor Schauberger publiziert wurde, beruht auf seinen eigenen Angaben. Seine Selbstzeugnisse sind zum Teil die einzigen Quellen, die Auskunft über sein Leben und Wirken geben. Daneben gibt es noch unzählige Zeitungsartikel über Schauberger und seine Erkenntnisse sowie Abhandlungen und Berichte in verschiedenen Schriftenreihen.

In den 1930er-Jahren veröffentlichte der Schweizer Friedensaktivist Prof. Werner Zimmermann Schaubergers Erkenntnisse in seinen Tau-Heften. In dieser Schriftenreihe wurde auch der Konflikt um die Rheinregulierung sowie der Konflikt Schaubergers mit dem Leiter der Wasserbauversuchsanstalt in Wien, Ministerialrat Ing. Ehrenberger, gebracht. Siehe Kapitel „Die Rheinregulierung – Der Fall Ehrenberger".

In der biotechnischen Schriftenreihe „Implosion" wurde in den sechziger bis achtziger Jahren sehr viel von und über Viktor Schauberger und seinen Sohn, Dipl.-Ing. Walter Schauberger, publiziert. Diese Schriftenreihe diente und dient verschiedenen Autoren von Werken über Schauberger als Primärquelle. Die Herausgabe der Schriftenreihe Implosion wurde nach einigen Jahren Pause 1995 fortgesetzt. Herausgeber ist der „Verein für Implosionsforschung und Anwendung e.V." aus Offenburg. In den neuen Ausgaben wurden – laut Angabe der Schriftleitung – bisher unveröffentlichte Schriften von Viktor Schauberger veröffentlicht. In der Schriftenreihe „Mensch und Technik" (vormals „Kosmische Evolution", Hrsg. „Die Gruppe der Neuen") wurden ebenfalls viele Erkenntnisse von Viktor Schauberger und dessen Sohn, Dipl.-Ing. Walter Schauberger, publiziert.

Im vorliegenden Buch werden erstmals interessante, zum Teil noch unbekannte Details aus Schaubergers Leben veröffentlicht, die in verschiedenen Werken nur gestreift wurden. Durch die teilweise empirische Überprüfung der Geschehnisse gewinnen auch seine schriftlichen Selbstzeugnisse größere Glaubwürdigkeit. Bereits erschienene Bücher und Schriften über Schauberger ersehen Sie im Literaturverzeichnis.

In diesem Buch wird nicht so sehr auf die technischen Details seiner Forschung eingegangen, mehr Augenmerk wird auf Schaubergers konfliktreiches Leben, seine Auseinandersetzungen mit den Behörden und der Wissenschaft sowie auf seine Naturphilosophie gelegt. Die Erforschung des Lebens des Försters und Naturforschers, seine Anstellung in der Regierung, sein Treffen mit Hitler, seine Arbeit im KZ Mauthausen sind auch Geschehnisse von zeitgeschichtlicher Relevanz.

Siegbert Lattacher

Beginn

Die Tagespresse berichtete in dicken Lettern über den Tod des Forstmannes Viktor Schauberger. Der Mann, der eine ungewöhnlich steile Karriere hinter sich hatte, dem aber der große Erfolg versagt blieb, starb kurz nach seiner Rückkehr aus Amerika. Für drei Monate verließ er seine heißgeliebte Heimat Österreich, in der Hoffnung, daß seine große Entdeckung im Land der unbegrenzten Möglichkeiten eine Anerkennung finden würde. Doch es kam anders. Viktor Schauberger erlitt ein Schicksal, wie es wohl Tausende andere Forscher auch erlitten. Er wurde zeitlebens von der Fachwelt nicht anerkannt. Dabei begann alles wie ein amerikanischer Traum. Aber nicht im Stile des berühmten Märchens vom Tellerwäscher, der zum Millionär wurde, sondern es handelt sich um die Geschichte eines Mannes, dessen intimes Verhältnis zur Natur ihn nicht nur in höchste Regierungskreise katapultierte, sondern auch zu seinem Schicksal wurde, weil er seinen Erkenntnissen stets treu blieb. Ein Mann, der sich nirgends anpaßte, der nicht nach Geld, Würden, Ämtern oder Titeln gierte; ein Mann, der stets gegen den Strom schwamm, weil der Strom seiner Meinung nach verkehrt floß. Ein Mann, der viele seiner Behauptungen auch praktisch beweisen konnte; der für die Natur, für das Leben und für die Menschen all seine Energie einsetzte, aber letztendlich auf der Strecke blieb, weil die Zeit einfach noch nicht reif war für seine Ideen.

Jetzt, viele Jahre nach seinem Tod, erleben die Gedanken des Försters eine Wiedergeburt. Seine Erkenntnisse sind gefragt wie nie zuvor, seine Prophezeiungen schweben wie Damoklesschwerter über der geschundenen Natur und klagen den säumigen Menschen an. Jetzt sind die Auswirkungen der destruktiven Eingriffe in die Natur, vor denen er immer wieder gewarnt hatte, voll ersichtlich. Jetzt glauben die Menschen, daß der Förster kein Spinner war, als den man ihn zu Lebzeiten gerne bezeichnet hatte. Jetzt könnte es noch nicht zu spät sein, seine Ideen und Erkenntnisse in die Tat umzusetzen.

Folgen Sie mir nun auf den Spuren des großen Naturforschers und erleben Sie die Licht- und Schattenseiten eines Forscherdaseins, in einer von Krisen und Weltkriegen gebeutelten Zeit.

Kapitel 1

Schauberger als Erbauer fortschrittlicher Holzbringungsanlagen

Erste Erfolge auf dem Gut des Fürsten Schaumburg-Lippe

Viktor Schauberger kehrte nach seinem Kriegsdienst im Jahre 1919 in die Schaumburg-Lippische Herrschaftsverwaltung nach Steyrling zurück. Dort wurde ihm als Revierförster das Revier Bernerau zugewiesen. Seine Freude darüber war unbeschreiblich: Mit keinem Kaiser hätte ich getauscht! Wie es im Leben so spielt, ist es nirgends wie im Paradies. Selbst in der zauberhaften, unberührten Natur lauern Gefahren, die weniger von der Natur als von den Menschen ausgehen. Wo Menschen sind, gibt es Probleme, gibt es Unstimmigkeiten, Neid, Haß und Intrigen. Der Förster Schauberger, der innig mit dem Wald und seinem Leben verwurzelt war, bekam dies bald zu spüren.

Er ahnte damals noch nicht, daß er einige Zeit später wegen einer scheinbar simplen Holztransportanlage über die Grenzen des Landes hinaus bekannt werden würde. Da die wirtschaftliche Situation des Gutes zu jener Zeit nicht sehr rosig war und schwer erschließbare Forste, hohe Transport- und Personalkosten sowie die ungünstige Konjunkturlage dem Betrieb zu schaffen machten, beschloß die Gutsverwaltung Steyrling, weitere Defizite durch Sparmaßnahmen wie Personalabbau, Zusammenlegung von Revieren etc. zu verhindern. Zu alledem schlichen sich auch noch Korruptionsfälle ein.

Holzeinkäufer der Firmen Nettingsdorfer und Lechner steckten den Forstarbeitern immer wieder größere Geldbeträge zu. Schauberger beobachtete diese Packelei und berichtete es seinem Vorgesetzten, Forstrat Fessl. Doch es kam erneut zu Bestechungsversuchen, vor denen auch Schauberger nicht verschont wurde. Ein Holzeinkäufer wollte ihm in Gegenwart von Forstrat Fessl einen Geldbetrag zustecken. Angeblich nur eine Remuneration. Dieser Versuch war vergeblich, er ließ sich nicht schmieren. Mit seiner geradlinigen, korrekten Haltung machte sich Schauberger bei seinen Kollegen nicht besonders beliebt.

Dieser Vorfall löste einen größeren Wirbel aus. Die Folge war, daß der Gutsherr, Fürst Adolf zu Schaumburg-Lippe[1] in Begleitung des Oberforstmeisters von Harling aus Bückeburg (dem Stammsitz des Fürsten Schaumburg-Lippe in Deutschland) anreiste und den Fall überprüfte. Schauberger und die involvierten Personen wurden einvernommen. Der Fürst forderte volle Wahrheit. Schauberger erzählte von den Bestechungsversuchen und daß seine Anzeige nicht weitergeleitet wurde. Die Konsequenz war, daß Forstrat Fessl vom Dienst suspendiert und nach einer gerichtlichen Untersuchung des Falles strafweise pensioniert wurde[2].

Bis zur Bestellung eines neuen Wirtschaftsführers wurde Schauberger vom Fürsten interimsmäßig mit dieser Funktion betraut. Sämtliche Forstbeamten und -arbeiter hatten seinen Anordnungen Folge zu leisten. Weiters wurde er vom Fürsten zum Vertrauensmann ernannt und mit der Gesamtjagdleitung betraut. Diese Verfügung wurde speziell von den akademischen Forstbeamten der Herrschaft unliebsam aufgenommen. Sie rumorten gegen diese Entscheidung, hielten Versammlungen ab, verlangten Schaubergers Absetzung. Der Fürst jedoch vertraute Schauberger, den er wegen seiner Korrektheit schätzte. Nebenbei fragte er ihn, ob er eine Idee hätte, wie man das Gut wirtschaftlich wieder auf die Beine bringen könnte, sodaß es sich von selbst erhält. Schauberger unterbreitete ihm die Idee, durch eine Holzschwemmanlage den Holztransport erheblich billiger und schneller gestalten zu können.

Die Holzbringung war damals ein zeit-, geld- und materialaufwendiges Unternehmen. Besonders im Hochgebirge stellte sich die Frage: Wie bringe ich das geschlägerte Holz aus hoch und unzugänglich gelegenen Schlägerungsorten mit geringem Kraft- und Kostenaufwand und mit möglichst geringer Beschädigung des Holzes selbst sowie des Waldbodens und Bestandes ins Tal, zu den Abgabeorten und Verbrauchsstätten? Die Möglichkeiten zur Holzbringung bestanden damals entweder mittels Ziehschlitten (Ochsen- und Pferdegespann), auf Waldbahnen, sowie auf Wasser-, Trocken-, Weg- oder Drahtseilriesen. Auf alle Fälle erforderte diese Arbeit eine enorme Anstrengung von Mensch und Tier.

---

1) Adolf, Bernhard, Moritz, Ernst, Waldemar, ehem. reg. Fürst zu Schaumburg, Edler Herr zur Lippe, etc. *Stadthagen 23. Februar 1883, folgte seinem Vater, verzichtete aber auf den Thron. Gothaischer Kalender 1922.

2) Archivunterlagen der Generaldirektion der Bundesforste, Geschäftszahl 01747/1926, Vorzahl 3007/Pr. 25 l.b., Nachzahlen 2152/26, Bez. Zl. 2350/26. Österreichisches Staatsarchiv Wien.

Ein Versuch, die Holzbringung in Schaubergers Revier durch eine Waldbahn zu erleichtern, scheiterte wegen unüberwindbarer Hindernisse (Steilheit des Geländes etc.). Der Fürst schenkte Schaubergers Idee vorerst kein besonderes Interesse. Er selbst hatte keine Ahnung von diesen Dingen. Erst durch den Einfluß seiner Gemahlin – sie war seine Ratgeberin – wurde Schaubergers Projekt interessant.

Dieser hatte die Fürstin bei gemeinsamen Jagdausflügen näher kennengelernt. Dabei kamen sie auch auf die prekäre Situation des Gutes zu sprechen. Sie hatte von den Bestechungsversuchen der Holzeinkäufer gehört, ebenso von Schaubergers Idee einer Holzschwemmanlage. Sie fragte ihn, welche Summe ihm die Holzeinkäufer boten, damit er sein Projekt fallen lasse. Schauberger erwiderte: das dreifache Jahresgehalt! Darauf fragte sie, welche Summe sich schätzungsweise durch seine Holzbringungsanlage einsparen ließe.

Er erklärte ihr, daß heute ein Festmeter bis zur Säge gebracht 12 Schilling kostet. 30.000 Festmeter fallen jährlich nachhaltig an. Das sind 360.000 Schillinge. Sie fragte, was ein Festmeter nach Fertigstellung der Anlage kostet. Schauberger antwortete: Einen Schilling samt Amortisation der Anlage. Der jährliche Zuschuß des Fürsten zu seinem Jagdgut betrug 80.000 Schilling. Schnell hatte die Fürstin die Ersparnis und damit die Rettung des Gutes errechnet[(3)].

Schauberger sagte später, daß die aus bürgerlichen Verhältnissen stammende Fürstin, Elisabeth Franziska, geb. Bischoff-Korthaus, sich mit weiblichem Instinkt für seinen utopischen Plan eingesetzt habe. Der Fürst erteilte Schauberger den Zuschlag für sein Projekt unter der Bedingung, daß er die Anlage vorerst auf eigene Kosten errichten mußte und falls sie nicht funktionieren sollte, auch noch die Kosten für den Abriß zu tragen hatte.

Aufgrund der Bestechungsvorfälle besetzte der Fürst die verwaiste Stelle des Wirtschaftsführers nicht mehr mit einem Forstbeamten, sondern mit dem Kaufmann H.O. Gevecke aus Hamburg. Kurz darauf machte sich der Einfluß des Kaufmannes bemerkbar. Es wurde die Steyrling G.m.b.H. mit Sitz in Hamburg gegründet. Der kaufmännische Direktor, H.O. Gevecke, war von den Plänen Schaubergers fasziniert. Wenn seine Anlage die Holzbringung erheblich (bis zu 90 %) verbilligen könnte, so würde dies neue Perspektiven im Holz-

---

3) Implosion, Heft 7, S. 3

handel eröffnen. Er stand Bürge für Schauberger. Nun schien dessen Plänen nichts mehr im Wege zu stehen.

Schaubergers Gegner aus der Forstbeamtenschaft ließen nichts unversucht, den mißliebigen Emporkömmling öffentlich anzuschwärzen. Er bekam ihren Neid zu spüren. Sie konnten seinen Aufstieg offenbar nicht verkraften. Aufgrund einer Anzeige wurde Schaubergers Revier von einer Kommission überprüft. Angeblich sei es stark von Käfern befallen gewesen. Es stellte sich jedoch heraus, daß das vernachlässigte Käfernest knapp über der Grenze im Besitze des Baron Tschony Hering war[4].

Damit waren die Anfeindungen gegen Schauberger noch nicht zu Ende. Nun kritisierten seine Gegner seine Holzbringungsanlage. Das ging soweit, daß während des Baubeginnes öffentliche Versammlungen stattfanden, die Bevölkerung gegen Schauberger aufgehetzt und er in der Arbeiterzeitung Linz als Narr abgestempelt wurde. Die Experten hielten Schaubergers Projekt für undurchführbar. Obwohl die Holzbringung durch künstliche Gerinne (Wasser- oder Trockenriesen) von Forstleuten früher erfolgreich praktiziert worden war. Die Kritiker sagten, daß es dem Archimedischen Gesetz nach unmöglich sei, Holzstämme, die spezifisch schwerer als Wasser sind, in der von Schauberger konzipierten Wasserriese zu transportieren. In den schmalen Rinnen würden sich die dicken Holzstämme ineinander verkeilen. Sie warfen Schauberger vor, daß er unökonomisch arbeite, da er die Gerinne nicht auf geradem Wege, sondern kurvenförmig verlegen ließ. Die sachliche Kritik der Forstingenieure mag wohl indirekt der Person Schaubergers gegolten haben. Sie konnten es scheinbar nicht verkraften, daß ein rangniederer Förster - und zudem Nichttechniker – mit einem „utopischen" Projekt größeres Vertrauen beim Fürsten genoß als sie.

Bevor wir die Geschichte fortsetzen, ist es nützlich, etwas über den Wassertransport des Holzes in früheren Zeiten zu erfahren. Viele können sich heute nichts mehr darunter vorstellen. Viktor Schauberger war einer der letzten Forstleute, welche die Kunst des Holztransportes auf dem Wasser meisterlich beherrschten. Nicht umsonst nannte man die alten Holzmeister magistri lignorum.

---

4) Im Gebiete Reichraming-Weyer herrschte 1922-1926 die größte Borkenkäferkalamität Österreichs.

Die Holztrift

Das Triften – so nannte man den Wassertransport von Holz im Gebirge – war in Österreich zur damaligen Zeit schon eher am Ende seiner Ära angelangt. Man unterschied beim Triften zwei Möglichkeiten: Das Selbstwassertriften auf Gebirgsbächen und das Triften auf künstlichen Gerinnen: Trocken- und/oder Wasserriesen.

Das Triften auf Gebirgsbächen erfolgte zur Zeit der Schneeschmelze oder bei starken Regenfällen, da die Flüsse dann ausreichend Wasser führten. Das kalte Schmelzwasser war auch viel tragfähiger. Im Zuge der Entwicklung des Montan- und Salinenwesens wurde der Holzbedarf immer größer. Man konnte nicht mehr auf den Frühling oder auf Regen warten. Wenn die Gebirgsbäche zu wenig Wasser führten, wurden sie in künstlichen Becken (Stauhaltungen oder Klausen) aufgestaut. Durch das Schlagen der Klausen wurden künstliche Hochwässer erzeugt, die das in die Klausbecken und Bäche eingeworfene Holz ins Tal beförderten.

Dort befand sich eine Rechenanlage mit anschließenden Kanälen, wo das Holz ausgeländet und gestapelt wurde. Die Gefahr bei dieser Transportart bestand darin, daß zu große Wasser- und Holzmassen die Ufer zerstörten und die Bachgerinne verstopften. Es wurde nur Kurzholz (Brennholz) transportiert, da Langholz den Transport nicht unbeschädigt überstand. Die Triftbauten zu errichten und zu erhalten erforderte außerdem großen Aufwand.

Man errichtete auch künstliche Gerinne oder Rutschbahnen, um Holz ins Tal zu transportieren. Diese Bauwerke nannte man Riesen(5). Wasserriesen sowie Trockenriesen waren zumeist aus Baumstämmen gefügte, in die Erde verlegte oder von Jochen getragene Halbröhren, in denen infolge des Gefälles das Rundholz gleitete. Das Gleiten wurde durch natürliche Gleitmittel wie Nässe (Tau, Regen), Vereisung oder durch Abfallöle, in modernen Varianten durch Rollen, oder den Einbau von Stahlplatten unterstützt(6).

5) Resch-Rauter, Ingrid, „Unser keltisches Erbe", Teletool Verlag Wien, 2. Auflage 1994, S. 61-63. Die Kelten bezeichneten Abhänge und Gräben, über die das abfließende Bergwasser wegtransportiert wurde, Retos/Ritos: Wasserlauf, Wassergraben genannt. Dem keltischen Wort Retos entspricht das mittelhochdeutsche Ris/Rise, manchmal auch Riese geschrieben, das laut Grimm (Deutsches Wörterbuch) „natürliche oder künstliche Fläche an einem Berghang, über die Wasser, Geröll oder Holz herabfällt" bedeutet. Rise ist abgeleitet aus dem althochdeutschen Risan, was soviel wie „fallen, herabfallen, untersinken" bedeutet. Laut Kluge (Etymologisches Wörterbuch) wird Rise für „Holzrutschbahn an Berghängen" verwendet.

Die Riese bestand aus zwei Bodenbäumen, zwei Wehren und zwei Sattelbäumen, die in halbkreisförmigem Querschnitt neben- bzw. übereinander lagen und an den Stoßstellen der Bloche so ineinander verzapft waren (Oesel), daß das darübergleitende Bloch nicht anstieß. Selbst mit geringem Gefälle konnte man in der Wasserriese Holz schwemmen[7].

Der Vorteil beim Holztransport durch Wasserriesen war, daß die Bachufer nicht beschädigt wurden. Auch hochwertiges Langholz konnte unbeschädigt transportiert und Hindernisse, die im Verlauf der Lieferstrecke auftauchten, konnten bautechnisch umgangen werden. Die Lieferkosten waren geringer als alle Landtransportarten[8]. Der Nachteil bestand einerseits darin, daß die Holzkonstruktionen nicht sehr lange hielten und wieder erneuert werden mußten; andererseits nutzte man ihre kurze Lebensdauer so gründlich aus, daß ganze Waldstriche kahlgeschlagen wurden[9].

Für Viktor Schauberger waren nicht nur ökonomische und ökologische Interessen ausschlaggebend, die „alte Kunst" der Holzbringung auf dem Wasser wieder zu beleben; es gab noch einen anderen Grund dafür:

Wer jemals Gelegenheit hatte, die argen Tierquälereien zu beobachten, denen die armen Zugtiere bei der mühseligen Holzabfuhr im Gebirge ausgesetzt sind, mag es vielleicht verstehen, daß ich mein ganzes Sinnen und Denken auf die Möglichkeit konzentrierte, das ohnedies fast wertlos gewordene Holz ohne Ochsengehirne zu Tal zu schaffen[10].

Schaubergers Begegnung mit einem überladenen Ochsenfuhrwerk[11], dessen Fuhrmann die armen Tiere rücksichtslos antrieb, zeigt, daß sein Herz auch für Tiere schlug. Einer der Ochsen brach unter den Strapazen des schweren Transportes zusammen. Der Fuhrmann schlug ganz wild auf das hilflose Tier ein. Das war zuviel für Schauberger, denn:

---

6) Hafner, Dr. Ing. Franz, „Die Praxis des neuzeitlichen Holztransportes", Verlag Georg Fromme & Co. Wien, 1952. S. 121 ff.

7) Ebd.

8) Koller, Engelbert, „Die Holztrift im Salzkammergut", Verlag des Amtes der oberösterreichischen Landesregierung, Linz, 1954, S. 13-15

9) Ebd.

10) Schauberger, Viktor: „Der Ochse und der Gamsbock" in: Tau, Monatsblätter für Verinnerlichung und Selbstgestaltung, 13. Jg., Heft 146, Juni 1936, Herausgeber Werner Zimmermann, S. 30 ff.

11) Ebd.

... je mehr ich auf den wütenden Mann einschrie, umso heftiger schlug er auf das Tier ein. Schließlich zuckte der Ochse zusammen und ließ traurig sein schäumendes Maul auf die harte Schneebahn sinken.

Da geriet auch Schauberger aus der Fassung:

Im nächsten Moment hatte der Mann eine Schelle sitzen, die ihn über den stehenden Ochsen hinweg, mit seinen zahlreichen silbernen Leibelknöpfen über den Buckel des liegenden Ochsen abrutschen ließ ...

Der Fuhrmann stand auf, nahm die Axt und schlug die Bundketten aus, worauf das Holz den Abhang hinunterkollerte. Dann nahm er seine Ochsen beim Jochband und verabschiedete sich von Schauberger mit den Worten: *Herr Ferschta (Förster), der Akkord ist zu Ende.*

Schauberger stand nun vor dem Problem, das bereits verkaufte Holz ohne Fuhrwerk ins Tal zu bringen. Er ließ einen provisorischen Rechen bauen und das Holz wenige Tage später in den durch die Schneeschmelze hochgehenden Waldbach werfen. Frühmorgens gingen die Scheiter anstandslos ab. Kaum blinzelte die Sonne ins Wasser, sanken die Scheiter ab und waren nicht mehr von der Stelle zu bringen. Erst spätabends kam wieder Leben ins Wasser. Und so brachte Schauberger das Holz vornehmlich frühmorgens und abends ins Tal:

Gewohnt alles Naturgeschehen scharf zu beobachten, wurde mir rasch klar, daß die Sonnenstrahlen vieles vermögen, von dem sich unsere Gelehrten nichts träumen lassen. Jedenfalls hatte der gute Archimedes so manches nicht beachtet. Und schon damals hatte ich zu dem alten Griechen das Vertrauen verloren. Daß sich auch der alte Isaak Newton, der gottselige Robert Mayer mit seinem Energieerhaltungsgesetz und die Botaniker mit ihrem Heliotropiegesetz irrten, wurde mir erst später klar[12] (siehe Kapitel Schauberger und die Wissenschaft).

Diese Erlebnisse sowie eine Vision bestätigten Schauberger in seinen Plänen:

In einer Vision sah ich meinen verstorbenen Vater am Schwemmbach stehen, wie er seinen Holz- und Schwemmknechten das naturrichtige Verlegen des Gerin-

12) Ebd.

nes zeigte. Das heißt, künstliche Bewegungswiderstände schuf, die, so merkwürdig dies auch klingen mag, das Wasser beschleunigten und dadurch frisch, spezifisch dicht und schwer, also trag- und schleppkräftig machten[13].

Ungeachtet aller Kritiken begann er mit dem Bau seiner Holzbringungsanlage, bei deren Planung er auch auf die innere Gesetzmäßigkeit der Wasserbewegung achtete.

Schaubergers fortschrittliche Wasserriese

Schaubergers Holzbringungsanlage war eine Kombination von Trocken- und Wasserriesen. Er ließ die Arbeiter den Schwemmkanal so verlegen, daß er einem Gebirgsbach gleich ins Tal sich schlängelte. Das ergab zwar eine längere Wegstrecke, sollte aber auf die Tragfähigkeit des Wassers einen entscheidenden Einfluß haben. Denn Schauberger sagte, daß sich das Wasser seinen Weg selbst sucht, welcher nie geradlinig sei.

Er erinnerte sich, daß seine Ahnen von tragendem = ziehendem Wasser sprachen, in dessen Achse die Seelen Verstorbener himmelwärts ziehen. Deshalb riet ihm auch seine Mutter, als er ein Kind war, nicht zu nahe an das fließende Wasser zu gehen, sonst würden ihn die Seelen der Verstorbenen hineinziehen. Die alten Förster und Holzknechte wußten noch um die Rück- oder Aufsogkraft in der Flußachse, die sie für das Schwemmen schwerer Holzstämme verwendeten. Sie achteten dabei auch auf die Mondphasen und schwemmten die Holzstämme vornehmlich in Vollmondnächten, weil das Wasser in der Nacht und besonders bei Vollmond die größte Kraft besitzt, während es bei Tag von der Sonne beschienen kraftlos (faul) ist, so Schauberger.

Diese Erkenntnis finden wir auch bei K. F. V. Jägerschmid, welcher schreibt:

Ohne auf die physikalischen Grundlagen der Trift näher einzugehen, sei bemerkt, daß das mit der Erwärmung abnehmende spezifische Gewicht des Wassers sich bei der Trift bemerkbar macht, weshalb die Schwemme im Frühjahr leichter und

---

13) Schauberger, Viktor, „Die Entdeckung der Levitationskraft", Implosion, Heft 112, 1995, S. 8.

rascher vonstatten geht als im Sommer, und der Anfall von Sinkholz im Sommer ein größerer ist als im Frühjahr[14].

Schauberger hatte aber keine Zeit mehr, auf den nächsten Vollmond zu warten, denn er hatte einen Termin einzuhalten. Er löste das Problem anders. An verschiedenen Stellen der Wasserriese ließ er Ventile einbauen, mit denen er die Wassertemperatur regeln konnte. Nach einer gewissen Wegstrecke wurde das unterwegs wärmer gewordene Wasser aus der Riese ausgeleitet und kälteres Wasser zugeleitet[15]. Dieser Vorgang wiederholte sich mehrere Male. So gelang es ihm, eine konstant kühle Wassertemperatur in der unteren Wasserschichte aufrechtzuerhalten.

Schauberger kopierte hier einen natürlichen Vorgang. Bei der Beobachtung von Gebirgsbächen stellte er fest, daß sich der Fluß nach dem Quellsprung allmählich erwärmt und sich durch natürliche Maßnahmen, wie vermehrten Wuchses schattenspendender Pflanzen entlang der Ufer, vor intensiver Sonnenbestrahlung schützt.

Zusätzlich wird der Fluß durch kürzere, daher kältere Nebenflüsse mit frischem Wasser versorgt. Dabei legen sich wärmere Wasserschichten über kältere, gemäß dem Archimedischen Gesetz. Das bewirkt, daß die kälteren Wasserschichten, die tiefer liegen, schneller fließen als die darüberliegenden wärmeren. Dadurch entsteht eine Turbulenz, ein Wirbel, der ziehend oder saugend wirkt. In diesem ziehenden Wirbel schwimmen die Holzstämme entlang der Längsachse der Holzrinne (mittig), ohne die Wände der Rinne zu berühren. Derselbe Vorgang findet in einem natürlich fließenden, von Menschenhand unberührten Bach statt, der auch seine Ufer nicht angreift, sondern aufgrund der ziehenden Mittelachse die Wassermassen mittig führt[16].

---

14) Zitiert in: Neweklowsky, Ernst, „Die Schiffahrt und Flößerei im Raume der oberen Donau, 3. Band“, Oberösterreichischer Landesverlag Linz, 1964. S. 528.

15) Bei der später gebauten Holzschwemmanlage in Neuberg wurden während des Holzschwemmens Temperaturmessungen vorgenommen. Am Morgen bei einer Wassertemperatur von 9 - 10 Grad C benötigte ein Bloch rund 29 Minuten, zu Mittag bei einer Temperatur von 13 - 15 Grad C jedoch rund 40 Minuten zum Zurücklegen dieser 2 km langen Strecke unter sonst gleichen Verhältnissen.

16) Siehe: Schauberger, Viktor, „Unsere sinnlose Arbeit die Quelle der Weltkrise. Der Aufbau durch Atomverwandlung, nicht Atomzertrümmerung“, Krystall Verlag Wien 1933, sowie Schauberger, Viktor, „Die Gesetzmäßigkeit der Wasserbewegung“, in: Die Wasserwirtschaft, Nr. 20, 1930, S. 425-428; Nr. 24, 1930, S. 498-502; Nr. 10, 1933, S. 126 ff.

Nach ungefähr vier Monaten Bauzeit war die Anlage fertig. Einen Tag vor der Kommissionierung wurde ein Probelauf durchgeführt. Ein mittleres Bloch schwamm ungefähr 100 Meter und blieb plötzlich liegen. Das nachkommende Wasser staute sich und die Riese ging über. Schauberger war ratlos. Sichtlich hatte er etwas übersehen. Als er sich oberhalb des Stauspiegels auf einen Felsvorsprung in die warme Sonne setzte, spürte er etwas durch die Lederhose krabbeln:

Ich sprang auf und sah eine Schlange, die an dieser Stelle zusammengeringelt lag. Die Schlange schlug ich weg, worauf sie ins Wasser fiel und sofort zum Ufer zurückschwamm, wo sie landen wollte. Das gelang ihr jedoch wegen des steil abfallenden Felsens nicht. So schwamm die Schlange suchend umher und überquerte schließlich den Stausee. Ich sah ihr nach. Da schoß es mir durch den Kopf. Wie kann die Schlange ohne Flossen so pfeilschnell schwimmen? Ich nahm das am Halse hängende Jagdglas und beobachtete die eigenartigen Drehbewegungen des Schlangenkörpers unter dem kristallklaren Wasser. Dann erreichte die Schlange das jenseitige Ufer. Eine Zeitlang stand ich noch wie erstarrt da. Vor meinen Augen rekapitulierte ich jede Bewegungsänderung der Schlange, die sich so eigenartig unter dem Wasser gewunden hat. Es war eine wellenartige Vertikal- und Horizontalkurvenkombination. Blitzschnell erfaßte ich den Vorgang[17].

Diese Beobachtung rettete in letzter Sekunde das Unternehmen und sein Leben, das er sich aufgrund dieses Fehlschlages nehmen wollte. Die Erkenntnis aus dieser Beobachtung setzte Schauberger sofort in die Tat um. Er ließ in die Rinnen in verschiedenen Abständen biegsame Holzlatten (Bremskurven) nageln. Dies bewirkte, daß die Wassermassen von der Gerinneaußenwand nach innen gelenkt und bald im Uhrzeigersinn, bald gegen den Uhrzeigersinn sich eindrehten, einen Zopf bildend. Ein Vorgang, welcher mit der Herstellung eines Seiles verglichen werden kann, wo die einzelnen Fäden zopfartig miteinander verbunden (gedreht) werden. Dadurch erhöhten sich die Trag- und Schleppkräfte des Wassers.

Äußerlich unterschied sich Schaubergers Wasserriese von herkömmlichen Riesen mit halbrundem Querschnitt kaum. Der feine Unterschied bestand dar-

---

17) Implosion 7. S. 3

in, daß die Rinnen seiner Anlagen einen halbeiförmigen Querschnitt mit einer U-förmigen Ausstülpung hatten. Die Eiform war für ihn die bedeutendste Form in der Natur, aus der ständig neues Leben kommt. Wenn man Wasser in einem eiförmigen Gefäß in Rotation bringt, entwickelt sich in dessen Achse eine starke Sogkraft, das Wasser kühlt ab, wird dichter und schwerer. All diese Faktoren: Halbeiform der Wasserriese im Querschnitt und ihre mäanderförmige Verlegung ins Tal; Zuleitung von Frischwasser und Einbau von Bremskurven wirkten sich innerlich auf das Fließverhalten des Wassers aus. Dadurch gelang es Schauberger, das Voreilen des Schwemmgutes in der Rinne zu verhindern. Ein Problem, das sich bei herkömmlichen Riesen mit geometrischen (halbkreis-, trapezförmigen oder rechteckigen) Querschnitten oft ergab: Das Holz schwamm schneller als die Wasserunterlage. Dabei staute sich das Wasser und die Holzstämme verkeilten sich ineinander. In Schaubergers Wasserriese schwammen die Holzstämme mittig, da er auf die innere Gesetzmäßigkeit der Wasserbewegung Rücksicht genommen hatte[18]. Damit erbrachte er den Beweis, daß das Archimedische Gesetz nur bedingt gültig war, und sich Wasser unter bestimmten Voraussetzungen ganz anders verhält, als die Wissenschaft bisher wußte.

Ein Probelauf, bei dem die behördliche Kommission und der Fürst anwesend waren, sollte zeigen, ob die Anlage wirklich funktioniert. Schauberger schildert die dramatischen Augenblicke an jenem Tag:

... Ein schweres, etwa 90 cm starkes Bloch ... stand vor dem Riesmund. Es staute das Wasser, welches langsam stieg. Kein Mensch sprach ein Wort. Alles starrte auf das mit dem Wasser hochgehende Bloch. Im nächsten Moment mußte die Riese überlaufen. Da begann plötzlich ein Gurgeln. Das schwere Bloch drehte sich etwas rechts, dann kurz links und schon schlängelte es sich der Schlange gleich, den Kopf hoch und schwamm pfeilschnell ab. Nach wenigen Sekunden war es eine elegante Kurve nehmend weg. Alles stand und sah dem verschwundenen Bloch nach ... Einmal und nie wieder, dachte ich. Hätte ich mich im entscheidenden Augenblick nicht auf die Schlange gesetzt, würde ich jetzt nicht mehr leben. Die sich so eigenartig windende Schlange im Wasser hat mir die Doppel-Schraubenbewegung

---

18) Siehe Patentschrift Nr. 122144, Österreichisches Patentamt, Viktor Schauberger ... „Künstliches Gerinne zum Schwemmen von Holz und dgl." Angemeldet am 11. Dezember 1929.

gezeigt und mir zum großen Erfolg verholfen... Nun wurde mir auch klar, warum meine Vorfahren den Schwemmbereich so verlegen ließen und die Faustregel aufstellten, daß man das Holz so schwemmen und das Wasser so leiten muß, wie der Saubär brunzt (Anm.: wie das männliche Wildschwein während des Laufens uriniert)[19].

Alle, bis auf seine Kritiker, waren erstaunt und beeindruckt von der Leistung des einfachen Försters. Schauberger hatte die Bedingung, die ihm der Fürst stellte, erfüllt. Die Anlage funktionierte plangemäß und der Fürst übernahm die Kosten ihres Baues. Durch Schaubergers Wasserriese konnten die Kosten gegenüber dem Landtransport bis zu 90 % verringert werden.

Es schien für Schauberger aber noch einmal eng zu werden. Beinahe wäre die Erlaubnis, die Anlage in Betrieb zu nehmen, nicht erteilt worden. Der Oberforstmeister, ein „Gegner" Schaubergers, kam mit dem Leiter der Forstdirektion auf die Baustelle und verbot die Weiterarbeit. Schauberger mußte einer Kommission, unter dem Vorsitz von Bezirkshauptmann Hofrat Dr. Kienmoser, die Pläne der Anlage zeigen. Man hoffte in letzter Minute, den unliebsamen Förster doch noch eines groben Fehlers überführen zu können. Denn er wagte es, seinen „erbittertsten Gegnern", den Fach- und Sachverständigen, zu sagen, daß sie von seiner Sache, seinem „Kram", keine Ahnung hätten und alles „naturunrichtig" machten. So kann es doch nicht sein. Die Obrigkeit derart zu schmähen, darauf mußte man reagieren.

Als sie Schaubergers Pläne angeschaut hatten, sagten die Sachverständigen, daß dieses Stauwerk – das Becken, in dem die Holzstämme aufgefangen wurden – mit einer Höhe von 18 Metern den Wasserdruck nicht aushalten könne und einstürzen müsse. Dadurch wären die weiter unten liegenden Ortschaften gefährdet. Anstatt auf den Vorwurf des Bezirkshauptmannes einzugehen, nahm Schauberger sein Gewehr und feuerte es stromaufwärts gerichtet ab. Dies war ein Signal für den beim oberen Stauwerk postierten Jäger, das große Schlagtor zu schlagen. Dadurch wurden die dort gestauten Wassermassen frei. Wegen dieser Aktion glaubte die Kommission, Schauberger sei plötzlich wahnsinnig geworden. Man wollte ihn für unzurechnungsfähig erklären und sogar ins Irrenhaus sperren lassen[20].

---

19) Implosion 7, S. 4, 5.

20) Implosion 39, S. 25, 26.

Nachdem der Jäger das Schlagtor geöffnet hatte, brauste eine rauschende braune Wassermasse herab, die an die scheinbar sehr schwache Wand des Staubeckens donnerte. Die Wassermassen prallten aber nicht mit voller Wucht auf die Staumauer, sondern brandeten zurück und schlugen mit ungeheurer Wucht stromaufwärts gegen die nachkommenden, noch höheren Wassermassen. Dadurch wurden die mitschwimmenden Baumstämme nahezu lotrecht aufgestellt und sprangen teilweise wie Fische aus dem Wasser. Der Bezirkshauptmann meinte dann zu Schauberger, daß er einmal mehr Glück als Verstand gehabt hätte. Schauberger erwiderte lakonisch, daß er glaube, die Verstandesschwäche liege auf der anderen Seite[(21)].

Eine Nachfrage bei der Schaumburg-Lippischen Forstverwaltung in Steyrling ergab, daß über Schauberger und seine Schwemmanlage keine Unterlagen (mehr?) vorhanden sind. Einen Hinweis auf diese Anlage bekommen wir von Engelbert Josef Koller. In der Forstgeschichte Oberösterreichs berichtet er über die Steyrlinger Schwemmkanalanlage, sich auf die Angaben des ehemals dort beschäftigten Oberförsters Laus beziehend:

Durch besondere Umstände kam es ab 1920 dazu, daß riesige Altholzbestände in ungewöhnlichem Arbeitseinsatz zum Ausbau von Triftanlagen geschlägert und ausgebracht wurden. Erdacht und erbaut wurden die Schwemmkanalanlagen durch den herrschaftlichen Förster in der Bernerau und späteren Wildmeister Viktor Schauberger. Entscheidende Leistungen erbrachte der Schwemmkanal, der aus der Hungeraustauung und der innersten Zösenbachstauung in 6,5 km Länge westlich des Steyrlingbaches zum Wasserschloß und zum Holzlagerplatz führte. Der Kanal war eine Halbröhre in Nut und Feder aus Holz gefügt, oben 1 m breit. In ihm konnten täglich 1000 Festmeter Holz abgeschwemmt werden. Erbaut wurde der Kanal 1921-1922, 1930 wurde er generalüberholt[(22)].

Einen weiteren (möglichen) Hinweis liefert Univ. Prof. Dr. Ing. Leo Hauska in seinem Buch über das forstliche Bauingenieurwesen, 1933:

... Die Verwendung von Holzdaubenrohren zu Druckrohrleitungen hat die Anre-

21) Ebd.

22) Koller, Engelbert Josef, Forstgeschichte Oberösterreichs, Oberösterreichischer Landesverlag, Linz, S. 209.

gung gegeben, die Querprofiltypen, die ebenfalls aus Holzdauben hergestellt werden könnten, als Wasserriese zu verwenden. Eine im Profil hochgestellte Halbellipse wurde schon vor ca. 12 Jahren bei einer Gutsverwaltung im oberösterreichischen Alpengebiet mit vollständig befriedigtem Erfolg zum ersten Mal verwendet[23].

Obwohl Univ. Prof. Hauska die Steyrlinger Anlage nicht direkt nennt, könnte die vage Beschreibung durchaus auf sie zutreffen. Die im Profil hochgestellte Halbellipse könnte der Halb-Eiform Schaubergers entsprechen. Und die Zeit: 1921 – zwölf Jahre vor Erscheinen seines Buches 1933 – würde auch passen. Außerdem war Prof. Hauska einer der Sachverständigen, die zusammen mit Univ. Prof. Dr. Ing. Philipp Forchheimer einige Jahre später eine weitere von Schauberger konstruierte Schwemmkanalanlage in Neuberg an der Mürz in der Steiermark begutachteten.

Die Steyrlinger Anlage erweckte bald sehr großes Interesse. Es erschienen Ingenieure aus aller Welt. Hofrat Ing. Brucker von der Forstdirektion Gmunden und zwei Ingenieure aus Wien kamen die Anlage besichtigen. Angeblich zu Studienzwecken. Schauberger gab ihnen sogar die Erlaubnis, die Anlage zu fotografieren, gewährte ihnen Einsicht in die Pläne, ließ sie Maß nehmen und Skizzen anfertigen und beantwortete Fragen.
Nach eingehender Untersuchung der Anlage kamen sie zu dem Ergebnis, daß die Staumauer durch eine geschickte Bauanordnung zwölffache Sicherheit habe. Sie konnten sich aber nicht erklären, wie diese eigenartige Konstruktion diesem enormen Druck standhalten kann. Schaubergers Geheimnis war wieder die Eiform. Das Staubecken hatte die Form eines halben Eies im Längsschnitt. Die Wassermassen drückten nicht mit voller Wucht auf die äußere Staumauer, sondern wurden durch dessen eiförmige Konstruktion wie eine Welle eingedreht und sanft gebremst.

Einige Zeit später wurde in Reichraming eine ähnliche Anlage von den Bundesforsten errichtet. Die Leitung des Baues hatte einer der Ingenieure (Ing. Glöckler) über, welche Schaubergers Anlage in Steyrling besichtigten. Diese Anlage funktionierte aber trotz originalgetreuer Kopie der Steyrlinger Anlage nicht. Die Ingenieure sind in Schaubergers „Geheimnisse der Wasserbewe-

---

23) Hauska, Dr. Ing. Leo, Das forstliche Bauingenieurwesen, Band 1, Verlag Carl Gerold's Sohn, Wien und Leipzig, 1933, S. 116 und 117.

gung“ nicht eingedrungen. (In weiterer Folge wurde die Anlage durch das große Interesse und die Neugierde der Besucher stark beschädigt und zum Teil ruiniert.) Für Schauberger war die klaglose Funktion der Steyrlinger Anlage nicht nur eine persönliche Genugtuung, sondern man wurde auch von höherer Stelle auf ihn aufmerksam.

Kapitel 2

Schauberger wird Konsulent im Bundesministerium für Land- und Forstwirtschaft

Im Herbst 1924 kam Forstrat Ing. Adolf Hagmüller[1] von der Generaldirektion der Österreichischen Staatsforste[2] in Begleitung von Hofrat Ing. Adolf Schauberger, Viktors Bruder, nach Steyrling. Forstrat Hagmüller hatte von der fortschrittlichen Holzbringungsanlage im Forstbezirk Steyrling gehört und wollte sie an Ort und Stelle besichtigen. Nach seinem dreitägigen Aufenthalt berichtete er dem Leiter der Österreichischen Staatsforste, Ministerialrat Ing. Eduard Loew:

... Ich habe dort (Anm.: in Steyrling, d. Verf.) bei der Erschließung des Bezirkes das verwirklicht gesehen, was ich mir bei der Betriebseinrichtung in zahlreichen Fällen als Lösung für schwierige Bringungsfragen gedacht und vergeblich angeregt habe[3].

Hagmüller war ein Befürworter der Holzbringung auf dem Wasserwege, und als er in Steyrling die Schwemmanlagen Schaubergers sah, war er sofort Feuer und Flamme dafür. Die Bundesforste jedoch waren von dieser Idee nicht sehr angetan, da eine von ihnen projektierte Anlage in Reichraming nicht den Erwartungen entsprach. Doch Hagmüller war weiterhin für diese Art von Holz-

---

1) Hagmüller, Dipl.-Ing. Adolf, Hofrat i. R., (1884 in Wien geboren, am 24.4.1957 verstorben) trat nach Absolvierung der Hochschule für Bodenkultur in Wien 1909 bei der Direktion Gmunden der Österreichischen Staatsforste ein. In den Jahren 1922-1926 bekam er das Borkenkäfergebiet Reichraming-Weyer übertragen. 1926 übernahm er den Wirtschaftsbezirk Mondsee und stellte als erste Maßnahme die Kahlschlagwirtschaft ein. Zuletzt wurde er in die Generaldirektion der Bundesforste als Inspektionsbeamter für den Wienerwald einberufen. Sein Erntegrundsatz lautete: Kein gesunder oder guter Stamm fällt, solange ein kranker oder schlechter vorhanden ist. Österr. Vierteljahresschrift für das Forstwesen 1957, S. 104 ff.

2) Mit der Loslösung von der Hoheitsverwaltung per 25. Juli 1925, wurden die Staatsforste in Bundesforste umbenannt. Seit jenem Zeitpunkt existieren sie als selbständiger Wirtschaftskörper ohne Imperium.

3) Brief von Forstrat Hagmüller an Generaldirektor Loew, vom 24.9.1924, Akt der Österreichischen Bundesforste, Geschäftszahl Pr. 3007/24, Österreichisches Staatsarchiv Wien.

bringung, da sie eine enorme Verbilligung gegenüber den traditionellen Bringungsmethoden versprach.

Er berichtet weiter:

... Obwohl ich bei der Besichtigung in dem ausgedehnten Netz von Trocken- und Wasserriesen kein vollständiges Bild gewann, habe ich doch die Überzeugung bekommen, daß die Staatsforstverwaltung alle Ursache hätte, sich mit einem modernisierten Wassertransport mehr zu befassen. Nicht nur wären im Staatswald viele Tausende von Hektaren wertvoller Bestände wirtschaftlich erreichbar, sondern auch die Auslagen und das Kalo würden sich um Milliarden verringern.
Der Forstbezirk Steyrling war vor Übernahme des Betriebes durch die Steyrling G.m.b.H. hoch passiv. Trotzdem nun die G.m.b.H. 250 ha Kulturrückstände übernahm und gegenwärtig sehr freigiebig aufforstet, scheint es ihr schon im ersten Jahr gelungen zu sein aktiv zu werden und aus dem ehemaligen Moderholzbetrieb mit Lieferresten aus der Kriegszeit herauszukommen. Dabei holt sie ihr Holz auch aus Regionen, die ich nach meinen Erfahrungen als Einrichter für wirtschaftlich unerreichbar hätte bezeichnen müssen[4].

Von den Anlagen selbst schwärmt Hagmüller in höchsten Tönen:

In einem großartig romantischen Wildbachgebiet im Bereich des kleinen Priel (Totes Gebirge) mit furchtbaren Abgründen, wild zerklüfteten Felsgassen, oft tunnelartigen Grabenrinnsalen liefert die Firma bis 12 m langes, selten schönes Lärchenholz, wo ich kaum eine Brennholztrift mit 1 m langen Scheitern für möglich gehalten hätte. ... In dem beschriebenen Graben wurden für 1200 Festmeter feinringigen, astreinen, tiefdunkelroten Lärchenholzes zwei Staustufen und einige Trockenriesen erbaut, und das Holz erforderte bis zum Bahnhof Steyrling 120.000 Kronen Gestehungskosten (Schlägerung, Lieferung, Wassertransport und Zufuhr zum Bahnhof); sodaß zumindestens ein Stockzins von 200.000 bis 300.000 Kronen erübrigt, was einem Reinerlös von circa 2,5 Milliarden entspricht ...

Der Wildmeister Schauberger führt diese Arbeiten mit verblüffend einfachen, zum Teil von ihm neu erdachten Mitteln (Bremsen in Trockenriesen, Hebeln etc.) aus, erhält für Ersparnisse Tantiemen, und das Holz wird im Hauptrinnsal direkt bis an das Sä-

---

4) Ebd.

gegatter gebracht. Es hat hier eben ein glückliches Zusammentreffen von einem gerissenen Kaufmann (Direktor Gevecke von der Steyrling G.m.b.H., d. Verf.) mit einem anscheinend genialen Förster stattgefunden. Und der Direktor nützt diesen Zufall gründlich aus. Könnten wir nicht dasselbe tun[5]?

In seinen weiteren Ausführungen geht Hagmüller näher auf den geistigen Urheber der Schwemmanlagen ein:

Schauberger weiß natürlich, daß er ziemlich um ein Linsenmus ausgenutzt wird und sieht sich um eine lohnende Verwertung seines Talentes um. ... Der Fürst und der Landesforstinspektor Lenk bestätigen schriftlich und mündlich, daß Schauberger der Schöpfer der Anlagen ist. Soviel habe ich aber selbst gesehen, daß dieser für technische Fragen ein großes Interesse und eine Neigung zu Erfindungen hat: Patentpflöcke zum Ankoppeln für Pferde, Herstellung von automatischen Zündern für Artilleriegeschoße, Bremsmittel für Trockenriesen, Turbinenanlagen etc. Daß er mit ganz schlichten Mitteln das Ziel zu erreichen versucht, seinen geringen Gehalt zum Ankauf von allerlei technischen Behelfen verwendet, ein sehr ausgeprägtes Materialgefühl und scharfes Auge für Naturvorgänge hat. Gegen solche natürlichen Anlagen kommt kein schulmäßiges Können auf und weil das Beneiden nichts nützt, so ist's am besten, man nützt die Göttergabe des Nächsten[6].

Die Göttergabe des Nächsten zu nützen, darunter verstand Hagmüller, den Förster in die Dienste der Staatsforste aufzunehmen. Ministerialrat Ing. Eduard Loew[7] war von der Regierung mit der Reform der Staatsforste beauftragt worden[8]. Loew war kostensparenden Innovationen gegenüber sehr aufgeschlossen. Als Forstrat Ing. Hagmüller ihm von den Steyrlinger Anlagen, deren Effizienz und Kostenersparnis berichtete, überlegte er nicht lange und traf

5) Ebd.

6) Ebd.

7) Er fungierte vom 1. Jänner 1926 bis 31. März 1929 als Generaldirektor der Österreichischen Bundesforste, die als selbständiger, von der Hoheitsverwaltung losgelöster Wirtschaftskörper erst seit 25. Juli 1925 existieren.

8) Er war früher beim griechisch-orientalischen Religionsfonds in Czernowitz und während des Krieges unter anderem auch in der Türkei tätig gewesen. 1919 kam er in das Bundesministerium für Land- und Forstwirtschaft. Vor seiner Bestellung zum Generaldirektor der Österreichischen Bundesforste war er Sektionschef im Land- und Forstwirtschaftsministerium. Siehe Festschrift: Österreichische Bundesforste 1925-1975.

Vorbereitungen für die Aufnahme Schaubergers in die Staatsforstverwaltung. Sogar der damalige Landwirtschaftsminister Rudolf Buchinger[9] reiste an der Spitze einer Delegation, der Sektionschef Ministerialrat Ing. Eduard Loew, der oberste Bauchef der Bundesforste, Hofrat Dr. Ing. Josef Glatz und Forstrat Ing. Adolf Hagmüller angehörten, nach Steyrling, um die Anlagen zu besichtigen. Kurze Zeit später erhielt Schauberger ein finanziell sehr lukratives Angebot. Ein vierfacher Hofratsgehalt in Goldwährung wurde ihm angeboten, wenn er als ein dem Landwirtschaftsminister unterstellter Konsulent in die Dienste der Bundesforstverwaltung zum Zwecke des Ausbaues ähnlicher Schwemmanlagen treten würde[10]. Schauberger bat sich Bedenkzeit aus, um mit dem Fürsten über dieses Angebot zu sprechen. Direktor Gevecke von der Steyrling G.m.b.H. wollte ihn vorerst nicht ziehen lassen. Der Kaufmann witterte gute Geschäfte und beriet sich mit dem Fürsten. Als Schauberger zu einer Besprechung ins Landwirtschaftsministerium nach Wien eingeladen wurde, unterbreitete er den Vertretern des Ministeriums im Auftrag des Fürsten folgendes Gegenangebot:

Die Steyrling G.m.b.H. würde sich anbieten, den Holztransport in den Bundes- und Fondsforsten unter der Bedingung zur Ausführung zu übernehmen, daß ihr die Hälfte der bisherigen Bringungskosten pro Einheit bezahlt werden. Gut im Rechnen, haben sich die Ansprechpartner im Landwirtschaftsministerium überlegt, daß eine in manchen Bereichen bis zu 90%ige Ersparnis der Gestehungskosten noch vorteilhafter wäre, wenn man Schwemmanlagen – ähnlich wie in Steyrling – in eigener Regie errichten würde.

Ihre Taktik bestand darin, den Konstrukteur dieser Anlagen mittels eines hohen Gehaltes zum Übertritt in die Bundesforstverwaltung zu bewegen. Denn das hohe Gehalt Schaubergers würde sich durch die zu erwartenden Einsparungen im Bereich der Holzbringung allemal rechtfertigen. Schauberger entschied sich schließlich für den Staatsdienst, da in Steyrling die Intrigen gegen seine Person nicht abrissen. Der Fürst konnte ihn nicht halten[11].

---

9) Buchinger, Rudolf, *7. März 1879, Staasdorf bei Tulln (NÖ), † 20. Februar 1950, Tulln (NÖ), amtierte als Bundesminister für Land- und Forstwirtschaft in der Regierung Ramek I vom 20. November 1924 bis 15. Jänner 1926. (Vorgänger: Leopold Hennet, Nachfolger Andreas Thaler).

10) Implosion, Heft 112, 1995, S. 14

11) Österreichische Bundesforste, Zahl: Pr. 3007/24, Akt Schauberger, Österreichisches Staatsarchiv Wien.

Wenn Schauberger geahnt hätte, was ihn im Staatsdienst erwarten würde, hätte er sich diese Entscheidung wohl überlegt. Wegen seines hohen Gehaltes (1.440,-- Schillinge) mußte sein Dienstvertrag vom Parlament per Ministerratsbeschluß genehmigt werden[12]. Mit 1. Dezember 1924 trat er seine Stelle als Konsulent für das Schwemmwesen an und wurde der Zentralleitung der österreichischen Bundesforste dienstzugeteilt.

Als Mann von der Front kannte Schauberger die Arbeit der Forstleute und wußte um ihre Schwachstellen. Man konnte ihm kein X für ein U vormachen. Vom kaufmännischen Direktor der Steyrling G.m.b.H. hatte er kaufmännisches Denken gelernt. Schauberger wußte, worauf er sich einließe, wenn er seine Ideen voll umsetzen würde. Er wußte, daß kaufmännisches Denken und rationelles Handeln im trägen Staatsbetrieb mit seinen vielen Pfründen nicht sehr gefragt war. Er wußte, daß er auf Widerstand der Forstbeamten und -arbeiter stoßen würde. Viele Forstarbeiter bangten um ihren Job, da Schaubergers Anlagen nicht nur Geld, sondern auch Personal einsparen würden. In seinen Vorschlägen an Forstrat Hagmüller führte er die zu erwartenden Schwierigkeiten an:

... für mich umgekehrt würden die heutigen Arbeitsverhältnisse beim Bund eine nicht zu übersehende Schwierigkeit bilden, weil die Leute durch die maschinelle Massenlieferung gezwungen wären, erstens den Acht-Stundentag zu vergessen, zweitens sofort spüren würden, daß Zeit Geld ist, außerdem die Schichtarbeit in ihrer bedächtigen Einteilung und Interesselosigkeit endgültig vorüber wäre. ... Nicht zu vergessen die Frächter etc., für welche die fast bedingungslose Erfüllung ihrer oft unverschämten Forderungsmöglichkeit rettungslos vorüber wäre.
... Wie Herr Forstrat selbst zu überzeugen hier (Anm.: in Steyrling, d.V.) die Gelegenheit hatten, gibt es hier im Walde fast kein Fuhrwerk mehr, die Leute haben die Wahl, die von uns gestellten Bedingungen anzunehmen oder es bleiben zu lassen. Und genau so geht es dem Holzarbeiter, welcher sich früher seine Arbeit so einteilen konnte, daß sie eben nie ausging. Und heute muß er laufen, um überhaupt Arbeit zu bekommen ...[13]

---

12) Bundesministerium für Finanzen, Zl. 88.386-V/24. Österreichisches Staatsarchiv Wien.
13) Brief Schaubergers an Forstrat Hagmüller, 5. Oktober 1924. Österreichische Bundesforste, Geschäftszahl 3007/Pr., Österreichisches Staatsarchiv Wien.

Mit Ausnahme seiner Befürworter, Forstrat Ing. Hagmüller und Ministerialrat Ing. Loew, waren fast alle Forstbeamten gegen Schaubergers Rationalisierungsvorschläge. Loew sah die Möglichkeit, mit und durch Schauberger aus den Defiziten herauszukommen. Doch die Forstbeamten goutierten seine (Loews) Kommerzialisierungsabsichten nicht. Sie vertraten die Meinung, daß man die Staatsforste nicht wie ein Privatunternehmen – profitorientiert – führen kann.

Loew hatte von der Bundesregierung den Auftrag, die hohen Defizite der Staatsforste durch geeignete Maßnahmen zu senken. In erster Linie durch Personalabbau. Das ging natürlich nicht ohne Widerstände vor sich. Es kam zu Konflikten zwischen dem Personal der Bundesforstverwaltung und ihrer Führung, die schon länger schwelten. Der Obmann des Verbandes der Ingenieure der Bundesforstverwaltung, Oberforstrat Ing. Pinsker, erhob in einem Artikel der Deutsch-österreichischen Tageszeitung[14] schwere Vorwürfe gegen die Geschäftsführung Generaldirektor Loews.

Darin wird ihm vorgeworfen, er habe um die Kommerzialisierung der Bundesforste durchzusetzen und um selbst in der neuen Organisation zu leitender Stellung zu gelangen, mit Argumenten operiert, welche die tatsächlichen Verhältnisse nicht erfassten und geeignet wären, die Öffentlichkeit irrezuführen. Insbesondere seien aufgrund einer unsachgemäßen Buchführung unzutreffende Bilanzen erstellt und das daraus resultierende Defizit nicht auf seine wirklichen Ursachen geprüft worden.

Das relativ große Defizit der Bundesforste in den Jahren 1923 und 1924 hatte verschiedene Ursachen. Die Bundesforstverwaltung hatte von Haus aus keine günstigen Wirtschaftsvoraussetzungen. Die wertvollsten Forste waren nach dem Staatskrach im Jahre 1811 und nach dem Revolutionsjahr 1848 veräußert worden. Die Österreich verbliebenen Flächen (rund 700. 000 ha[15]) sind zum großen Teil unproduktiv oder Wohlfahrtswälder (Schutz- und Bannwälder), deren Erhaltung im Interesse der Allgemeinheit liegt, oder Servitutswälder, aus denen keine nennenswerten Erträge für die Bundesforste resultieren. Viele Hochwälder waren noch nicht aufgeschlossen, weil Teile des Staatswaldes Jagdreservat des Kaisers waren. Die Geldbilanz der Bundesforste wurde zu

14) Der Kampf der Bundesforstleute um den Bundeswald, vom 12. Juli 1925.

15) In den zwanziger Jahren. Heute ca. 580.000 ha, Österreichisches Forstjahrbuch.

dieser Zeit nicht nur durch die Belastung mit Servituten ungünstig beeinflußt, sondern auch durch die schlechte Holzkonjunktur[16].

Zu den Servituten zählen auch heute noch die Einforstungsrechte zugunsten bäuerlicher Liegenschaften. Hierbei handelt es sich um das Recht, aus dem Bundesforstbesitz Holz am Stock sowie Ast- und Bodenstreu zu beziehen, weiters dort Vieh zur Weide aufzutreiben. Der Wert der Servitutsleistungen wurde im Jahre 1973 mit 95 Millionen Schilling beziffert[17].

Für den Leser sei nachfolgend ein kurzer Überblick über die Reform der Bundesforste aufgezeigt.

Reform der Bundesforste

Als erste größere Reform der Staatsforste nach dem Ersten Weltkrieg galt die Trennung der Bewirtschaftung des Staatswaldes (Betriebsverwaltung) vom staatlichen Forstaufsichtsdienst. Mit Bundesgesetz vom 28. Juli 1925 wurde ein von der staatlichen Hoheitsverwaltung getrennter eigener Wirtschaftskörper unter der Bezeichnung Österreichische Bundesforste gebildet. Der Wirtschaftskörper Österreichische Bundesforste besitzt als solcher keine eigene Rechtspersönlichkeit, er hat keinen Behördencharakter, sondern ist allein für die Bewirtschaftung des Staatswaldes zuständig[18].

Die eigentliche Kommerzialisierung der Bundesforste wurde über 70 Jahre später mit der Umwandlung in eine Gesellschaft sui generis (Aktiengesellschaft), per 1.1.1997 besiegelt. Liegenschaftseigentum und Liegenschaftsverwaltung wurden voneinander getrennt. Personal sollte eingespart und die Forstverwaltungen auf die Hälfte reduziert werden[19].

Der gesetzliche Auftrag: „den bestmöglichen wirtschaftlichen Erfolg zu erzielen“, sorgt in Verbindung mit der Auflage, Geld (Fruchtgenußentgelte) an den Bund abzuliefern, nicht nur bei Naturschützern für Unruhe. Kritiker behaupten, daß schon in der Vergangenheit mehr nach kurzfristigen ökonomischen als nach langfristigen ökologischen Zielen gewirtschaftet wurde. Die öko-

---

16) Neubauer, Dr. Wilhelm, Der Kampf um den Wald, Verlag Wilhelm Frick, 1925.

17) Festschrift: Österreichische Bundesforste 1925-1975.

18) Ebd.

19) Wiener Zeitung, 16.12.1997, S. 9

nomische Ausrichtung soll sich laut Kritikern auch in einer gewinnabhängigen Erfolgsprämie im Vorstandsvertrag des Vorstandssprechers der Bundesforste AG widerspiegeln[20].

Die Beamtenschaft führte in ihrer Kritik an Generaldirektor Ing. Loew auch seinen engen Kontakt zum Chefredakteur der Zeitschrift *Der Holzmarkt* ins Treffen. Darin sollen angeblich falsche Ansichten über die Qualität der Bundesforstbeamten verbreitet worden sein. Der Chefredakteur soll in Generaldirektor Loews Büro ein- und ausgegangen sein. So lag für die Beamten der Verdacht nahe, daß Generaldirektor Loew die Zeitung mit für sie nachteiligen Informationen fütterte. Der Leiter der Bundesforste wollte sichtlich die Ursachen an der schlechten Bilanz seinen Beamten in die Schuhe schieben. Und als Gipfel seiner Maßnahmen sahen sie die Anstellung Viktor Schaubergers, eines in Forstkreisen unbekannten Försters – und zudem Nichtakademikers – zu einem so hohen Gehalt. Was für Wunder sollte dieser einfache Förster bringen? Was sollte er mehr wissen oder können als sie, die diplomierten Forsttechniker?

Die Beamtenschaft sah in dieser Personalentscheidung wieder einen Schachzug Generaldirektor Loews gegen sie. Die Forstingenieure führten ins Treffen, daß Schaubergers Schwemmanlagen nichts Besonderes wären, und schon von Forstleuten früherer Generationen erbaut wurden[21]. Das ist zwar richtig, doch Schauberger hat diese Technik verfeinert. Er hat als erster und einziger (bekannter) Forstmann der Neuzeit bei der Konstruktion von Schwemmanlagen auf die Gesetzmäßigkeit der Wasserbewegung, auf die wechselnden Temperaturen innerhalb des fließenden Wassers Rücksicht genommen. Die Forsttechniker hingegen wußten darüber nichts, beziehungsweise waren sie der Meinung, daß die Temperatur überhaupt keinen Einfluß auf die Dynamik des fließenden Wasser hätte. Deswegen hat die von Forstingenieuren geplante Anlage in Reichraming nicht funktioniert, obwohl sie eine Kopie der Steyrlinger Anlage von Schauberger war. Dieser hat sie dann später in Funktion gesetzt.

Diese Reaktion ist nur allzu begreiflich. Anstatt sich mit Schauberger und seinem System auseinanderzusetzen, sahen sie in seiner Anstellung eine große Konkurrenz. Die Spannungen wuchsen. In Eingaben an den Bundes-

---

20) Monatsberichte über die österreichische Landwirtschaft 1/97, S. 19

21) Sie verwiesen dabei auf die einschlägige Literatur, wie „Das forstliche Transportwesen" von G.R. Förster und „Forstliche Riesbauten" von Dr. Angerholzer.

kanzler, den Landwirtschafts- und an den Finanzminister beklagte sich der Verband der Ingenieure der Bundesforstverwaltung über Schauberger und seinen Vertrag, der ihm ein so hohes Gehalt zusicherte. Der Druck der Beamten zeigte schließlich Wirkung, denn Schauberger wurde einige Zeit später entlassen.

Wie es Schauberger im Staatsdienst ging, lassen wir ihn kurz selbst schildern:

Schon nach kurzer Staatsdienstzeit erkannte ich, daß die ganze Regierung dem bürokratischen Beamtenapparat gegenüber machtlos war, der jede Form einer Entpragmatisierung ablehnte und auch jeden Kommerzialisierungsversuch mit allen zur Verfügung stehenden Mitteln bekämpfte. Nach ungefähr zwei Jahren unterlag ich dem geeinten Beamtendruck und wurde – nach Erklärung der Finanzprokuratur, daß mein Vertrag den guten Sitten widerspreche und daher rechtsungültig sei – mit Hilfe eines gefälschten Protokolls entlassen[22].

Schauberger wird aus dem Staatsdienst entlassen

Schaubergers Dienstverhältnis endete mit Ablauf des 30. Juni 1926. Seine Entlassung wurde vornehmlich von den Beamten des höheren Dienstes im Ministerium betrieben, die nicht einsehen wollten, daß ein Nichtakademiker ein Vielfaches ihres Einkommens verdiene, und sich dabei auf das geltende Lohnschema beriefen. Das Protestschreiben an das Parlament zeigte Wirkung. Schaubergers Anstellung im Staatsdienst hatte eines Sondervertrages bedurft, der vom Parlament genehmigt worden war. Eine allfällige Auflösung des Vertrages konnte wiederum nur per Parlamentsbeschluß erfolgen. Federführend in dieser Angelegenheit war angeblich der großdeutsche Nationalrat Rudolf Zarboch, der diesen Entlassungsantrag gestellt haben soll.

Dazu meinte Schauberger:

Es hätte keinen besonderen Zweck, auf die Haltlosigkeit dieser Anzeige hinzuweisen, weil selbst eine von Minister Thaler angeordnete Untersuchung des ganzen Falles, die der damalige Sektionschef Kopetzky leitete, ergebnislos verlief,

22) Implosion 112, S. 14, 15.

wobei ich von Forstdirektor Dr. Ing. Viktor Raymann persönlich auf falsche Zeugenaussagen aufmerksam gemacht wurde, die im Senat IV der Salzburger Untersuchungsstellen abgelegt wurden[23].

Der Bruder des Abgeordneten Zarboch, Ing. August Zarboch, war zu jener Zeit Leiter der Wildbachverbauungssektion in Wien. Es wäre denkbar, daß der Abgeordnete Zarboch von seinem Bruder über Schauberger dementsprechend „informiert" und aufgestachelt wurde. Der Beamtendruck war stärker als jede ministerielle Macht, wie Schauberger selbst angibt:

Minister Buchinger teilte mir später einmal mit, daß er selbst schwere Fehler gemacht habe, durch die sich der Druck der gesamten Oberbeamtenschaft so verstärkte, daß selbst der mir gut gesinnte Ministerrat die oben erwähnte Entlassungsforderung genehmigen mußte, die auch wenige Tage nach der Unterredung mit Seipel erfolgte[24].

Schaubergers Unterredung mit Bundeskanzler Prälat Dr. Ignaz Seipel

Schauberger wurde vor seiner Entlassung zu Bundeskanzler Prälat Dr. Ignaz Seipel gerufen. Minister Thaler versuchte, in dieser Sache zu vermitteln. Er schätzte Schauberger sehr und sah, wie übel ihm mitgespielt wurde. Schauberger hatte nachfolgende Unterredung mit Dr. Seipel:

... „sagen Sie mir", so empfing mich Seipel, „was ist mit Ihnen eigentlich los? Jede Woche werde ich an Sie erinnert. Was sagten Sie heute meinem Ackerbauminister (Anm.: Minister für Land- und Forstwirtschaft, d. V.) wieder für schwerwiegende Dinge, die ihn veranlaßten, Sie sofort zu mir herüber zu schicken[25]*?"*

Seipel trug die priesterliche Soutane, aus der sich der asketische Charakterkopf

23) Schauberger, Viktor, „Die Entdeckung der Levitationskraft", Implosion 115, Mai 1996, S. 5

24) Ebd. S. 6

25) Schauberger Viktor, „Ein Bannfluch – und wandernde Brünnle", Tau, Heft 147, 13. Jg., Juli 1936, S. 21. Zimmermann, Werner (Hrsg.)

mit seiner bleichen Gesichtsfarbe umso stärker hervorhob, als die schwarzen Vorhänge des hohen Fensters dem Tageslicht den Eintritt verwehrten. Der Eindruck, den ich damals empfing, ist und bleibt mir unvergeßlich. So ungefähr mag Galilei zumute gewesen sein, als er vor priesterlichen Richtern seine Entdeckung, daß sich die Erde bewegt, zu verteidigen hatte. Ich wußte, bevor ich die verlangte Antwort gab, was das Ende dieser höchstinstanzlichen Untersuchung war. Nämlich meine Entlassung. Denn ein anderer Weg war für den Prälaten Seipel mit bestem Wille nicht gangbar[26].

Schauberger antwortete Seipel:

„Exzellenz werden sich vielleicht noch erinnern, daß ich ohne mein Zutun durch Sektionschef Ing. Loew und den seinerzeitigen Landwirtschaftsminister Buchinger veranlaßt wurde, aus dem Privatdienst aus- und in den österreichischen Staatsdienst einzutreten. Den Anlaß für diese Berufung gab eine Holzbringungsanlage, die ich vor einigen Jahren erbaute und die wider aller Erwarten ganz außergewöhnliche Betriebsersparnisse brachte, die nur dadurch möglich waren, weil ich vielleicht das wahre Wesen des Wassers erkannte. Die heutigen Maßnahmen der modernen Wasserwirtschaft müssen meiner Meinung nach so rasch wie nur möglich gesetzlich verboten werden, weil nicht nur sämtliche Wasserläufe, sondern auch die Landwirtschaft ruiniert wird, der Grundwasserspiegel sinkt und es gar nicht mehr so ferne ist, daß in Mitteleuropa der gesamte Edelfruchtbau in Frage gestellt wird[27]*."*

... Seipel sah mich nicht an, sondern schrieb – was mich stark störte – Wort für Wort mit einem kaum 3 cm langen ungespitzten Bleistift mit, was mich besonders dadurch irritierte, weil diese Niederschrift so schwunglos, nichts destoweniger mit pedanter Genauigkeit erfolgte ... Im übrigen spürte ich, daß der Ministerpräsident – mit seiner Zeit beschränkt – die Unterredung abbricht, und so kam ich ihm in dieser seiner Absicht entgegen, indem ich so nebenbei hinwarf: Das ganze Malheur hat die Kirche verschuldet.

Nach dieser Bemerkung änderte sich die Situation schlagartig. Seipel legte seinen Bleistiftrest beiseite, lehnte sich zurück, steckte seine blutleeren, auffallend weißen Hände in die Ärmel seiner seidenen Soutane, sah mich zum ersten Mal voll

26) Schauberger, Viktor, „Die Entdeckung der Levitationskraft", Implosion 115, Mai 1996, S. 6, 7
27) Schauberger, Viktor, „Ein Bannfluch – und wandernde Brünnle", Tau, Heft 147, S. 21

und durchdringend an, schloß dann die Lider etwas und fragte: „Sind Sie Katholik[28]?“

Ich antwortete: „Ja, Exzellenz, doch muß ich erwähnen, daß nach der Kunde, die mir mein Vater hinterließ, auf unserem Geschlechte seit dem zwölften Jahrhundert der päpstliche Bannfluch noch lastet.“

„Wieso das?“, meinte, sich rasch zu mir wendend, Exzellenz Seipel.

„Mein Ahne, so geht die Sage, war ein Mann von uraltem Adel und zugleich ein äußerst gefährlicher Revolutionär, der gegen den irdischen Besitz der Erzbischöfe in Passau arg revoltierte und von den Knechten des Passauer Bischofs gefangen und kurzerhand nach Ausspruch des päpstlichen Banns um einen Kopf kürzer gemacht wurde. Mein Vater lehnte als naturverbundener Förster die heutige Religionsauffassung der Kirche kategorisch ab...[29] Der Ministerpräsident machte eine nicht mißzuverstehende Bewegung: ... „alles weitere werden Sie in Kürze hören.“ Damit war ich von Seipel und wenige Tage später aus dem Staatsdienst fristlos entlassen[30].

Schaubergers Entlassung aus dem Bundesdienst konnten auch seine Befürworter nicht verhindern. Die ganze Sache stand und fiel mit seinem Dienstvertrag, der ihm ein so hohes Gehalt ermöglichte. Man warf ihm auch vor, daß er nichts weiter gebracht und dem Staat nur unnötige Kosten verursacht hätte. Die Zeit war eben viel zu kurz gewesen, um funktionierende Anlagen zu errichten.

Bevor Schauberger überhaupt daran gehen konnte, seine Anlagen zu errichten, mußte er in den in Frage kommenden Forstbezirken überprüfen, ob dies überhaupt möglich war. Die faktische Möglichkeit bestand meistens, jedoch nicht die rechtliche. Es bestanden vertragliche Bindungen mit Holzeinkäufern, Fuhrwerkern und Akkordanten, die nicht so ohne weiteres gelöst werden konnten. Vielfach waren schon andere Projekte, wie Schlittelwege etc. genehmigt. Die Forstleute in den Forstbezirken wußten nichts von einem „System Schauberger“. Diese Umstände und die Ablehnung von Seiten der Beamten waren wohl der Grund für die ungünstigsten Startbedingungen Schaubergers im Staatsdienst.

Die Generaldirektion der Bundesforste hatte aber nach wie vor Interesse

28) Schauberger, Viktor, „Die Entdeckung der Levitationskraft“, Implosion 115, S. 7, 8
29) Schauberger, Viktor, „Ein Bannfluch – und wandernde Brünnle“, Tau, Heft 147, S. 22
30) Schauberger, Viktor, „Die Entdeckung der Levitationskraft“, Implosion 115, S. 9

an Schauberger und seinen Schwemmanlagen. Nun überlegte man (Anm.: die Bundesforste, d.V.) einen zweiten Versuch, Schauberger zu verpflichten. Dieser wußte, daß die Führung der Bundesforste weiter an seinem System festhielt und ihn für die Projektierung der Schwemmanlagen unbedingt brauchte. Nun hatte er die Karten in der Hand. Einen neuerlichen Vertrag lehnte er vorerst ab:

Auch dieses Angebot lehnte ich ab und machte schließlich das Gegenangebot, mit einer Million Schilling zu garantieren, daß eine Probeanlage[31]*, die unter vollkommenem Ausschluß aller Staatsforstbeamten mit Hilfe einer großen Baufirma*[32] *errichtet wird, 1000 Festmeter in achtstündiger Arbeitszeit auf 46 Kilometer liefert, sortiert und ordnungsgemäß lagert. Da es bisher auf diesem Gebiete nur möglich war, mit etwa 170 Mann etwa 90 Festmeter zu manipulieren, hielt man dieses Anbot sowieso für undurchführbar und ging pro forma darauf ein*[33].

Einer der größten damaligen Bauunternehmer Wiens, der Chef der Österreichisch-ungarischen Baugesellschaft, Ernst Steinhard, nahm ihn unter Vertrag. Schauberger baute mit ihm Holzschwemmanlagen in ganz Europa. Wieder stieß er auf ein Problem, das ihm sein ganzes Leben zu schaffen machte. Steinhards Techniker und Architekten schwärzten Schauberger bei ihrem Chef an. Sie verkrafteten anscheinend seinen Erfolg nicht und stellten den Untergang der Firma in Aussicht, wenn Steinhard Schauberger weiter so gewähren ließe. Doch dieser hielt weiter an ihm fest. Mit Steinhard landete Schauberger seinen nächsten großen Erfolg.

---

31) Im Wirtschaftsgebiet Frein, in Neuberg an der Mürz/Steiermark.

32) Österreichisch-ungarische Baugesellschaft.

33) Schauberger, Viktor, „Die Entdeckung der Levitationskraft", Implosion 112, August 1995, S. 15

Kapitel 3

Bau der Schwemmkanalanlage Krampen-Neuberg

Schaubergers nächster großer Erfolg ließ nicht lange auf sich warten. Die Bundesforste gingen auf sein Angebot ein, eine Probeanlage ohne Beteiligung von Forstbeamten zu errichten. Über die Probeanlage im Wirtschaftsbezirk Frein/Neuberg an der Mürz berichtet der Bauchef der Österreichischen Bundesforste, Hofrat Dr. Ing. Glatz:

Die von 28. bis 30. April 1927 durchgeführten Schwemmtransportversuche am Taschlbache haben ergeben, daß es bei richtiger technischer Durchführung und bei richtiger Organisation des Transportbetriebes wahrscheinlich möglich wäre, denselben anstatt der bisher geübten Trift nicht nur am Taschl- und Freinbache, sondern auch auf der Mürz und anderen Nebenbächen derselben bis zum Ländplatze in Neuberg mit wirtschaftlichem Erfolge durchzuführen[(1)].

Die Vorteile gegenüber der Trift-Methode lagen auf der Hand. Mittels des Schwemmbetriebes war es möglich, auch Langholz nahezu unbeschädigt auszuformen und bis auf den Ländplatz in Neuberg bzw. bis zur Bahn zu stellen. Mittels der Trift wurde primär Scheiterholz (Brennholz) geschwemmt, da Langholz erhebliche Beschädigungen erlitt. Die Triftkosten betrugen damals 2,30 Schilling pro Festmeter plus Zusatzkosten für Holzverluste etc. Durch den Schwemmbetrieb nach „System Schauberger" erhoffte man sich, die Kosten auf 1 Schilling pro Festmeter zu senken.

Ohne die Mithilfe Schaubergers, welcher auf dem Gebiete der Bringung von Holz am Wasser langjährige Erfahrungen gesammelt hat, wäre die Ausführung von Schwemmprojekten für die Bundesforstverwaltung erschwert, schreibt Hofrat Ing. Glatz weiter[(2)].

1) Generaldirektion der Bundesforste, Zahl: 7757/76 s. Pr. l.b. Österreichisches Staatsarchiv Wien.
2) ebd.

Bei der am 29. und 30. April 1927 vorgenommenen Erprobung der Schwemmanlage waren unter anderem der technische Direktor der Österreichischen Bundesforste, Dr. Ing. Viktor Raymann, Hofrat Dr. Ing. Josef Glatz und Oberforstmeister Ing. Endlicher von der Generaldirektion anwesend. Sie konnten sich überzeugen, wie Schauberger 185 Festmeter wintergeschlagene, 4-6 m lange Fichten- und Lärchenblöcke (1000 Stück) in weniger als drei Stunden zum Ländplatz transportierte(3).

Im Bericht über den Probelauf heißt es weiter:

Die Betriebsersparnis beträgt bei dieser Probebringung je nach Zugrundelegung der Kosten auf der Herrn Schauberger vorgeschriebenen und der tatsächlich durch ihn erreichten Lieferstrecke ca. 92% bzw. 97%, sodaß das von Herrn Schauberger vorgeführte Schwemmverfahren nach seinem System als sehr gut bezeichnet werden muß(4).

Wie Hofrat Dr. Glatz berichtete, war Schaubergers Hilfe unentbehrlich. Denn schon einmal hatten die Bundesforste eine Anlage Schaubergers (in Reichraming) kopiert, die aber nicht funktionierte. Schauberger wurde für die Dauer der Durchführung des Projektes Krampen-Neuberg mittels Werkvertrag angestellt. Dieser Vertrag enthielt die Klausel, daß er für dieses Projekt auf seine Patentansprüche verzichten bzw. sie den Bundesforsten unentgeltlich überlassen sollte. Die Bundesforste befürchteten, daß ihr durch die Inanspruchnahme Schaubergischer Schwemmvorrichtungen im Falle des Patentschutzes erhebliche Kosten entstehen könnten.

Schauberger stimmte dieser Bedingung unter der Gegenbedingung zu, daß keine Staatsforstbeamten an der Errichtung des Projektes mitwirken durften. Das bauausführende Unternehmen war die Österreichisch-ungarische Baugesellschaft. Der Grund für die Errichtung einer Triftanlage war die Baufälligkeit der alten, aus dem Jahre 1788 stammenden Wehranlage der Österreichischen Alpinen Montangesellschaft, des sogenannten Puddlingwehres, das mit der bisher bestandenen Ausländeanlage der Bundesforste verbunden war. Das Herz-

---

3) 800 Stück am 29.4.1927 in der Zeit von 12 Uhr bis 13.45 Uhr, 200 Stück am 30.4.1927, in der Zeit von 09.00 Uhr bis 09.20 Uhr.

4) Generaldirektion der Bundesforste, Zahl: 7757/76 s. Pr. l.b. Österreichisches Staatsarchiv Wien.

stück der Triftanlage war der Schwemmkanal Krampen-Neuberg mit einer Länge von 2101 m, samt anschließender Ausländeanlage in Neuberg. Der Clou dieser Anlage war die Ausländeanlage. Sie war technisch so raffiniert, daß durch eine spezielle Vorrichtung eine selbsttätige Scheidung und Sortierung von Stamm- und Brennholz erfolgte[5].

Die Anlage wurde im August 1928, in weniger als einem Jahr Bauzeit, fertiggestellt. Sie wurde mit einer mittleren Tagesleistung von ca. 1400 Festmeter pro Achtstundentag ordnungsgemäß übergeben. Baumeister Ernst Steinhard wurde für die tatkräftige Leistung (er hat die Anlage erst nach ihrer Fertigstellung gesehen, so Schauberger) zum Technischen Rat ernannt und kassierte die stattliche Prämie (eine Million Schilling). Schauberger schenkte er als Dank eine goldene Uhr. Die Anlage funktionierte klaglos, solange, bis der ganze Wald abgeholzt war[6].

Über den Bau dieser Anlage befindet sich ein dicker Akt im Steiermärkischen Landesarchiv in Graz und im Staatsarchiv Wien, der sämtliche Begutachtungsprotokolle sowie Pläne und Bescheide zum Betrieb der Anlage Krampen-Neuberg enthält[7]. Der geistige Vater dieser Anlage, Viktor Schauberger, scheint in den Projektunterlagen namentlich nirgendwo auf. Im Gutachten der wasserbau-und forsttechnischen Sachverständigen wird die Anlage ... *als äußerst mustergültig und zweckentsprechend bezeichnet, und ...stellt dieselbe auch einen wesentlichen Fortschritt auf dem Gebiete des forstlichen Bringungswesens dar.*

In einem Schreiben der ÖBF vom 4.8.1930, Zl. 6243/3/1, heißt es:

...bestätigen wir, daß zwecks Rationalisierung der Holzbringung im Freinbach und am Mürzfluß nach grundlegenden Angaben, teilweise auch nach Entwürfen des

5) Zeitschrift für Weltforstwirtschaft, Band V, Heft 2, November 1937, Die neuen Triftanlagen in den Mürzforsten in der Nordsteiermark, S. 69 bis S. 103, mit 36 Abbildungen. Von der Generaldirektion der Österreichischen Bundesforste in Wien.

6) Implosion, Biotechnische Nachrichtenreihe, Heft 112, 1995, S. 15

7) Die Baubewilligung wurde mit Bescheid des Bundesministeriums für Land- und Forstwirtschaft vom 15. Juli 1929, Zl.: 42824-I-28, der Generaldirektion der Österreichischen Bundesforste im Rahmen der erteilten Triftkonzession vom 29. November 1926, Zl. 9746-I/26, für die Herstellung einer Holzschwemmanlage vom Triftrechen in Krampen bis zum Ausländeplatz in Neuberg auf Grund der seinerzeit vorgelegten Bauentwürfe erteilt.

Herrn Schauberger in den Jahren 1925-1927 Schwemmanlagen errichtet und verschiedene Gerinneregulierungen durchgeführt wurden ...Diese baulichen Maßnahmen ermöglichen eine derart leichte Bringung des Holzes, daß eine die Hälfte der bei der früher geübten Holzbringungsmethode aufgelaufenen Kosten weit übersteigende Verbilligung der Lieferkosten eintritt. Zur Überführung des bis zur Rechenanlage in Krampen am Wasser vorgelieferten Holzes auf die Ausländeanlage in Neuberg wurde in den Jahren 1928/1929, ebenfalls nach den Entwürfen des Herrn Schaubergers, eine über 2 km lange, künstliche Schwemmanlage, Krampen-Neuberg, errichtet, an deren Ende das Holz durch einen rationellen und äußerst ökonomischen, automatisierten Fließtransportbetrieb in sehr vorteilhafter Weise ausgeländet und gegantert wird.
... Wir bestätigen gerne, daß diese Anlagen allen vereinbarten Anforderungen tadellos entsprechen und daß ohne besondere Forcierung der Arbeit eine dauernde Stundenleistung von ca. 100 fm (geschwemmt, sortiert und gegantert) erreicht wurde, was ohne Zweifel einen bedeutenden Fortschritt auf dem Gebiete des forstlichen Bringungswesens darstellt. Ferner bestätigen wir ihnen auch, daß die obgenannten Verbauungsarten am Freinbach und an der Mürz sich bisher vollständig bewährt haben und daß insbesondere auch eine günstige Beeinflussung der Geschiebeführung und somit eine ersichtliche Konsolidierung der verwilderten Wasserläufe erreicht wurde. Gezeichnet Raymann e.h.

Dr. Ing. Viktor Raymann, der technische Direktor der Bundesforste, hielt am 12. und 20. April 1932 in der Vollversammlung des Österreichischen Ingenieur- und Architekten-Vereines einen Vortrag über die neuen Triftanlagen der Österreichischen Bundesforste im Mürzgebiet (hier auszugsweise wiedergegeben)[(8)]:

Die auf der Mürz schon zu früheren Zeiten, vornehmlich zur Brennholzversorgung der Hüttenbetriebe mit in der Folgezeit wieder aufgelassenen Klausen betriebene Trift entsprach den heutigen Anforderungen, welche an eine wirtschaftliche Bringungsart gestellt werden müssen, nicht mehr. Die Selbstwassertrift war außerdem unzuverlässig. Die neuen Triftanlagen bringen die Holzernte nach der

---

8) Vortrag wurde in der Zeitschrift des Österreichischen Ingenieur- und Architekten-Vereines abgedruckt. Heft 21/22, vom 3. Juni 1930, S. 111-112.

günstigsten Ausformung aller Holzsortimente im Schlag mit den geringsten Verlusten an Güte und Menge so rasch als möglich und fast ohne jedes „Überliegen" zum Verbrauchsort ...

Aus mehr als 10.000 ha Waldfläche können planmäßig jährlich nachhaltig rund 50.000 Einheiten (Fest- und Raummeter) Stamm und Brennholz nach kurzer Vorlieferung aus den Schlagorten mittels Trift zum Markt gebracht werden. Das Bringungsziel ist Neuberg mit der neuerbauten Pachtsäge an der Eisenbahnstrecke Neuberg-Mürzzuschlag (Schleppgleis).

...Die Gesamtlänge der Triftstrecke beträgt 46 km ...Der Schwemmkanal hat ein einheitliches Gefälle und verläuft teils im Gelände, teils in zwei Tunnels und über die erforderlichen Brücken und endet beim sogenannten Wasserschloß, woran sich die Ausländeanlage anschließt..

...Zur Beurteilung der Wirtschaftlichkeit der neuen Triftanlagen, welche täglich bis 1000 Einheiten bewältigen können, sei schließlich bemerkt, daß – abgesehen von anderen, namentlich durch ein in Neuberg neuerrichtetes modernes Sägewerk erzielten kommerziellen Gewinnen – die reinen Triftkosten (einschließlich Ganterung, bzw. Zainung von Stamm- und Schichtholz) gegenüber früher rund 3.05 Schilling auf rund 1.30 Schilling je Einheit gemindert wurden.

Die wirtschaftliche Situation war für Neuberg in den Zwanzigerjahren nicht sehr rosig. Durch die Übernahme der Neuberger Mariazeller Gewerkschaft in die Österreichische Alpine Montan Gesellschaft gegen Ende des vorigen Jahrhunderts fielen viele Bergbaubetriebe den Sanierungskonzepten der neuen Eigentümer zum Opfer. In den Zwanzigerjahren begann der endgültige Niedergang Neubergs als Industrieort. 1923 und 1924 wurde die ÖAMG-Hütte und das VAMG-Werk Arzbach aufgelassen. Neuberg verlor neben etwa 500 Arbeitsplätzen auch 75 % seiner Gemeindeeinnahmen und stand vor dem finanziellen Ruin[9]. Die Errichtung der Triftanlagen und eines großen Sägewerkes in Neuberg durch die Bundesforste gaben der dortigen Region wieder wirtschaftliche Impulse. Es fanden rund 60 Arbeiter mehr als früher durch 130 Tage im Jahr Beschäftigung.

---

9) Katalog zur Ausstellung „...eine Zeitreise durch den Bezirk Mürzzuschlag", Gemeinde Neuberg/Mürz in Zusammenarbeit mit dem Regionalen Entwicklungsverband Mürzzuschlag und ÖAR-GesmbH. S. 26.

Im Jahresbericht der ÖBF für 1930, 1931, S. 39-41, findet sich ein zusammenfassender Bericht über die Anlage in Neuberg (auszugsweise):

Die Leistung der Trift- und Ausländeanlage ist von durchschnittlich 25.250 Einheiten in den Jahren 1925 bis 1928 auf durchschnittlich 39.400 Einheiten in den Jahren 1930 und 1931 gestiegen. Der künftige für die Trift in Betracht kommende normale Jahreseinschlag von 52.000 fm bzw. rm kann sicher bewältigt werden. Die Kosten für die Trift einschließlich Ausländung, Ganterung bzw. Zainung von Stamm- und Schichtholz sind gegenüber früher von 3.05 S im Jahre 1931 auf 1.29 S je Einheit gesunken. Der durchschnittliche jährliche Gewinn der Betriebsjahre 1930 und 1931 beträgt auf Grund detaillierter Nachweisung S 220.902,-.

Die Anlage Krampen-Neuberg wird auch in der Wiener Jagd- und Forstzeitung vom 19. September 1930, S. 230-231, erwähnt. Ing. Karl Heken berichtete über die Schwemmanlage der Österreichischen Bundesforste in Krampen-Neuberg:

Die für die Österreichischen Bundesforste im Vorjahr errichtete Schwemmkanalanlage in Krampen-Neuberg begegnet – wie die zahlreichen Besichtigungen durch Fachleute aus dem In- und Ausland beweisen – derartigem Interesse, daß es nicht unangebracht erscheint, in diesem Fachblatte eine kurz gehaltene Beschreibung der Anlage und ihres Betriebes zu bringen.

Danach erfolgt eine recht ausführliche Beschreibung der Anlage. Am Ende des Berichtes steht dann:

Die beschriebene, nach System Schauberger unter Verwendung mehrerer Patente erbaute Schwemmanlage, bedeutet einen wesentlichen Fortschritt auf dem Wege der Rationalisierung der Holzbringung durch Einführung der „Fließarbeit" auf diesem Gebiete, was umso höher zu bewerten ist, als ein billiger Holztransport eines der wichtigsten Probleme, um nicht zu sagen, das Problem einer rationellen Forst- und Holzwirtschaft bedeutet.

Doch angeblich soll Ministerialrat Ing. Ehrenberger, der Leiter des Wasserbauamtes im Landwirtschaftsministerium, später den Auftrag bekommen haben, die klaglos funktionierende Schwemmanlage Krampen-Neuberg und ihren Urheber zu diskreditieren. Eine Geheimbroschüre soll herausgegeben worden und als Warnung an ausländische Dienststellen verschickt worden sein. Mit dem Inhalt, daß Schauberger nicht der Urheber dieser Holzschwemmanlage sei, sondern Ingenieure sie geplant hätten(10).

Die Stellung der Bundesforste zu Schauberger, nach dessen grundsätzlichen Ideen und Plänen die Trift auf der Mürz wieder auf Vordermann gebracht wurde, wird mehr als 20 Jahre später in einem Brief der Generaldirektion der Bundesforste vom 25. Juni 1953 an das Finanzministerium deutlich(11). Schauberger hatte zuvor an den Finanzminister einen „Werbebrief" als Gründungsmitglied des Vereins „Die Grüne Front"(12) gerichtet, mit der Bitte um Unterstützung der Ziele dieses Vereines. In drei maschinegeschriebenen A4 Seiten kritisiert Schauberger – wie seinerzeit – die Forstbürokratie und prangert die seiner Meinung nach durch naturwidrige land-, forst- und wasserpfleglichen Maßnahmen hervorgerufenen Naturschäden an. Im Auftrag des Finanzministers sandte Sektionsrat Dr. Emil Waltenstorfer, Abteilung III, den Brief von Schauberger an die Generaldirektion der Bundesforste mit dem Ersuchen um Stellungnahme.

In Beantwortung dieses Schreibens fügte die Generaldirektion dem offiziellen Antwortschreiben ein Schreiben bei, in dem näher auf die Person Viktor Schauberger eingegangen wurde. Darin heißt es u.a.:

Was zunächst die Person Viktor Schauberger senior und seine Behauptungen anbelangt, daß er als Bringungsspezialist und Erfinder eines neuen Bringungssystems Bahnbrechendes geleistet hätte, so wird darauf verwiesen, daß schon die Brüder Huebmer in der Zeit von 1780 an die Bringung des Holzes auf dem Wasser durch Triften und durch Berg- und Holzkanäle einführten, wofür sie von Joseph II. zu kaiserlichen Schwemmeistern ernannt wurden. Schauberger hat lediglich in seiner früheren Privat-Dienststellung bei der Herrschaft Schaumburg-Lippe, Steyrling, eine unbedeutende Holzwasserbringungsanlage eingerichtet(13). Dort wurde er aber gekündigt.

---

10) Siehe Kapitel 5 - Der Fall Ehrenberger.

11) Generaldirektion der Bundesforste, Geschäftszahl 9.722/1953 – GD/Kr. Staatsarchiv Wien.

12) Die Grüne Front hat sich für die Wiederaufforstung der kahlgeschlagenen Waldflächen eingesetzt. Nach dem Slogan: Macht die Erde wieder grün. Siehe Kapitel 10 - Grüne Front.

13) So unbedeutend, daß eine Verbilligung des Holztransportes um ca. 90% ermöglicht wurde und daß Dipl.-Ing. Dr. Leo Hauska sie in seinem Buch „Das forstliche Bauingenieurwesen, Band 1", Verlag Carl Gerold's Sohn, Wien und Leipzig, 1933, S. 116-117, erwähnte.

Die Österreichischen Bundesforste selbst hatten eine Unzahl von kleinen Wasserriesen schon vor Schauberger. Schauberger ist daher lediglich ein Epigone und Plagiator dieser vor mehr als 100 Jahren praktizierten Einrichtungen. Seine Phantastereien und seine mystischen Vorspiegelungen, daß er durch seine Wasserbringungskünste die Staatsforste aktiv zu gestalten in der Lage sei, verschafften ihm im Jahre 1924 bei den früheren Staatsforsten einen Anstellungsvertrag, der aber von der später geschaffenen Generaldirektion mangels Erfolge und zur Einsparung unnützer, sehr kostspieliger Versuchskosten gekündigt wurde.
...Seine (Anm.: Schaubergers, d. V.) Ausführungen machen den Eindruck der Verworrenheit, er versteht es jedoch meisterhaft, moderne Schlagwörter spekulativ als seine Erfindungen und Forschungen auszunützen. Desweiteren ...dient der ganze Aufwand nur dazu, seinem Sohn, Dipl.-Ing. Walter Schauberger, der eigentlich der Motor der „Grünen Front" ist, eine entsprechend hohe Position zu verschaffen...

Schaubergers „Angriff" auf die Forstbürokratie wurde also in ähnlicher Weise erwidert. Nur fällt die Argumentationslage zu seinen Gunsten aus, denn seine bereits Jahrzehnte früher angeprangerten Säumnisse und Fehler in der Forst-, Land- und Wasserwirtschaft waren jetzt in ihren Auswirkungen voll ersichtlich. Es scheint wohl klar, daß die angegriffenen Forstbeamten reagieren mußten. In Anbetracht der Sachlage schien es vorteilhafter, den unbequemen Mahner in ein mystisches Eck zu stellen und ihn verworrener Ideen zu zeihen, als eigene Fehler einzugestehen und sich dadurch eine Blöße zu geben. Wer immer auch das Schreiben verfaßt oder diktiert hatte, hat sich und den Österreichischen Bundesforsten damit keinen guten Dienst erwiesen.

Nicht Schauberger hat sich in den Staatsdienst gedrängt, wie der Schreiber oben behauptet, sondern der Staat ist auf seine (unbedeutenden!) Leistungen aufmerksam geworden. Und der zuständige Minister hat es sich nicht nehmen lassen, selbst nach Steyrling zu reisen und den „uninteressanten" Schauberger mittels eines großzügigen Angebotes für den Eintritt in den Staatsdienst zu gewinnen.

Wäre die für die Bundesforste in Krampen-Neuberg konstruierte Schwemmkanalanlage Schaubergers sowie die vorher nach seinen Plänen durchgeführte Regulierung der Mürz und ihrer Nebenflüsse nichts Besonderes gewesen, hätte sie wohl nicht so großes Interesse in der Fachwelt erweckt und so großen Niederschlag in diversen Fachzeitschriften und -büchern gefunden.

Wie tief den Ministerialbeamten Schaubergers Kritik auch gegangen sein mag, und bei aller Animosität gegen seine Person, hätten sie in der Sache fair bleiben und ihn wenigstens als geistigen Urheber der Anlage Krampen-Neuberg gelten lassen müssen. Ferner Schauberger als Plagiator von Huebmers Schwemmanlagen hinzustellen, ist ebenfalls unrichtig. Von Huebmer weiß man, daß er im 18. Jahrhundert in der Holzbringung Großartiges geleistet hat. Schaubergers Schwemmanlage war kein Abklatsch der Huebmerischen, von der man an und für sich gar keine technischen Details weiß. Im Gegenteil, seine Schwemmanlage ermöglichte ja eine wirtschaftlich und technisch viel effizientere Holzbringung als alle Anlagen der Bundesforste zuvor. Der Beamte, der obiges Schreiben verfaßt hatte, hätte sich akten- und sachkundig machen müssen, bevor er sich in einer derart unqualifizierten Art über den Urheber der Schwemmanlage Krampen-Neuberg äußerte.

Zurück in die 30er-Jahre. Schaubergers Ruf als Holzbringungsspezialist breitete sich ungeachtet aller Versuche, ihn und seine Werke zu diffamieren, ihn sogar als verrückt zu erklären, aus. Selbst ausländische Regierungen schielten nach dem österreichischen Förster. Hätte er die Angebote angenommen, wäre er in kurzer Zeit ein vermögender Mann geworden. Eine innere Stimme sagte ihm aber, daß es noch zu früh sei, die Sache in größerem Maße zu forcieren. Schauberger war sich bewußt, daß er mit seinen revolutionären Ideen seiner Zeit um vieles voraus war. Er sah die Früchte seiner Arbeit erst in ferner Zukunft reifen, wenn die Menschen erkennen würden, welche Schäden sie durch ihre destruktiven Eingriffe in die natürliche Ordnung hervorgerufen haben.

Denn das Beispiel Holzschwemmanlage machte ihm deutlich, daß aus seiner ursprünglich aus Mitleid zu Mensch und Tier vorhandenen Motivation, den Holztransport zu erleichtern, bald ein räuberisches Unternehmen wurde. Er mußte später mitansehen, daß seine Erfindung nur mehr finanziellen Zwecken diente und einem steten Raubbau des Waldes Vorschub leistete. Aus diesen Gründen stellte er auch den Bau weiterer Holzschwemmanlagen ein.

Erst im Jahre 1994 hat sich wiederum ein Fachmann mit diesem Thema befaßt: Ministerialrat Dipl.-Ing. Dr. Peter Krausneker hat über Viktor Schauberger und seine unerklärbare Holztriftanlage im Mürztal eine Abhandlung geschrieben[(14)]. Diese Anlage wird weiters in einigen Fachbüchern erwähnt. Dr. Ing. Leo Hauska bringt eine ausführliche Beschreibung darüber in seinem

Buch: Das forstliche Bauingenieurwesen[15]. Er ordnet den Schwemmkanal Krampen-Neuberg seiner Querprofil-Form nach dem Typ „Öhragriese“ zu, deren Oberbau, wie in der Steyrlinger Anlage, aus Holzdauben gefertigt wurde. Dipl.-Ing. Dr. Franz Hafner erwähnt in seinen Büchern: Die Praxis des neuzeitlichen Holztransportes[16] und Steiermarks Wald in Geschichte und Gegenwart[17] ebenfalls die Neuberger Anlage. Der ehemalige Leiter der Bauabteilung der Generaldirektion der Österreichischen Staatsforste, Univ. Prof. Hofrat Dipl.-Ing. Dr. Julius Duhm, schreibt in seinem Buch Hochbauten und Ingenieurbauten aus neuerer Zeit[18]: „In den betrachteten Zeitabschnitt der letzten 20 Jahre fällt als größtes und schönstes Werk der Ingenieurtätigkeit der Staatsforste die Ausgestaltung der Holzbringung aus den steirischen Mürzforsten auf dem Wasserweg.“

Nachfolgend soll eine kurze Beschreibung das Leben und Wirken des österreichischen Schwemmeisters Georg Huebmer dokumentieren.

Georg Huebmer – der kaiserliche Schwemm-Meister

Hundert Jahre vor Viktor Schauberger erregte ein anderer österreichischer Forstmann die öffentliche Aufmerksamkeit mit einem ähnlichen Holzbringungsprojekt: Der früher bereits erwähnte, aus dem Gosautale im Salzkammergut stammende Georg Hubmer (1755-1833, vielfach auch Huebmer geschrieben). Die Eisenwerke des Schwarzatales benötigten Brennholz, das auf umständliche Weise mit Pferdefuhrwerken über den Semmering herbeigeschafft wurde. Um die Brennholzversorgung effizienter zu gestalten, schloß die Innerberger Hauptgewerkschaft, zu der auch das Werk Reichenau gehör-

---

14) Siehe „Historische Wasserwirtschaft im Alpenraum und an der Donau.“ Herausgegeben von: Deutscher Verband für Wasserwirtschaft und Kulturbau e.V. Verlag Konrad Wittwer-Stuttgart, 1994. S. 247-251

15) Hauska, Dr. Ing. Leo, „Das forstliche Bauingenieurwesen, Band 1“, Verlag Carl Gerold`s Sohn, Wien und Leipzig, 1933, S. 118-121

16) Hafner, Dipl.-Ing. Dr. Franz, „Die Praxis des neuzeitlichen Holztransportes“, Verlag Georg Fromme & Co., Wien 1952, S. 124-125

17) Derselbe, „Steiermarks Wald in Geschichte und Gegenwart“, Österreichischer Agrarverlag, Wien 1979, S. 213-215

18) Duhm, Dipl.-Ing. Dr. Julius, „Hochbauten und Ingenieurbauten aus neuerer Zeit“, Verlag Georg Fromme & Co., Wien 1948, S. 12

te, am 1. März 1781 mit dem Grafen Hoyos einen Abstockungsvertrag, um aus dem naheliegenden Urwald an der Naß 4000 Klafter Holz (etwa 13.600 rm) zu schlägern.

Das Holz sollte aber nicht mehr mühsam über den Semmering transportiert, sondern mittels Trift durch das Prein- und Höllental zum Bringungsziel geschafft werden. Um dieses Problem zu bewältigen, bedurfte es besonderer Holzbringungsspezialisten. Johann und Georg Huebmer bewarben sich um die Schlägerung und Bringung des Holzes aus diesem Gebiet, und schlossen mit der Innerberger Hauptgewerkschaft am 31. August 1781 einen „Holz Verdingungs Contract".

Nachdem die Huebmerischen Holzknechte ihre Unterkünfte bezogen hatten, wurde mit dem Bau der Triftanlagen begonnen. Die beiden Quellbäche der Naß, die zu schwach waren, um die schweren Holzscheite zu tragen, wurden mit Holzbalken und schweren Brettern ausgekleidet. Das Wasser wurde in Klausen gestaut oder man wartete auf die nächste Schneeschmelze, um die Scheite aus dem dichten Urwald hinaus zum Kaiserbrunn zu schwemmen. Durch seine energisch-bestimmende Art geriet Georg Huebmer verständlicherweise oft in Widerspruch zu den Beamten und Direktoren der Innerberger Hauptgewerkschaft.

„Seine Sache verstehend und stets siegreich verfechtend, trat er den Schreibern im Amte vielleicht etwas zu barsch entgegen – Huebmer war ein Sohn des Waldes", schreibt Wurzbach in seiner Biographie über diesen außergewöhnlichen Mann. Der Maler des Biedermeier, Jakob Gauermann, beschreibt ihn so: „Ohne alle wissenschaftliche Bildung, nur im Unterrichte der Natur entwickelt, bis in sein späteres Alter selbst des Schreibens unkundig, beseelte diesen merkwürdigen Mann ein hoher Geist, eine praktische Gewandtheit sondergleichen." Da sind gewisse Parallelen zu Viktor Schauberger erkennbar.

Als sich der Konflikt mit den Beamten schließlich immer mehr zuspitzte, unterbreitete Huebmer dem Grafen Johann Philipp Hoyos Pläne über die Erschließung des riesigen Urwaldgebietes am Neuwald und den Transport des Holzes nach Wien, das zu jener Zeit schon unter starkem Holzmangel litt. 1805 schloß Georg Huebmer allein, denn sein Bruder Johann war inzwischen verstorben, mit dem Grafen Johann Philipp Hoyos einen Holzlieferungsvertrag ab. Darin verpflichtete sich die Huebmerische Schwemmkompanie, jährlich wenigstens 10.000 Klafter hartes und weiches Brennholz auf eigene Rechnung, Gefahr und Kosten nach Wien zu liefern.

Die Forste des Grafen Hoyos bildeten einen zusammenhängenden Komplex, dessen Zentrum sich um den Schneeberg lagerte und ebenso in das Talgebiet der steirischen Mürz wie in jenes der niederösterreichischen Schwarza fiel. Die Forste des Mürztales, um ihren Kern Neuwald, waren noch unberührt. Ein Gebirgsrücken zwischen diesen beiden Flußtälern, das sogenannte Gescheidl, machte zu jener Zeit, als noch keine Straßen in diese entlegenen Gebiete führten, eine Nutzung dieser Wälder unmöglich.

Huebmer ging zunächst so vor, daß er das Holz aus der Mürzgegend im Winter auf Schlitten bis zu einem Holzaufzug brachte, mit welchem es im darauffolgenden Sommer über den 1134 m hohen Begrücken des Gscheidls in das Preintal befördert wurde. Von dort aus war es möglich, das Holz auf dem Preinbach in den Naßbach zu triften, wo es beim Wasserbauerhof (heute Gasthaus Singerin) in die Schwarza, dann in den Kehrbach und auf diesem 20 Stunden später nach Wiener Neustadt gelangte und auf dem Wiener Neustädter Kanal weiter nach Wien transportiert wurde. Doch der Transport mittels Holzaufzug über das Gscheidl war eine sehr mühselige und kostenaufwendige Sache.

So faßte Huebmer schon 1810 den Plan, die Idee des Hoyos'schen Oberjägers Grabner zu verwirklichen und diesen Gebirgskamm in entsprechender Höhe zu durchstoßen. Der faszinierende Gedanke, die Wasserscheide zwischen der Stillen Mürz und dem Preinbach mit einem Tunnel zu durchbrechen, fesselte Huebmer bis in das hohe Mannesalter. Er war bereits 67, als er im August des Jahres 1822 dieses Projekt erneut in Angriff nahm. Graf Hoyos stellte bereits im Jahre 1820 ein Ansuchen an den Kaiser um Erweiterung der Schwemme, was dieser auch bewilligte.

Huebmer entschloß sich, den Tunnel 80 m unterhalb des 1134 m hohen Gscheidsattels anzulegen und den Gebirgskamm in einer Länge von 450 m zu durchbrechen. Ein Mann, der bis zu seinem Tode des Schreibens unkundig war, wagte sich hier an ein Projekt, dem damals wohl viele Techniker nicht gewachsen gewesen wären. Nach Auskunft des Technischen Museums in Wien und der Technischen Universität Wien handelte es sich zu jener Zeit, in der es noch keine Eisenbahnen gab, mit großer Wahrscheinlichkeit um den längsten Tunnelbau Österreichs. Der Stollen wurde am 8. März 1827 beendet.

Durch den Tunnel baute Huebmer eine Wasserriese, mit der das Holz in das Preintal geschwemmt und von dort auf dem Wasserwege weiter ins Tal befördert wurde. Neben der Wasserriese war durch den Tunnel ein Bretterweg gelegt worden, durch den Wanderer in das andere Tal gelangen konnten. Um das Holz aus dem restlichen Teil des Urwaldgebietes nutzen zu können, entschloß sich der Schwemm-Meister, ungefähr 100 Meter unterhalb des Durchschlages einen 2400 m langen Schiffskanal in den Neuwald hinein anzulegen.

Beide wurden dann durch einen Schrägaufzug miteinander verbunden, da wegen der Steilheit der Hänge ein Bergaufziehen des Holzes mittels Pferdeaufzuges nicht in Frage kam. Der Kanal, dem später noch weitere Kanäle mit einer Gesamtlänge von 9 km folgten, wurde mit dem Wasser von 22 Quellen aus dem Ursprungsgebiet der Stillen Mürz gespeist. Das Holz wurde auf Schiffen mittels Pferdezug bis zu dem unterhalb des Durchschlages gelegenen Hafen gezogen[(19)].

Das Triftwesen erlebte seine Blüte vom 17. bis zum Ende des 19. Jahrhunderts. Es ist bekannt, daß im Gebiete des heutigen Österreich erstmals im 12. Jahrhundert ein Triftrechen in der Salzach bei Hallein zur Ausländung von Holz diente[(20)]. Ein Beweis, daß das Triftwesen in Österreich – insbesondere im Salzkammergut – auf vorbildlicher, beispielgebender Höhe entwickelt war, sind die häufigen Berufungen tüchtiger Meister und vieler Holzarbeiter aus diesem Gebiet in andere Länder der Monarchie, um dort Klausen, Rechen und Riesen zu erbauen, und dadurch bisher unerschlossene Waldgebiete nutzbar zu machen.

Heute sind die Holzbringungsanlagen dem Verfall preisgegeben. Das Wissen um das Triften, das alte Forstleute und Holzknechte noch in sich trugen, geht mit ihnen unter[(21)]. War Viktor Schauberger einer der letzten Forstleute, der uns diese Kunst noch einmal eindrucksvoll bewiesen hat? Die Art der Holzbringung hat sich im industriellen Zeitalter gewandelt. Der Fährmann Wasser wurde mit dem Einzug von Maschinen in die Forstwirtschaft und durch den Bau von Forststraßen abgelöst. Das Können der alten Holzmeister und Forstleute soll uns bei allem technischen Fortschritt aber als großartige menschliche Leistung in Erinnerung bleiben.

---

19) Killian, Dr. Herbert, Univ. Doz., Professor für Forstgeschichte an der Universität für Bodenkultur in Wien. „Georg Huebmer und seine Werke im Spiegel zeitgenössischer Quellen“, Centralblatt für das gesamte Forstwesen, 94. Jg., Heft 4, 1977, S. 196 bis 219

20) Hafner, Dipl.-Ing. Dr. Franz, „Österreichische Wasserwirtschaft“, 24. Jg. 1972, S. 170

21) Koller, Engelbert, „Die Holztrift im Salzkammergut“, Verlag des Amtes der oberösterreichischen Landesregierung, Linz 1954

Kapitel 4

Schauberger wird an die Hochschule für Bodenkultur in Wien eingeladen

Die Holzschwemmanlage in Neuberg an der Mürz sorgte weiter für Aufregung. Etwas, das laut wissenschaftlicher Erkenntnisse nicht funktionieren kann, darf es nicht geben. Doch das Funktionieren von Schaubergers Holzschwemmanlage widerlegte diese Ansicht. Das Bundesministerium für Land- und Forstwirtschaft geriet in Erklärungsnotstand. Die interessierte Öffentlichkeit drängte zu wissen, wie und warum diese „Wunderanlage" eigentlich funktionierte. Schauberger selbst zeigte sich nicht sehr erklärungsfreundlich. Die Wissenschaftler verstehen „seinen Kram" ja doch nicht, war seine gekränkte Standardaussage. Als letzter Hoffnungsschimmer sollte sich der weltbekannte Hydrauliker Universitätsprofessor Dr. Philipp Forchheimer aus Wien erweisen, der vom Ministerium beauftragt wurde, nach Neuberg an der Mürz zu reisen und ein Gutachten, das eine wissenschaftliche Erklärung für die Funktion des Schwemmkanales liefern sollte, zu erstellen[1].

Hofrat Dr. techn. Ing. Philipp Forchheimer[2] wirkte von 1894 bis 1914 als ordentlicher Professor für Wasserbau und Enzyklopädie der Ingenieurswissenschaften an der Technischen Hochschule Graz. 1914 folgte er einer Einladung, die Ingenieurhochschule in Konstantinopel zu reorganisieren. Anfangs

---

1) Alexandersson, Olof, „Lebendes Wasser", Ennsthaler Verlag Steyr, 2. Auflage 1994, S. 43

2) O.Ö. Professor des Wasserbaues, Wirkliches Mitglied der Akademie der Wissenschaften in Wien, wurde am 7. August 1852 als Sohn eines Fabriksbesitzers in Wien geboren. Er verstarb am 2. Oktober 1933 in Dürnstein. Forchheimer studierte an den Technischen Hochschulen in Wien und Zürich und erwarb dort das Ingenieursdiplom (1873). In den folgenden Jahren erwarb er Praxis im Verkehrswesen und in der Baubranche: u.a. bei der Generalinspektion der österreichischen Eisenbahnen (1872-1878), wo er mit der Trassierung der Bahnlinie Innsbruck-Landeck, der Salzkammergutbahn etc. befaßt war. 1882 promovierte er an der Universität Tübingen und habilitierte sich an der Technischen Hochschule in Aachen. Nach einem kurzen Intermezzo an der kaiserlich-ottomanischen Ingenieurschule in Konstantinopel (1889-1892) kehrte an die Technische Hochschule in Aachen zurück. Marcus Ludescher, „Das wissenschaftliche Personal an der technischen Universität Graz, Teil 1: Von den Anfängen bis 1914", Graz 1995.

beschäftigte sich Forchheimer theoretisch und experimentell mit Fragen der Erdbaumechanik, wandte sich dann aber hydraulischen Problemen zu. Den Auftakt dazu bildete eine 1886 erschienene Untersuchung über Brunnen, der eine Reihe weiterer Arbeiten über das gleiche Thema folgten. 1914 folgte sein Standardwerk, eine fünfbändige Monographie mit dem Titel „Hydraulik", mit der Forchheimer die Anwendung der theoretischen Hydraulik auf die Lösung wasserbaulicher Probleme beinahe lückenlos und mit vorbildlicher Gründlichkeit darlegte und damit ein Werk schuf, das keine andere Nation aufzuweisen hat[3].

Aus der Sicht Schaubergers war vermutlich diese letztgenannte Arbeit Forchheimers der „Todesstoß" für das Wasser. Die Anwendung und Übertragung der theoretischen Hydraulik auf das lebendige Medium Wasser war ja einer der Hauptkritikpunkte Schaubergers an die Wissenschaft. Die Regulierung der „Wildbäche" wurde von der Obrigkeit ursprünglich den Forstleuten übertragen, die (noch) keine technische Ausbildung hatten. Viktor Schauberger, der Förster, der innig mit Wald und Wasser verwurzelt war, sah, daß mit dem Einfluß der wissenschaftlich-technischen Lehre auf wasserbauliche Maßnahmen, die Praxis der nichtakademischen Forstleute als rückständig erachtet und allmählich verdrängt wurde. Der „Fortschritt" verschonte auch diese Bereiche nicht.

Nun stand Prof. Forchheimer vor dieser „Wunderanlage" in Neuberg an der Mürz, die nach seinen analog auf das Wasser übertragenen Gesetzen der Hydraulik nicht hätte funktionieren dürfen. Der weltberühmte Professor studierte die Anlage sechs Wochen lang, ohne dahinter zu kommen, warum und wie sie funktionierte. Schauberger, der seit den letzten Begegnungen mit Gutachtern großen Unmut gegen sie hegte, sah keine Veranlassung, dem Professor sein Geheimnis zu verraten. Doch mit zunehmender Dauer stellte er fest, daß dieser Professor ihn nicht so von oben herab behandelte, wie die anderen Wissenschaftler, sondern eher betroffen war, nicht hinter das Geheimnis der Anlage zu kommen – die gegen alle bisher als unwiderlegbar angesehenen Gesetzmäßigkeiten funktionierte. Im Zuge der weiteren Untersuchung der Anlage kamen sich der Förster und der alte Professor schließlich doch näher.

---

3) Ludescher, Marcus, „Das wissenschaftliche Personal an der technischen Universität Graz, Teil 1, von den Anfängen bis 1914", Graz 1995.

Als Schauberger dem Professor das Wesen der Wasserbewegung zu erklären versuchte, tauchte die Frage auf, ob das Wasser, das um einen abgeschliffenen Stein herumfließt, danach wärmer ist oder nicht. Forchheimer vertrat die Ansicht, daß es aufgrund der Reibung wärmer sein müßte. Schauberger meinte, daß es kälter wäre. Da half nur eine Messung. Schauberger, der Lederhosen anhatte, stapfte ins Wasser und stellte fest, daß das Wasser nach dem Stein um einige Zehntel Grad kälter war. Forchheimer konnte das nicht glauben und nahm selbst die Messung vor. Kopfschüttelnd mußte er akzeptieren, daß Schauberger recht hatte(4).

Forchheimer lud Schauberger daraufhin ein, an der Hochschule für Bodenkultur in Wien den Professoren seine Erkenntnisse über die „naturrichtige Wasserbewegung" darzulegen. Er nahm die Einladung an. Mit einem mulmigen Gefühl schritt der Mann aus dem Wald, der ketzerische Ideen verbreitete, vor seine akademischen Richter:

Die Herren, etwa 10 Professoren, darunter bekannte Wasserfachleute, waren im großen Lehrsaal versammelt. Professor Forchheimer stellte mich zuerst dem Rektor und mit einer zusammenfassenden Geste auch den übrigen Herren vor ... Der Rektor eröffnete das Gespräch mit den Worten: „Also, Herr Wildmeister, wollen Sie uns belehren, wie wir Fachleute Ihrer Meinung nach die Wasserläufe naturrichtig (er betonte dieses Wort besonders) regulieren sollen, damit durch diese Maßnahmen keine Flur- und Wasserschäden entstehen." Nach einer kurzen Überlegungspause antwortete ich: „Tja, so einfach läßt sich die naturrichtige Wasserregulierungskunst leider nicht erklären." „Vielleicht ist es möglich", antwortete dazwischensprechend der Rektor, „den Kern der Sache mit einigen Schlagworten sichtbar zu machen. Also bitte möglichst kurz und bündig, wie haben wir oder wie hätten wir die Flüsse zu regulieren?" „So wie der Saubär beim Laufen brunzt(5)", war meine Antwort(6).

Das Professorenkollegium war zuerst sprachlos. Dann forderte ihn der Rektor auf, sich etwas dezenter auszudrücken, da man nicht im Walde, sondern

4) Alexandersson, Olof, „Lebendes Wasser", Ennsthaler Verlag, S. 36.
5) So wie das männliche Wildschwein während des Laufens uriniert.
6) Schauberger, Viktor: „Mein Besuch in der Hochschule für Bodenkultur", Implosion, Heft 8, S. 6, 7

in der Hochschule sei. Schauberger erklärte sodann, ... *daß Wasser in ganz besonders geformten Profilen geführt werden müsse, deren Grundriß gleich dem Längsriß, usw., sein müsse.* Bis auf Prof. Dr. Forchheimer verstand keiner der anwesenden Professoren, was er damit meinte. Forchheimer ging zur Tafel und versuchte anhand meterlanger Formeln Schaubergers Aussage zu erklären. Bei einer am nächsten Tag stattgefundenen Diskussion in Forchheimers Wohnung[7], erklärte ihm Schauberger, daß er den Vergleich mit dem Saubären von seinem Vater übernommen habe, der damit seinen Holzknechten das „naturrichtige" Verlegen des Schwemmbaches erklärte. Dieses Verlegen hatte den Zweck, die Schwemmgeschwindigkeit des Holzes durch Bremskurven zu beschleunigen. Der Professor meinte darauf, daß man also das Wasser bremsen müsse, um es zu beschleunigen. Schauberger verneinte und erwiderte, daß die Bremskurven den Zweck haben, das Wasser spiralartig um seine eigene Achse einzudrehen, so wie sich das Wasser beim Abfließen vor jedem Abflußloch dreht[8].

Übrigens stammte der Vergleich mit dem Saubären einer altbekannten Sage nach von einem alten Weib. Das alte Weib soll bei der Regulierung des Senftenbaches den Rat gegeben haben, den Bach so zu graben, wie der Saubär prunzet. Die intensive Schlängelung eines Teiles des Senftenbaches mit 30 Serpentinen auf 600 m Länge soll auf diesen Rat zurückzuführen sein[9].

Schauberger sagte dem Professor, daß er sich einmal die Schwingungskurve vorstellen soll, wenn der laufende Saubär brunzt (uriniert). Jetzt kapierte der Professor plötzlich, was er eigentlich damit meinte, nämlich eine ideale zykloide Raumkurve, deren Aufriß gleich dem Querschnitt ist[10]. Forchheimer versuchte diese Kurve zu berechnen. Nach einiger Zeit beendete er dieses Unterfangen und meinte, daß man Jahre dazu brauchen würde[11].

Schaubergers Erklärungen über die „Gesetzmäßigkeit der Wasserbewegung" dürften den alten Professor ziemlich durcheinandergebracht haben. Ir-

---

7) 1190 Wien, Peter Jordanstraße 21.

8) Schauberger, Viktor: „Mein Besuch in der Hochschule für Bodenkultur", Implosion, Heft 8, S. 8

9) Waltl, Dipl.-Ing. Artur, „Der natürliche Wasserbau an Bächen und Flüssen", Schriftenreihe der oberösterreichischen Landesbaudirektion 1948, S. 56

10) Während des Laufens wiegt der Saubär sein Hinterteil rhythmisch hin und her und macht zugleich eine Auf- und Abbewegung. Aufgrund dieser Bewegung entstehen rhythmisch wechselnde, spiralförmige Horizontal- und Vertikalkurven.

11) Schauberger, Viktor: „Mein Besuch in der Hochschule für Bodenkultur", Implosion, Heft 8, S. 8

gendwann mußte er, der Dutzende Lehrbücher über Strömungslehre und dergleichen geschrieben hatte, einsehen, daß der Förster mit seinen Ansichten recht hatte und daß er und die gesamte Wissenschaft in dieser Disziplin tatsächlich falsch unterrichtet waren.

Inzwischen machte Schauberger Bekanntschaft mit einer weiteren wissenschaftlichen Kapazität. Sein Ruf war auch zu Prof. Dr. Ing. Wilhelm Exner, dem Vorstand der Akademie der Wissenschaften in Wien, vorgedrungen. Den Professor quälte nämlich schon jahrelang die Frage, wie sich das Wasser am Steilhang stetig halten kann, auf die ihm die Wissenschaft keine (befriedigende) Antwort zu geben vermochte. In der Gestalt des Försters Viktor Schauberger, der angeblich viel Neues zu diesen Fragen wußte, hoffte er Antwort auf die quälende Frage zu finden. Als er Schauberger mit dieser Frage konfrontierte, bat dieser ihn, vorerst erklären zu dürfen, was Wasser seiner Sicht nach sei. Der Professor willigte ein.

Nachdem Schauberger seine umfangreichen Ausführungen beendet hatte, bat ihn Prof. Exner, das Gesagte in einfacheren Worten zu Papier zu bringen und mit niemandem darüber zu sprechen. Als Vorstand der Akademie der Wissenschaften würde er dafür sorgen, daß dem Förster das Urheberrecht dieser Entdeckung gewahrt bliebe. Exner hinterlegte Schaubergers schriftliche Ausführungen (Die Gesetzmäßigkeit der Wasserbewegung) dann in der Akademie[12]. (Dort wurde dem Verfasser mitgeteilt, daß das hinterlegte Schriftstück von Dipl.Ing. Walter Schauberger, Viktors Sohn, in den Siebziger Jahren ausgehoben worden sei.)

Prof. Forchheimer ermöglichte es, daß Schauberger diese Ausführungen auszugsweise auch in der Fachzeitschrift *Die Wasserwirtschaft* veröffentlichen konnte. Forchheimer erhoffte sich dadurch, eine öffentliche Diskussion in Gang zu setzen. Dem Förster und Autodidakten Viktor Schauberger wurde also die Ehre zuteil, in der angesehenen Fachzeitschrift *Die Wasserwirtschaft* seine Erkenntnisse über die Gesetzmäßigkeit der Wasserbewegung zu veröffentlichen. Prof. Forchheimers Befürwortung wird in einem Empfehlungsschreiben an die Redaktion der Zeitschrift ersichtlich:

An die Redaktion der Wasserwirtschaft. Herr Viktor Schauberger hat mir die bei-

12) Ebd.

liegende Abhandlung über „Temperatur und Wasserbewegung" übermittelt. Da dieselbe mein volles Interesse erweckt hat, durch die in ihr enthaltenen, vollständig neuen Gesichtspunkte, die geeignet erscheinen, auf den Fluß- und Talsperrenbau nicht nur befruchtend sondern sogar bahnbrechend zu wirken, halte ich es im allgemeinen Interesse gelegen, diese Arbeit auch einem weiteren Leserkreis und der Fachwelt bekannt zu machen. In diesem Sinne empfehle ich Ihnen die Veröffentlichung dieses interessanten Artikels[(13)].

Als nächstes fuhr Forchheimer mit Schauberger nach Brünn an die Technische Hochschule zu seinen Kollegen und ehemaligen Schülern Schocklitz und Smrcek. Doch die Gespräche mit den Technikern führten zu nichts. Genausowenig wie das Gespräch mit Prof. Schaffernak, dem Leiter der Wasserversuchsabteilung der Technischen Hochschule Wien. Laut Prof. Forchheimer konnte sich dieser nicht erklären, warum die Donau und der Inn sich beim Zusammenfluß nicht sofort vermischen, sondern erst in einiger Entfernung nach der Mündung[(14)].

Schauberger stellte fest, daß ein näheres Verstehen mit diesen Gelehrten nicht möglich war, mit Ausnahme Prof. Forchheimers, der meinte, froh zu sein, daß er schon 75 Jahre alt sei und daß Schauberger ihm nicht mehr schaden könne. Aber einmal wird die Zeit kommen, da wird man sie verstehen, meinte er noch zu Schauberger kurz vor seinem Tode.

Prof. Forchheimer hatte noch die Absicht, Schaubergers „zykloide Raumkurve" (wie der Saubär brunzt) in sein Lehrbuch aufzunehmen und alles zu widerlegen, was er bisher zu diesem Thema publiziert hatte, nämlich, daß man Wasser auf kürzestem, steilstem und geradlinigstem Wege vom Berg ins Tal zu führen habe, damit es möglichst ohne Schäden anzurichten im Meer ankomme. Er starb, noch bevor die ersten Ansätze dieses Buches fertig waren. Der Professor sah kurz vor seinem Tode noch ein, daß er damit den größten Lehrfehler seines Lebens als führender Hydrauliker gemacht hatte, der zur Zerstörung des „naturrichtigen" (mäanderförmigen) Entwicklungsweges des Wassers führte.

---

13) Die Wasserwirtschaft, Nr. 20, 1930, S. 425-428. Weitere Auszüge sowie Abhandlungen Schaubergers folgten in den Ausgaben:1930, Nr. 24, Seite 498-502; 1930, Nr. 35, Seite 717-719; 1931, Nr. 1, Seite 13; 1931, Nr. 3, Seite 44- 47; 1931, Nr. 5, Seite 73- 79; 1931, Nr. 7, Seite 106; 1931, Nr. 8, Seite 122; 1931, Nr. 9, Seite 131-136; 1931, Nr. 10, Seite 148-154; 1931, Nr. 26, Seite 450-452

14) Alexandersson, Olof, „Lebendes Wasser", Ennsthaler Verlag, S. 44 ff.

Was aber ist aus den „bahnbrechenden“ Erkenntnissen Schaubergers geworden? Wie hat die Fachwelt sie aufgenommen? Zwei hochangesehene und weit über die Grenzen des Landes hinaus bekannte Wissenschaftler setzten sich für den einfachen Förster aus Oberösterreich und seine sensationellen Erkenntnisse ein – und was geschah? Die Lehrbücher über Strömungslehre und Wasserbewegung haben sich seit dem Tode von Prof. Forchheimer kaum geändert, obwohl er sich noch bemüht hatte, die Studienunterlagen im Sinne der neuen Erkenntnisse zu revidieren.

Kapitel 5

Die Rheinregulierung – Der „Fall Ehrenberger"

Nach dem Tode Professor Forchheimers gab es in Österreich keinen Wissenschaftler mehr, der Schaubergers Ideen auf ihre Brauchbarkeit hin überprüfte. Im Gegenteil, die folgenden Überprüfungen fanden durchwegs aus dem Grunde statt, den unbequemen Förster und seine Erkenntnisse lächerlich zu machen. Seine in höchsten Tönen gelobte und im Kollaudierungsprotokoll des Landes Steiermark als „technisches Wunderwerk" bezeichnete Anlage wurde von Ministerialrat Ing. Ehrenberger, dem Leiter der Versuchsanstalt für Wasserbau in Wien, als völlig unbedeutend bezeichnet. Wieder waren persönliche Animositäten und Neid im Spiel. Bundeskanzler Dr. Dollfuß überlegte ernsthafte Veränderungen in der gesamten Wasserwirtschaft durchzuführen, wenn Schaubergers Erkenntnisse über die „Gesetzmäßigkeit der Wasserbewegung" auch wissenschaftlich haltbar wären.

Um den „Fall Ehrenberger" aufzurollen, ist es notwendig, den Hintergrund dieser Episode zu durchleuchten. Der Schweizer Humanist und Friedensaktivist, Prof. Werner Zimmermann, hat sich sehr für Schauberger verwendet. Er publizierte Schaubergers Erkenntnisse in der von ihm herausgegebenen Monatszeitschrift *Tau*[1]. In diesem Medium wurden auch die Differenzen zwischen Schauberger und Ministerialrat Ing. Ehrenberger veröffentlicht.

Zur Zeit der Veröffentlichung der Artikel über Schaubergers Erkenntnisse in besagter Monatszeitschrift (1935 bis 1936) herrschte in der Schweiz große Aufregung, da es zu wiederholten Überschwemmungen des Rheins mit verheerenden Folgen gekommen war, deren Ursache in den Kahlschlägen des oberen Rheingebietes zu finden war. Kahlschläge ermöglichen nach Schauberger eine Überlichtung und damit eine Erwärmung des Wassers. Dadurch verliert es seine Homogenität – den inneren Zusammenhalt – und wird zu einem „Wildwasser", das seine Ufer angreift und Geschiebe in der Flußsohle ablagert.

1) Monatsblätter für Verinnerlichung und Selbstgestaltung, für Erkenntnis und Tat. Rudolf Zitzmann Verlag, Lauf bei Nürnberg.

Die Wasserbautechniker begehen dann Fehler, wie den Fluß zu begradigen – zu verbauen – und das Geschiebe auszubaggern. Diese Maßnahmen verschlingen erstens viel Geld und ziehen nur noch weitere – in vielen Fällen nutzlose – Reparaturdienste nach sich, meint Schauberger[2].

Prof. Werner Zimmermann berichtete in „Die Rhein-Regulierung"[3]:

daß die Lage im oberen Rheintal gefährlich sei und bei starkem Hochwasser gehe der Wasserspiegel des Rheins im St. Galler Rheintal bis zum zweiten Stock der Häuser. Besonders ernst sei die Lage am mittleren Rhein; ein Dammbruch würde hier zu Katastrophen führen. Eine Korrektion des ganzen Einzugsgebietes des Rheins in Graubünden würde Hunderte von Millionen (Anm.: Schweizer Franken, d. Verf.) kosten.

Zimmermann stellte in weiterer Folge Viktor Schauberger und seine Erkenntnisse – insbesondere über die Wasserbewegung – vor und deponierte an die Adresse der verantwortlichen Schweizer Behörden für die Rhein-Regulierung den Vorschlag, die Ideen des Praktikers Schaubergers zu überprüfen. Im Zuge dieser Diskussion um Schauberger wurde auch das Gutachten des Leiters der Wiener Versuchanstalt für Wasserbau, Ministerialrat Ing. Ehrenberger, herangezogen. Die Vorgeschichte, die zum Fall Ehrenberger führte, ist folgende:

Schaubergers Veröffentlichungen in der Fachzeitschrift *Die Wasserwirtschaft* von 1930, 1931 mit dem Titel: „Temperatur und Wasserbewegung", welche er auf Empfehlung von Univ. Prof. Dr. Philipp Forchheimer publizierte, blieben – abgesehen von einzelnen Leserbriefen – bis auf weiteres unwidersprochen.

Seine darin niedergelegten Erkenntnisse über „Temperatur und Wasserbewegung" standen in diametralem Widerspruch zu den wissenschaftlichen Erkenntnissen. Die Tatsache, daß sich so bekannte und bedeutende Wissenschafter wie die Professoren Forchheimer und Exner für Schaubergers Ideen einsetzten und daß Schauberger durch den Bau von Holzschwemmanlagen sei-

2) Siehe: Zimmermann, Werner, „Die Rhein-Regulierung", Erkenntnisse, Werke und Pläne Viktor Schaubergers. Sonderdruck aus den Monatsheften Tau, 12. Jahrgang, September 1935, Heft 137.

3) Ebd.

ne Erkenntnisse auch praktisch bewiesen hatte, dürfte auch den ehemaligen Landwirtschaftsminister und nachmaligen Bundeskanzler Dr. Dollfuß beeindruckt haben. Laut Schaubergers Angaben soll Dr. Dollfuß, der ihn zu mehreren Unterredungen eingeladen hatte, gesagt haben, wenn seine Ausführungen über Wasser stimmten, werde er die gesamte Wasserwirtschaft auf den Kopf stellen. Zu diesem Zwecke setzte Dollfuß eine Untersuchungskommission ein, die Schaubergers Erkenntnisse überprüfen sollte.

Die Sache hatte nur einen Haken: die Untersuchungskommission bestand durchwegs aus Fach- und Sachverständigen, die Schauberger durch seine Publikationen in *Die Wasserwirtschaft* indirekt angegriffen hatte. Die Situation spricht für sich. Schaubergers „Gegner" konnten einfach nicht zu dem Ergebnis kommen, daß des Förster Erkenntnisse über Wasser richtig wären und sie sich jahrelang geirrt und falsche wasserwirtschaftliche Maßnahmen ergriffen hätten. Dollfuß' Überlegungen in Ehren, aber er kann ja nicht so naiv gewesen sein, anzunehmen, die Untersuchung würde zugunsten Schaubergers ausgehen, denn damit hätte er sich ja den Unmut der Wissenschaftler und Beamten zugezogen. Wie ernst es Dollfuß mit dieser Entscheidung war, läßt sich nicht feststellen. Jedenfalls kann man eine Untersuchung – eine Beweisführung – so gestalten, daß sie zu Ungunsten der zu untersuchenden Sache oder Person ausgeht. Auf die Möglichkeit, Schauberger eines auszuwischen, werden schon viele Beamte der Wasserbausektion gewartet haben.

Den Bundesminister für Land- und Forstwirtschaft[(4)] dürfte die Sache interessiert haben, weniger seine Beamten. Einige kannten Schauberger bereits aus seinen früheren Diensten bei den Bundesforsten, und wußten um etwaige Schwierigkeiten, die mit seiner Person verbunden waren. Auf alle Fälle konnte man die Sache nicht unter den Tisch fallen lassen, da sich der Bundesminister und der Bundeskanzler dafür interessierten.

So kam es, daß Dr. Dollfuß am 22.4.1932 den Auftrag erteilte, die Theorien Schaubergers in der Wasserversuchsanstalt einer Überprüfung zu unterziehen. Dem Studienkomitee gehörten Ministerialrat Dr. Riedinger, Ministerialrat Dr. Härtel, Ministerialrat Ing. Ehrenberger und Ministerialrat Dr. Kleb an[(5)].

---

4) Florian Födermayr.

5) Bundesministerium für Land- und Forstwirtschaft, Zl. 22.077-10/1932, Vorzahl 15.083-10/1930. Österreichisches Staatsarchiv Wien.

Man kam seitens des Bundesminsteriums für Land- und Forstwirtschaft zur Ansicht, *daß die Versuche immerhin verwertbare, wenn auch nicht auf die Natur direkt übertragbare Ergebnisse zeitigen dürften*[6]. Schauberger hingegen meinte, daß Versuche in einer Versuchsanstalt wegen der Unbrauchbarkeit des verwendeten Wassers zu keinem positiven Ergebnis führen würden. Die Untersuchungsergebnisse wurden von Ministerialrat Ing. Ehrenberger schließlich in der Fachzeitschrift *Die Wasserwirtschaft* mit dem Titel: „Temperatur und Wasserbewegung" veröffentlicht[7]. Ehrenberger bezog sich hier im besonderen auf Schaubergers Kritik, daß bei allen Flußregulierungsmaßnahmen bisher der Einfluß der Temperatur auf das Wasser (bzw. auf dessen Fließgeschwindigkeit) nicht berücksichtigt wurde. Er wies Schaubergers diesbezügliche Kritik entschieden zurück:

...die staatliche Wasserbauverwaltung hielt sich aus Gründen der Objektivität für verpflichtet, diese Behauptungen auf Grund exakter Messungen auf ihre Richtigkeit überprüfen zu lassen, obwohl eigentlich kein Grund vorliegt, die heute von der Wissenschaft allgemein als richtig anerkannten und durch eine Unsumme von Beobachtungen bewiesenen Gesetze der Hydraulik anzuzweifeln[8].

Die exakten Messungen wurde teils in der Natur und teils im Labor durchgeführt. Die ersten Versuche wurden im Labor durchgeführt. Ing. Ehrenberger führte an, daß

aufgrund der in der Versuchsanstalt für Wasserbau durchgeführten Versuche mit Wasser von verschiedener Temperatur (10 ° C - bis 20 ° C) sich ein praktisch meßbarer Einfluß der Temperatur auf die Geschwindigkeit des Wassers nicht feststellen ließ[9].

Als zweites Teilergebnis seiner Untersuchungen führte Ehrenberger an:

Eine praktisch merkbare Beeinflussung der Fließgeschwindigkeit durch die Temperatur, bzw. das Temperaturgefälle, läßt sich in Übereinstimmung mit den früher

---

6) Ebd.
7) Nr. 9, 1933, S. 105-107 und Nr. 10, S. 123-127
8) Die Wasserwirtschaft, Nr. 9, 1933, S.105
9) Ebd. S. 107

gefundenen Ergebnissen aus Laboratoriumsversuchen auch an dem von Herrn Schauberger selbst angeführten Beispiel in der Natur (Anm.: Neuberger Schwemmkanal, d. V.) nicht nachweisen.

Somit kam Ing. Ehrenberger zu dem Schluß:

Sowohl aufgrund von Laboratoriumsversuchen mit verschieden temperiertem Wasser (10-20 ° C) als auch aufgrund von Kontrollmessungen an dem von Herrn Schauberger selbst angeführten Schwemmkanal in Neuberg (8,7 ° - 16,7 °) ließ sich ein praktisch meßbarer Einfluß der Temperatur bzw. der Temperaturgefälle auf die Fließgeschwindigkeit nicht feststellen[(10)].

Das war also das vernichtende Urteil, auf das sich in weiterer Folge auch ausländische Behörden gestützt haben. Ing. Ehrenberger ließ diesen Bericht als Sonderbroschüre drucken und verschickte sie an Schweizer und Deutsche Regierungsstellen. Dieses Ergebnis führten auch die Stellen der Rheinbauleitung gegen Schauberger an, der sich anbot, mit seinen Methoden den hochwassergefährdeten Rhein zu regulieren. Ministerialrat Ing. Ehrenberger galt als anerkannte Kapazität in wasserbaulichen Angelegenheiten, dessen Ergebnis sich die Schweizer Kollegen ungeprüft anschlossen.

Doch wir werden noch sehen, daß dieses vernichtende Urteil auch seine guten Seiten gehabt hat. Ing. Ehrenberger hat auch deutsche Ämter mittels seiner Broschüre informiert. Als Schauberger 1934 zu Hitler gerufen wurde, war dieser bereits über den „Schwindler" Schauberger informiert gewesen, und hat ihn und seine Ideen nicht ernst genommen. Siehe Kapitel 6: „Schauberger und die NS-Zeit".

Schauberger hatte vorerst nichts von der Veröffentlichung des Untersuchungsberichtes Ehrenbergers gewußt. Erst als er von Prof. Werner Zimmermann eine Ausgabe des Sonderdruckes der Zeitschrift *Die Wasserwirtschaft* bekam, fiel es ihm wie Schuppen von den Augen. Jetzt glaubte er auch zu wissen, wo sich der „Feind" verbarg, der ihm viele Möglichkeiten zunichte machte. Schauberger schrieb am 16. März 1936 entrüstet einen Brief an die Generaldirektion der Bundesforste (auszugsweise)[(11)]:

---

10) Die Wasserwirtschaft, Nr. 10, 1933, S. 126

11) Tau, Heft 145, Mai 1936, S. 15-20

...In den folgenden Jahren[12] wurden viele Projekte gemacht, weitgehendst Garantien angeboten und Hunderttausende Schilling angewendet. Diese vielen Bemühungen wurden immer in letzter Minute durch irgendwelche geheimnisvollen Kräfte zerschlagen, und niemals konnte ich erfahren, wo der gut versteckte Feind eigentlich sitze ...Und nun kam auch endlich des Rätsels Lösung über die geheimnisvollen Kräfte, die seit Jahren hinter den Kulissen wirkten. Am 10. März ds. M. übergab Herr Ministerialrat Ing. Ehrenberger einen Sonderdruck, in welchem erstens meine Behauptungen angeblich widerlegt wurden und der zweitens einen von Herrn Ing. Prückner unterfertigten Nachsatz enthielt, daß meine seinerzeitigen Veröffentlichungen schwere Unwahrheiten enthielten ...Sie werden es mir natürlich nicht glauben, wenn ich nun behaupte, daß ich die Sonderdruck-Broschüre des Herrn Ministerialrat Ing. Ehrenberger samt Anhang des Herrn Ing. Prückner und auch die Veröffentlichung in der „Wasserwirtschaft" niemals sah.
Ich habe wohl seinerzeit von einer Widerlegung Ehrenbergers erfahren, deren Beantwortung von vornherein unmöglich war, weil der Herausgeber der „Wasserwirtschaft", Kommerzialrat Fanto, von mir 25.000 Schilling verlangte, wenn er eine Antwort von mir aufnehmen sollte. Herr Kommerzialrat Fanto begründete dieses Verlangen mit der Gefahr, die für sein Blatt bestand, wenn er das Verbot der Flußbausektionen Wien, Linz, Prägarten, Bregenz, der Lehrkanzel Danzig usw. durchbrach, in welchen Zuschriften die Ruinierung dieses Blattes angedroht wurde, wenn Herr Fanto nur eine einzige Veröffentlichung von mir weiterhin annehme ...
Am 11. März ds. M. habe ich erfahren, daß diese Sonderdruckbroschüren der „Wasserwirtschaft" angeblich auch von der Generaldirektion der Österreichischen Bundesforste, bzw. von einzelnen Organen, an Interessenten sozusagen als Referenzen verteilt werden. Für den Fall, daß dies wahr wäre, würde es nun ohne weiteres erklärlich sein, daß alle Bemühungen, derartige Anlagen zu propagieren, von vornherein absolut zwecklos sind oder waren ...

Zimmermann führte ein weiteres Beweisstück an, das darlegen sollte, wie die sachverständigen Wissenschaftler arbeiten. Es betraf das große Werk: Die Donau, ihre wirtschaftliche und kulturelle Mission in Mitteleuropa und Osteuropa[13]:

---

12) Nach Fertigstellung der Anlage in Neuberg an der Mürz.

13) Herausgegeben unter der offiziellen Mitwirkung der Internationalen Donaukommission und der Regierungen der Donaustaaten. Wirtschaftszeitungs-Verlags-Gesellschaft m. b. H., Wien 1. Strauchgasse 1, Oktober 1932.

Dieses reich bebilderte Prachtwerk enthielt zuerst auf Seite 18 einen Aufsatz von Viktor Schauberger: „Das Problem der Donauregulierung". Die Auflage wurde gedruckt, gebunden ..., mit einem Kostenaufwand von ca. 100.000 Schilling. Und was geschah? Als die Sachverständigen feststellten, daß ein Aufsatz von Viktor Schauberger in dem Buche stand, veranlaßten sie, daß die ganze Auflage eingestampft und ohne die Arbeit von Schauberger neu herausgegeben wurde. Die 100.000 Schilling spielen dabei keine Rolle. Schwimmen Österreich und die Donauländer doch in Geld ...[14]

Die Sache war noch nicht zu Ende. Über die Zeitschrift *Tau* wurden nun die weiteren Differenzen zwischen Ehrenberger und Schauberger ausgetragen. Prof. Werner Zimmermann hatte die wesentlichen Zusammenhänge und Probleme, die sich im Zuge der Rheinregulierung, insbesondere um die Person Schauberger und seine Erkenntnisse ergaben, in *Tau*, Heft 142 veröffentlicht. Eine Ausgabe schickte er auch an Ministerialrat Ing. Ehrenberger, wohl um ihn zu einer Stellungnahme zu „provozieren".

Ehrenberger antwortete Zimmermann dann tatsächlich in einem Schreiben am 25. Februar 1936 (auszugsweise):

Euer Hochwohlgeboren!
...Herr Schauberger behauptet, daß die durch Sonnenbestrahlung erzielte Erwärmung einen Energieverlust für den Fluß bedeutet, der zu gefährlichen Geschiebeablagerungen führen muß. Diese Ansicht ist irrig und widerspricht den heute allgemein anerkannten Gesetzen der Wärmelehre. Die berechnete Energiemenge wird ja nicht der Bewegungsenergie des Wassers entzogen, sondern von außen in Form von Wärmeenergie zugeführt und eben zur Erhöhung der Temperatur verwendet, so daß dem Flusse für Zwecke der Erwärmung keine Energie entzogen werden muß.
... Wenn Herr Schauberger auf Seite 7 behauptet, daß es ihm in Folge Ablebens des Herrn Bundeskanzlers Dr. Dollfuß nicht mehr möglich war, diesen auf meine „ganz irrigen Erklärungen" aufmerksam zu machen, so weise ich nur darauf hin, daß mein Artikel, der sich mit den Ansichten Schaubergers befaßte, schon anfangs 1933 erschienen ist, während der Herr Bundeskanzler bekanntlich erst im Juli 1934 den Heldentod gefunden hat.

---

14) Zimmermann, Werner , Tau, Heft 142 ..., S. 13, 14

...Schließlich sei hier ausdrücklich betont, daß sich meine gegenständlichen Untersuchungen, die ich vollinhaltlich aufrechterhalte, auf die von Herrn Schauberger seinerzeit aufgestellten Ansichten beziehen, nach welchen „die Geschwindigkeitsverminderungen um so größer werden sollen, je mehr sich das Wasser in seiner Temperatur von + 4 ° C entfernt." Da sich auf dieser wichtigen Voraussetzung die seinerzeitigen Schlußfolgerungen und abfälligen Kritiken Schaubergers, betreffend die Methoden der Flußregulierungen, aufbauen, so stehen und fallen diese mit der Richtigkeit vorstehender Behauptung[15].

Viktor Schauberger nutzte jetzt auch die Möglichkeit, in der Zeitschrift *Tau* auf das Schreiben Ing. Ehrenbergers näher einzugehen. Lange Zeit blieb ja dessen Untersuchungsbericht in *Die Wasserwirtschaft*, also seine Widerlegung Schaubergers, unwidersprochen. Die Erwiderung Schaubergers erfolgte in einem Brief an den Herausgeber von *Tau*, am 5. März 1936. Er schilderte darin noch einmal die Ereignisse, die zur Überprüfung seiner Erkenntnisse durch ein Studienkomitee führten:

...Meine seinerzeitigen Veröffentlichungen in der „Wasserwirtschaft" hatten zur Folge, daß der damalige Landwirtschaftsminister Dr. Dollfuß ...bei mir erschien und mich aufforderte, die Beweise für meine Behauptungen zu schaffen. Ich kam diesem Wunsche nach und demonstrierte anhand vieler Lichtbilder den Einfluß der Wassertemperaturen auf die Wasserbewegung, welche Darlegungen die anwesenden Herren Sachverständigen trotz wiederholter Aufforderung nicht zu widerlegen vermochten ...

Herr Minister Dr. Dollfuß lud mich kurz darauf ins Amt und frug mich um meine Meinung über die bestehenden Versuchsanstalten, die viele öffentliche Gelder kosten und scheinbar das nicht zu klären vermögen, was zur Hintanhaltung schwerer Wasserschäden notwendig ist. Ich erwiderte, daß man in diesen Anstalten, wo das Wasser innerhalb Glaswänden fließt und der Wassersparnisse wegen immer wieder zurückgepumpt wird, das tiefe Lebensgeheimnis des Wassers niemals werde ergründen können und die maßgebenden Herren in Gottes freier Natur ihre Beobachtungen machen müssen, weil die bald im Keller, bald in den Dachbodenräumen stehenden Versuchsanstalten erstens ganz widersprechende Versuchser-

15) Tau, Heft 144 ..., S. 24, 25.

gebnisse liefern und man zweitens die hier maßgebenden Kräfte nicht wiegen oder messen, sondern fühlen müsse, wozu aber Gefühl gehöre, das naturfremde Menschen in der Regel nicht haben.

Kurze Zeit darauf lud mich Herr Dr. Dollfuß in das Restaurant Schöner, um mich dortselbst wieder mehreren Sachverständigen gegenüberzustellen. Auch diese Herren mußten nach stundenlangem Hin und Her die Unwiderlegbarkeit meiner Ausführungen zugeben, und so mag vielleicht der Entschluß gereift sein, meine praktischen Ausführungen prüfen zu lassen – auf die ich später ausführlich zurückkommen werde. Bundeskanzler Dr. Dollfuß erklärte, die ganze Wasserwirtschaft auf den Kopf stellen zu wollen, wenn sich die Richtigkeit meiner Behauptung herausstelle, und bot mir bei dieser Gelegenheit zuerst eine sehr hohe und später die höchste Stelle an (Anm.: das Amt des Landwirtschaftsministers, der Verf.), weil er einsehen müsse, daß die Wasserfrage vielleicht die erste Rolle für die Bewirtschaftung eines Landes spiele.

Ich lehnte das erste, wie das zweite Anbot ab, weil ich im Staatsdienst sehr üble Erfahrungen gemacht habe und niemals wieder dorthin zurückkehren wolle. Als ich ...diesen Antrag ablehnte, wurde ein Wasserwirtschaftsrat einberufen, nach dessen Beschluß Herr Sektionschef Ing. Rudolf Reich vermitteln sollte. Das Ergebnis dieser Vermittlung war ein Antrag, daß ein gewisser Herr Dr. Löwy und ein Herr Dr. Schmal meine weiteren Veröffentlichungen zensurieren sollten. Nach wenigen Tagen bekam ich die Mitteilung, daß die von mir verfaßte Veröffentlichung Grundsätzen nicht entspreche und daher diese Abhandlung nicht erscheinen dürfe. Nun lud mich Herr Bundeskanzler ein, meine Ansichten über Wasserveredelung durch einen außenstehenden Sachverständigen überprüfen zu lassen. Dieser Sachverständige war Herr Professor Dr. Mark, der kurz darauf bei mir erschien und die sogenannte Wasserveredelung studierte.

...Es bedarf wohl keiner Betonung, daß ich meine Ansichten über Wasser und seine Einflüsse niemals geändert habe, sondern nach wie vor behaupte, daß warmwerdendes Wasser müde und schal wird und sein Geschiebe verliert, wenn es solches führt.

...War es schon damals nicht ganz so einfach, das vorher ausbedungene amtliche Zeugnis zu erhalten, so ist die Sache beim Rhein um so kritischer, weil es sich hier um Sein und Nichtsein aller bisherigen Wasserversuchsanstalten samt den verschiedenen Leitern handelt, die derzeit Wasserläufe regulieren, ohne das Wesen der Substanz Wasser zu kennen. Das ...schwierig gewordene Rheinregulierungs-Pro-

blem liegt nun weniger beim schwerkranken Patienten, sondern bei den tiefgekränkten und um ihr Prestige bangenden Doktoren, deren Situation in Anbetracht der großen Gefahr keine allzu beneidenswerte ist ...Das Schwierige an der Sache ist nun, wie um diese beleidigten Größen herumzukommen – ein Problem, das nun auch noch gelöst werden muß, weil man den unter diesem Damoklesschwert wohnenden Rheintalern nicht gut zumuten kann, eines Tages im vor der Tür stehenden Rheinsee als Rheinnixen zu schwimmen[16] ...

Es blieb jedoch nicht nur bei dieser Erwiderung. Schauberger schrieb dann auch noch an Ing. Ehrenberger selbst. Darin gab er an, daß er keine Ahnung gehabt hätte, daß Ing. Prückners Angaben im Nachhang des Untersuchungsberichtes von Ing. Ehrenberger: „Temperatur und Wasserbewegung" (*Die Wasserwirtschaft* Nr. 9/1933) gebracht wurden. Schauberger schrieb, daß es ihm aus den vorangeführten Gründen (Anm.: Boykott der Wasserbau-Lehrkanzeln etc., d.V.) unmöglich war, zu Ehrenbergers Untersuchungsbericht in der Wasserwirtschaft Stellung zu beziehen. Desweiteren besitze er (Schauberger) handschriftliche Angaben des Ing. Prückners über Details des Kanales der Neuwald-Pappenfabrik. Ing. Prückner hätte ihm (Schauberger) aus freien Stücken mitgeteilt, daß in diesem Kanale ganz rätselhafte Wasservermehrungen auftraten, die sich unter Umständen bis auf das Doppelte der normalen Wasserführung steigerten.

Aufgrund der falschen Darstellung der Geschehnisse durch Ing. Prückner im Nachhang des Untersuchungsberichtes von Ing. Ehrenberger (*Die Wasserwirtschaft* Nr. 9/1933), stünde er nun als Lügner da[17]. Im Nachhang seines Schreibens an Ing. Ehrenberger listete Schauberger eine Menge Fragen auf.

Fragen

Ist Ihnen bekannt, daß Herr Prof. Forchheimer und Herr Prof. Hauska von der Hochschule für Bodenkultur in Wien über Wunsch der Österreichischen Bundesforste Gutachten abgaben, und Herr Prof. Forchheimer im Freinbach und in der Mürz kilometerlange Temperaturmessungen machte, deren Ergebnisse diesen Ge-

16) Ebd., S. 25-31.

17) Tau, Heft 144 ..., S. 31 ff.

lehrten veranlaßten, wochenlang in dieser interessanten Gegend Aufenthalt zu nehmen?

Ist Ihnen bekannt, daß Herr Prof. Forchheimer vor zahlreichen Hochschulprofessoren in den Räumen der Hochschule für Bodenkultur auf der Schultafel mathematisch nachwies, daß die Wassertemperaturen für die Bewegung des Wassers nicht nur eine bedeutende, sondern vielleicht sogar die Hauptrolle spielen ?

Ist Ihnen bekannt, daß Herr Prof. Forchheimer zur Klärung dieser hochwichtigen Frage mit mir in verschiedene tschechische Hochschulen fuhr, um mit seinen Schülern, die dort als bekannte Wasserfachleute amtieren, diese Fragen zu erörtern?

Ist Ihnen bekannt, daß der tschechische Professor Dr. Smrcek sofort mit mir zu Herrn Professor Schaffernack fuhr, um auch mit diesem Herrn diese Fragen zu besprechen?

Ist Ihnen bekannt, daß mir Herr Professor Dr. Forchheimer den dringenden Rat gab, diese Beobachtungen in der „Wasserwirtschaft" zu veröffentlichen, und dieser Professor dortselbst darum ansuchte, daß diese Veröffentlichungen angenommen werden?

Ist Ihnen bekannt, daß die Flußbausektionen Wien, Linz, Prägarten, Bregenz, die Lehrkanzel für Wasserbau in Danzig und andere Stellen die sofortige Einstellung dieser Veröffentlichungen verlangten, widrigenfalls die Kündigung dieser wissenschaftlichen Zeitung von Amts wegen verfügt werde?

Ist Ihnen bekannt, daß Herr Prof. Forchheimer den Ausspruch tat, daß er froh sei, 75 Jahre alt zu sein, weil es ihm schwer fiele, nochmals umlernen zu müssen?

Ist Ihnen bekannt, daß mich der weltberühmte Gelehrte Wilhelm Exner aufforderte, meine Beobachtungserkenntnisse in der Akademie der Wiener Wissenschaften zu deponieren, weil es möglich sei, daß mir als Laien die Urheberrechte eines Tages strittig gemacht würden?

Ist Ihnen bekannt, daß ein Wasserwirtschaftsrat einberufen wurde, der den Sektionschef Herrn Ing. Reich ersuchte, mit mir zu verhandeln?

Ist Ihnen bekannt, daß zwei österreichische Minister (Herr Rudolf Buchinger und Herr Dr. Kienböck) ihr Wort mit Handschlag verpfändeten, daß ich frei und ungestört arbeiten könne, wenn ich mich entschließe, meine Lebensstellung als fürstlicher Wildmeister aufzugeben und in die Österreichischen Staatsdienste zu treten?

Ist Ihnen bekannt, daß über hundert Akademiker sich gegenseitig versprachen, mich im Staatsdienst nicht zu dulden und meine Entlassung zu erzwingen?

Ist Ihnen bekannt, daß dem seinerzeitigen großdeutschen Nationalrat Zarboch ein unrichtiges Protokoll der Bezirkshauptmannschaft Kirchdorf unterschoben wurde, auf Grund dessen sich der damalige Landwirtschaftsminister Buchinger im Parlamente öffentlich rechtfertigen mußte?

Ist Ihnen bekannt, daß ich damals zu Sr. Exzellenz Prälat Dr. Ignaz Seipel gerufen wurde, welchem ich bewies, daß das richtige Protokoll das genaue Gegenteil dessen bewies, als im Protokoll stand, das allen Regierungsmitgliedern zugestellt wurde?

Ist Ihnen bekannt, daß der damalige Landwirtschaftsminister Thaler eine Oberdisziplinaruntersuchung einleitete und Herr Sektionschef Dr. Kopetzky betraut wurde, zu untersuchen, ob die Zeugenaussagen im Senat IV in Salzburg richtig seien, und mir Herr Minister Thaler persönlich mitteilte, daß er als Minister außerstande sei, diese Untersuchung durchzudrücken?

Ist Ihnen bekannt, daß mir kurz darauf eine hohe Schmerzensgeldsumme im Ministerium angeboten wurde, deren Empfang ich verweigerte, weil ich erstens in blanko unterschreiben sollte, zweitens kein Geld, sondern die Beweisermöglichung verlangte, die ich auch später, als ein Wiener Industrieller[18] *für mich bürgte, durchsetzen konnte?*

Ist Ihnen bekannt, daß man diesem Manne mitteilte, daß er sich geschäftlich in schwere Gefahr begebe, wenn er mich unterstütze?

Ist Ihnen bekannt, daß dieser Industrielle über eine Million garantierte, daß ich die Kosten der normalen Holzlieferungen um 90% verringere?

Ist Ihnen bekannt, daß ich mich über Aufforderung des Herrn Ministerialrat Ing. Kobelt bereit erklärte, in der Hochschule für Bodenkultur die Prinzipien meiner Flußregulierung öffentlich zu erklären?

Ist Ihnen bekannt, daß dieser Vortrag in letzter Minute vom Rektor Herrn Dr. Olbrich abgesagt werden mußte?

Ist Ihnen bekannt, daß dieser Professor öffentlich vor Zeugen erklärte, daß dieser Fall der dunkelste Punkt seiner Rektorszeit sei?

Ist Ihnen bekannt, daß die Österreichischen Bundesforste das Stammpatent auf meinen Namen anmeldeten, dasselbe nach meiner Entlassung anfochten, und dieses Patent kauften, nachdem ich einen über ein Jahr währenden Patentprozeß gewann, da sich die maßgebenden Zeugen im Gerichtssaal nicht mehr getrauten, die seinerzeitigen Angaben vor brennenden Kerzen aufrechtzuhalten?

---

18) Steinhard, Ernst, Geschäftsführer der Österreichisch-ungarischen Baugesellschaft.

Ist Ihnen bekannt, daß die Österreichischen Bundesforste für je 1000 Stück Holz 5000 S zahlen mußten, nachdem ich den Beweis erbrachte, daß ich dieses Holz in einem verwilderten Flußlauf über 30 Kilometer nur mit Hilfe der Temperaturen schwemmen konnte, und die maßgebenden Sachverständigen außerstande waren, nur ein Stück etwa 50 Meter zu triften?

Ist Ihnen bekannt, daß mir Ihre Veröffentlichungen im deutschen Patentamte große Schwierigkeiten machten, weil man mich dort offenbar für einen Lügner und Schwindler hielt?

Ist Ihnen bekannt, daß ich seinerzeit zu Herrn Reichskanzler Adolf Hitler eingeladen wurde und dortselbst ein Herr Ministerialrat Dr. Willuhn eine Auskunft vorwies, worin mitgeteilt wurde, daß ich beim Bau der Steyrlinger und Neuberger Anlage nur als Hilfsaufsicht mitgewirkt habe, obwohl ich 42 Patente besitze und der verantwortliche Leiter dieser Anlagen war, die vor und während des Baus als Wahnsinn erklärt wurden, und heute noch das doppelte Quantum liefern, das seinerzeit garantiert wurde?

Ist Ihnen bekannt, daß ich zu Sr. Majestät dem König der Bulgaren eingeladen wurde und dort ähnliche Anlagen von Wien aus geliefert wurden?

Ist Ihnen bekannt, daß ich durch den seinerzeitigen Ministerpräsidenten Braun eingeladen wurde, in den deutschen Staatsdienst zu treten?

Ist Ihnen bekannt, daß ich mit den verschiedensten ausländischen Ministern verhandelte und alle diese Verhandlungen durch unwahre Auskünfte im letzten Moment immer zerstört wurden?

Ist Ihnen bekannt, daß auch Herr Werner Zimmermann wiederholt gewarnt wurde, sich ja nicht mit meiner Person zu beschäftigen?

Ist es wahr, daß Sie, Herr Ministerialrat, nach einem Besuch des Herrn Zimmermann, diesen gebeten haben, im Tauheft eine mathematische Widerlegung, die Sie ihm nach der Schweiz geschickt haben, nicht zu veröffentlichen?

Herr Werner Zimmermann hat Ihnen versprochen, daß er Ihrer Bitte willfährt. Was Zimmermann verspricht, ist auch mir heilig, und deshalb unterlasse auch ich, die mir bekannte mathematische Fleißaufgabe zu veröffentlichen und erspare Ihnen damit eine Blamage vor der Welt[19].

Ministerialrat Ing. Ehrenberger beantwortete Schaubergers vorigen Brief

19) Tau, Heft 144 ..., S. 31-35

wiederum durch einen Brief an Prof. Zimmermann, am 21. April 1936. Schauberger ist in seiner Rückantwort auf die Einzelheiten nicht mehr eingegangen. Prof. Zimmermann bemerkte zu dieser Sache abschließend:

Es besteht oft ein gewisser Gegensatz zwischen schöpferischen Menschen und solchen, die sich mehr für statistische Genauigkeit eignen. Nehmen wir hier ruhig an, daß sich die Sachlage mit den weiteren Erfahrungen geklärt, erweitert, vertieft hat und Schauberger nicht in Einzelheiten, wohl aber in der großen Linie die Grundwahrheiten nicht verlassen hat[20].

Andernorts meinte Zimmermann:

In der Schweiz erschauern die Sachverständigen und die Behörden vor der unfehlbaren Autorität des österreichischen Herrn Ministerialrats, und es ist dringend notwendig, diesen Heiligenschein etwas abzublenden, damit wir endlich zur sachlichen Abklärung voranschreiten können. Daher diese Mitteilung, im Dienste der Wahrheit[21].

Diese Auseinandersetzung war nur eine von vielen, die Schauberger mit den Behörden und Sachverständigen hatte. Sie zeigt, daß es unmöglich zu einer gütlichen Lösung kommen kann, wenn die Fronten einmal verhärtet sind. Schaubergers Problem war es, daß er zu keinen Kompromissen bereit war. Als Idealist glaubte er (nur) an seine „Wahrheiten". Wie das so mit den „Wahrheiten" ist, gibt es immer eine Gegenwahrheit, die es zu bekämpfen gilt. Wir müssen Schaubergers Einstellung akzeptieren. Doch gerade die Wissenschaftler stellen sich sofort auf dieselbe Stufe, wenn ihnen jemand mit Behauptungen entgegentritt, die der Weisheit letzter Schluß sein sollen.
Im nächsten Kapitel werden wir sehen, daß Schaubergers „Idealismus" auch Positives gehabt hatte. Die nächsten Geschehnisse haben sich zeitlich gesehen vor dem „Fall Ehrenberger" begeben. Der Verfasser wollte aber die NS-Zeit in einem Zyklus belassen. Jedenfalls war es notwendig, den „Fall Ehrenberger" vorher aufzurollen, denn er ist auch für die nächsten Geschehnisse bedeutend.

---

20) Ebd.

21) Tau, Heft 144 ..., S. 3

Kapitel 6

Schauberger und die NS-Zeit

Sein Empfang bei Adolf Hitler

Im Jahre 1934 begegneten sich zwei Oberösterreicher unter ungewöhnlichen Umständen in Berlin. Der zum Diktator Deutschlands emporgeschwungene, verhinderte Kunstmaler Adolf Schicklgruber (Hitler) und der Naturforscher Viktor Schauberger. Während der eine auf Zerstörung und Tod programmiert war, war der andere für das Leben eingestellt. Zwei widersprüchliche Charaktere, die beide für Schlagzeilen sorgten. Ist es nicht so, daß Menschen, die sich für den Tod einsetzen, mehr Interesse erwecken, als Menschen, die sich für das Leben einsetzen?

Schaubergers Treffen mit Adolf Hitler in der Berliner Reichskanzlei im Jahre 1934 sorgt heute noch für Aufregung. Läßt sich aus dieser Begegnung so ohne weiteres ableiten, daß der Förster ein bekennender Nationalsozialist gewesen sei? Es herrscht jedenfalls Unklarheit über diese Begegnung und das, was weiter passiert ist. Autoren, vornehmlich aus der „rechtsesoterischen" Szene, glauben zu wissen, daß Schauberger dem Nazi-Regime sehr nahe gestanden sei. „Ufologen" berichten, daß er der Vater der ersten „fliegenden Nazi-Untertasse" sei. Wie das bei solchen Machwerken der Fall ist, können die Autoren keine glaubwürdigen Quellen angeben. Sie lassen vielmehr ihrer Phantasie freien Lauf. Man könnte die Sache dabei bewenden lassen.

Doch in der heutigen sensiblen Zeit genügen diese Vermutungen, um den Forscher und seine Erkenntnisse zu diskriminieren. Die Sache ist auf alle Fälle heikel. Solange nicht einigermaßen Klarheit in dieser Angelegenheit herrscht, sind die wildesten Vermutungen möglich. So lag es nahe, in den verschiedenen Archiven Nachforschungen anzustellen, ob nicht doch Unterlagen über die Begegnung Schauberger-Hitler existieren. Gerüchten zufolge soll es angeblich „meterdicke" Akten über die „braune Vergangenheit" Viktor Schaubergers geben. Im Österreichischen Staatsarchiv in Wien fanden sich die ersten Spuren, die auf eine Begegnung Schauberger-Hitler hinweisen.

Neben Schaubergers eigenen Angaben wurde sein Treffen mit Hitler noch in einem Bericht der Sicherheitsdirektion für Oberösterreich erwähnt. Am 29.10.1950 fand in Linz die konstituierende Sitzung des Vereines: Verband der Liberalsozialisten statt, dessen Obmann Viktor Schauberger war. Im Vorlebensbericht der Sicherheitsdirektion für Oberösterreich steht über den Proponenten Viktor Schauberger[1]:

... Der Obmann Viktor Schauberger ... spielte während des Regimes unter Bundeskanzler Dr. Dollfuß ohne Zweifel eine größere Rolle, da er in dieser Ära als Landwirtschaftsminister vorgeschlagen wurde. Er hat jedoch dieses Anerbieten abgelehnt. Am 22. Juli 1934 fand zwischen ihm und dem ehemaligen Reichskanzler Hitler in der Reichskanzlei in Berlin eine Unterredung statt. Diese Aussprache soll keine politischen Hintergründe gehabt haben und nur Schaubergers wissenschaftliche Arbeiten betroffen haben. Hitler hat den damaligen Staatssekretär Keppler[2] beauftragt, für Schauberger ein Laboratorium einzurichten, um diesen in die Lage zu versetzen, seine Versuche erfolgversprechend weiterzuführen. Das OKW[3] beschlagnahmte bei Kriegsausbruch die Patente Schaubergers. Es gelang ihm jedoch, sie wieder zurückzuerhalten. Während des Krieges überwachte die Gestapo die wissenschaftlichen Arbeiten Schaubergers. Schließlich wurde er nach Mauthausen befohlen, wo ihm ein Laboratorium und inhaftierte Ingenieure zur Verfügung standen. Später ist es ihm gelungen, in einer SS-Ingenieurschule in Wien zu arbeiten.

Schauberger selbst gab über sein Treffen mit Hitler verschiedene Versionen an. Auch das von ihm genannte Datum – 22. Juli 1934 – stimmt laut Aktenvermerk aus der Reichskanzlei nicht, dort wurde der 10. Juli 1934 als Datum für das Treffen vermerkt. Schauberger konnte sich rückblickend auf diese Episode – nach vielen Jahren – im Datum geirrt haben. Eigenartig jedoch war seine Darstellung, wie er nach Berlin zu Hitler gerufen wurde. In seinen Aufzeichnungen aus dem Jahre 1949 berichtet er, daß er eines Tages ein Telegramm erhielt, das ihn zu Adolf Hitler nach Berlin rief. Sein Rechtsanwalt Dr. Josef Führer soll vorsichtshalber Bundeskanzler Dr. Dollfuß verständigt haben,

---

1) Zahl: Sid/Ver 2539/5 - 1950. Staatsarchiv Wien.

2) Beauftragter des Führers und Reichskanzlers für Wirtschaftsfragen.

3) Oberkommando der Wehrmacht.

der ohne weiteres sein Einverständnis zu dieser Reise nach Berlin gegeben haben soll[(4)].

Einer anderen Version zufolge soll das Telegramm vom Kaffeeindustriellen Ludwig Roselius aus Bremen unterzeichnet gewesen sein. Schauberger wäre seinem Rufe ahnungslos folgend nach Berlin gereist, nicht wissend, daß ihn der Führer und Reichskanzler dort erwarte. In Berlin angekommen, wäre er dann von einem Offizier empfangen worden, der ihm mitteilte, daß ihn der Führer und Reichskanzler Adolf Hitler am nächsten Tag in seinem Büro erwarte.

Ludwig Roselius, der Mann, der die Fäden zog

Welche dieser beiden Versionen stimmt – und warum Schauberger die „Einladung" nach Berlin so verschieden darstellte – läßt sich wohl nicht mehr eruieren. Es kam also am 10. Juli 1934 tatsächlich zu dem Treffen Adolf Hitler - Viktor Schauberger in Berlin. Im deutschen Bundesarchiv fanden sich die entscheidenden Unterlagen, welche Schaubergers Besuch in der Reichskanzlei und seine Begegnung mit Adolf Hitler bestätigten sowie die Begleitumstände dieser Begegnung dokumentierten. Als Motor der Begegnung Hitler-Schauberger stellte sich der Kaffeeindustrielle Ludwig Roselius aus Bremen heraus, der Schauberger schon in Wien besucht hatte und sein „Heilwasser" sogar per Flugzeug nach Bremen fliegen ließ.

Dr. rer. pol. h. c. Ludwig Roselius, Bulgarischer Generalkonsul, hatte mehrmals in der Reichskanzlei für Viktor Schauberger und seine Ideen interveniert. Der Geschäftsmann sah in der Verwertung einzelner Erfindungen Schaubergers große geschäftliche Möglichkeiten. Zuerst stieß er jedoch auf Ablehnung seitens der Reichskanzlei. Dies geht aus einem Antwortschreiben von Staatssekretär Dr. Lammers, Reichskanzlei Berlin, hervor. Dr. Lammers führt ins Treffen, daß Schauberger bereits im Februar 1934 Gelegenheit hatte, seine Sache selbst und durch einen Mittelsmann in der Reichskanzlei vorzubringen. Interessant ist dieser neue Aspekt. Schauberger hätte also bereits im Februar 1934 in der Reichskanzlei vorgesprochen. Der Mittelsmann zur NS-Führung

4) Schauberger, Viktor, „Die Entdeckung der Levitationskraft", Biotechnische Schriftenreihe Implosion, Heft 112, August 1995, S. 21. Es herrschte Einreiseverbot nach Deutschland - „Tausendmarksperre".

dürfte Hofrat Dr. Erich Pistor[5] von der Wiener Handelskammer gewesen sein, dessen Name mehrmals in Verbindung mit Schauberger auftaucht. Bei der ersten Vorsprache im Februar 1934 hatte Schauberger angeblich die Möglichkeit, mit dem Präsidenten der Kaiser Wilhelm-Gesellschaft zur Förderung der Wissenschaften, Geheimrat Max Planck, dem bekannten Physiker, zu sprechen.

Die Schriften des Herrn Schauberger sind auch durch den Präsidenten der Physikalisch-Technischen Reichsanstalt nachgeprüft worden. Die Unterhaltung mit Herrn Geheimrat Planck führte zu keinem Ergebnis, weil Herr Schauberger in seinen Mitteilungen Zurückhaltung geübt hatte. Der Präsident der Physikalisch-Technischen Reichsanstalt lehnt die schriftlich niedergelegten Erkenntnisse des Herrn Schauberger ab. Mit Rücksicht darauf, daß es bisher nicht gelungen ist, ein gewichtiges Urteil über die Anwendungsmöglichkeit der Ideen des Herrn Schauberger zu erlangen, halte ich es nicht für richtig, dem Herrn Reichskanzler, wie sie es wünschen, einen persönlichen Empfang des Herrn Schauberger zu empfehlen, schrieb Dr. Lammers, Reichskanzlei[6].

Schauberger gibt in seinen Erinnerungen an, daß die Unterredung mit Geheimrat Planck erst nach dem Besuch beim Führer erfolgt sei. Laut Dr. Lammers Brief vom 19. April 1934 wäre die Unterredung vor dem Besuch beim Führer gewesen. Schauberger schildert diese Situation so:

... Ich verließ das Berliner Regierungsgebäude. Im letzten Moment wurde ich ersucht zu bleiben und am nächsten Tag zu Geheimrat Planck zu kommen, den Hitler als Begutachter zur Prüfung dieser Angelegenheit bestimmt hatte. Ich folgte diesem Ruf nur, um nicht den Anschein zu erwecken, kneifen zu wollen. Geheimrat Planck, ein kleines unansehnliches Männchen, fragte mich, wieso ich auf die Idee komme, der Wissenschaft die Schuld für den wirtschaftlichen Niedergang zu geben ... Nach der Unterredung mit Planck, die nicht sehr fruchtbringend war, wurde ich zu den Chefchemikern des Kaiser-Wilhelm-Institutes geschickt, welche nach langem

5) Hofrat Dr. Pistor hat auch für Schauberger bei der Regierung von Liechtenstein interveniert. Siehe: „Der Fall Ehrenberger – die Rheinregulierung“.

6) Brief von Staatssekretär Dr. Lammers an Ludwig Roselius, vom 19. April 1934. Bestand R43, Reichskanzlei, II/342, Rk. 3685/RK 6008. BA Koblenz.

Hin und Her erklärten, daß es sich zweifellos um bisher unbekannte physikalische Phänomene handeln muß, für die der Nobelpreisträger Planck zuständig sei[7] ...

Doch damit war die Sache noch nicht zu Ende. Schaubergers „Mentor“ Roselius blieb hartnäckig. Der Führer höchstpersönlich sollte Schauberger empfangen, denn nur ihm würde er sein Geheimnis preisgeben. Während Roselius nur wirtschaftliche und finanzielle Vorteile in der Entdeckung (Erfindung) Schaubergers sah, hatte dieser andere Motive. Schauberger äußerte sich über Roselius, daß er ein Mann sei, ... *der Ideen anderer für sich auszuwerten verstand und ich ihn deswegen innerlich ablehnte, weil diese Entdeckung kein Geschäft im üblichen Sinne, sondern die allgemeine Gesundung der total verfahrenen Weltwirtschaftslage bedeutete*[8].

Ein neuerliches Schreiben Roselius' flatterte in die Berliner Reichskanzlei. Er führt noch einmal die Wichtigkeit und Tragweite der Entdeckung Schaubergers an, von der er sich persönlich überzeugen konnte:

Während der Ostertage war ich nach Wien gefahren, um die Apparaturen und ihre Leistungen zu überprüfen. Soweit ich die Sache beurteilen kann, liegt hier eine Entdeckung von allergrößter Bedeutung vor. Ich will auf die unendlich vielen Möglichkeiten des Ausbaues der Entdeckung gar nicht eingehen, sondern einen Punkt herausgreifen: die Beschaffung guten Trinkwassers. Das Absatzgebiet für gutes Trinkwasser in der Welt ist fast unbegrenzt. Da sich dieses nach dem „Schauberger-Verfahren“ aus dem schlechtesten Wasser, ja sogar aus dem Meerwasser einwandfrei und verhältnismäßig billig herstellen läßt, so ist mit der Ausbeutung des Verfahrens einer starken Regierung ein wirtschaftliches Mittel in die Hände gegeben, welches diese Regierung völlig freimacht vom Goldzwange oder von der Devisennot. Vorbedingung ist strengste Geheimhaltung des Verfahrens. Die Wasserwerke müßten in allen Ländern der Welt unter nationalsozialistischer Leitung stehen ...
Ich bitte nochmals, veranlassen zu wollen, daß unser Führer Herrn Schauberger empfängt. Die Zunftwissenschaft lehnt Schauberger ab, da ihr ganzes Gebäude ins Wanken gerät. Aber die Erfolge sind bekanntlich vorhanden und können aufgrund

---

7) Schauberger, Viktor, „Die Entdeckung der Levitationskraft“, Implosion, Heft 112, S. 25, 26

8) Verfahren der natürlichen Atomumwandlung

der alten Lehren von keinem Wissenschaftler erklärt werden. Man verlangt von Schauberger immer die Preisgabe des Arbeitsganges seiner Entdeckung, und dieses verweigert er. Er will sie außer mir, nur dem Führer übergeben. Es handelt sich hier tatsächlich um eine neue Erkenntnis. Die Apparatur, welche in Wien fertigsteht, kann jederzeit nach Deutschland überführt und vorgeführt werden ...

Herr Schauberger ist ein einfacher Forstmann, der aufgrund von Naturbeobachtungen zu seiner Erkenntnis gekommen ist ... Pekuniäre Angebote von England, Frankreich, von der Tschechei und von Österreich liegen nach Mitteilung von Schauberger, die ich nicht bezweifeln möchte, bereits vor[9].

Roselius' Vorschläge muten fantastisch an, – wie wohl vieles im Dritten Reich – denn er glaubte, in der Verwertung von Schaubergers Erfindung, Deutschland binnen kurzer Zeit größere finanzielle Vorteile verschaffen zu können. Desweiteren führte er ins Treffen, daß womöglich Deutschlands Gegner die Vorteile der Erfindung Schaubergers nützen könnten, wenn Deutschland Schauberger verschmähte. Schauberger selbst stand angeblich bereits in Verhandlung mit ausländischen Interessenten.

Interessenten für das „System Schauberger"

In einer Beilage zu Roselius' Brief an die Reichskanzlei erfahren wir, wer sich für die *Edelwasserbereitung/System Schauberger: Herstellung von synthetischem Wasser edelster Qualität mit derselben chemischen und biologischen Zusammensetzung, wie es die mitteleuropäischen Hochquellen – beispielsweise die Wiener Hochquellen – hervorbringen. Die Herstellung kann erfolgen aus jedem unreinen – selbst verseuchtem – Grund-, Fluß-, Meer- Regenwasser etc.* bereits interessierte.

Als österreichische Interessenten nennt Schauberger Vizekanzler Fürst Starhemberg, *der mich dreimal in Begleitung von Graf Thurn, Vizepräsident der Wiener Hypothekenanstalt Dr. Draxler und Zivilingenieur Hoos besuchte.* Sowie: *Der*

9) Brief von Roselius an die Reichskanzlei, am 24. Juni 1934, Bestand R43, Reichskanzlei, II/342 (RK 6008, beigefügt zu RK 3685). BA Koblenz.

Chef der bosnischen Holzindustrie, Kommerzialrat Fritz Regenstreif, Wien, und Julius Meinl via Handelsminister Stockinger.

Die englischen Interessenten für das „System Schauberger" waren: Englische I.G. Farben, vertreten durch Mr. Wood; Lord Rothermere, vertreten durch Ingenieur Josewic und Hofrat Dr. Erich Pistor, Wien.

Angeblich interessierte sich auch Mussolini für das „System Schauberger". Aber: *Ein Besuch bei der italienischen Regierung – Mussolini, aufgrund einer erfolgten Einladung, wurde von mir noch hinausgeschoben.* Schauberger wartete die Entscheidung Hitlers ab. Er hegte noch immer die Hoffnung, daß seine Sache in Österreich oder in Deutschland aufgenommen würde. Desweiteren interessierten sich Spanien, vertreten durch Generalkonsul Riehl; China und der ferne Osten, vertreten durch Mr. Holder, Wien, Hotel Imperial.

Mit Frankreich hatte Schauberger angeblich bereits einen Vorvertrag mit Achilles Lonel sen. und jun. abgeschlossen: *Auftrag für Erbauung einer Großanlage für Stadtgemeinden Lille und Bordeaux.* Schauberger räumte ein, daß der Vertrag bis 30. Juni des Jahres (1934?) von ihm noch aufgehoben werden konnte.

Aus Osteuropa kamen Interessenten aus Rumänien: Es besuchte mich der dem König nahestehende General Illiescu mit einem Sachverständigen und einem englischen Lord, welche ebenfalls allergrößtes Interesse zeigten. Eine Einladung zum rumänischen König wurde mir von den Herren avisiert. Und aus Bulgarien: Es erfolgte eine Einladung vom bulgarischen Ministerium und daraufhin eine Einladung zum König Boris – dreistündige Besprechung – und Bereisung des Landes Bulgarien mit zwei zugeteilten Ingenieuren hat stattgefunden[10].

Mit dieser Referenzliste wollte Schauberger wohl Eindruck schinden und demonstrieren, wie groß die Nachfrage nach seinem System bereits war. Sein Wunsch war es nach wie vor, im deutschsprachigen Gebiet seine Sache als erstes in größerem Stile zu verwirklichen. Desweiteren führte er an, daß durch sein „Edelwasser" unter der Anleitung beziehungsweise Aufsicht von Ärzten ca. 50 Heilversuche gemacht worden sind. Ludwig Roselius war einer der Heilsuchenden, der sich von Schauberger und seinem „Edelwasser" die Heilung

---

10) Beilage zu Roselius' Brief, Bestand R43, Reichskanzlei, II/342 (RK 6008, beigefügt zu RK 3685). BA Koblenz.

seines Beinleidens erhoffte. Vorerst dürfte eine Linderung eingetreten sein. Später mußte sein Bein aber doch amputiert werden.

Schauberger ließ auch durchblicken, wieviel die Herstellung einer Edelwasser-Aufbereitungsanlage kostet und welcher Gewinn möglich wäre:

Eine Anlage mit einer Tageskapazität von 100.000 cbm (Stadt mit rund 1 Million Einwohner) kostet bis zum Rohrnetz gelegt ungefähr 250.000 bis 300.000 Österreichische Schillinge. Der Kubikmeter Edelwasser kommt inklusive Reinigung, Sterilisation und Aufwertung pro cbm auf Maximum 25 Österreichische Groschen. Der Durchschnittsabgabepreis von Trinkwasser in Mitteleuropa beträgt 35 Österreichische Groschen bis 1 Schilling, somit ein Mittelwert von 70 Österr. Groschen pro cbm. Es ergibt somit eine Anlage mit einer Tageskapazität von 100.000 cbm einen Reingewinn von mindestens 12 Millionen Österreichische Schilling. (Der Preisunterschied erklärt sich in der Hauptsache dadurch, daß Fernleitungen und ihre Erhaltungskosten fortfallen, weil jedes Wasser, wo es sich auch nur vorfindet, verwendet werden kann). Die Sterilisation bei allen Arten des üblichen Chlorverfahrens erfolgt durch einen Sauerstoff im status nascendi, welcher auf die Dauer zu Gewebezerstörungen und Krebsbildungen bei Mensch, Tier und Pflanzen führen kann. Bei meinem Verfahren erfolgt die Sterilisation und Reinigung entweder mit Hochspannungsröhren oder sogenannten Doppelkapillar-Drallrohren, und die Aufwertung in besonderen Apparaturen[11].

Schauberger führte weiters an, daß sein Verfahren durch ungefähr 40 erteilte Patente in den meisten Kulturstaaten der Welt einwandfrei geschützt wäre. Sein Verfahren gliederte sich in:

- Edelwasseraufbereitung für Trink- und Heilzwecke,
- Energiewasserbereitung zur direkten Gewinnung von elektrischen Hochströmen und Hebung des Grundwasserspiegels.
- In Flußregulierungspatente und Flößerei-Anlagen für Holz, Metalle und Mineralien (d.h. in diesem Wasser schwimmen auch Körper, die schwerer sind als Wasser, in der Mitte, ohne die Wandungen zu berühren). Holz oder sonstige Stoffe mit diesem Wasser getränkt, werden unverfaulbar und unverbrennbar[12].

---

11) Ebd.

12) Ebd.

Ob Roselius' neuerlicher Brief samt Beilage an die Reichskanzlei eine „Wende" in der Einstellung zu Schauberger bewirkt hatte, oder welche sonstigen Einflüsse dafür verantwortlich waren, läßt sich wohl nicht mehr klären. Jedenfalls wurde die Bereitschaft des Führers und Reichskanzlers Adolf Hitler zum Empfang Schaubergers in der Reichskanzlei signalisiert. Doch mit dem Besuch des Führers allein ist es auch nicht getan. Der Ehre des Besuches kann natürlich auch ein wohlüberlegtes Nachgeben – mit dem Hintergrund, weitere lästige Interventionen für Schauberger zu vermeiden – zugrundegelegen sein.

Der Besuch in der Reichskanzlei wird genehmigt

Zunächst verständigte Ministerialrat Dr. Willuhn Schaubergers „Mentor", Ludwig Roselius, von der Zusage Hitlers:

Auf Ihr an den Herrn Staatssekretär in der Reichskanzlei gerichtetes Schreiben vom 24. Juni des Jahres, die Angelegenheit Schauberger betreffend, teile ich Ihnen im Auftrage des Herrn Staatssekretärs ergebenst mit, daß der Herr Reichskanzler bereit ist, Herrn Schauberger am 10. des Monats, um 12.00 Uhr, zu empfangen. Der Herr Reichskanzler beabsichtigt lediglich einen Bericht des Herrn Schauberger entgegenzunehmen. Der Empfang wird jedoch nur unter der Voraussetzung stattfinden, daß sich Herr Schauberger jeder Äußerung über den Empfang enthält. Es muß insbesondere sichergestellt werden, daß Herr Schauberger diesen Empfang nicht als Reklame für seine Ideen und sein Unternehmen benutzt[(13)]*...*

Nun war der Tag X endlich da. Roselius hatte es also endlich erreicht, daß der Führer Schauberger empfangen würde. Schauberger selbst schildert dieses Ereignis so:

Hitler grüßte mich sehr freundlich und bot mir einen Sitzplatz an – und in diesem Augenblick bemerkte ich erst einen Herren, mit dem ich wenige Monate vor-

---

13) Brief von Ministerialrat Dr. Willuhn, Reichskanzlei Berlin, an Generalkonsul Dr. h.c. Ludwig Roselius, am 7. Juli 1934, Bestand R43, Reichskanzlei, II/342 (RK 6008). BA Koblenz.

her einen großen Krach wegen einer verschiedenen Meinungsauffassung hatte. Ministerialdirektor Willuhn hieß er, und war einer meiner erbittertsten Feinde. Jetzt war er scheinbar der intimste Berater Hitlers. Na, dachte ich, jetzt geht die Uhr richtig[14]*. Ich ignorierte den verbissenen Mienen zeigenden Oberbeamten und erwartete, mir Hitler genau betrachtend, dessen Gesprächseinleitung*[15]*. „Sie befassen sich", so begann Hitler das Gespräch, „mit allerhand Dingen die mich interessieren*[16]*. Wenn ich richtig orientiert bin" – fuhr er fort – „behaupten Sie, daß die gegenwärtige Technik der Entwicklung schade . Möchten Sie mir" – als er mein Nicken sah – „darüber nichts Näheres sagen*[17]*." Ich holte tief Atem, sah Hitler lange an und sagte: „Herr Reichskanzler, wollen Sie wirklich die Wahrheit erfahren?" Hitler sah mich überrascht an, lehnte sich zurück und sagte: „Sprechen sie so wie sie denken*[18]*."*

Schauberger erklärte Hitler, daß sich die heutige Wissenschaft auf einem gefährlichen Irrweg befände – was vor allem für den Entwicklungsstoffträger Wasser gelte. Er warnte Hitler davor, diesen Weg (der konventionellen Technik) zu beschreiten und weiterzugehen. Was die Energiewirtschaft beträfe, würden die heutigen Krafterzeugungsmaschinen in die Katastrophe führen.
Nach Schaubergers Darstellung der Unterredung schien Hitler an seinen Ideen interessiert gewesen zu sein[19], denn:

Hitler dachte kurz nach, sah mich überlegend an und drückte auf einen geheimen Knopf, der sich unter der Tischplatte befand. Sogleich trat Staatssekretär Ing. Keppler[20] *ins Zimmer, dem Hitler befahl: „... verschaffen sie dem Österreicher, der*

---

14) Implosion 39, S. 30, 31

15) Schauberger, Viktor: „Die Entdeckung der Levitationskraft", Implosion 112, August 1995, S. 22

16) Implosion 39, S. 31

17) Schauberger, Viktor: „Die Entdeckung der Levitationskraft", Implosion 112, S. 22

18) Implosion 39, S. 31

19) Luwig, Karl-Heinz, „Technik und Ingenieure im Dritten Reich", Droste Verlag Düsseldorf: „Hitler zeigte sich an technischen Fragen und Erfindungen stets außergewöhnlich interessiert."S. 89. Rauschnig, Hermann, „Gespräche mit Hitler": Als einflußreicher Berater Hitlers wird in der Memoirenliteratur mehrfach der österreichische Ingenieur Leopold Plaichinger genannt, der zum „Kepplerkreis" gehörte, aber früh verstarb. S. 29

20) Ebd. „... Damals (August 1931) erkor sich der Parteiführer (Adolf Hitler) den mittelständischen Ingenieurunternehmer Wilhelm Keppler zum technischen Berater, der die Aufgabe erhielt, namhafte Industrie- und Finanzvertreter im Hinblick auf bestimmte Parteiinteressen anzusprechen."

Gedanken hat, die mich sehr interessieren, alle Voraussetzungen für die Beweisführung seiner Theorien[21]*.*"

Daraufhin entließ Hitler Schauberger. Keppler bat ihn anschließend in sein Zimmer zu kommen. Nach einiger Zeit kam auch Schaubergers „Feind" Willuhn nach, öffnete seine Mappe und zeigte Keppler mehrere Schriftstücke. Dies hatte zur Folge, daß Keppler Schauberger plötzlich entsetzt ansah und meinte: *Das ist ja wirklich unglaublich*[22]*!* Die Intrigen gegen Schauberger waren also bereits in vollem Gange gewesen. Interessanterweise kamen die verunglimpfenden Hinweise aus Österreich. Schauberger:

Erst ein Jahr später erfuhr ich, daß es sich um Schriftstücke handelte, die vom Leiter der Wiener Wasserbauversuchsanstalt, Ministerialrat Ing. Ehrenberger, verfaßt und an alle Ministerien der umliegenden Staaten als Warnung verteilt wurden[23]*. So wurde unter anderem erklärt, daß die von mir erbauten Holzschwemmanlagen Ingenieure entworfen und durchgeführt hätten und ich nicht das Recht hätte, diese als mein Werk zu empfehlen*[24]*.*

Soweit Schaubergers Darstellung der Ereignisse. Er mußte über seinen Besuch beim Führer eine Verpflichtungserklärung unterschreiben, niemandem darüber Mitteilung zu machen. Desweiteren steht in der Erklärung, daß er Hitler sein Wasserverbesserungs-Verfahren erklärt hätte, daß Hitler ihn danach an Ingenieur Keppler verwiesen und Hitler auf seinen Vortrag hin nichts erklärt hätte[25].

Über den Besuch Schaubergers in der Reichskanzlei wurde folgender Bericht gelegt:

Der Herr Reichskanzler empfing am heutigen Tage Herrn Schauberger. ... Der Herr Reichskanzler fragte ihn nach seinem Begehren. Schauberger antwortete, daß er für seine Erfindung nichts verlange, er wolle nur die Möglichkeit haben, in Deutsch-

---

21) Implosion 39, S. 31

22) Schauberger, Viktor, „Die Entdeckung der Levitationskraft", Implosion 112, S. 25

23) Ehrenbergers Untersuchungsbericht, welcher in der „Wasserwirtschaft" Nr.9, 1933 erschien und als Sonderdruck verschickt wurde. Siehe Kapitel: „Der Fall Ehrenberger".

24) Schauberger, Viktor, „Die Entdeckung der Levitationskraft", Implosion 112, S. 25

25) Erklärung, vom 10. Juli 1934. BA Koblenz, Bestand R43, Reichskanzlei, II/342 (RK 6123/RK 6265).

land ruhig zu arbeiten. Der Herr Reichskanzler ließ während des Empfanges Herrn Keppler kommen. Herr Keppler erhielt von Herrn Reichskanzler die Weisung, die Besprechung mit Herrn Schauberger in seinem – Kepplers – Zimmer fortzusetzen. Nach dem Fortgang der beiden Herren äußerte der Herr Reichskanzler zu dem Unterzeichneten, er halte den Schauberger für einen Betrüger; er verstünde nicht, warum man ihm einen solchen Mann bringe. Der Unterzeichnete wurde von dem Herrn Reichskanzler angewiesen, der Unterhaltung bei Herrn Keppler beizuwohnen und aufklärende Fragen zu stellen. Herr Keppler und der Unterzeichnete gaben sich Mühe, die Angelegenheit aufzuklären. Schauberger gab sich widersprechende Antworten, die nicht geeignet waren, in die Angelegenheit Klarheit hineinzubringen ...

Als der Unterzeichnete darauf hinwies, daß Schauberger sich in der Unterhaltung am 8. Februar des Jahres bereit erklärt habe, sein Geheimnis preiszugeben, wenn der Empfang durch Herrn Reichskanzler stattgefunden habe, erwiderte er jetzt, daß er dieses nur in Wien tun würde. Als der Unterzeichnete Schauberger darauf hinwies, daß er dem Unterzeichneten am 8. Februar des Jahres erklärt hat, daß er, Schauberger, am 20. Februar des Jahres zu dem italienischen Ministerpräsidenten Mussolini bestellt worden sei, und daß er diesem sein Geheimnis offenbaren würde, falls Reichkanzler Adolf Hitler ihn nicht vorher empfinge und daran die Frage knüpfte, warum er, Schauberger, auf den Empfang durch Mussolini verzichtet habe, erwiderte er: weil Generalkonsul Dr. h.c. Roselius ihn, Schauberger, gebeten habe, die Erfindung nicht nach Italien zu geben.

Es kann bezweifelt werden, daß Herr Roselius sich in den Tagen vom 8.- 20. Februar des Jahres mit der Angelegenheit bereits befaßt hat. Herr Roselius hat auf diese Sache erstmalig mit seinem Schreiben vom 5. April des Jahres hingewiesen (Rk. 3663). Er schrieb kurz vor seiner Beinamputation. Es muß ihn demnach die Angelegenheit erst in den letzten Tagen vor seinem Schreiben beschäftigt haben. Schauberger hat im Februar im übrigen den Namen Roselius noch nicht erwähnt. Nach Mitteilung des Prokuristen des Generalkonsuls Roselius, Rodde, hat Schauberger Herrn Rodde gegenüber die ehrenwörtliche schriftliche Erklärung abgegeben, daß er sich jeder Äußerung über den Empfang enthalten werde, und daß er diesen Empfang nicht als Reklame für seine Ideen und sein Unternehmen auswerten werde. Der Unterzeichnete hat eine gleichartige schriftliche Erklärung Schauberger abgeben lassen – siehe Anlage „. Es ist vertretbar, wenn die Angelegenheit von hier aus nicht mehr verfolgt wird. Unterzeichnet Willuhn[26].

Es widerspricht sich einiges in den Erinnerungen Schaubergers und den Darstellungen Willuhns bzw. Kepplers, die aus den Akten hervorgehen. Hitler hielt Willuhns Bericht zufolge Schauberger für einen Betrüger. Willuhn dürfte die Aussendung von Ministerialrat Ing. Ehrenberger(27) aus Wien erhalten haben, in der Schauberger indirekt als Schwindler bezeichnet wurde. Einen Schwindler konnte das Dritte Reich vorläufig nicht brauchen. Hitler selbst war ja auch nur auf Berater angewiesen, auf deren Vertrauen er bauen mußte. Willuhn und Schauberger schienen sichtlich keine große Sympathie füreinander empfunden zu haben. Vielleicht war das die Möglichkeit, den unbequemen Österreicher endlich los zu werden.

Schauberger hingegen erinnerte sich, daß Hitler sehr interessiert an seinen Ausführungen gewesen sei und ihn nach der kurzen Unterredung an Keppler mit der Begründung verwiesen habe, daß dieser ihm ein Labor zur Beweisführung seiner Ideen etc. zur Verfügung stellen sollte. Wessen Version stimmt also? Es hat sich bereits bei der Durchsicht der Akten der Bundesforste gezeigt, daß Schauberger anscheinend nicht sehr wahrheitsliebend war, was die Darstellung von Sachverhalten anbelangt. Dort zeigte sich, daß Schaubergers Berichte über die Besichtigung verschiedener Forstbezirke mit den Berichten der jeweiligen Forstbeamten, welche Schauberger begleiteten, nicht übereinstimmten.

Willuhn unterrichtete auch Generalkonsul Ludwig Roselius über den Besuch Schaubergers beim Führer:

Der Vortrag dauerte nur wenige Minuten ... Herr Schauberger hat sich geweigert, sein Erfindergeheimnis preiszugeben, obwohl er bei seinem letzten Hiersein, am 8. Februar des Jahres erklärt hatte, daß er die Preisgabe seines Geheimnisses lediglich von einem Empfang durch den Herrn Reichskanzler abhängig mache.
Die Nichteinhaltung dieser Zusage sowie der Inhalt des Vortrages geben hinreichenden Grund zur Annahme, daß es sich um keine einer ernsthaften Überlegung werte Angelegenheit handelt. Ich bin aus diesem Grunde gezwungen, Ihnen, sehr

---

26) Vermerk von Ministerialrat Willuhn, vom 10. Juli 1934, Bestand R43, Reichskanzlei, II/342 (RK 6123/RK 6265). BA Koblenz.

27) Hinterher betrachtet, kann man sagen, daß Ehrenbergers Untersuchungsbericht in Form des Sonderdruckes für Schauberger auch positiv war; der Reichskanzler dürfte auch aufgrund dieses Berichtes Schauberger nicht ernst genommen haben.

verehrter Herr Generalkonsul, gegenüber zum Ausdruck zu bringen, daß der Herr Reichskanzler lediglich auf Ihre Empfehlung hin mit einer Angelegenheit befaßt worden ist, die einer ernsthaften Erörterung nicht standhält[28].

Viktor Schauberger schrieb noch am Tag seines Empfanges beim Führer einen Brief an den *hochverehrten Herrn Reichskanzler*, und berichtete über seine Unterredung mit Keppler und Willuhn: Er schrieb, daß er sehr unfreundlich aufgenommen wurde und den Eindruck hatte, daß seine Person von vornherein mit Mißtrauen angesehen wurde. Auf die Vorhaltung, warum er nicht gleich zu Mussolini gefahren wäre, meinte er, daß ihm sein Gefühl als Deutsch-Österreicher veranlaßt hätte, seine Entdeckungen Deutschland zur Verfügung zu stellen. Er bat um eine objektive Prüfung seiner Vorschläge durch Herrn Ingenieur A. Pietzsch, München, dessen Urteil er sich voll und ganz unterwerfen würde[29].

Im Jahre 1934 war für die Masse in Deutschland noch nicht klar, wohin der NS-Zug fahren würde. Wer – außer den engsten Vertrauten Hitlers – wußte schon, daß alle Vorbereitungen für den Krieg getroffen wurden. Die Menschen spürten zwar einen Aufwind, hatten aber sichtlich keine Vorstellung, welch zerstörerischer Orkan sich da eigentlich zusammenbrauen würde. Ihre Sinne dürften durch die „ordentliche Beschäftigungspolitik" vorübergehend betäubt gewesen sein. Man kann Viktor Schauberger sicherlich nicht unterstellen, mit den Zielen der Nazis zum damaligen Zeitpunkt vertraut gewesen zu sein. Er dachte primär an die Verwertung seiner Erfindungen, deren Patentierung schon viel Geld verschlungen hatte.

Das „deutsche Österreich" hatte ihn verschmäht, beleidigt, quasi zum „großen Bruder" hin getrieben, der ihn nicht mit offenen Armen empfing, sondern auch nur stiefmütterlich behandelte. Daß es ihm auch nicht unbedingt um Deutschland ging, zeigt auch die Angabe, daß er mit Mussolini kokettiert hätte.

Ob Hitler Schaubergers Brief je zu Gesicht bekam, ist fraglich. Hitler hatte ihn ja als Schwindler bezeichnet – womit die Sache Schauberger für ihn vor-

---

28) Schreiben Willuhns an Roselius vom 11. Juli 1934, Bestand R43, Reichskanzlei, II/342 (RK 6123/RK 6265). BA Koblenz.

29) Schreiben Schaubergers an Hitler, vom 10.Juli 1934, Bestand R43, Reichskanzlei, II/342, Rk 6265. BA Koblenz.

erst erledigt gewesen sein dürfte. Auf alle Fälle löste Schaubergers Brief weitere Maßnahmen seitens der Reichskanzlei aus. Ministerialdirektor Willuhn schrieb umgehend einen Brief an den von Schauberger angeführten Ing. Pietzsch, den Wirtschaftsberater des Stellvertreters des Führers, und informierte ihn von Schaubergers Besuch bei Hitler. Weiters teilte er ihm die ablehnende Haltung der Reichskanzlei gegenüber Schauberger mit[30].

In einem diesem Schreiben angefügten Vermerk schrieb Willuhn, daß Schauberger eine unrichtige Darstellung über die Unterhaltung wiedergab. Er, Schauberger, sei von Keppler als auch von ihm sehr freundlich aufgenommen worden, was auch daraus hervorging, daß Schauberger bis zum Schluß des Besuches die ihm gereichten Zigaretten ausreichend genossen hat. Außerdem hätte Schauberger sich während dieser Unterredung in Widersprüche verwickelt[31].

Abermals wurde Schauberger vorgeworfen, einen Sachverhalt wahrheitswidrig darzustellen. Es prallten seine Version und jene von Willuhn, bezüglich der Unterredung mit Ing. Keppler nach dem Empfang beim Führer aufeinander. Durch vorhin zitierten Brief Willuhns wird deutlich, daß die Reichskanzlei, ergo der Führer, mit Schauberger nichts mehr zu tun haben wollte.

Aus dem Schriftverkehr der Reichskanzlei Berlin zur Angelegenheit Schauberger kann man entnehmen, daß Schaubergers „Mentor“, Dr. h. c. Roselius, auf den Brief von Staatssekretär Dr. Lammers vom 11. Juli 1934 – bezüglich des Empfanges Schaubergers beim Führer – folgend antwortete:

... Es ist bedauerlich, daß Herr Schauberger sich geweigert hat, sein Erfindergeheimnis preiszugeben, obwohl ich völlige Offenheit als Vorbedingung für den Empfang mit ihm ausgemacht hatte. Damit ist nun aber doch nicht gesagt, daß die Angelegenheit keiner ernsthaften Überlegung wert gewesen ist. Ich habe die Anlage in Wien gesehen und selbst damit gearbeitet. Herr Schauberger steht am Anfang einer Entdeckung, deren Tragweite sich nicht abschätzen läßt. Ich verstehe natürlich durchaus, daß ein Mann, der sich so dämlich benimmt wie Schauberger, in Berlin keinen Erfolg haben konnte.
Jedenfalls danke ich Ihnen verbindlichst, Herr Staatssekretär, daß Sie mich einer

---

30) Schreiben Willuhns an Ing. Pietzsch, vom 13. Juli 1934. Bestand R43, Reichskanzlei, II/342 (Rk. 6265/Rk. 6378), BA Koblenz.

31) Ebd.

Last enthoben haben, die immer auf mir geruht haben würde. Was nun den Schlußsatz Ihres Briefes anbetrifft, so möchte ich darauf hinweisen, daß dieses fast die gleichen Worte sind, welche die Umgebung Napoleons dem Promotor Fultons zurief, als er Napoleon die Pläne für sein Dampfschiff vorgelegt hatte, die von den Sachverständigen als lächerlich bezeichnet wurden. Das Dampfschiff wurde doch gebaut, und so werden auch Schaubergers Ideen eines Tages zur Ausführung kommen. Für einen Privatmann ist die Sache zu groß. Ich bedaure nach wie vor, daß der deutsche Staat die Sache nicht in die Hand nehmen wird[32].

Anscheinend erwiderte Staatssekretär Dr. Lammers den Brief von Roselius nicht. Einem Schreiben Dr. Thomsens vom 17. Juli 1934 ist zu entnehmen, daß dieser Dr. Lammers aufforderte, Roselius nicht zu antworten und den Fall Schauberger als ein für allemal abgeschlossen zu betrachten. Als Beispiel, wie vorsichtig man bei „Erfindern" wie Schauberger sein sollte, führte er einen Fall aus den sechziger Jahren des vergangenen Jahrhunderts an, bei dem die gesamte österreichische Regierung, Kaiser Franz Josef an der Spitze, jahrelang von einem gerissenen Schwindlerpaar mit dem alten Märchen, sie könnten Gold machen, an der Nase herumgeführt und um erhebliche Beträge geschädigt worden sei. An die Stelle des Goldmachens sei seiner Meinung nach neuerdings die Atomzertrümmerung getreten[33].

Doch Roselius ließ sich durch den Brief Dr. Thomsens nicht entmutigen und schrieb erneut an Dr. Lammers, Reichskanzlei:

Hochverehrter Herr Staatssekretär!
Soeben erhielt ich einen Bericht des Herrn Schauberger über seine Reise nach Berlin ... Aus dem Bericht ersehe ich, daß die Bekanntgabe meines Namens Herrn Keppler gestört hat. Ich habe Herrn Keppler derzeit mein Programm vorgetragen über die Re-Organisation der deutschen Finanzen. Es handelte sich darum, den Kredit innerhalb Deutschlands, der uns fehlt, wiederherzustellen. Er betrug in normalen Zeiten 120 Milliarden und ist jetzt auf 50 Milliarden zurückgegangen. Die große Gefolgschaft sehr ernsthafter Männer – seien es nun Finanzleute oder Staatsleute – welche ich für meine Vorschläge gefunden habe, enthebt sich wohl der

32) Schreiben Roselius' an Dr. Lammers, vom 13. Juli 1934, Bestand R43, Reichskanzlei, II/342 (Rk. 6265/Rk. 6378). BA Koblenz.

33) Bestand R43, Reichskanzlei, II/342 (Rk. 6428). BA Koblenz.

Antwort. Ich kann es nur nicht sehr geschmackvoll finden, daß einem Ausländer gegenüber derartige Bemerkungen gemacht werden. Was nun den Wert der Ansichten von Keppler und mir anbetrifft, so kann ich nur sagen: Menschen und Schweine werden erst nach ihrem Tode gewogen[(34)].

Interessant in diesem Zusammenhang ist der Brief Schaubergers an Roselius, worin er seinem „Mentor" das Treffen mit Hitler etc. schilderte:

Ich wurde am 10.7. 1934, 12.00 Uhr, von X empfangen. X war nicht allein. Bei ihm war Geheimrat Willuhn. Da ich mich mit dem Gedanken vertraut gemacht hatte, X unter vier Augen zu sprechen, so hat die Anwesenheit eines Dritten meine Ausführungen zweifellos beeinträchtigt. Ich habe folgendes gesagt:

„Ich habe ein Gesetz gefunden, durch dessen Anwendung es möglich ist, aus jedem schmutzigen Wasser oder auch Meerwasser, edelstes Hochquellwasser zu bereiten, welches 90 % Kohlensäure gebunden hat. Aus diesem Wasser kann ich auf billigste Weise sogenanntes Schwerwasser erzeugen, welches die Amerikaner im Wege der Elektrolyse seit wenigen Monaten zu bereiten erkannt haben." ... Bei dieser Gelegenheit habe ich folgendes gesagt:

„Herr X, mit der Beherrschung der Wärme einerseits und der Kälte andererseits – das sind die positiven und negativen Grundstoffenergien – habe ich die Bodenenergien und damit das Wachstum in der Hand, damit letzten Endes das Brot und die Wirtschaft. Hier sind die Patente, wie sie in Wien unter vorläufiger Geheimhaltung angenommen worden sind. Hier ist der technische Plan und hier die Gutachten von der Technischen Hochschule in Wien. Hier sind die Fotografien der Apparatur und hier ist der technische Bericht." X blätterte kurze Zeit in diesen Papieren, blickte dann auf und fragte mich: „Was soll ich nun tun?" Ich antwortete darauf: „Ich bin bereit, die Patentschrift und das Gesetz anhand einer in Wien in Betriebe befindlichen Apparatur zu demonstrieren und ersuche, ein oder zwei Herren nach Wien zu senden, denen ich rückhaltslos Auskunft geben werde. Es würde mich freuen, wenn die erste Großanlage in Deutschland errichtet werden könnte."

Nach diesem ging X zum Schreibtisch, rief den Ingenieur Keppler an und gab ihm den Auftrag, sich über die Sache zu informieren und ihm später Bericht zu er-

34) Ebd., Brief Roselius' an Reichskanzlei Dr. Lammers, vom 14. Juli 1934.

statten. Nach der Unterredung mit X ging ich mit Ingenieur Keppler in dessen Zimmer. Keppler sagte mir auf dem Wege: „Sie haben also eine Erfindung gemacht?" Ich antwortete: „Nein, es ist keine Erfindung sondern eine Entdeckung aufgrund jahrelanger Naturbeobachtungen." Im Zimmer gab ich Keppler die Patentschrift. Keppler las sie und erklärte, daß er daraus nicht klug werden könnte ... Es kam dann ein Telefonanruf. Während dieses Anrufes kam Willuhn. Willuhn war sehr ungnädig. Er fragte mich, weshalb ich nach dem 20. Februar, als ich schon bei ihm war, nicht zu Mussolini gefahren sei. Ich erwiderte, daß dieses auf Wunsch des Herrn Dr. Roselius unterblieben sei...

Willuhn fragte: „Mit welchen deutschen Herren haben Sie gesprochen?" Ich erwiderte: „Mit Professor Frobenius und später mit Herrn Dr. Roselius" ... Darauf sagte Keppler: „Roselius ... ist ein Fantast, der immer Pläne hat. Er ist uns gekommen mit einem Projekt, das im Handumdrehen Milliarden bringen sollte. Er ist nicht ernst zu nehmen."

Keppler fragte mich dann, ob andere maßgebende Herren die Sache gesehen und begutachtet hätten. Ich bejahte und erwiderte auf seine Frage, was die Herren dazu gesagt hätten, daß die meisten das tatsächlich Gesehene mit den bisherigen wissenschaftlichen Erkenntnissen nicht in Einklang zu bringen vermöchten. Ich erwähnte ferner, daß englische und französische Sachverständige bei mir waren, die die Versuche genau beobachtet hätten ... Chefingenieur Baume, der Inspektor der französischen Wasserwerke, ließ mir folgendes sagen: Hätte ihm jemand vor dem Versuch gesagt, er verstünde nichts von Wasser, so würde er auf Grund seiner dreißigjährigen Praxis eine grobe Antwort gegeben haben. Nach dem jetzt Gesehenen müsse er aber erklären, daß er vom Wesen des Wasser tatsächlich nichts verstünde.

Ich bat dann die Herren Willuhn und Keppler darüber nachzudenken, wie es komme, daß die schwerflüssigen Säfte der Bäume mit einer Geschwindigkeit von zwei Metern pro Stunde senkrecht aufwärts bewegt würden, zumal die Kapillare sich nach aufwärts trichterförmig verbreitern; und wie sie es sich erklären würden, daß die Kapillarenwände den ungeheuren Druck aushalten, wenn die Säfte, so wie die Wissenschaft bis jetzt annimmt, durch mechanische Druckkräfte bewegt würden.

Keppler erwähnte, daß ein Vorgang, den ich dadurch zu erklären gedächte, daß man Salz oder dergleichen ins Wasser streue, keine genügende Erklärung für eine Begutachtung geben könnte ... Willuhn warf dann ein, daß auch Geheimrat Planck aus der Sache nicht klug würde, schrieb dann einige Worte auf einen Zettel und gab diesen Zettel Keppler. Willuhn gab dann Keppler eine Niederschrift zu lesen, worauf Keppler eine nicht mißzuverstehende Handbewegung machte[35]...

Nun erfuhren wir eine weitere Version des Treffens Schauberger-Hitler. Schauberger schilderte dieses Mal die Begegnung ausführlicher. Wie wahr diese Schilderung ist, sei dahingestellt. Alle weiteren Interventionen in der Reichskanzlei für Viktor Schauberger waren vorerst vergeblich. Der Standpunkt der Reichskanzlei schien unverrückbar. Trotzdem blieb die „Schauberger-Lobby" hartnäckig.

Roselius war nicht der einzige, der für Schauberger in der Reichskanzlei intervenierte. Ein weiteres Interventionsschreiben an die Reichskanzlei (Dr. Lammers) richtete Fritz Rigele, Görings Schwager. Rigele schrieb, daß Schauberger im Auftrag von Hofrat Dr. Erich Pistor aus Wien bei ihm war. Schauberger erzählte ihm (Rigele), daß er nur mit dem Führer allein sprechen wollte, und daß die Anwesenheit von Geheimrat Willuhn ihn davon abhielt, dem Führer sein Geheimnis preiszugeben. Schauberger hätte ihm Patentschreiben des österreichischen Patentamtes Nr. 142032, 143069, 134543, 122144, 125819 und 138296 überreicht, überdies eine Schrift: Die Rheinregulierung, und von sich selbst zur Legitimation einen eigenen Lebenslauf[36].

Dr. Lammers antwortete Fritz Rigele auf sein Schreiben am 18. Dezember 1935, daß ein (weiterer) Empfang des Viktor Schauberger durch den Führer und Reichskanzler nicht in Frage komme. Die von Schauberger vorgetragenen Erfindungen hätten die Reichskanzlei wiederholt beschäftigt und einer ernsthaften Erörterung nicht standgehalten. Er teilte Rigele mit, daß er das Geheime Staatspolizeiamt auf Schauberger aufmerksam gemacht hatte[37]. Die Gestapo wurde angewiesen, Schauberger, falls er in Deutschland einreisen sollte, festzunehmen oder sonst geeignete Maßnahmen gegen ihn zu treffen. Die Grenzdienststellen an der österreichischen Grenze wurden angewiesen, von einem etwa erfolgten Grenzübertritt Schaubergers ins Reichsgebiet sofort Mitteilung zu machen[38].

---

35) Brief Schaubergers an Roselius, vom 11. Juli 1934, Bestand R43, Reichskanzlei, II/342 (Rk. 6421). BA Koblenz.

36) 40. Brief von Fritz Rigele an Dr. Lammers, vom 7. Dezember 1935. BA Koblenz, Bestand R43, Reichskanzlei, II/342 (Rk. 10566)

37) Bestand R43, Reichskanzlei, II/342 (Rk. 10566/35). BA Koblenz.

38) Bestand R43, Reichskanzlei, II/342 (Rk. 849/Rk. 10566). BA Koblenz.

Die Sache Schauberger kam jedenfalls nicht zur Ruhe. Ministerialdirektor Dr. Willuhn schrieb am 6. Mai 1936 an Ingenieur Keppler, wobei er sich auf Schaubergers Empfang bei Hitler im Jahre 1934 bezog. Im April 1936 sei ihm (Willuhn) eine Druckschrift zugegangen[39]. In ihr sei auf Seite 35 der Empfang Schaubergers beim Führer und Reichskanzler erwähnt und auch sein Name genannt worden. Vor einigen Tagen habe er einen Brief von einer Frau Primavesi aus Wien bekommen. Frau Primavesi sei bei ihm im Februar 1934 durch den damaligen Ministerialrat Freiherrn von Hühne im Büro des Reichspräsidenten für eine Unterhaltung eingeführt worden. Sie sei durch Geheimrat Professor Frobenius bei von Hühne angemeldet worden[40].

Mäda Primavesi[41], Schaubergers Wiener Mäzenin, intervenierte ebenfalls für ihn in der Reichskanzlei. Die Förderin von Talenten, vorwiegend Künstlern, wie Egon Schiele und Gustav Klimt oder dem bekannten Wiener Architekten Professor Josef Hoffmann, sah in Viktor Schauberger das große Talent. Sie öffnete ihm Tür und Tor zu einflußreichen Personen und Stellen und begleitete ihn auch zu Besprechungen. Doch viele Diskussionen endeten abrupt, wenn Schauberger die Gesprächspartner spüren ließ, daß sie seinen Erklärungen nicht folgen konnten. Mäda Primavesi war auch gegen Ende des Zweiten Weltkrieges bei Schauberger in Leonstein gewesen, wo er unter SS-Bewachung mit Häftlingen aus dem KZ Mauthausen im Sensenwerk Zeitlinger in Obergrünburg arbeitete. Dort hätten sie Galgenhumor bewiesen und sich die Zeit mit Lesungen von Theaterstücken vertrieben[42].

Sie schrieb folgenden Brief an Ministerialrat Dr. Willuhn:

Ich habe am 12. März des Jahres (Anm.: 1936, d. Verf.) von einer Sache erfahren, ... um deren Aufklärung willen ich diesen Brief schreibe.... Ich war vor zwei Jahren im Februar bei Ihnen, um Ihnen von einer großen Entdeckung zu berich-

---

39) Tau, Heft 144, S. 31-35., Herausgegeben von Prof. Werner Zimmermann.

40) Schreiben Willuhns an Keppler, vom 6. Mai 1936, Bestand R43, Reichskanzlei, II/342 (Rk. 5137/36, Rk. 5541/36). BA Koblenz.

41) Primavesi, Mäda, geb. Butschek , hat eigentlich ihre Karriere als Schauspielerin begonnen. 1918 kam sie nach Wien. Sie stammte ebenso wie ihr Gemahl, der Großindustrielle Otto Primavesi, aus Olmütz. Ihr Gatte, der im Jahre 1926 verstorben ist, galt als munifizenter Förderer der Wiener Werkstätte, in deren Dienst nach dem Ausscheiden Wärndorfers Frau Primavesi ihre ganze Kraft gestellt hat. Ihrer Ehe entstammen vier Kinder namens Otto, Lola, Mäda und Melitta.

42) Nach Angaben von Frau Huberta Böhm, Viktor Schaubergers Tochter in Wien.

ten und Sie zu bitten, es möglich zu machen, daß Reichskanzler Hitler den Entdecker Viktor Schauberger empfängt, um zu erreichen, daß seine Entdeckung dem Reich gehöre. Sie haben sich danach ehrlich bemüht, Sachverständige als Grundlage für diese Audienz zu erreichen. Es gelang nicht, da allen Herren die Sache zu fantastisch erschien und Schauberger sein letztes Geheimnis nur dem Reichskanzler persönlich sagen wollte.

Im Juli 1934 kam Schauberger zum Reichskanzler, aber es kam nicht zu einer näheren Aussprache. Sie waren dabei und ... Schauberger wurde als Schwindler bezeichnet. Am 12. März des Jahres erfuhr ich, daß Schauberger tatsächlich von Ihnen als Schwindler aufgefaßt werden mußte, denn an dem Tage kam mir eine Broschüre in die Hand: „Temperatur und Wasserbewegung", von Ministerialrat Ehrenberger, im Selbstverlag des hydrographischen Instituts im Bundesministerium für Land- und Forstwirtschaft, im Jahre 1933 herausgegeben. Welche Hefte Schauberger zwei Tage vorher von einem Schweizer[43]*, dem sie Ministerialrat Ehrenberger gegeben hatte, erhielt.*

Die sachlichen Einwände gegen Schauberger sind nicht von Bedeutung und leicht zu widerlegen, aber der Schluß mit dem Anhang des Ing. Prückner ist sozusagen ein Steckbrief: Achtung vor Schwindler wird gewarnt. Es ist unmöglich, daß Sie eine so amtliche Sache nicht entgegengenommen hätten und den Reichskanzler vor Schauberger nicht gewarnt hätten. Da Sie nach meiner Rücksprache bei Ihnen in Wien nachgefragt haben dürften, so ist Ihnen diese Broschüre, die bis in die letzten Wochen verkauft wurde, sicher in die Hand gekommen. So ist wahrscheinlich diese unverantwortliche Veröffentlichung schuld daran, weil es nun nicht mehr möglich ist, dem Reich die alleinige Verantwortung dieser großen Entdeckungen zu geben.

Ich habe sofort Ministerialrat Ehrenberger einen wenig freundlichen Brief geschrieben. Dieser hat sich entschuldigt, daß er nicht annehmen konnte, daß er falsch unterrichtet wurde, was natürlich den Rufmord nicht mehr aus der Welt schafft. Das Nachspiel dieser Sache ist hier unmöglich, ... die Hauptsache ist, daß Sie erfahren, daß Schauberger Unrecht geschehen ist, und dies nicht das erste Mal. Sodaß nun vor ... Jahren der ehemalige Finanzminister Dr. Grimm sagte, „... ja lebt denn der Mensch noch, nach allem, was man ihm mitgespielt hat?"

Scheinbar müssen eben alle neuen Entdeckungen schwerste Anfeindungen er-

---

43) Prof. Werner Zimmermann. Siehe Kapitel: „Der Fall Ehrenberger – die Rheinregulierung"

leben. Dr. Grimm lebt hier im 3. Bezirk in der Juchgasse. Minister Buchinger, der Schauberger seinerzeit berufen hat, ist ebenfalls in Wien. Ich hatte mich seinerzeit bei beiden Herren über Schauberger erkundigt, die Schwemmanlage in Neuberg wurde nach dem Patent Schaubergers zur Zeit dieser Minister und dann des Ministers Thaler gebaut. Im Laufe dieser zwei Jahre waren viele Menschen bemüht, eine neuerliche Unterredung mit Hitler zu erreichen. Nun kenne ich die Ursachen, warum dies nie gelingen konnte. Schauberger dachte in der ganzen Zeit nur an Hitler, und wartete solange, bis er es finanziell nicht mehr durchhalten konnte. Nachdem er vor zwei Jahren fast eine Enttäuschung mit Generalkonsul Roselius erlebt hatte, wollte er sich auch selbst mit deutschen Kaufleuten nicht mehr in Verbindung bringen lassen. Beiliegender Brief, den ich nicht benutzen durfte, ist auch ein Zeichen dafür.

Sie erinnern sich, daß ich damals vor Mussolini Angst hatte, weil ein Herr, dessen Frau eine italienische Gräfin ist, Schauberger gesagt hatte, daß er Mussolini in der allernächsten Zeit sprechen müsse, und wir hatten keinen Anlaß dies zu bezweifeln. Dieser Herr hatte aber vorschnell geredet. Mussolini sprach mit Fürst Starhemberg darüber, und dieser war dann bei Schauberger dreimal, auch mit Sachverständigen, die gottlob nichts verstanden. Es gibt aber keine Sachverständigen für diese umstürzende Sache.

Doch ich komme zum Schlußpunkt. Über den Schweizer[44] *hörte ein französischer Ingenieur von Schauberger, dies erzählte er dem Grafen Polignac, und der reiste mit einem zweiten Herrn sofort her. Das war Ende Februar. Und sie erreichten, daß Schauberger einen Vertrag abschloß, der ihnen alle Entdeckungen (er ist seither noch viel weiter gekommen) überläßt, falls nicht Herr von Ribbentrop sich für Deutschlands Teilnahme interessiert. Schauberger hat selbst Deutschland aus dem Vertrag auch noch ausgenommen, sodaß es noch viele Möglichkeiten gäbe. Seit 15. März finanzieren die Franzosen Schauberger und von Deutschlands Interesse ist noch nichts bekannt. Ich bin in größter Unruhe und aus dieser verständige ich sie.*

Werden die Entdeckungen Schaubergers für Frankreich benutzt (und kann man sicher sein, daß das nicht geschieht?), so ist das ein Schlag für Deutschland von unübersehbarer Tragweite! Daß man nicht trachtet, sich mit Schauberger zu besprechen, kann nur sein, weil man ihn für einen Schwindler oder Narren hält. Bedenken Sie, daß sein letztes Patent, die Luftturbine, außer den wirtschaftlichen Folgen – den

---

44) Derselbe.

sie ist sehr billig – eine lautlos „fliegende Armee" bedeutet. Die Verwandlung der Atome, die Schauberger willentlich organisieren kann, bringt eben die unglaublichsten Möglichkeiten. Glauben Sie, es ist alles höchst ernsthaft. Warum überzeugt man sich nicht? In der nächsten Woche schon kommen die französischen Konstrukteure. Müssen die den Vortritt haben[(45)]*?*

Doch auch dieser, die Sachlage scheinbar relativierende Brief schien an der Einstellung der Reichskanzlei zu Schauberger vorerst nichts zu ändern. Das Schwindler-Image war Schauberger von seinem österreichischen Landsmann Ministerialrat Ing. Ehrenberger verpaßt worden. Dieser Punkt, sowie die Tatsache, daß die hinzugezogenen Sachverständigen nicht in die Erkenntniswelt Schaubergers einzudringen vermochten, und Schaubergers undiplomatisches bis grobes Verhalten gegenüber Willuhn und Keppler waren die Gründe, warum kein weiteres Interesse an dem Erfinder bestand. Die Angelegenheit Schauberger schien für das Dritte Reich erledigt gewesen zu sein. Noch war man nicht im Krieg. Noch galt es nicht, alle Kräfte, selbst die obskursten Erfindungen, für den Endsieg aufzubieten. Schauberger, später auf dieses Ereignis rückblickend, sagte:

Seither habe ich Hitler einigemale gesehen, ich konnte aber nie verstehen, daß sich die Menschenmassen seinetwegen so toll gebärden. Ich verfolgte aufmerksam die Entwicklung und wußte vom ersten Tage an, daß die Forcierung der konventionellen Technik auf allen Seiten in einer noch nie dagewesenen Katastrophe enden würde. Ich machte aber aus dieser meiner felsenfesten Überzeugung nie ein Hehl, und die logische Folge war, daß ich seit diesem Tage überwacht und ab Spätherbst 1940 von der Gestapo auf Schritt und Tritt beobachtet wurde[(46)]*.*

Die Interventionen für Schauberger in der Reichskanzlei und sein Besuch bei Hitler waren für sein weiteres Fortkommen nicht förderlich. Nach Deutschland durfte er einstweilen nicht mehr einreisen und in Österreich hing ihm noch der Ruf als Schwindler nach. Vergessen schienen die klaglos funktionierenden Holzschwemmanlagen, die nach Schaubergers Prinzip entgegen

45) Schreiben Mäda Primavesis an MR Dr. Willuhn, vom 29.4.1936, Bestand R43, Reichskanzlei, II/342 (RK 5137), Brief wurde in Kurrent geschrieben. BA Koblenz.

46) Implosion 39, S. 32

aller Kenntnisse der Wassertechniker funktionierten. Vergessen die honorigen Kapazitäten Prof. Forchheimer und Prof. Exner, welche sich für Schauberger und seine Erkenntnisse eingesetzt hatten, da beide inzwischen verstorben waren.

Aus der bisherigen Geschichte wird klar, daß es Schauberger nur um die Verwertung seiner Sache ging. So wie er sich damals bemüht hatte, das schwere Los der Holzknechte beim Holztransport durch Vereinfachung und Verbilligung des Holztransportes zu erleichtern, sah er jetzt seine Aufgabe darin, der Menschheit per se zu helfen. Sein Weg hätte ihn wahrscheinlich nicht nach Deutschland geführt, wenn der „Prophet" im eigenen Lande etwas gegolten hätte.

Daß er mit dem Nationalsozialismus nichts am Hut hatte, wird aus der Grundeinstellung des Mannes klar, der Politik als Gestank einer schlechten Wirtschaft bezeichnete. Schaubergers Glück – im nachhinein gesehen – war, daß die Sachverständigen des Führers und Reichskanzlers seine Erkenntnisse nicht verstanden haben, so blieb ihm fürs Erste einiges erspart. Und sein Ruf als Schwindler oder als Narr war sogar ein Schutz für ihn. Als Persona non grata war er in Deutschland nicht mehr willkommen. Aus „höherer Sicht" gesehen, hätte man dies als Signal: Hände weg von Deutschland (vom Dritten Reich) deuten können. Doch dies war nur der erste Teil der unglückseligen Geschichte. Übrigens: es wäre ihm wohl ähnlich bei Mussolini oder anderen Diktatoren gegangen, die vielleicht – nach Überprüfung seiner Erkenntnisse durch Sachverständige – zu derselben Meinung über den Förster gelangt wären wie Hitler.

Sachverständige sind Wissenschaftler, die Menschen wie Schauberger automatisch als Schwindler, Scharlatan Narr, etc. bezeichnen, da deren Erkenntnisse in ihren Augen als zu utopisch erscheinen. Sie würden offen nie zugeben, unfähig zu sein, etwas Neues zu verstehen, das nicht in ihr Denk- und Weltbild paßt. In den Augen und Kreisen der Sachverständigen war Schauberger ein Narr mehr auf der Welt. Deswegen war auch Hitlers Meinung, Schauberger sei ein Schwindler, die Meinung seiner Sachverständigen. Dem verhinderten „Kunstmaler" auch noch technische Weitsicht zuzusprechen, wäre „zuviel des Guten".

Mäda Primavesi erwähnte in ihrem Brief an Ministerialrat Dr. Willuhn, Reichskanzlei Berlin, daß ein französischer Graf namens Polignac durch einen

Schweizer Ingenieur auf Schauberger aufmerksam geworden war, und angeblich mit ihm einen Vertrag schloß, der ihm alle Rechte für alle künftigen Entdeckungen Schaubergers sichern sollte. Schauberger gab dazu an, daß Graf Maxence Polignac – ein Duzfreund des deutschen Außenministers von Ribbentrop – die Erzeugung eines außergewöhnlich leitungsfähigen Wassers für irgendwelche Geheimzwecke von ihm verlangte. Als der ihm zugeteilte Ingenieur namens Labrosse seine Konstruktionspläne stehlen wollte, beendete er die Tätigkeit[(47)].

Die Tatsache, daß die Reichskanzlei in Berlin die causa Schauberger ad acta gelegt hatte, ließ einen Mann sichtlich ungerührt: Gauleiter Julius Streicher. Er lud Schauberger zu einem Vortrag nach Nürnberg ein. Damit begann sich der „okkulte Flügel" der NSDAP für Schauberger zu interessieren.

Die Thule-Gesellschaft

Der Lehrer, „Sozialdemokrat", Antisemit und Pornographieliebhaber Julius Streicher[(48)] war Mitglied der „Thule-Gesellschaft". Eines rassistischen Vereins, in dem die Nationalsozialistische Deutsche Arbeiterpartei (NSDAP) ihre Wurzeln hatte. Der Verein hatte „die Höherzüchtung der germanischen Rasse" zum Ziel[(49)]. Die Thule-Gesellschaft ging aus dem „Germanenorden" hervor, welcher eine Schwesterorganisation des „Reichshammerbundes" war. Neben Streicher zählten zu den Thule-Gästen NS-Größen wie Gottfried Feder, Alfred Rosenberg, Dietrich Eckhart und Rudolf Heß[(50)]. Da die rituellen Aktivitäten des Ordens durch öffentliche politische Treffen ergänzt wurden, nahm man dafür den Namen Thule-Gesellschaft an. Die Versammlungsräume waren auch mit dem Emblem der Thule-Gesellschaft geschmückt, einem langen Schwert über einem strahlenden Swastika-(Hakenkreuz)-Sonnenrad[(51)].

---

47) Ebd.

48) Carmin, E.R., „Das schwarze Reich, Geheimgesellschaften und Politik im 20. Jahrhundert", Heyne Verlag 1997, S. 63

49) Sebottendorf, Rudolf von: „Bevor Hitler kam". Urkundliches aus der Frühzeit der nationalsozialistischen Bewegung. 1. Auflage 1933, Deukula Verlag Grassinger & Co. München

50) Goodrick-Clarke, Nicholas, „Die okkulten Wurzeln des Nationalsozialismus", Leopold Stocker Verlag Graz – Stuttgart, 1997, S. 132

51) Ebd., S. 120 ff.

1918 kam es zu einer unblutigen Revolution in Bayern, die von dem jüdischen Journalisten Kurt Eisner, einem bekannten Pazifisten und Führer der „Unabhängigen Sozialdemokraten" (USPD) in München, angeführt wurde. Eisner wurde zum Ministerpräsident und Außenminister eines Kabinetts von SPD und USPD. Die Mitglieder der Thule-Gesellschaft waren durch diese unerwarteten und traumatischen Ereignisse wie vor den Kopf gestoßen. Deutschland war besiegt, der Kaiser und die regierenden Fürsten hatten abgedankt, und sozialistische Juden riefen (Räte-)Republiken aus. Das völkische Vaterland, für das sie so lange hart gekämpft hatten, war über Nacht verschwunden(52).
So kam es, daß Kurt Eisner am 21. Februar 1919 vom Grafen Anton Arco auf Valley(53) ermordet wurde, einem jungen Juden, der über seinen Ausschluß aus dem „Thule-Orden" aufgebracht war, und durch den Mord seine nationale Gesinnung zeigen wollte(54).

Der Name „Thule" geht auf den Namen des nördlichsten, von Pytheas 300 v. Chr. entdeckten Landes zurück. Die Bedeutung der Thule-Gesellschaft für die Idee und Gründung der Nationalsozialistischen Deutschen Arbeiter Partei (NSDAP) wird aus den Worten Sebottendorfs (1933) ersichtlich:

Thule-Leute waren es, zu denen Hitler zuerst kam und Thule-Leute waren es, die sich mit Hitler zuerst verbanden. Die Rüstung des kommenden Führers bestand außer der Thule selber, aus dem in der Thule-Gesellschaft von dem Bruder Karl Harrer gegründeten Deutschen Arbeiterverein und der von Hans Georg Grassinger geleiteten Deutsch- Sozialistischen Partei, deren Organ der Münchener, später der Völkische Beobachter war. Aus diesen drei Quellen schuf Hitler die Nationalsozialistsche Deutsche Arbeiterpartei(55).

Julius Streicher(56) hatte in Nürnberg eine Bewegung entfacht, die dortigen Mitglieder des Germanenordens, der Thule und der Deutsch-Sozialistischen Partei zusammengefaßt und sie Adolf Hitler angeschlossen(57). Der gelernte

52) Ebd., S. 128

53) * 5. Februar 1897. Stammt aus der österreichischen Linie.

54) Goodrick-Clarke, Nicholas, „Die okkulten Wurzeln des Nationalsozialismus", Leopold Stocker Verlag Graz – Stuttgart, 1997, S. 131

55) Sebottendorf, Rudolf von: „Bevor Hitler kam"... Einführung (Widmung).

56) Streicher wurde am 12.2.1885 in Fleinhausen bei Augsburg geboren und am 16.10.1946 in Nürnberg hingerichtet. Bedürftig Friedemann, Lexikon Drittes Reich, Piper Verlag, 2. Auflage 1997.

57) Ebd. S. 189

Volksschullehrer trat 1921 der NSDAP bei und gründete 1923 das Hetzblatt *Der Stürmer*. Nach Teilnahme am Hitler-Putsch wurde Streicher 1928 Gauleiter von Franken („Frankenführer") und 1933 Reichtags-Abgeordneter[(58)]. Zu der arischen Weltanschauung gehörte auch die Blut- und Bodenideologie. Streicher war für alles interessiert, was natürlich und lebensnahe war. Er hatte von Viktor Schauberger und seinen Erkenntnissen über naturrichtige Boden- und Wasserwirtschaft von Schaubergers Verwandten in Nürnberg – zu denen Streicher enge Beziehungen hatte – gehört.

Streicher lud Viktor Schauberger zu einem Vortrag im Gauhaus in Nürnberg ein. Unter den Zuhörern befanden sich auch die höchsten Vertreter der Siemenswerke samt Generaldirektor. Streicher bat Schauberger, den Anwesenden das ihm zuvor unter vier Augen Gesagte zu erklären. Schauberger wiederholte die Streicher gegenüber gemachten Ausführungen coram publico und griff dabei die Wissenschaft abermals hart an. Nach dem Vortrag kam es zu einer äußerst erregten Diskussion, die Streicher mit dem Befehl beendete, daß die Siemenswerke sofort mit dem Bau der Apparatur zu beginnen haben, deren Funktion für oder gegen Schaubergers Hypothesen sprechen solle. Nach mehreren Wochen war das Gerät fertig. Doch aufgrund eigenmächtiger Handlungen der Siemens-Techniker hatte Schauberger auch diese Tätigkeit beendet[(59)].

Er verließ Nürnberg und kehrte nach Wien zurück, wo er an der ihm vorschwebenden Zugschraube arbeitete. Er nannte dieses Gerät die „Repulsine". Bei der Firma Kertl, Wien 4., Starhemberggasse 25, ließ er eine Apparatur anfertigen, die sich später als fehlerhaft erwies. Als er sie abholen lassen wollte, erklärte ihm Kertl, daß dieses Gerät auf Befehl des 0KW[(60)] nicht ausgefolgt werden dürfe.

Das Dritte Reich hatte sich im Jahre 1940 – Österreich war bereits annektiert – des Schwindlers und Narren wieder erinnert. Diesmal hatte niemand für Schauberger interveniert. Der zweite Weltkrieg tobte bereits in vollem Gange und da war den Nazis jedes Mittel recht – auch wenn es von Schwindlern oder Narren stammte – das ihnen irgendwelche kriegstechnischen Vorteile für den (vermeintlichen) Endsieg verschaffen könnte.

---

58) Bedürftig, Friedemann, Lexikon Drittes Reich, Piper Verlag, 2. Auflage 1997

59) Schauberger,Viktor, „Die Entdeckung der Levitationskraft", Implosion 112

60) OKW: Oberkommando der Wehrmacht.

Schauberger wurde befohlen, den Beweis zu erbringen, daß er imstande sei, starke Lichteffekte aus fallenden Wassertropfen (Wasserfäden) freizumachen. Was ihm nach einigen Fehlversuchen schließlich gelang. Kurze Zeit darauf wurde er mit seinen Geräten nach Augsburg in die Messerschmittwerke kommandiert, wo er an einer Flugzeugmotorkühlung arbeitete. Als er merkte, daß die Techniker wiederum nur an seinen Geheimnissen interessiert waren, brach er die Arbeit ab, ließ sich aber kurz darauf in die Heinkel-Werke nach Rostock locken. Dort war man an seiner Zugschraube interessiert. Nachdem Schauberger ihnen einige Details erklärt hatte, waren die Konstrukteure von Heinkel der Meinung, die Sache nun ohne ihn machen zu können. Doch Schauberger hatte keinen Grund zur Besorgnis, denn er hatte wieder die wichtigsten Details verschwiegen[(61)].

Nach den letzten Erlebnissen hatte er durchschaut, daß es den Interessenten nur darum ging, ihm seine Geheimnisse abzuluchsen. Er müßte eigentlich realisiert haben, daß es absurd war, seine Sache führenden Staatsmännern oder Nationen anzutragen. Keine Nation der Welt würde damit ausschließlich redliche Ziele verfolgen, besonders in der Sache der Atomumwandlung. Schaubergers Schicksal war es, in einer Zeit zu leben, die von Kriegen und Krisen geschüttelt war. Selbst wenn er über die notwendigen finanziellen Ressourcen verfügt hätte, die Sache alleine in Angriff zu nehmen, wären ihm wahrscheinlich andere Steine in den Weg gelegt worden.

Seine vorläufige Konsequenz daraus war:

Mit der Episode Heinkel war mein Bedarf an unangenehmen Erfahrungen mit den „besten Technikern der Welt" (Reichsdeutschen) gedeckt. Diese Menschen sind ausgesprochen mechanistische Denker und es ist sehr selten, daß man unter ihnen einen intuitiven Empfänger findet[(62)].

---

61) Schauberger,Viktor, „Die Entdeckung der Levitationskraft", Implosion 112
62) Ebd.

Die Rolle der SS in der Technik

Werfen wir einen Blick auf die Rolle der SS in der Technik, denn die Elitetruppe begann sich nun zusehends für Schauberger und seine Erfindungen zu interessieren. Dazu schrieb Karl Heinz Ludwig: *Die moderne Technik und Himmlers ordensartig organisierte Schutzstaffel (SS) – das waren auf den ersten Blick Komplexe, die sich qua definitione auszuschließen schienen*[63]. Himmlers Interesse an der Technik dürfte einerseits durch seinen Bruder Gebhard geweckt und gefördert worden sein, andererseits konnte sich Hitlers „Leibstandarte" der modernen Technik nicht verschließen, galt es doch, dem Konkurrenten im internen Machtkampf – der Wehrmacht – Paroli zu bieten.

Hitler selbst wünschte sich die SS ja als hochtechnisierte Truppe. Der Führer, der es militärisch nur bis zum Gefreiten gebracht hatte, hatte anfangs bei seinen Generälen aus der Wehrmacht keinen leichten Stand. Es war für den militärischen Nobody nicht leicht, sich bei seinen Offizieren durchzusetzen. Was er haßte, war Auflehnung gegen seine Befehle. Aus diesem Grunde umgab er sich mit einer „Leibgarde", die ganz nach seiner Pfeife tanzte und deren Führer ihm blindlings gehorchte.

Die SS war keine gewöhnliche militärische Einheit, sie hatten einen okkulten Touch, und ihre ordensartige Struktur gefiel dem Führer sichtlich, der sich ja auch als „Erlöser des deutschen Volkes" feiern ließ. Es gelang der SS schließlich, sich vom Reichbeschaffungsamt unabhängig zu machen – und ab da an betrieb sie eine eigene Rüstungs- und Beschaffungspolitik, die vorsah, das Potential der internierten Häftlinge in den Konzentrationslagern für die Rüstungsproduktion heranzuziehen. Aber es sollte keine gewöhnliche Rüstung sein, wie bei der Wehrmacht, es sollte eine ihrem besonderen Stande entsprechende Rüstung werden. Deshalb flossen auch sehr viele okkulte Anschauungen in die SS-Rüstungsphilosophie mit ein, man versteifte sich auf einen „Wunderwaffenmythos".

Himmler hatte sich gefragt, ob nicht hinter den Begriffen des „Blitzstrahls" oder des „fliegenden Hammers" der germanischen Sagenwelt *ein früheres, hochentwickeltes Kriegswerkzeug unserer Vorfahren verborgen sein könnte*[64].

---

63) Ludwig, Karl Heinz, „Technik und Ingenieure im Dritten Reich", Droste Verlag Düsseldorf, S. 473

64) Ebd., S. 502

Nachdem die SS bereits die V1 kontrollierte, übergab Göring SS-General Kammler den Einsatzbefehl für die V2[65]. So schien es zunächst bei dem „Wunderwaffenmythos“ zu bleiben, denn selbst in der SS Forschungsgemeinschaft „Ahnenerbe“, die sich mit skurrilen Themenkreisen beschäftigte, zeichnete sich eine Hinwendung zu den „exakten“ Natur- und Technikwissenschaften ab[66].

Aber aus letztlich irrationalen Motiven heraus begann die SS eine Aktion, um *wertvolle Erfindungen, die von der Großindustrie aus wirtschaftlichen und politischen Gründen aufgekauft werden*, ausfindig zu machen und für rüstungspolitische Zwecke zu prüfen[67]. Der „Wunderwaffenmythos“ schien noch nicht ganz ad acta gelegt worden zu sein. Man fischte alle möglichen „Spinner“, die behaupteten, besondere Erfindungen im Sinne des „Wunderwaffenmythos“ gemacht zu haben, zusammen. So wurde auch Schauberger wieder interessant, dessen „Flugscheibe“ bestens in dieses Konzept paßte.

65) Ebd., S. 502, 503
66) Ebd., S. 503
67) Ebd., S. 504

Kapitel 7

Schauberger im KZ Mauthausen

Schauberger wurde im Jahre 1943 ins KZ Mauthausen befohlen, wo er mit Häftlingen ein „Fliegendes Unterseeboot“ (Flugscheibe oder Fliegende Untertasse?) bauen sollte. Dies dürfte vermutlich mit seinen früheren Besuchen in den Messerschmitt- bzw. Heinkelwerken zu tun gehabt haben. Die Techniker kamen damals nicht hinter sein Geheimnis der Zugschraube, der Repulsine. Diese war jedoch nur als Antriebssystem gedacht. Ein „Motor“, der mit den Betriebsstoffen Wasser und/oder Luft funktionieren sollte. Weitere Versuche in diesem Zusammenhang wurden in der Firma Kertl in Wien gemacht. Dort wurde ein Versuchsgerät durch hohe „Zugkräfte“ aus der Verankerung gerissen.

Fritz Watzl[1] aus Altaussee im steirischen Salzkammergut, einer der lebenden Zeitzeugen, die Schauberger noch persönlich kannten, arbeitet im Keller seines Hauses an der Herstellung eines ähnlichen Modells, welches in der Firma Kertl „in die Luft ging“.

Nach Schauberger gäbe es zwei Möglichkeiten, die Schwerkraft oder den Luftwiderstand zu überwinden. Einerseits mittels Druckkraft, welche bei Flug- und Fahrzeugen sowie Schiffen angewendet wird. Sowohl zur Erzeugung der Antriebskraft mittels Verbrennung eines flüssigen Treibstoffes (= Druck auf die Kolben etc.), als auch zur Überwindung des im Quadrat zur Geschwindigkeit zunehmenden Luftwiderstandes.

Dieser Antriebskraft stellte Schauberger die Zug- oder Sogkraft gegenüber, welche seiner Meinung nach die „naturrichtige“ (Anm.: im Sinne von naturkonform, der Verf.) wäre. Er nannte diese Kraft „Implosion“. Bei der „naturrichtigen“ Bewegung sollen – im Gegensatz zur konventionellen Bewegungsart – Reibung und Widerstand abnehmen. An der technischen Nutzbarmachung der Sog- oder Zugkraft („Implosion“) arbeitete Schauberger. Er hatte wahrscheinlich bei den vergangenen Besprechungen geäußert, welche Mög-

---

1) Siehe Kapitel: „Schauberger und der Priester“ (DDDDr. Johannes Ude)

lichkeiten durch die Nutzbarmachung der Zugkräfte bestehen würden. Nun sollte er in einem KZ seine Behauptungen beweisen.

Daß die „Arbeitsbedingungen“ in einem Konzentrationslager alles andere als rosig waren, kann sich jeder denken. Die Häftlinge, die ja kostenloses Humankapital boten, wurden ausgebeutet und starben zumeist an Erschöpfung – unter der Last der psychischen und physischen Erniedrigung – oder wurden liquidiert. Wie sollte da jemand mit „solchen Perspektiven“ eifrig ans Werk gehen? Schauberger wurde ja selbst vor die Wahl gestellt, entweder seine Arbeitskraft, seine Entwicklungen in den Dienst der Nazis zu stellen oder wie die anderen Häftlinge liquidiert zu werden.

Was blieb ihm also übrig, als gute Miene zum bösen Spiel zu machen. Die Nazis erhofften sich immer noch in letzter Minute die rettende „Wunderwaffe“. So ging Schauberger daran, mit den ihm zugeteilten Häftlingen, eine solche „Wunderwaffe“ zu bauen. Er war ja nicht der einzige, der an solchen Projekten im Dritten Reich arbeitete – und wie wir Schauberger kennen, war anzunehmen, daß er auch hier „letzte Geheimnisse“ für sich behalten hatte. Als „Wunderwaffen“ galten vor allem die in Peenemünde von Walter Dornberger und Wernherr von Braun hergestellten A4-Raketen (später „V2“, V = Vergeltungswaffe). In Österreich wurde im „Rax-Werk“ (zum Henschel-Konzern gehörend) in Wiener Neustadt eine Außenstelle des KZ Mauthausen eingerichtet. Die sogenannte „Serbenhalle“. Dort, wie auf anderen Stützpunkten (Zeppelinwerke Friedrichshafen und bei der DEMAG in Berlin-Falkensee) sollte die A4-Rakete („V2“) in Serie hergestellt werden. Wiener Neustadt erwies sich als Zentrum der Flugzeugindustrie. In den Wiener Neustädter Flugzeugwerken (WNF) wurden die Messerschmitt-Jagdflugzeuge produziert[2].

Schauberger hatte mit der Raketenherstellung nichts am Hut. Denn Raketen funktionieren nach dem Prinzip der Explosion, Schaubergers „Fliegende Untertasse“ sollte nach dem Prinzip der Implosion funktionieren. Jedenfalls legte der rappelköpfige Förster auch in der Höhle des Löwen seine schroffe Art nicht ab. Gehorsam, in diesem Fall „Kadavergehorsam“, schien für ihn ein Fremdwort gewesen zu sein.

Im Gegenteil, er stellte Bedingungen, die ihm zähneknirschend erfüllt wurden. Die Naziführung mußte wohl – angesichts der immer bedrohlicher wer-

2) Freund, Florian/Perz, Bertrand: „Das KZ in der Serbenhalle“ zur Kriegsindustrie in Wiener Neustadt, Verlag für Gesellschaftskritik, Wien, 1988.

denden Lage – Schaubergers unbeugsame Art tolerieren. In der Verwirklichung seiner „Fliegenden Untertasse“ sowie der anderen „Wunderwaffen“ dürfte sie ihre letzte Hoffnung gesetzt haben, doch noch die kriegsentscheidende Wende herbeiführen zu können. Dies kann man wohl nur mehr als letzte Aufbäumungsversuche vor dem jähen Fall interpretieren. Schauberger dürfte dies gewußt oder geahnt haben, denn er zögerte die Herstellung seiner „Wunderwaffe“ solange wie möglich hinaus.

Schauberger hatte, wie aus der bisherigen Geschichte hervorgeht, die größten Probleme stets mit den Fachleuten, den rein mechanistisch denkenden Technikern und Wissenschaftlern. Im KZ Mauthausen bekam er wieder Fachleute, Techniker, zur Seite gestellt, und da schien der Konflikt schon vorprogrammiert gewesen zu sein. Denn die Häftlinge legten auch in dieser, für sie ausweglosen Lage, ihr technisches Denken und Verständnis nicht ab. Sie erklärten, mit einem Utopisten nicht arbeiten zu wollen.

Schauberger hatte es im „normalen Leben“ schon schwer genug, da er mit seiner direkten Art immer wieder aneckte und alles andere als ein Diplomat war. Viel zu sehr war er von der Richtigkeit seiner Entdeckungen überzeugt, als daß er sich auf Kompromisse mit der Wissenschaft eingelassen hätte. Wie schwer muß es dem „Unbeugsamen“ erst in einem autoritären Regime, in dem Befehl und Gehorsam als oberste Maxime galten, ergangen sein? Er scheiterte nicht nur an den „besten Technikern der Welt“, (nach Schauberger: die Reichsdeutschen) sondern hatte zudem auch noch die technikbesessenen Naziführer von ihrem Irrtum überzeugen wollen, da sie ja alle Hoffnung in die konventionelle Technik gesetzt hatten. Daß Schaubergers Thesen dennoch interessant waren, lag an dem Umstand, daß sich die Nazis, namentlich die SS, auch für pseudowissenschaftliche Forschungen und Entwicklungen interessierten, die ihnen – wenn auch nur dem Anschein nach – kriegstechnische Vorteile versprachen. Frei nach dem Motto: „Der Zweck heiligt die Mittel.“

Schauberger schilderte seine Eindrücke aus dem KZ Mauthausen:

Je länger ich im Lager war und rund herum alles genau beobachtete, desto klarer wurde es mir, daß in dieser Situation an eine ernstliche Arbeit nicht zu denken sei. Einige 10.000 jeden Tag, ja jede Stunde um ihr Leben bangenden, ihre Vergewaltiger fanatisch hassenden und nach außen hin sich demütig gebärdenden Häft-

lingen standen wenige hundert Wachmannschaften gegenüber, die – das Gewehr ständig im Arm – jede verdächtige Bewegung mit einem Schuß zu quittieren Berechtigung hatten. Täglich wurde diesen Wachmannschaften eingedrillt, daß sie es mit ärgsten Volksverbrechern zu tun hätten, die zu erledigen jedem einzelnen oberste Pflicht und Selbstverständlichkeit wäre. Junge und unreife Burschen trieben alte Männer, die im Sommer meist mit nacktem Oberkörper arbeiteten, mit Ochsenziemern oder mit zurecht geschnittenen Stöcken zur Arbeit an. Und andererseits merkte man wieder, daß die Peiniger in steter Angst vor einem Überfall durch die oft zur Verzweiflung getriebenen Massen waren. Die einzigen, die vielleicht eine gewisse Ausnahme machten, waren die sogenannten „Prominenten". Alteingesessene Häftlinge, meist gewesene Politiker, Homosexuelle oder Aristokraten, die fast jeder irgend einen Schwindel, das heißt, einen leichten Dienst hatten und mit allem Möglichen, vor allem mit Gold, das Juden mit ins Lager brachten oder ihnen aus dem Mund gebrochen wurde, handelten[3].

In Anbetracht dieser ausweglosen Situation bat Schauberger den Lagerkommandanten, Standartenführer Ziereis, mit „seinen Leuten" – so nannte er die ihm zugewiesenen Häftlinge – das Lager verlassen zu dürfen. Er übersiedelte nach Wien, wo er in der SS-Ingenieurschule („Kraftfahrtechnische Lehranstalt"[4]) an seiner Sache weiterarbeitete. Im Juni 1944 rückte Schauberger als 59jähriger zur SS-Panzerdivision Breslau ein[5].

Der Vorfall „Götz"

Die ganze Geschichte wird immer absurder. Ein Invalide, der vor 26 Jahren seinen letzten Militärdienst leistete, sollte als Kompaniekommandant eingesetzt werden. Man kann nur vermuten, daß Schauberger aufgrund irgendwelcher Intrigen an die Front geschickt werden sollte, da es auch ihm nicht gut gesinnte Naziführer gab, welche die Möglichkeit sahen, den Mißliebigen endlich los zu werden. Nach einem Intermezzo als Fallschirmspringer an der ita-

---

3) Schauberger, Viktor „Die Entdeckung der Lebenskraft", Teil 2, Implosion 113, S. 3 ff.

4) Die Kraftfahrtechnische Lehranstalt wurde auch „Sonderkommando Wien" genannt und war in der Maria-Theresien-Kaserne in 1130 Wien, Fasangartengasse untergebracht.

5) Schauberger, Viktor „Die Entdeckung der Lebenskraft", Teil 2, Implosion 113

lienischen Front kehrte er nach Wien in die „Kraftfahrtechnische Lehranstalt" zurück. Dort kam es zum „Vorfall Götz". Der Häftling Götz – laut Schauberger – der einzige „Kriminelle" der ihm zugeteilten Häftlinge, wurde eines Nachts von der SS-Polizeistreife in einem Gasthaus aufgefischt[6].

Schauberger wurde zu der Sache verhört. Da spürte er erst den Haß, der ihm wegen seiner humanen Behandlung der Häftlinge von seiten des SS-Offizierskorps entgegenschlug. Er sollte deswegen nach Mauthausen zurückgebracht werden, was vermutlich sein Todesurteil bedeutet hätte. Doch es kam anders. Er hatte noch einmal Glück. Er durfte sich anscheinend mehr erlauben als andere. Schließlich ging es ja um die „Wunderwaffe", da war ein lebender Schauberger immer noch nützlicher als ein toter.

Eines Tages kam eine Frau in Schaubergers Wohnung und bat ihn mit erhobenen Händen, ihren Mann, einen gewissen Cerny, der seit sechs Jahren im KZ war, nur einmal sehen zu dürfen, womöglich mit ihm kurz zu sprechen. Schauberger ermöglichte ihr dies. Tags darauf kam die Frau wieder und fiel ihm beinahe um den Hals, weil sie ihren Mann nicht nur sehen, sondern auch sprechen konnte.

Im Jahre 1968 wurde von der Staatsanwaltschaft Wien ein Strafverfahren gegen unbekannte Täter wegen Verdachtes der Verübung von NS-Gewaltverbrechen im KZ Mauthausen – Außenkommando Schönbrunn – eingeleitet[7]. Über den Internationalen Suchdienst des Roten Kreuzes wurden die ehemaligen Insassen dieser Außenstelle namhaft gemacht als:

1) Wolfgang Freiherr Gans Edler Herr zu Putlitz, 29.8.1885 in Braunschweig geboren.

2) Stanislaw Reznicek, Maschinenschlosser, 29.4.1923 in Kamberg, ehemalige Tschechoslowakei, geboren.

3) Miroslaw Jasinsky, Maschinenschlosser, 30.6.1920 in Lustenice, ehemalige Tschechoslowakei, geboren.

4) Viktor Jezierski, 22.3.1911 in Mährisch Ostrau, Polen, geboren.

5) Ludwig Götz, Konstruktionstechniker, 25.6.1895 in Freising, Deutschland, geboren.

---

6) ebd. S. 19

7) Geschäftszahl: 15 St 11.549/65-5

6) Anton Cerny, Automechaniker, 17.5.1894 in Wien geboren[8].

Anton Cerny wurde am 8.Juli 1968 im Wiener Bundesministerium für Inneres als Zeuge niederschriftlich einvernommen[9]. Er gab damals an:

Im Juli 1938 wurde ich in Wien verhaftet und in das KL Dachau eingeliefert. Verhaftgrund: Umerziehung. Glaublich im Herbst 1938 wurde ich von Dachau in das KL Mauthausen überstellt, In Mauthausen bekam ich die Häftlingenummer 61 zugewiesen. Ich trug einen grünen Winkel[10]. Glaublich Ende 1944 zirkulierte im KL Mauthausen ein Schreiben des Inhaltes, jeder Häftling der glaube, er könne durch irgendeine Erfindung zum Endsieg beitragen, möge sich melden, damit diese Erfindung ausgewertet werden könne[11]. Ich sah in diesem Rundschreiben eine Möglichkeit zum Überleben, weshalb ich erklärte, ich hätte ein Verfahren zur Luftveredelung. Mit der so gewonnenen Luft könne man Fahrzeuge unabhängig von den herkömmlichen Treibstoffen betreiben. Dieses Verfahren wurde in der Folge Repulsine genannt.

Auf Grund dieser meiner Meldung wurde ich glaublich am 29. Oktober 1944 als Einzeltransport von Mauthausen zum „Sonderkommando Wien“ überstellt. Dort waren bereits weitere 4 Mann unter der Leitung von Hofrat Schauberger auch mit der Auswertung irgend eines Verfahrens beschäftigt. Bei diesen Häftlingen, die ich beim „Sonderkommando Wien“ antraf, handelte es sich um einen gewissen Putlitz, einen Götz und glaublich um Polen oder Tschechen, auf deren Namen ich mich aber nicht mehr erinnern kann. Die Unterbringung erfolgte in einem abgesonder-

8) Die Namen und Anzahl der Häftlinge stimmen mit der Veränderungsmeldung des KL Mauthausen für den 28.9.1944 mit dem Datum 29.9.1944, bzw. für den 29.10.1944 mit dem Datum 30.10.1944 – für Cerny als Einzeltransport – als dem „Sonderkommando Wien“ überstellt, überein. Zahl: B 39/N03, Archiv des Museums Mauthausen. Weiters erinnert sich der Polizeirat i.R. Hans Marsalek von der Lagergemeinschaft Mauthausen an die Namen dieser Häftlinge, doch der Name Schauberger ist ihm nicht erinnerlich.

9) Archiv des Museums Mauthausen, Zahl: B 39/N03

10) Kennzeichnung der Nazis von Berufsverbrechern

11) Ludwig, Karl-Heinz, Technik u. Ingenieure Ö, S. 248, Hitlers „Erfindererlaß: Unter Ersparnis zeitraubender Forschungs- und Entwicklungsarbeiten, deren endliche Realisierbarkeit und Verwertung mehr oder weniger ungewiß blieb, sollten, ausgehend möglichst von einer vorliegenden ‚Erfindung‘, Konstruktionsaufgaben und Fertigungsvorbereitungen gleichzeitig durchgeführt werden.“

ten Raum in der damaligen SS-Kaserne am Rosenhügel, 1130 Wien. Die gesamte Leitung oblag dem Hofrat Schauberger, der teilweise eine SS-Uniform im Range eines Oberscharführers trug. Die Bewachung hatte glaublich ein Kriegsinvalide, ein SS-Mann, doch kann ich mich auf seinen Namen und seinen Dienstgrad nicht mehr erinnern. Wir hatten auch wenig Kontakt mit diesem SS-Mann. In der Nacht wurde einfach der Raum, der uns zum Schlafen zugewiesen war, abgeschlossen und damit war der Fall erledigt.

Beim „Sonderkommando Wien" war die Behandlung sehr menschlich. Man trachtete uns nicht nach dem Leben und hat uns auch in keiner Weise schikaniert. Ich hatte in der SS-Kaserne die Möglichkeit, an meinen Modellen zu arbeiten. Sonntags kam es sogar vor, daß wir in Begleitung eines SS-Mannes kurzzeitig die Kaserne verlassen durften, obgleich dies eigentlich nicht vorgesehen war. Ich glaube, es war Anfang Jänner 1945, als ich vom „Sonderkommando Wien" wieder nach Mauthausen rücküberstellt wurde. Kurz vor mir wurde der bereits genannte Häftling Götz nach Mauthausen einrückend gemacht. Den eigentlichen Grund für diese Rückstellung weiß ich nicht, doch nehme ich an, daß Götz, der einige Tage vor mir nach Mauthausen kam, dort erzählt hatte, daß ich anläßlich meiner Überstellung von Mauthausen zum „Sonderkommando Wien" zwei Tage zu Hause in Wien bei meiner Frau gewohnt habe. Auch der SS-Mann, der meine Überstellung durchzuführen hatte, war damals bei mir in der Wohnung. Er wurde dann später dieserwegen von Mauthausen abgelöst und glaublich an die Front versetzt. An seinen Namen erinnere ich mich nicht mehr.

In Mauthausen wurde mir in der Tischlerei ein separater Raum zur Verfügung gestellt, wo ich nun bis zum 3.Mai 1945 an meiner Erfindung arbeitete. Ich war während dieser Zeit über einen SS-Kurier ständig in Verbindung mit Hofrat Schauberger, der nach der Bombardierung der SS-Kaserne mit den restlichen drei Mann irgendwo in Oberösterreich[12] *arbeitete. Ich selbst bekam wegen des unerlaubten Besuches meiner Frau 30 Tage Bau (Bunker), mußte aber trotzdem tagsüber an meiner Erfindung in der Tischlerei arbeiten. Mit Verbüßung der 30 Tage Haft kam ich auf den Block 5. Seit dem Zeitpunkt, seit dem ich an der „Erfindung" mitgearbeitet habe, war die Behandlung sehr korrekt und hat mir auch niemand nach dem Leben getrachtet.*

---

12) In der Sensenschmiede Zeitlinger in Leonstein, Obergrünburg

Ich glaube auch, daß den noch verbliebenen Häftlingen beim „Sonderkommando Wien" nichts zugestoßen ist, da man gleichfalls an ihnen größtes Interesse hatte. Warum der Häftling Götz wieder nach Mauthausen zurückgekommen ist, weiß ich nicht. Ich hatte dann in Mauthausen mit ihm keinen Kontakt mehr. Ich habe aber gehört, daß er im Mai 1945 in Mauthausen befreit worden sein soll. Nach der Befreiung im Mai 1945 hatte ich mit keinen der ehemaligen Häftlinge des „Sonderkommandos Wien" Verbindung und weiß auch nicht, wo sie sich heute befinden. Alle meine Angaben habe ich wahrheitsgemäß gemacht und kann ich diesen nichts mehr hinzufügen. Soweit die Angaben Cernys.

Viktor Jezierski, einer der Häftlinge, die mit Schauberger in Mauthausen gearbeitet hatten, gab 1945 nach der Befreiung durch die Amerikaner zu Protokoll:

Ich bestätige als ständiger Mitarbeiter und Konstrukteur, der vom ersten Tag an beim Leiter der Entwicklungsarbeit Schauberger teils in Mauthausen, teils in Wien und in Leonstein zwangsbeschäftigt war, daß es dauernd auf Leben und Tod ging und ich selbst nur dadurch meiner Hinrichtung entging, daß mich meine Mithäftlinge unter Leichen im Krematorium Mauthausen bis zum Eintreffen der Amerikaner versteckten. Herr Schauberger hat sich für uns Häftlinge trotz schwerster Verweise dauernd angenommen und uns, wo immer es ging, geschützt und unser aller Leben gerettet, wofür ich ihm in meinem und im Namen aller derer danke, denen Schauberger stets das schwere Los erleichterte, wo und wie es nur immer ging[13].

Dem Schreiben vom Internationalen Suchdienst des Roten Kreuzes Arolsen an das Bundesministerium für Inneres ist noch zu entnehmen, (...) *daß das Außenkommando Wien-Schönbrunn des KL Mauthausen am 29. September 1944 eröffnet und Anfang April 1945 liquidiert wurde; und daß die Insassen in einem V-Waffen (Vergeltungswaffen)-Büro eingesetzt waren. Das Kommando wurde mit „Sonderkommando Wien" und „KTL" (= Kraftfahrtechnische Lehranstalt) bezeichnet*[14].

---

13) Archiv des Museums Mauthausen, Zahl: B 39/N03

14) Das „Sonderkommando Wien" war in der heutigen Maria-Theresien-Kaserne in 1130 Wien, am Fasangarten untergebracht. Die Maria-Theresien-Kaserne befindet sich zwar nicht direkt am Rosenhügel, doch beginnt in unmittelbarer Nähe der Kaserne die Rosenhügelstraße.

Weiters berichtet der Internationale Suchdienst, *(...) daß sich aus den bisherigen Ermittlungen und den nunmehr vorliegenden Unterlagen ergibt, daß beim ehemaligen „Sonderkommando Wien" keine allenfalls noch verfolgbaren strafbaren Handlungen gesetzt wurden*[15]. Dies bestätigten Cerny und Jezierski als Zeuge ebenfalls; ersterer gab an, daß es sich beim „Sonderkommando Wien" um ein Versuchs- und Forschungsbüro handelte, mit dem Ziele der Entwicklung eines Antriebsstoffes (Edelluft) für Fahrzeuge aller Art. Ein anderer Zeuge, der bereits verstorbene, ehemalige Herausgeber der biotechnischen Schriftenreihe „Implosion" und geistige Weggefährte Viktor Schaubergers, Alois Kokaly, erinnerte sich an seine erste Begegnung mit dem Förster in Wien:

Im Jahre 1936 ist mir der Name Viktor Schauberger und seine Biotechnik zum ersten Male über den Weg gelaufen. Es ging in den von Prof. Dr. Werner Zimmermann herausgegebenen „Tau-Heften" um die Rheinregulierung. Als ich im Jahre 1942 von einem befreundeten Lehrer, welcher einen Briefwechsel mit Viktor Schauberger führte, erfuhr, daß dieser einen Motor bauen will, der ohne Energiezufuhr eine hohe Leistung abgeben sollte, faßte ich den Entschluß, mir diesen Mann einmal anzusehen. Ein glücklicher Umstand kam mir zu Hilfe. Viktor Schauberger beklagte sich in seinen Briefen an meinen Freund, daß ihn der Krieg in seinen Arbeiten zur Entwicklung biotechnischer Geräte nahezu lahmgelegt habe. Es stünden ihm keine speziellen Metalle zur Verfügung, und, weil alle Betriebe für den Krieg eingespannt waren, bekäme er nichts hergestellt.

Es war im Jahre 1943. Der Krieg hatte seinen Höhepunkt überschritten, das Ende zeichnete sich ab. In der Rüstungsindustrie waren kaum noch Ersatzteile für die zerschlissenen oder zerbrochenen Maschinen erhältlich. Sie mußten in komplizierten Schweißverfahren wieder gebrauchsfähig gemacht werden. Dazu waren qualifizierte Fachkräfte erforderlich, die eine besondere Ausbildung genossen haben. So kam ich zur Schweißtechnischen Lehr- und Versuchsanstalt nach Wien. Eigentlich hätte ich auch zu den vier anderen und gleichwertigen Anstalten fahren können, die zudem im damaligen großdeutschen Reich leich-

---

15) Das Verfahren wurde von der Staatsanwaltschaft Wien am 22.11.1968 gemäß § 90 StPO eingestellt (Zahl: 55.117-18/68).

ter zu erreichen gewesen wären. Viktor Schaubergers Wohnsitz zur damaligen Zeit war Wien gewesen und ich hatte Gelegenheit, ihn dort, in Hadersdorf[16], *oft besuchen zu können. Jeden zweiten Tag fuhr ich zu Herrn Schauberger nach Hadersdorf, und mit dem letzten Vorortezug fuhr ich nach Mitternacht wieder zurück.*

Wenn ich heute zurückschaue, war es ein verhängnisvolles Unterfangen, denn, was ich in den 14 Tagen allabendlich bei Viktor Schauberger sah und hörte, hat meine bisherigen Anschauungen auf allen Gebieten zerstört. Es kam mir alles irgendwie utopisch vor, doch wem geht es nicht auch so, wenn man zum ersten Male etwas von der Gesetzmäßigkeit der „Biotechnik" und von „Implosion" hört. Erst auf der Heimfahrt im Zug, ging mir das Licht auf, daß es sich beim Implosionsgeschehen um energetische Prozesse handeln muß, die durch bestimmte Bewegungsvorgänge unter Einfluß der Katalysatoren ausgelöst werden. Das war der entscheidende Schritt und die erste Lektion im Grundlehrgang bei Viktor Schauberger.

In Wien hörte ich von Schaubergers Schwierigkeiten in der Beschaffung von Buntmetallen, die er für seine Versuchsgeräte dringend brauchte. Damals war auch der letzte Betrieb in der Rüstung verpflichtet. Darum konnte er, auch durch Geld und gute Worte, nichts angefertigt bekommen. In unserem spezialisierten Rüstungsbetrieb an der Ruhr mit der Dringlichkeitsstufe I, hatte ich die Möglichkeit, an solches Material zu kommen. Durch besondere Umstände war es auch möglich, Geräteteile anzufertigen oder anfertigen zu lassen. Viktor Schauberger arbeitete damals an einer „Fliegenden Scheibe". Es sollte ein Raumfahrtpanzer („Fliegendes U-Boot"?) werden, der 7 Tonnen schwer und praktisch unzerstörbar ist. Die Antriebskraft sollte 3/4 PS bei 20.000 Umdrehungen in der Minute sein. Das ganze Monstrum hätte also notfalls mit einem Fußpedal betrieben werden können.

Mit den zeichnerischen Unterlagen fuhr ich wieder an die Ruhr zurück und mit Hilfe von Freunden und Mitarbeitern war alles schnell fertig. Als ich mit dem Transport nach Wien kam, sollte ich alles bei der Maschinenfabrik, Firma Kertl, abgeben. Die Teile waren alle verkupfert und schön anzusehen. Der Direktor, den man eiligst gerufen hatte, kam mit einem hochroten Kopf angelaufen und wollte mich hinauswerfen. Er zeigte mir ein großes Loch im

---

16) Hadersdorf, 1140 Wien, Herzmanskystraße 1/1/6, liegt ca. 15 km vom Stadtzentrum entfernt.

Fabrikdach, durch welches ein Versuchsgerät gesaust war, als es sich von der Verankerung losgerissen hatte. Da diese Versuche inzwischen zu einem Rüstungsauftrag geworden waren, meinte der Chef, daß man alles in seinem Werk fertig machen müsse. Wenn aber alles fertig ist, soll es vor der Fabrik auf dem Bürgersteig abgestellt werden und Schauberger soll zusehen, wie er es wegbekommt.

Viktor Schauberger war über die gelungene Arbeit sehr erfreut. Er schenkte mir eine Zeichnung, nach der ich mir ein Edelwassergerät bauen sollte. Das war der Dank dafür, daß ich ihm wertvolle Maschinenteile und viele Rauchwaren brachte. Erst viel später habe ich erkannt, daß in dieser Zeichnung alle Geheimnisse der Implosion verborgen liegen. Der Krieg neigte sich dem Ende zu und in den Bombennächten haben wir das Gerät hergestellt. Mit Viktor Schauberger hatte ich vereinbart, daß ich mit dem fertigen Gerät nach Wien kommen werde, wo wir es dann gemeinsam in Betrieb setzen werden. Es sollte aber anders kommen.

Schauberger war inzwischen zu den Fallschirmjägern eingezogen und dann von der SS reklamiert worden, um die „Fliegenden Scheiben" zu bauen. Gleichzeitig sollte auch in dem von uns gebauten Gerät Treibstoff gewonnen werden. Kohlenstoff und Wasserstoff sollten im Implosionsverfahren emulgiert (vereinigt) werden. Schauberger sollte das einmal und dann nicht wieder gelungen sein. Die Hochzeit der Elemente hängt in erster Linie von den Schwingungsbereichen ab, in denen der Vorgang abläuft. Ich sollte das Gerät in einer SS- Kaserne in Wien abgeben. Das ging mir natürlich nicht nach der Mütze und nach vielem Zögern und Aufforderungen bin ich dann mit dem ganzen Kram nach Wien gefahren. Wien war damals schon den Bombenangriffen ausgesetzt. Da mein Urlaub begrenzt war und ich mich nicht freiwillig zur SS melden wollte, bin ich wieder heimgefahren. Von der Apparatur habe ich weiterhin nie wieder etwas gesehen. Wahrscheinlich ist sie nach Leonstein, dem Außenlager des Konzentrationslagers Mauthausen bei Linz, gekommen. Dort wurde eine Fabrik eingerichtet und Schauberger hat mit polnischen und tschechischen Ingenieuren gearbeitet. Das Kriegsende hat dort jede weitere Arbeit beendet und die Geräte sollen von der Besatzungsmacht, den Amerikanern, konfisziert worden sein[17]. Soweit die Erinnerungen Kokalys.

17) Implosion 85, S. 5-7

Das Kapitel Drittes Reich ist aber noch nicht abgeschlossen. Schauberger arbeitete mit „seinen Leuten“ in einem beschlagnahmten Sensenwerk in Obergrünburg bei Leonstein weiter an der „Wunderwaffe“.

Kapitel 8

Schauberger erlebt das Kriegsende in Leonstein

Schauberger verblieb bis zum Kriegsende in Leonstein, wo er im Sensenwerk Zeitlinger in Obergrünburg mit den Häftlingen aus Mauthausen an der „Wunderwaffe“ der „Fliegenden Untertasse“ („Unterseeboot“?) weiterarbeitete. Es ist natürlich fraglich, ob diese „Waffe“ kriegsentscheidend gewesen wäre. Schaubergers „Fliegendes Untertassenmodell“ – mit Waffen hatte er sich nie beschäftigt – soll bei einem Versuch am Plafond der Werkstatt zerstört worden sein. Das Modell hatte einen Durchmesser von 1,5 Meter, wog 135 Kilogramm und wurde von einem Elektromotor mit 0,05 PS gestartet. Es hatte eine eingebaute „Forellenturbine“, die plötzlich eine sehr starke Antriebskraft freisetzte. Das Modell soll bei früheren Versuchen „levitiert“ und einen blaugrünen, später ins silbrige übergehenden Lichtglanz hinterlassen haben. Nach Schauberger funktionierte es so:

Dreht man ... Wasser oder Luft in hochtourigen Schwingungsformen „zykloid“, so kommt es zu einem Energie- oder Qualitätsstoffaufbau, der mit ungeheurer Kraft levitiert. Er nimmt die Erzeugerform mit ins Schlepptau. Dieser Gedanke naturrichtig zu Ende gedacht, ergibt das ideale Flugzeug oder das ideale Unterseeboot ... , das fast alles betriebsstofflos[1].

Die Augenzeugin Gretl Schneider wußte über ein früheres Versuchsmodell zu berichten:

Herr Viktor Schauberger hat mir die Maschine gezeigt ... Sie ist auf die Hälfte ihrer früheren Größe reduziert worden, und erreicht in ihrer Funktion eine ungeheure Kraftentwicklung. Ich habe unten in die Maschine einen Topf Wasser geschüttet ... und im gleichen Moment hat es „pft“ gemacht und das Wasser hatte ei-

1) Alexandersson Olof, „Lebendes Wasser“, Ennsthaler Verlag, Steyr, 1993, S. 102, 103

ne 4 cm dicke Zementplatte und einen 4 mm dicken, extra gehärteten Stahlmantel, mit solch einer Wucht durchdrungen, daß die in ihrer Geschwindigkeit für das Auge unsichtbaren Wasserpartikelchen, durch alle Kleider hindurchgedrungen sind und schlagartig wie Nadelstiche auf der Haut gespürt wurden. Wasserglas war ebenfalls durchdrungen worden und erstarrte in 5 cm langen Haaren draußen an der Wandung wie Borsten[(2)].

In einem Brief an Werner Zimmermann vom 4. Februar 1936 schreibt Schauberger, daß er ein Patent über eine Luftturbine bekommen hat, deren Prinzip darin besteht:

(...) daß in einem Kapillarrohr und einem Doppeldrallrohr, das Elektromagnete eingebaut hat, ein künstliches Gewitter, beziehungsweise hohe elektrische Luftspannungen entstehen, die die Luftstoffe in elektrische Energien verwandeln. (...) Durch diese Umwertung von Luftstoff in Energien entsteht ein nach aufwärts gerichtetes Vakuum und durch das nach unten zu sukzessiv verlaufende Wärmegefälle, ein starker Luftstrom nach aufwärts, der sich nach wenigen Minuten bis zur zyklonartigen Wucht steigert. (...) Damit ist das betriebsstofflose und sich lautlos bewegende Flugzeug erfunden, weil durch das im Inneren der Maschine entstehende physikalische Vakuum vor dem Kopfende der Maschine, ein luftleerer Raum entsteht, wodurch die Maschine selbst vorgezogen wird. Dieser Sog kann durch entsprechende Gestaltung eines im Inneren der Maschine angebrachtes Lungen- oder Kiemensystem beliebig gesteigert werden[(3)]*. (...)*

Schauberger schwebte vor, eine „organische Maschine" zu konstruieren, die in der Lage sei, die verschiedensten Stoffe wie Nahrungsmittel, Wasser, Luft oder Metalle zu veredeln, sie qualitativ zu verbessern. Deshalb prägte er dafür auch Begriffe wie die „Forellenturbine"[(4)] usw. für seine „organische Maschine", von der er glaubte, daß sie den Menschen, der von Natur aus kein Ar-

---

2) Schauberger, Viktor, Aufzeichnungen und Briefe aus Arnold Hohls Notizbuch, in: Mensch und Technik naturgemäß, 24. Jg., 1993, Heft 2, Hrg. „Gruppe der Neuen", S. 52

3) Ebd., S. 9

4) Luftturbine, Repulsine, Vakuumturbine etc. sind eigentlich Begriffe für im Prinzip dasselbe System. Es geht aus den verschiedenen Unterlagen nie klar hervor, ob es sich immer nur um eine Maschine handelte, die Schauberger ständig verbesserte, oder er ob er an verschiedenen Maschinen arbeitete.

beitstier sei, wieder wie einst arbeitslos machen würde. Mit dieser Maschine wollte Schauberger auch erreichen, daß Kohle, Öl und Wasserkräfte entwertet würden, weil diese in der Natur für den Aufbau von Organischem und nicht zur Verbrennung etc. bestimmt seien[5].

Arnold Hohl hielt in seinem Notizbuch Details über das Innenleben dieser Maschine fest:

Zerlegte Maschine (...) Wie ein Vesuv aus Gold und Silber mit mehreren Kratern, um die Spitze gelagert, ca. 20 cm rund. Auffallend schwer – Vollmetall –, „Und das schwebt in der Luft“, sagte VS, obwohl es sich mit ca. 3000 Touren dreht. Das Gehäuse, da Vakuumanlage, gleicht einem römischen Wasserkrug aus Messing versilbert. „An der ganzen Maschine ist keine gerade Linie und kein Kreis“, wiederholt VS. Vakuum und Druck so groß, daß sogar feinster Wasserdampf durch eine Nute (...) austreten konnte. (...) Vernickelte Haube mit beweglichem Blechrohre, darinnen in Spiralform lauter kleine Schmetterlingsflügel aufgenietet waren. Bei Hineinhören ein Rauschen wie bei einer Muschel wahrnehmbar. Kein elektrischer Antrieb, sondern nur ein Hand- oder Fußpedal-Antrieb nötig[6].

Der Krieg ging zu Ende. Mauthausen und seine Nebenlager wurden von den Amerikanern befreit. Die Amerikaner hatten ein Auge auf Schauberger geworfen, da sie über seine Atomumwandlungsversuche informiert waren. Sie interessierten sich natürlich auch für seine „Wunderwaffe“. Die Deutschen waren den Amerikanern zu diesem Zeitpunkt kriegstechnisch um einiges voraus. Das zeigt sich am besten am Beispiel der Atombombe, welche von den deutschen Physikern Hasenöhrl (ein Wiener), Planck und Hahn entwickelt und später von den emigrierten deutschen Wissenschaftlern für die Amis nachgebaut wurde. So wie eben viele andere deutsche Erfindungen von den Alliierten übernommen und dann als deren Werk ausgegeben wurden.

Schauberger blieb bis auf weiteres in Leonstein konfiniert (eingesperrt). Es war zu seinem Schutz, wie sich später herausstellte. Die Amis hatten Angst, Schauberger könnte den Russen in die Hände fallen. Während dieser Zeit rich-

5) Schauberger, Viktor, Aufzeichnungen und Briefe aus Arnold Hohls Notizbuch, in: Mensch und Technik naturgemäß, 24. Jg., 1993, Heft 2, Hrsg. „Gruppe der Neuen“, S. 9, 10

6) Ebd., S. 53

tete er ein Gesuch an den Landeshauptmann von Oberösterreich, Dr. Gleißner, ob er leerstehende Räume im Schloß Leonstein pachten könne. Gleißner sandte ihm den Industriemanager Dr. Ing. Hans Malzacher, der seine Arbeit begutachten sollte.

Dr. Ing. Hans Malzacher[7] war kein unbeschriebenes Blatt. Er war u.a. als Direktor-Stellvertreter bei Schoeller-Bleckmann Stahlwerke AG, Ternitz; Generaldirektor der Simmering-Graz-Pauker AG, Generaldirektor der Österr. Alpine Montangesellschaft, Generaldirektor der Reichswerke Hermann Goering (heute: VOEST), Wehrwirtschaftsführer und Mitglied des Reichsrüstungsrates und zuletzt Rüstungsbevollmächtigter Südost (Schlesien, Protektorat Böhmen und Mähren, Ostmark und Norditalien) im Ministerium Speer.

Malzacher interessierte sich für Schaubergers „Wärmemaschine“, den „Klimator“. Damit gelang es ihm angeblich, eine natürliche Raumheizung zu schaffen, bei der die Wärme von oben nach unten und nicht von unten nach oben zirkuliert. Diese Art von Heizung wäre viel effektiver als herkömmliche Heizmethoden, da sie die Wärme besser verteilen und vor allem für eine Erwärmung der Füße sorgen würde, was bisher nur mit einer „ungesunden“ Fußbodenheizung möglich ist. Wie so vieles, kam auch der Klimator über das Versuchsstadium nicht hinaus.

Malzacher wollte wissen, wie Schauberger das gemeint hat, *(...) die Sonne zu kopieren.* Schauberger erklärte dem Techniker, was er darunter verstand. Er ahnte, daß seine Ausführungen in „seiner Sprache“ von seinem Gegenüber nicht voll verstanden würden:

Daß Dr. Ing. Malzacher da nicht mitfolgen konnte, war mir von vornherein klar, weil diese Industriekanone in nur ausgesprochen explosiven Bewegungsauswirkungen sozusagen zuhause war. Daß der Mann aber eine Ahnung bekam, daß

7) Dr. mont., Dr. techn., a.o. Prof., Bergrat h.c., Industrieller: *14.10.1896 Traisen (NÖ), Ü16. 10.1978 in Villach. 1945 stand er auf der ersten österr. Kriegsverbrecherliste, dennoch machten ihn die amerikanischen Besatzer zunächst zum Generaldirektor der Hütte Linz und der Stickstoffwerke, bis er im Oktober 1945 schließlich inhaftiert wurde. Nach seiner Freilassung 1947 fungierte er als Berater der CA und als Aufsichtsratvorsitzender der Jenbacher Werke sowie zahlreicher anderer Firmen, darunter auch der VOEST. Als außerplanmäßiger Hochschulprofessor unterrichtete er an der Montanuniversität Leoben. Malzacher veröffentlichte unter dem Titel: „Begegnungen auf meinem Lebensweg“ seine Erinnerungen. Die Prominenz der Republik Österreich im Bild, Ascot Verlag Zürich, 1962.

eine Industrialisierung ohne Krach und Gestank besser und billiger ist, war daran zu erkennen, daß in diesem Falle - statt der naturwidrig beschleunigten Masse - der Fabrikant Feuer fing. (...) Als ich aber den weltbekannten Organisator, vielfachen Generaldirektor und Leiter großer Konzerne soweit hatte, wurde er eines Tages von den Amerikanern verhaftet und - wie ich später erfuhr - in der Lagerküche zum Erdäpfelschälen verwendet(8).

Schauberger wurde neuerlich von einer amerikanischen Untersuchungskommission einvernommen. Die Verhörer erkundigten sich über seine Versuche mit Atomkräften. Schauberger erklärte ihnen via Dolmetsch, daß er zwischen den von ihm erforschten Atomenergiearten (Atomenergien 1. Klasse) und den Atomenergien der Amerikaner (Atomenergien 2. Klasse) unterschied. Die von ihm erforschten Atomkräfte entsprechen dem aufbauenden Prinzip der Natur (Implosion), während die Amerikaner die destruktiven Atomkräfte forcieren (Explosion). Das Verhör endete mit dem Ergebnis, daß Schauberger eine weiße Weste bescheinigt wurde. Er wurde aber noch weiter überwacht. Aus der Schutzhaft entließ er sich seinen Angaben zufolge selbst(9).

Aus dem „Department of the US Army Intelligence and Security Command", Fort George G. Maede, Maryland, liegt dem Autor ein 19 Seiten zählender Akt der Alliierten, betreffend *Viktor Schauberger, XA 138766, Security Information*, vor, welcher – teils das vorige Verhör mit dem amerikanischen Offizier, teils Zeitungsberichte aus den Salzburger Nachrichten von 1950 über biotechnische Versuche von Walter Schauberger enthält, sowie Briefe Viktor Schaubergers an die Landeshauptmannschaft in Linz und an das in Kirchdorf an der Krems stationierte Kommando des C.I.C. (Counter Intelligence Corps)(10). Der kopierte englische Text des Aktes war teilweise schwer leserlich, da er mikroverfilmt und das Original vernichtet wurde.

Auf Seite 5 des Aktes ist eine Notiz vom 3. August 1949, mit dem Vermerk „Security Information, Confidential"(11). Da heißt es:

Die Manager der Gesellschaft zum Schutze der Bäume und der Erde teilten ge-

8) Schauberger, Viktor, „Die Entdeckung der Levitationskraft", Teil 2, Implosion 113

9) Ebd.

10) Streng vertraulich.

11) Spionageabwehrdienst

stern ihre Ankunft mit dem bekannten Radar-Experten Houghton-Bently und Lord N.N., ein ... Direktor der UNO mit. Sie möchten gerne die fortgeschrittenen Arbeiten an dem Flugzeug mit der speziellen Kupferlegierung inspizieren. Nebenbei möchten sie auch über die „Implosionsmaschine" verhandeln, mit welcher:

a) eine Leistungssteigerung von 30 bis 60 % möglich ist und

b) 90 % des Treibstoffes, der zum Antrieb von Motoren und landwirtschaftlichen Geräten notwendig ist, eingespart werden könnte.

Ich (?) verlangte von dem Engländer (Lord N.N.?) eine Million Dollar und garantierte ihm die Lizenzgebühren für die Förderung der Entwicklung der „höherwertigen Atomenergien" zum Zwecke des Antriebes von Schiffen, U-Booten und Flugzeugen. Sie versprachen, zuerst inoffizielle Verhandlungen aufzunehmen. Gestern traf ein Telegramm aus England ein: „Sie können mit einem offiziellen Besuch rechnen".

Wir, in Deutschland und Japan, dürfen zur Zeit keine Atomversuche unternehmen, obwohl die von uns entwickelten Atomenergien diametral verschieden von jenen der Amerikaner sind.

Wer mit „Ich" und „wir in Deutschland" gemeint ist, geht aus der Notiz nicht hervor.

Auf Seite 6 ist folgende Notiz, vom 13. September 1950 (wieder streng vertraulich):

Die Welt beginnt sich zusehends für den 65jährigen österreichischen Förster Viktor Schauberger und seine Erfindungen – welche der Wissenschaft Rätsel aufgeben – zu interessieren. Unterstützt von seinem Sohn und Mitarbeitern setzt er seine Arbeit fort. Zur Zeit verhandelt Schauberger mit verschiedenen Regierungskommissionen als auch mit Abordnungen der „Vacuum Oil Company" und mit Argentinischen Abordnungen. Es wurden ihm Millionen Dollar für seine Erfindungen geboten.

Auf Seite 7 des Aktes ist ein Brief oder Bericht vom 9. November 1950 zu lesen:

Herr Schauberger beabsichtigt seine großen Erfindungen der Deutschen Nation zu übergeben, wenn er die volle Garantie erhält, daß diese Erfindungen der

Deutschen Nation zugute kommen und nicht einzelnen Geldmachern in die Hände fallen. Wenn Sie mit Herrn Schauberger in Kontakt treten wollen, schreiben Sie an seine Adresse, Steingasse 5/2, Salzburg oder an ... Gasse in Linz. Er hat mehrere Wohnsitze aber Ihre Post wird ihn an einem dieser erreichen. Bitte geben Sie sie (die Adressen?) nicht aus der Hand. Die Vertreter (?) dürften weitreichende Autorität haben und dürften auch in der Lage sein, handfeste Vorschläge zu machen, die Erfindungen vor dem Zugriff durch andere Nationen, speziell den Siegermächten, zu entziehen. Ich denke, daß Ihre Leser besonderes Interesse am „Goldenen Pflug" und an der „Kartoffel-Feld-Theorie" haben dürften.

Danach erklärt der Schreiber das Experiment, das in Jochberg in Tirol in 1100 Meter Seehöhe durchgeführt wurde, wo aus einem Kilo Saatkartoffel angeblich 100 Kilo Kartoffel geerntet wurden. Und zum Abschluß schreibt er: *Es wäre langsam an der Zeit, daß deutsche Experten Interesse an den Erfindungen Schaubergers zeigen, bevor Nord- oder Südamerika daraus Vorteile ziehen würden.*

Auf Seite 8 steht ein Vermerk vom 27. November (1950?) über Dipl-.Ing. Walter Schauberger, Viktors Sohn:

Nach einer langen Zeit der Studien von Einsteins Theorien und mit Hilfe von Plancks Energiegesetzen gelang es Walter Schauberger mit Hilfe eines Experimentes der wissenschaftlichen Welt die Brücke zu den Erfindungen seines Vaters zu schlagen. Die Prioritätsrechte für die Erfindungen waren natürlich für die Deutschen und Österreicher gesichert. Ich würde Walter Schauberger gerne nach Bonn einladen, bevor er seine Vorträge vor den Wissenschaftlern und der Öffentlichkeit beginnt. Die „Erfindung" enthält die natürliche Atombewegungsfolge – anstelle der Atomzertrümmerung – zur Gewinnung kostenloser Energie. Walter Schauberger wird bis 2. Dezember in Engleithen, Post Lauffen, bei Bad Ischl bleiben. Ab 4. Dezember wird er in Wien 3., Neulinggasse 39/1/12 anzutreffen sein.

Auf den Seiten 9 bis 13 steht ein Bericht des C.I.C Salzburg, vom 27. März 1951, in dem scheinbar wichtige Passagen überdeckt wurden:

Betreff: Viktor Schauberger, geboren am 30. Juni 1885 in Holzschlag, Bezirk Rohrbach in Oberösterreich ... Schauberger ... spricht in ruhiger, sachlicher Art. Er war sein ganzes Leben ein unabhängiger Forscher und genießt einen sehr guten Ruf wegen seiner ersten und bekanntesten Erfindung, einer Holzschwemmanlage. (Notiz von Agent N.N.: „Sogar Schaubergers größte Kritiker sagen, daß an seiner Holzschwemm-Methode etwas dran sein muß. Sein Sohn, Walter Schauberger, unterstützt ihn bei seinen Projekten.")

(Notiz von Agent N.N.: „Jene, welche Viktor Schauberger kennen, behaupten, daß sein Sohn, ein graduierter Ingenieur, jahrelang die Erkenntnisse seines Vaters lächerlich gemacht hatte, jetzt aber voll hinter ihm stehe und Vorträge darüber halte. (Siehe Beilage B: ein Artikel der Salzburger Nachrichten vom 7.12.1950 mit dem Titel: „Zwischen Licht und Wasser", über einen wissenschaftlichen Versuch von ihm, Walter Schauberger, an der Universität Wien.) Leider waren die Ausführungen von Dipl.-Ing. Schauberger von eher zu poetisch als wissenschaftlich zu nennende Formulierungen durchsetzt, doch irgendetwas erregte dennoch die Aufmerksamkeit der Wissenschaftler der Universität. Die Ausführungen Schaubergers erregten den Zorn des O-2 gut bekannten theoretischen Physikers Doz. Dr. Ing. Felix Lettowsky.

(Notiz des Agenten 8/A „Jilli hat dem Unterfertigten eine informelle Notiz übermittelt, daß eine Frau N.N. ... etwas Interessantes hat. Eine Überprüfung zeigte, daß Frau N.N., eine ungefähr 70jährige Frau, sehr gut mit ... bekannt gewesen ist und die Schauberger-Akten vermacht bekommen hat, die sie Unterfertigtem zeigte. Sie hatte über ausländische Konsulate versucht an die Spitze zu kommen ... und fragte Schauberger, die Atomtheorie zu erklären und rügte ihn mit den Worten: ‚Sie baten mich, meine besten Forscher für das Atomprojekt abzustellen, das sie nicht in der Lage sind zu erklären oder nicht erklären wollen. Ich kann nicht (1941) die Verantwortung dafür übernehmen!'"
In einem späteren Brief stimmte sie aber zu, Schauberger ein Labor zur Verfügung zu stellen. Frau N.N. hat etwa 2000 Seiten an Korrespondenz zu diesem Thema ... Schauberger wurde eine Million Schilling für seine Entwicklungen geboten.

Ob es sich bei der 70-jährigen Dame um Schaubergers Mäzenin Mäda Primavesi handelt, geht nicht hervor. Interessant ist auch ein Brief von Schauberger aus Leonstein an die Landeshauptmannschaft Linz, vom 15. Februar 1946:

Am 18. Oktober 1945 erschienen Vertreter der S.J.S, Kirchdorf/Oberösterreich, und fragten mich, ob ich an atomaren Energien forsche, untersuchten meine Test-Apparate – und seit diesem Tag werde ich bei meinen Forschungen von Gendarmen Tag und Nacht überwacht.

Ich bitte der Landeshauptmannschaft Linz mein Ansuchen um Aufhebung der Überwachung vorzubringen, da ich wirtschaftlich und gesundheitlich nicht mehr länger in der Lage bin diese Einschränkung meiner persönlichen Freiheit zu ertragen. Ich war weder Mitglied bei der NSDAP noch sonstwie politisch aktiv und bin auch nie straffällig geworden. Deshalb finde ich es als sehr hart, mir durch die Überwachung die Möglichkeit meiner Lebensfristung zu nehmen. Durch eigene Forschungen lernte ich allmählich die „aufbauenden" Atomenergien zu erkennen. Ich möchte hier erwähnen, daß jene Art von Atomenergien, die von den Amerikanern geheimgehalten werden, mich nie interessierten, und daß ich bereit bin zu unterzeichnen, mich in Zukunft weder theoretisch noch praktisch mit diesen destruktiven Kräften zu beschäftigen.

Die von mir erforschten Atomkräfte sind fundamental verschieden von den amerikanischen. Bei den von mir erforschten höherwertigen Atomenergien gibt es keine Explosion, kein Feuer; im Gegenteil, es entsteht als Folgeerscheinung Wasser, sodaß ich sie Atomenergien „erster Klasse" bezeichne. Das Folgeprodukt bei den Atomenergien „zweiter Klasse", welche die Amerikaner verwenden, ist das Feuer. Am besten würden diesen gravierenden Unterschied einige praktische Beispiele veranschaulichen, die deutlich machen würden, daß es keine Verbindung zwischen den von den Amerikanern erforschten Atomenergien und den von mir erforschten gibt. Man kann mich daher auch nicht bestrafen, denn nach dreißigjähriger Forschungsarbeit habe ich die natürlichen Aufbauprozesse erforscht, durch welche die Verbrennung von Erdöl, Kohle, Holz, usw., zum Zwecke der Energiegewinnung überflüssig wird.

Es ist bekannt, daß gewöhnliche Luft über 200 Grad Celsius erwärmt wird, wenn sie mit mehr als Schallgeschwindigkeit bewegt wird. Die Erreichung dieses Ziels war sehr teuer und problemhaft bis jetzt. Nach jahrelangem Forschen gelang es mir, dieses Problem auf einfache und billige Weise zu lösen und Temperaturdifferenzen jeder Art – ohne Druck oder Verbrennung – zu erzeugen. Ich möchte noch erwähnen, daß diese Art von Temperatur nichts mit den Temperaturen zu tun hat, die durch Verbrennung erzeugt wird. Um 1 m^3 Wasser um 0,1 Grad Celsius zu erwärmen ist eine Energie vom 42.700 mkg notwendig. Um 1 m^3 Wasser um 1 Grad Celsius zu erwärmen ist eine Energie von 427.000 mkg notwendig. Dieses Ver-

fahren ist sehr teuer, wenn man den hohen Verbrauch von Rohstoffen (Holz, Kohle, Strom etc.) dafür bedenkt.

Um 1 m^3 Luft in einer Sekunde auf 200 Grad Celsius zu erhitzen, ist eine mechanische Kraft von 0,08 kw notwendig. Ein kleiner Motor würde die Erzeugung von heißer Luft (Dampf) für Antriebszwecke viel schneller und effizienter erzeugen, als ein Motor mittels kalorischer Energie. Dampf-Eisenbahnen könnten in Zukunft mit diesen natürlichen Temperaturen nahezu kostenlos betrieben werden. Ungefähr eine Million Holzstämme wurden diesen Winter gefällt, allein für Verbrennungsvorgänge. Ungefähr diesselbe Menge Holz wurde zum Zwecke der Gasgewinnung verbraucht. Ein Sturm – so wie im Jahre 1917 – könnte dann in wenigen Stunden noch weitere Millionen Bäume fällen, in den aus vorigen Gründen entstandenen ausgeholzten Gebieten.

Schauberger setzt in dieser Weise fort und schreibt abschließend:

Amerika möge Vorsorge treffen, daß die Bevölkerung nichts von den destruktiven Atomkräften erfährt, um nicht die Kriegslust zu wecken. Auf der anderen Seite ist es aber notwendig, die natürlichen, aufbauenden Atomkräfte weltweit zu forcieren, weil dadurch jede Nahrungsnot in kürzester Zeit ein Ende finden würde.

Ich bitte deshalb, mein Ersuchen an kompetente Stellen weiterzuleiten, da ich mit meiner Arbeit fortfahren und – da ich schon alt bin und meine Gesundheit leidet – noch mein Lebenswerk vollenden will. Auf jeden Fall finde ich es nicht günstig, eine Entdeckung von weltweiter Bedeutung zurückzuhalten[12].

Schauberger schrieb auch an das C.I.C in Kirchdorf:

Am 18. Oktober übernahm das C.I.C. mein Labor, verhaftete meinen Konstrukteur und nahm mich in Hausarrest. Ich darf seitdem das Areal nicht verlassen. Während der vergangenen dreißig Jahre meiner Forschungsarbeiten habe ich soviele seltsame und aufregende Erlebnisse gehabt, daß mich dieser Vorfall nicht mehr stört. Ich wurde von der Gestapo sechs Jahre überwacht, obwohl ich mich politisch nie betätigt hatte. Ich glaube, daß die Menschheit noch nicht reif ist für „Geo-Politik", hingegen überreif an Politikern ist, die wiederum nicht reif sind, wirklich ökonomisch zu handeln.

Ich schrieb in diesem Sinne als österreichischer Staatsbürger an Präsident Dr.

---

12) Vicktor Schauberger, XA 138766, Security Information, Department of the US Army Intelligence and Security Command, Fort George G. Maede, Maryland, S. 14-16.

Karl Renner und bat ihn, mir die Chance einer Beweisführung zu geben, daß die Wissenschaft sich auf einem widernatürlichen Weg befindet und deswegen die Verantwortung für diese schrecklichen Ereignisse trägt, welche neulich 34 amerikanische Senatoren veranlaßten, einen Appell an Präsident Truman[13] *zu richten, Vorsorge zur Abwendung einer Katastrophe großen Ausmaßes zu treffen.*

Es ist an der Zeit, das größte Verbrechen zu lüften: die Unterdrückung der geistigen Entwicklungsfähigkeit (der Schöpferkraft), welche die Natur mit dem Hungertod bestraft. Doch dafür gibt es keinen Präzedenzfall in den menschlichen Gesetzen, und deswegen kommt das Prinzip zum Tragen: Keine Strafe ohne Gesetz.

Ich erachte die Enthüllung dieser Tatsachen als meine Pflicht. Selbst Präsident Truman bleibt solange machtlos, bis diese Angelegenheit nicht geklärt ist. Abgesehen von dem, die unmöglichsten Geschichten machen die Runde, wegen der strengen Kontrolle, die ich am Beginn des Briefes schilderte. Kurz vor Ende dieses Krieges erließ die SS strikte Maßnahmen, um die vorhin erwähnte Enthüllung zu verhindern. Ich entging nur knapp der Hinrichtung.

Soweit ich von den Untersuchungen berichten kann, wurden die Maßnahmen wegen mir getroffen, denn ich weiß das Geheimnis der Entstehung (Entwicklung) von Atomkräften „zweiter Ordnung“[14]*, die mich aber nie interessierten, mit denen ich mich nur befaßt habe, um den Unterschied zwischen ihnen und den Atomkräften „erster Ordnung“*[15] *zu studieren.*

Es ist eine unleugbare Tatsache, daß die zunehmende wissenschaftliche und technische Entwicklung einen rasanten wirtschaftlichen Niedergang bewirkt. Unter anderen hat auf diese Tatsache der Sozialist Oswald Spengler in seinem Werk: „Mensch und Technik“ hingewiesen, welches sehr unbequem ist, denn jeder gebildete Mensch fühlt sich unbewußt schuldig, wenn er Spenglers Anklage liest.

Spengler war als rein mechanistischer und materialistischer Denker bekannt. Er war intuitionslos und stand einem metaphysischen Denken ferne. Aus diesem Grunde konnte er nur anklagen, erkannte aber nicht die Wurzeln des Übels. Des-

---

13) Schauberger meinte vermutlich den Abwurf der Atombomben auf Japan. In einen Brief an den deutschen Bundesatomminister Strauß, am 28.2.1956, zitierte er Truman, der in seinen Memoiren „Jahre der Entscheidung“ schrieb, „daß ihn Atomphysiker zwangen, die Bomben auf Japan abzuwerfen, obwohl damals keine strategische Notwendigkeit bestand, da man sie in Deutschland nicht mehr ausprobieren konnte.“

14) Die abbauenden, entwicklungshemmenden Atomkräfte, die durch Atomzertrümmerung entstehen.

15) Die aufbauenden, entwicklungsfördernden Atomkräfte, die durch Atomumwandlung entstehen.

wegen ist es höchste Zeit darüber zu berichten. Die gegenwärtige Technik ist entweder ein tragischer Irrtum, oder ein absichtliches Verbrechen, denn sie nutzt jene destruktiven Kräfte zum Antrieb von Maschinen, Motoren etc., welche die Natur zum Abbau alles Entwicklungsunfähigen einsetzt.

Darum muß die ganze zivilisierte Welt, welche diese Entwicklung gefördert hat, in die wirtschaftliche Sackgasse geraten. Auf diese Weise wurden und werden auch die besten Rohstoffe sinnlos vergeudet, in dem sinnlosen Glauben, die Natur zu beherrschen. Der Output ist wesentlich geringer als der Input, ein wirtschaftlich völlig unrentables Unternehmen. Abgesehen von dem Rohstoffraubbau für die Gewinnung von Bewegungsenergie, kam es zu einer weiteren höchst gefährlichen ökonomischen Konsequenz, denn die auf diese Weise gewonnene Energie erzeugt jene Temperaturen, welche Fäulnisprozesse sowie das Aufleben gefährlicher Bakterien begünstigen und auch gefährliche Gase entwickeln. Der Wirkungsgrad solcherart angetriebener Maschinen und Motoren ist sehr gering.

In derselben Weise – durch die falsche Bewegung – werden die Atomenergien „zweiter Ordnung" generiert, die erst kürzlich bei Versuchen in Amerika mehrere Versuchsapparate zerstörten. Diese Energien sind die gefährlichsten der Erde und werden sogar schon für medizinische Zwecke versucht.

Die 34 amerikanischen Senatoren hatten deshalb allen Grund, die politische Spitze in Amerika um Hilfe zu bitten, die jedoch ausbleibt, solange die helfende Medizin (Atomenergien erster Ordnung) nicht bekannt ist. Ich habe Österreich die Lösung dieses Problems angeboten: die von mir entwickelten Möglichkeiten der Förderung der Atomenergien erster Ordnung. In der Natur geschieht nichts zufällig. Wir Menschen haben es in der Hand, die Natur zu kopieren, aber vorher müssen wir sie kapieren, um die guten Geister zu rufen. Ich möchte hier keine Details erwähnen, die Sie als Jurist ja sowieso nicht verstehen würden, auch wenn Sie sich noch so hart bemühen würden ...[16].

Schauberger führte dann weiter seine Erkenntnisse über die naturrichtige Bewegung, etc. an, die er im Zuge dieser Geschichte bereits des öfteren erklärt hatte. Auf alle Fälle geht aus diesen Akten des amerikanischen Geheimdienstes kein Hinweis auf eine „braune Vergangenheit" von Viktor Schauberger her-

16) Vicktor Schauberger, XA 138766, Security Information, ... Brief vom 24.12.1946, S. 17-19.

vor. Den Amis ging es wohl um Schaubergers Wissen über die Atomkraft und über die Möglichkeit, daß er dieses Wissen gegen sie anwenden könnte. Doch bei der Überprüfung dürften sie aber erkannt haben, daß dieser Mann mit den zerstörerischen Atomkräften nichts im Schilde führte, und verzichteten vorerst, ihn weiter unter Kontrolle zu halten. Schauberger handelte instinktiv richtig, daß er die letzten Atomgeheimnisse für sich behielt, denn wie wir heute feststellen, werden immer noch die zerstörerischen Atomkräfte forciert, wenn auch unter dem Deckmantel „friedlicher Nutzung" in Form von Atomkraftwerken.

Und daran sieht man, wieviel „reifer" die Menschheit in den letzten 50 Jahren geworden ist. Es ist fraglich, ob durch die Preisgabe des Geheimnisses der Nutzung Atomenergien „erster Ordnung" damals, die Welt heute anders aussehen würde. Es ist fraglich, ob sich eine Möglichkeit zur nahezu kostenlosen Energiegewinnung, wie sie Schauberger propagiert hat, durchgesetzt hätte. Was wäre dann mit den Elektrizitätswerken, den Ölmultis und deren Subunternehmen sowie mit den anderen kapitalistischen Unternehmen auf dem Energiesektor passiert? Die Antwort ist leicht zu erraten. Man hätte vermutlich das Patent einer solchen Methode zur „billigen" Energieerzeugung aufgekauft oder es durch andere Mittel und Wege aus dem Verkehr gezogen.

Jetzt, am Ende des zwanzigsten Jahrhunderts, ist die Menschheit (die Machthaber) angesichts der „herrlichen Früchte" dieser Atomkräfte „zweiter Ordnung" immer noch nicht klüger geworden. Tatsache ist, daß wir „die Geister, die wir riefen", nicht mehr los werden, und daß sie uns in den Untergang bringen, wenn wir uns weiter von ihnen beherrschen lassen. Viktor Schauberger hat den Mut gehabt, all die Fehler aufzuzeigen. Müssen wir der Geschichte abermals die Ehre erweisen und ihren Gesetzen folgend beweisen, daß eine menschliche Kultur, die sich auf dem vermeintlichen Höhepunkt befindet, wieder in den Abgrund stürzt, weil sie alle Warnungen in den Wind schlägt?

Kapitel 9

Schauberger als „Vater" der Nazi-Ufos?

Von der derzeit herrschenden UFO- und Außerirdischen-Mania bleibt auch Viktor Schauberger nicht verschont. Er wird in diversen esoterischen und „ufologischen" Büchern in einer sehr tendenziösen Betrachtungsweise als Konstrukteur von „Hitlers fliegender Untertasse" dargestellt. Dazu kann nur gesagt werden, daß die Autoren nicht ausreichend recherchiert oder Schauberger einfach in ihr Weltbild übernommen haben. Es ist auch möglich, daß man Schaubergers Erkenntnisse, die jetzt wieder sehr an Aktualität gewinnen, durch Besudelung des Entdeckers („braune Vergangenheit") in ein falsches Licht bringen will.

Schauberger hat zwar – unter Zwang – an einem Modell einer „Fliegenden Untertasse" gearbeitet, ist deswegen aber kein Nazi gewesen. Genauso wenig, wie die Häftlinge, mit denen er an dieser Sache arbeitete. Verwerflich ist, daß manche Autoren dieses Ereignis so darstellen, als ob er ohne Zwang diese Arbeit geleistet hätte. Das hinterläßt den Nachgeschmack, er sei ein Nazi-Sympathisant gewesen. Welcher Mythos herrscht nun um Schauberger und die angeblich von ihm konstruierte erste „Fliegende Nazi-Untertasse"?

Stefan Linke schreibt im Internet, daß *die deutschen Machthaber Viktor Schauberger zwangen ... seine Erkenntnisse aus den Anti-Gravitationsscheiben für die deutsche Militärforschung umzusetzen.* Zwei Sätze weiter schreibt er: *Schauberger wurde gezwungen in Amerika mit den dortigen Behörden und Wissenschaftlern an einem ... Geheimprojekt in Texas mitzuarbeiten, vermutlich ging es wiederum um die Gravitationsforschung.* Als vermeintlicher „Schauberger-Kenner" sollte Herr Linke wissen, daß Schauberger Levitationsforschung betrieben hatte und daß die Amerikaner an seinen die Schwerkraft überwindenden Projekten – also an der Anti-Gravitation – interessiert waren. Die er ja weiter oben selbst erwähnt. Linke ist auch ein Vertreter des „Nazi-im-Eis-Mythos"[(1)].

---

1) Linke, Stefan, Siehe Internet, http://www.mailbox.de/~linke/disk base211/base02.htm, vom 3.2.1997. Als Quelle wird vornehmlich die Geschichte von Wilhelm Landig angeführt: „Wolfszeit

Die Welteislehre des Österreichers Ing. Hanns Hörbiger erlebte nach 1945 wieder einen Aufschwung. Sie wurde von den sogenannten „Hitler-Esoterikern“ aufgegriffen, nach deren Überzeugung sich Hitler im Winterschlaf in der Antarktis befindet. Sie meinen, daß Hitler am 30. April 1945 aus seinem Hauptquartier in Berlin mit einem atomar betriebenen U-Boot (einer anderen Version zufolge mit einem UFO) an den Südpol – Neuschwabenland – fliehen konnte. Dort verfüge der Führer auch über eine gigantische UFO-Armee. Deshalb sei es naheliegend, daß alle weltweit beobachteten UFOs keine außerirdischen Flugobjekte sind, sondern nur patrouillierende Aufklärer der Nazis im Eis. Von Neuschwabenland wird er mit seinen SS-Getreuen zu gegebener Zeit zurückkehren und das Großdeutsche Reich wieder zur Blüte bringen[2].

Anton Maegerle sieht in dem Chilenen Miguel Serrano einen der prominentesten Vertreter des esoterischen Hitlerismus, einer Glaubenslehre, die Hitler als göttliches und damit unsterbliches Wesen verehrt. Serrano glaubt, daß Hitler noch heute in der Antarktis sitzt und im Kälteschlaf auf seine Wiederkehr wartet. Diese Ansicht vertritt auch der weltweit bekannte Revisionist Ernst Zündel in seinem Buch, *Ufos: Nazi-Geheimwaffen?* Auch die in Deutschland ansässigen neuheidnischen Armanen und die ANSE (Arbeitsgemeinschaft naturreligiöser Stammesverbände) verbreiten in Broschüren und Seminaren ihre UFO-Ideologien. Titel einer vom Armanen-Verlag vertriebenen Broschüre: „Deutsche Flugscheiben und U-Boote überwachen die Weltmeere“[3]. In diesen Mythos wird Schauberger als angeblicher „Erbauer von Hitlers Fliegender Untertasse“ mit hineingezogen. Wie schaut es nun „wirklich“ mit den Nazi-Ufos aus?

Ein gewisser Hellmut Hoffmann berichtet, *daß erst nach dem Krieg bekannt wurde, daß Luftfahrzeuge, die Schaubergers Prototyp ähnlich waren, in verschiedenen anderen Produktionsstätten weiterentwickelt wurden.* Er beruft sich hiebei auf den Bericht von Hermann Klass[4], einem Ingenieur aus Mühlheim an der Ruhr, der an den Plänen mitgewirkt hatte und zu jener Zeit in der Wupper-

---

um Thule“ (Volkstum Verlag Wien), worin die abenteuerliche Flucht dreier deutscher U-Boot-Offiziere beschrieben wird und die Geschichte mit der angeblich deutsch-antarktischen Basis 211, wohin sich Hitler und Co. angeblich abgesetzt hätten. Weiteren Geschichten zufolge soll der amerikanische Admiral Byrd den Auftrag erhalten haben, diesen Stützpunkt im Jahre 1947 zu zerstören.

2) Bellmund Klaus/Kaarel, Siniver, „Kulte, Führer, Lichtgestalten...“, S. 138 und 182 ff.

3) Ebd., S. 182-185

4) Siehe auch: Kokaly, Alois, „UFOs gibt es nicht, wohl aber Flugscheiben“, Implosion 25, S. 7 ff.

taler Zeitung „Bergische Wochenpost“ einen detaillierten Bericht einschließlich Fotokopien von Skizzen und Originaldokumenten veröffentlicht hatte. Dieser schreibt:

Ich habe noch Zeichnungen einer Modell-“Flugscheibe“, die ich 1941 gebaut habe. Diese Erfindung flog ganz wahrhaftig mit fast unglaublichem Erfolg, nachdem sie in Deutschland perfektioniert worden war. Sie hatte einen Durchmesser von fast 2,4 Metern mit einem kleinen, sehr schnell laufenden speziellen Elektromotor (zu dieser Zeit gab es keine Modelle mit Verbrennungsmotoren), die von der Luftwaffe „zur Verfügung“ gestellt worden waren. Sie stieg steil in die Luft, und zwar so plötzlich, daß sie unglücklicherweise an die Decke der Werkstatt prallte und in Einzelteilen zu Boden krachte.

Das Exemplar, das angeblich tatsächlich flog, ist auf den beiliegenden Bildern zu sehen, und auch jene Versionen gab es zuerst in Böhmen und später in Breslau (wo die Gruppe um Miethe arbeitete), die ein stärkeres Staustrahlrohr aufnahm (wie in der Flugbombe V-1). Die drei Modelle kommen dem Bellonzo-Schriever-Habermohl-Prototyp nahe, sogar was die Aufnahme der Strahldüsen angeht. Die Düsen mußten schwenkbar sein, um die „Zykloid“-Wirkung zu erzielen, die es der „Flugscheibe“ ermöglichte, senkrecht aufzusteigen (Miethe baute später bessere Modelle). Das erste Modell und auch die anderen Exemplare hatten eine massive Außenkante (ohne Öffnungen), die aus hochwertigen Metallegierungen bestand.

Sobald die Scheibe an Höhe gewonnen oder die gewünschte Flughöhe erreicht hatte, so daß der Schub der hinteren Strahldüsen wirksam zu werden begann, ging die Scheibe vom senkrechten in den waagrechten Flug über. Natürlich war dieses Steuerungssystem nicht einfach. Erst bei späteren Entwürfen wurde der „geschlitzte Rand“ eingeführt, so daß die Düsen in alle Richtungen geschwenkt werden konnten. Diese Flugscheiben werden heute nicht nur im Westen, sondern auch in der UdSSR gebaut[(5)]*.*

Aufgrund dieser Aussagen ist anzunehmen, daß nach dem Krieg nicht nur an Schaubergers Prototyp einer „Fliegenden Untertasse“ weitergearbeitet wurde, sondern auch die von Klass beschriebenen Techniker Schriever, Bellonzo,

5) Zitiert in: Davidson, John: „Das Geheimnis des Vakuums“, Omega Verlag, Düsseldorf, 1996 Seite 272.

Habermohl und Miethe an solchen Objekten gearbeitet hatten. Es ist fraglich, ob die Techniker Schaubergers Prinzip verstanden hatten, denn, wie wir wissen, gab es immer ein letztes Geheimnis bei seinen Apparaten. Es ist anzunehmen, daß kein Flugobjekt auf Implosionsbasis nach dem Krieg gebaut wurde.

In Matterns Buch: *UFO - die letzten Geheimwaffen des Zweiten Weltkriegs und ihre Weiterentwicklung*[6] widmet der Autor den „Fliegenden Untertassen" des Dritten Reichs ein ganzes Kapitel, worin behauptet wird:

Die Entwicklung, die Millionen gekostet hatte, war gegen Kriegsende beinahe abgeschlossen. Ohne Zweifel wurden die existierenden Exemplare zerstört, obwohl das Werk in Breslau, wo Miethe arbeitete, in die Hände der Russen fiel, die sämtliches Material und technisches Personal nach Sibirien schafften, wo weitere, sehr erfolgreiche Arbeiten an diesen „Fliegenden Untertassen" durchgeführt wurden. Schriever hatte es gerade noch rechtzeitig geschafft, aus Prag herauszukommen. Habermohl andererseits muß in der Sowjetunion sein. Der ehemalige deutsche Konstrukteur Miethe ist in den USA, und soweit es sich feststellen läßt, entwirft er dort „Fliegende Untertassen" für A. V. Roe & Co[7].

Kurz vor Kriegsende dürfte doch noch eine „Fliegende Untertasse", angeblich nach „System Schauberger", fertiggestellt und erprobt worden sein. Kriegsentscheidenden Einfluß hatte sie jedenfalls keinen mehr.
Die Münchner Zeitschrift: *Das Neue Zeitalter*, vom 27. Juli 1956, brachte einen Artikel mit dem Titel: *Hitler baute Fliegende Untertassen.*

... Der österreichische Förster Viktor Schauberger war der Erfinder und Entdecker dieser neuen Antriebskraft - Implosion -, die nur durch die Verwendung von Luft und Wasser Licht, Wärme und Bewegung erzeugte. Im Implosionsmotor wurde ein Diamagnetismus entwickelt, der die Steigkraft ermöglichte. Mit Hilfe eines Sog-Flügelschraubenrades, das sich entlang einer zykloidischen Spiralkurve von außen nach innen drehte, wird dieselbe Kraft hergestellt, die durch Sogkraft Wasserhosen, Taifune, Zyklone oder Hurricans erzeugt. Am 19. Februar 1945 fand in der Nähe

---

6) Verlag J. F. Lehmann, München, 1962
7) Zitiert in: Davidson, John: „Das Geheimnis des Vakuums"..., S. 274

von Prag der erste Versuch mit einer unbemannten „Flugscheibe“ statt. In drei Minuten stieg sie auf eine Höhe von 15.000 Metern und erreichte im Geradeausflug eine Geschwindigkeit von 2.200 Stundenkilometern; sie konnte bewegungslos in der Luft schweben und genauso schnell rückwärts wie vorwärts fliegen. Diese „Flugscheibe“ hatte einen Durchmesser von 50 Metern(8).

In einem Brief an einen Freund, vom 2. August 1958, nahm Viktor Schauberger erstmals zur „Fliegenden Untertasse“ Stellung:

Die „Fliegende Untertasse“, die am 19. Februar (1945) in der Nähe von Prag *flugerprobt wurde, und die in drei Minuten eine Höhe von 15.000 Metern und eine Horizontalgeschwindigkeit von 2.200 Stundenkilometern erreichte, war nach einem Modell konstruiert, das ich im Konzentrationslager Mauthausen in Zusammenarbeit mit den erstklassigen Ingenieuren und Statikern gebaut hatte, die mir aus den dort Inhaftierten zugeteilt worden waren. Erst nach Kriegsende kam mir durch einen der mir unterstellten tschechischen Arbeiter*(9) *zu Ohren, daß weitere intensive Entwicklung im Gange sei. Dennoch erfolgte auf meine Anfrage keine Antwort.*

Soweit ich weiß, wurde die Maschine (Schaubergers Modell aus Leonstein, d. Verf.) kurz vor Kriegsende auf Keitels Befehl hin zerstört. Das ist das letzte, was ich über sie hörte. An dieser Angelegenheit waren auch mehrere Rüstungsfachleute beteiligt, die kurz vor meiner Rückkehr nach Wien in den Werken bei Prag erschienen und mich darum baten, ihnen die Grundlagen davon vorzuführen: die Erzeugung einer atomaren Unterdruckzone, die sich innerhalb von Sekunden entwickelt, wenn entweder Luft oder Wasser dazu gebracht wird, sich unter Bedingungen eines fallenden Temperaturgradienten radial und axial zu bewegen(10).

In diesem Brief gab Schauberger erstmals an, daß er an einem Modell einer „Fliegenden Untertasse“ gearbeitet hätte. In einem Antwortbrief an Bundesminister Strauß, Bad Godesberg, vom 28.2.1956, schrieb er u.a. über seine Zwangsarbeit für die Nazis mit Häftlingen im Außenlager des KZ Mauthausen, in Leonstein:

... daß eine „Fliegende Untertasse“ beim ersten Versuch hochging und am Pla-

8) Ebd. S. 273

9) Viktor Jezierski

10) Diesen Brief zitiert John Davidson in seinem Buch: „Das Geheimnis des Vakuums...“, S. 275

fond der Werkstätte derart aufschlug, daß sie zum Teil zertrümmert wurde. Wenige Tage darauf erschien eine amerikanische Abteilung, die genau orientiert war und alles beschlagnahmte. ... Ein wichtiger Teil dieses Gerätes wurde von den Russen in meiner Wiener Wohnung gefunden. Darauf wurde ich dreimal aufgefordert, nach Wien zurückzukehren, worauf meine Bewachung seitens der Amerikaner verschärft wurde. Da weder die Amerikaner noch die Russen mit diesen gefundenen Einzelteilen etwas anzufangen wußten, und meine früheren Konstrukteure, die man mitnahm, versagten, ließ man mich mit dem strengen Verbot, mich mit atomaren Forschungen weiter zu befassen, wieder laufen[11] *...*

Über ein weiteres Modell der „Fliegenden Untertassen" berichtete die Münchner Illustrierte in der Ausgabe Nr. 31 vom 14. August 1956, in einem Artikel über das Holzmodell des Ingenieurs Rene Couzinet, dessen äußere Erscheinung dem Entwurf Schaubergers ähnlich geschaut haben soll. Anscheinend war Couzinet jedoch noch weit davon entfernt, es bis zu einem funktionsfähigen Modell gebracht zu haben, denn Schauberger kommentierte den Artikel in einem Brief, der mit 11.8.1956 datiert ist, folgendermaßen:

Ein Blick (auf das Modell) zeigt mir, daß der Mann noch meilenweit vom Erreichen der diamagnetischen Levitationskraft entfernt ist, denn Couzinet hat möglicherweise die Wirkung der direkten Saugkraft zur Anwendung gebracht, wohingegen die Natur indirekte, d.h. reaktive Saugkraft verwendet. ... Was verschiedene Zeitungen veröffentlicht haben, ist ebenfalls unrichtig, nämlich daß ich Taifune, Zyklone usw. kopiert hätte, die in Warmzonen auftreten[12]*.*

Wurden die UFOs mit „Vrilenergie" betrieben?

Sehr viele Mythen ranken sich auch um die Antriebsenergie der UFOs. Sie wären mit kosmischer Energie angetrieben worden. Oder, wie Enthüllungsautor Jan Udo Holey alias Jan van Helsing[13] behauptet, mit „Vril-Energie"[14].

---

11) Zitiert in: „Das Weltgewissen", Herausgeber Heinrich Malzkorn, II. Jahrg., Nr. 3, April 1956, S. 4

12) Davidson, John: „Das Geheimnis des Vakuums...", S. 274

13) Esotera, August 8/1996. Seite 9

14) Siehe: Helsing, Jan van: „Geheimgesellschaften und ihre Macht im 20. Jahrhundert", Band 1, Ewertverlag, 1993

Dieser schreibt auch, daß Schauberger Mitglied der ominösen „Vril-Gesellschaft" gewesen sei. Welcher Zusammenhang besteht nun zwischen der „Vril-Gesellschaft", der „Vril-Energie", den „Fliegenden Untertassen" und Viktor Schauberger?

In dem Buch *Der Vril-Mythos*[15] beschäftigten sich die Autoren mit der geheimnisvollen Vril-Energie, genauer gesagt mit dem Entstehen des Vril-Mythos und der Anwendung der Vril-Energie auf Körper, Geist und Seele. Einer der Autoren, Dr. Peter Bahn, stieß bei seinen Recherchen zur Erforschung des Vril-Mythos auch auf zwei Österreicher, (Oberösterreicher), die sich anfangs dieses Jahrhunderts bis zum zweiten Weltkrieg mit den Möglichkeiten zur Gewinnung der „freien Raumenergie" („kosmischen Energie") beschäftigt hatten.

Der eine war Carl Schappeller[16], der Postmeister aus Aurolzmünster, der andere Viktor Schauberger, der Förster aus Holzschlag am Plöckenstein. Die geheimnisvolle Vril-Gesellschaft soll es angeblich in Berlin in den frühen dreißiger Jahren gegeben haben. Das hat Dr. Peter Bahn ermittelt. Er bezieht sich auf einen Artikel des 1933 in die USA geflüchteten deutschen Raketentechnikers Dr. Willy Ley, welcher 1947 in dem amerikanischen Magazin „Astounding Science Fiction" einen Artikel mit dem Titel „Pseudoscience in Naziland"[17] schrieb. Dr. Peter Bahn deutet diesen Artikel als eine Art Abrechnung des (konventionellen) Technikers Ley mit dem unterlegenen Kriegsgegner Amerikas, „da unter der Herrschaft dieser Partei (der NSDAP) Pseudowissenschaftler regelrechte Hochzeiten erlebten[18]."

Ley berichtete auch über eine Berliner Gruppe, die sich mit diesen Theorien beschäftigte und ihre Existenz auf eine „Erzählung" begründete. Er bezeichnete die Gruppe „die Wahrheitsgesellschaft". Die geistigen Wurzeln dieser Gesellschaft stellen ein Sammelsurium von Erkenntnissen der Alchemie, Lehren des Rosenkreuzertums, Sagen und Berichten um Hohlräume im Erdinneren, Mesmers und Reichenbachs Erkenntnisse um den Magnetismus, sowie viele andere, von der konventionellen Wissenschaft kaum beachtete oder

13) Esotera, August 8/1996. Seite 9
14) Siehe: Helsing, Jan van: „Geheimgesellschaften und ihre Macht im 20. Jahrhundert", Band 1, Ewertverlag, 1993
15) Bahn, Peter/Gehring Heiner: „Der Vril-Mythos", Omega Verlag, Düsseldorf, 1997
16) Siehe ebd. und Freund, Rene, „Land der Träumer", Picus Verlag Wien
17) Bahn, Peter/Gehring Heiner: „Der Vril-Mythos...", Seite 76
18) Ebd. S. 77

gar verachtete Quellen dar. Diese hatte der englische Schriftsteller Lord Edward Bulwer-Lytton in dem 1871 erstmals veröffentlichten esoterischen Roman: The Coming Race zu einer Geschichte verwoben, welche die Verbindung alten esoterischen Wissens mit der Darstellung einer technologisch hochstehenden und daher zukunftsweisenden Zivilisation, eines „kommenden Geschlechtes" aus dem Erdinneren beinhaltet[(19)].

Diese Romangeschichte, die Dr. Willy Ley „novel" (Erzählung) nannte, wurde also zum Leitfaden der Vril-Gesellschaft. Darin erzählt Bulwer-Lytton die Geschichte von dem unter- oder innerirdisch lebenden Volk „Vrilya", das in einem paradiesähnlichen Zustand lebe und ihren hohen technologischen und zivilisatorischen Standard der Anwendung und Nutzung der Vril-Energie verdanken solle. Mittels der Vril-Energie können die Vrilya sowohl heilen als auch zerstören, künstliches Licht erzeugen, schwerste Gegenstände schweben und Menschen fliegen lassen.

Dazu schreibt Bulwer-Lytton:

Konnten doch mit den Vernichtungskräften, die - selbst in der Hand eines Kindes - aus dem Vrilstabe ausgestrahlt wurden, die stärksten Festungen und Panzer zerstört werden, oder mit den richtig geleiteten Vrilstrahlen auch die größten Heere vom ersten bis zum letzten Mann blitzartig vom Leben zum Tode befördert werden. Wenn zwei Armeen feindlich gegeneinanderprallen und auf beiden Seiten diese Kräfte verwandt werden, so kann es nur mit der Vernichtung beider Armeen enden[(20)].

Das sind also in ungefähr die geistigen Grundlagen der „Reichsarbeits-Gemeinschaft" („Vril-Gesellschaft", „Wahrheitsgesellschaft"), die hier nur kurz umrissen wurden. Dieses esoterische Gedankengut wäre über den Flügel der „Vrilgesellschaft" in den Kern der NSDAP eingedrungen und dort auf fruchtbaren Boden gestoßen. Besonderen Anklang dürfte dabei die Idee der „Vril-Kraft" zum Antrieb von „Fliegenden Untertassen" gefunden haben, wie das Autoren-Duo Norbert Jürgen Ratthofer/Ralf Ettl[(21)] sowie Jan van Helsing schreiben.

Der Ursprung dieses esoterischen Wissens soll nach den Schilderungen

---

19) Ebd., Seite 88 und 89
20) Ebd. S. 22
21) „Das Vril-Projekt", Wien, 1992

von Ratthofer/Ettl im Zweistromland liegen. Dort sollen es die Sumerer und Babylonier von einem fernen Planeten namens Aldebaran im Tierkreiszeichen des Stiers erhalten haben. Dessen Bewohner seien nämlich die Urahnen der Germanen wie auch der Sumerer gewesen[22]. Zur Zeit sei bereits, so behaupteten diese beiden Autoren, die mit „Vril-Kraft" angetriebene und von einem Raumschiff der „Vril-Gesellschaft" herbeigerufene aldebaranische Raumflotte auf dem Anflug zur Erde, wo sie ihren unterirdisch ausharrenden Hütern der Vril-Tradition, im Kampfe gegen die Siegermächte des Zweiten Weltkrieges zu Hilfe eilen wird[23].

Nun haben wir es neben dem „Nazi-im-Eis-Mythos" auch noch mit dem „Nazi-im-All-Mythos" zu tun. Dr. Peter Bahn, Autor des „Vril-Mythos", ist in Sorge, daß sich die in Ratthofer/Ettls beschriebene „Vril-Tradition" in Richtung einer gefährlichen Sekte entwickeln könnte, die aus dem Vril-Begriff eine „neue Religion" zurechtzimmert. *Und der heute bereits ganz real herrschenden säkularen Ersatzreligion der „Political Correctness" folgend wird schließlich auch die bange Frage nicht ausbleiben, ob sich im Umfeld der Schriften Jürgen-Ratthofers und Ettls nicht gar eine „neonazistische Verschwörung" anbahnt*[24].

Ratthofer/Ettl stellen in ihrem Buch fest, daß es möglich ist, daß sich alles so verhält, wie von ihnen beschrieben, räumen aber gleichzeitig die Möglichkeit ein, daß sich alles ganz anders verhalten könnte, und versuchen sich so der Verantwortung des Inhaltes zu entziehen, in dem alles auch nur „Science Fiction" sein könnte[25]. Der Autor von *Geheimgesellschaften, Band 1 und 2*, und ähnlicher Machwerke, Jan Udo Holey alias Jan van Helsing, der im Umfeld der Schriften Ratthofer/Ettls zu finden ist, findet die Darstellung des Vril-Mythos viel realer als diese beiden Autoren. Er schreibt[26]:

... Mitglieder der „Vril- und Thulegesellschaft" waren nach dem ersten Weltkrieg bemüht, ein UFO nach medial empfangenen Plänen - eine sogenannte Jenseitsflugmaschine - zu konstruieren ... In einem weiteren Buch mit dem Titel Unternehmen Aldebaran[27] geht Jan van Helsing noch ausführlicher auf diese Sa-

---

22) Jürgen-Ratthofer/Ettl 1992, S. 69-88 und S. 115

23) Ebd. S. 113

24) Bahn, Peter/Gehring Heiner: „Der Vril-Mythos...", Seite 86

25) Jürgen-Ratthofer/Ettl, 1992, Seite 113

26) Helsing, Jan van, „Geheimgesellschaften...", Band I, S. 118-147

27) Helsing, Jan van, „Unternehmen Aldebaran, Die sensationellen Erlebnisse der Familie Feistle", Ewert Verlag GmbH, Mühlentannen 14, D-49762 Lathen (Ems)

che ein. Demnach hätte die „Thule-“ bzw. „Vril-Gesellschaft“ Pläne für den Bau einer „Jenseitsflugmaschine“ durch das Medium Maria Orsic auf mediale Weise empfangen. Und zwar in einer Templergeheimschrift, einer dem Medium völlig unbekannten Sprache. Die Botschaften sollen aus dem Sonnensystem Aldebaran, welches 68 Lichtjahre von der Erde entfernt sein soll, übermittelt worden sein.

Hier trifft sich van Helsing mit Ratthofer/Ettl, welche ebenfalls behaupteten, daß die Ur-Germanen aus diesem Sonnensystem stammen, sich auf der Erde in Mesopotamien niedergelassen und die Herrscherkaste der Sumerer gebildet haben. Jedenfalls seien die Pläne für eine mit „Vril-Energie“ betriebene „Jenseitsflugmaschine“ einige Jahre später aufgegriffen worden. Laut van Helsing hielt der Techniker Prof. Dr. W. O. Schuhmann – angeblich „Thule- und Vrilmitglied“ – an der TH-München einen Vortrag, in welchem er über die zwei Prinzipien referierte: Das eine, das alles zerstörende Prinzip, welches satanischen Ursprungs sei, und das andere, das alles aufbauende Prinzip, welches göttlichen Ursprungs sei. Jede auf dem Explosionsprinzip oder auch der Verbrennung beruhende Technik kann nach Dr. Schuhmann als satanische Technik bezeichnet werden[(28)].

Jan van Helsing weiter: *Zu gleicher Zeit arbeitete der Wissenschaftler Viktor Schauberger an einem ähnlichen Projekt ... Es war das Wissen um die Implosion ... Prinzip der Obertonreihe = Monochord*[(29)]. Der Vergleich mit dem Monochord wurde nicht von Viktor Schauberger, sondern erst viel später durch seinen Sohn, Dipl.-Ing. Walter Schauberger, angestellt. Van Helsing weiter: *Im Sommer 1922 wurde an dem ersten untertassenförmigen Flugschiff gebaut, dessen Antrieb auf der Implosionstechnik beruhte*[(30)].

Zur Richtigstellung: Den „Wissenschaftler“ Viktor Schauberger hat es nie gegeben, das müßte jeder wissen, der sich ernstlich mit ihm und seinen Erkenntnissen auseinandergesetzt hat. Schauberger „bekämpfte“ zeitlebens die Wissenschaft als Grundübel des wirtschaftlichen Gesamtverfalls. Wenn van Helsing das untertassenförmige Flugschiff mit Implosionstechnik in Zusammenhang mit Viktor Schauberger bringt, so stimmt das auch nicht. Schauberger arbeitete zu jener Zeit (1922) in der Herrschaftsverwaltung Steyrling in

---

28) Ebd., S. 125. Zitiert aus: „SS-Geheimarchiv“?

29) Ebd. , S. 126

30) Ebd.

Oberösterreich als Förster, und baute dort seine erste Holzschwemmanlage. Nach dem Motto: „Dichtung und Wahrheit" fährt van Helsing fort:

Im Juni 1934 wurde Viktor Schauberger von Hitler und den höchsten Vertretern der „Vril- und Thulegesellschaft" eingeladen, und arbeitete von da an mit ihnen zusammen[31].

Dieser Satz vermittelt den Eindruck, daß Schauberger von nun an ein Nazi gewesen wäre und gemeinsame Sache mit ihnen gemacht hätte. Diese Behauptung – die wohl auf ungenügende Recherchen des Autors zurückzuführen ist – läßt sich durch den früher angeführten Schriftverkehr mit der Reichskanzlei bezüglich Schaubergers Besuch beim Führer widerlegen[32]. Der aus den Akten hervorgehende Ausgang der Unterredung Hitler-Schauberger zeigt die Einstellung Hitlers zu Schauberger, den er einen Schwindler nannte. Das Beispiel Schauberger läßt auch auf den Wahrheitsgehalt des übrigen Inhaltes des van Helsing'schen Machwerkes schließen.

Wie bereits früher erwähnt, ging es Schauberger ja nicht um den Bau von Kriegsgeräten für die Nazis (denn das besorgten die „besten Techniker der Welt" - Anm.: laut Schauberger die Reichsdeutschen, d. Verf.), sondern wer seine Geschichte liest, sollte erkennen, daß es ihm primär darum ging, die Fehler der konventionellen Technik und Wissenschaft als naturwidrig, lebensbedrohend und selbstzerstörerisch aufzuzeigen, und er selbst Kriege als Auswüchse dieses verkehrten Denkens und Handelns sah. Daß er später dann doch für die Nazis arbeitete, lag daran, daß man ihn vor die Alternative stellt, an seiner Erfindung unter der Ägide der SS zu arbeiten oder umgebracht zu werden. Daß Schauberger ersteres vorzog, wird man ihm wohl nicht verübeln können.

Hitler und seine wissenschaftlichen Berater hatten Schauberger und seine Erklärungen über den falschen – naturfremden – Weg der Technik und der Möglichkeit, durch naturkonforme – „biotechnische" – Maßnahmen den Ausweg aus der Energiekrise zu finden[33], ja abgelehnt. Der Führer war vorerst nur an den Innovationen interessiert, welche ihm kriegstechnische Vorteile versprachen und nicht an solchen, die im Sinne von Schauberger der gesamten

31) Ebd., S. 127. Derselbe, „Geheimgesellschaften ..." Band 1, S. 122

32) Siehe Schaubergers Empfang bei Hitler.

33) Die Nazis hatten eine eigene Gruppe innerhalb der SS, die sich mit der Gewinnung von alternativer Energie befaßte.

Menschheit zugute kommen sollten. Erst der esoterische Flügel der Nazis (Forschungsgemeinschaft Ahnenerbe etc.) hat sich für Schauberger und seine Ideen interessiert.

Forschungsgemeinschaft Ahnenerbe

Am 1. Juli 1935 wurde in den Diensträumen der SS in Berlin die „Studiengesellschaft für Geistes-Urgeschichte“, der Verein „Das Deutsche Ahnenerbe“ gegründet. Die Idee und auch die inhaltlichen Vorgaben stammten von Hermann Wirth. Unter den weiteren Gründungsmitgliedern fanden sich der Reichsführer-SS Heinrich Himmler und der Reichsbauernführer Richard Walter Darre. Der Reichsführer-SS beabsichtigte, über das „Ahnenerbe“ seine Organisation zur germanischen Elite des Dritten Reiches zu machen[34].

Ende 1944 bestand das Ahnenerbe aus rund 40 wissenschaftlichen Abteilungen. Es gab Forschungsgruppen, die sich mit Märchen beschäftigten, während andere Astronomie und Wünschelruten zum Gegenstand hatten. Ein besonderes Thema war die sogenannte Welteislehre nach dem Österreicher Ing. Hanns Hörbiger. Diese Lehre, die Himmler sehr favorisierte, hatte im Ahnenerbe das ihre dazu beigetragen, Entstehung und Entwicklung der Germanen auf dem Planeten Erde sichtbar zu machen. Göring und Hitler waren Anhänger dieser Welteislehre, nach der die Welt aus einem ewigen Eis im Weltraum entstanden sein soll. Fast die komplette Nazi-Oberschicht war von dieser Lehre überzeugt, denn über die Welteislehre hoffte man, das versunkene Atlantis wiederzuentdecken und damit die Quellen der germanischen Kultur[35].

Wenn Jan van Helsings Angaben stimmen (?), so wurde angeblich das erste deutsche UFO, das „RFZ 1“, von den „besten Technikern der Welt“ unter der Leitung von Dr. W. O. Schumann auf dem Gelände der deutschen Flugzeugfabrik Arado in Brandenburg im Jahre 1934 hergestellt[36]. Schauberger, welcher ja die konventionelle Technik und damit auch die „besten Techniker der

34) Bellmund Klaus/Kaarel Siniver, „Kulte, Führer, Lichtgestalten, Esoterik als Mittel rechter Propaganda“, Knaur Verlag 1997, S. 134 ff, unter Bezugnahme auf Michael H. Kater, Das „Ahnenerbe“der SS 1935-1945, Stuttgart 1974.

35) Ebd.

36) Helsing, Jan van, „Unternehmen Aldebaran“, S. 127. Derselbe: „Geheimgesellschaften“ Band 1, S. 122

Welt" ablehnte, hätte sich an solchen Projekten nicht beteiligt. Er arbeitete nur mit den sechs ihm zugeteilten Häftlingen, denn mit den „besten Technikern der Welt" gab es keine gemeinsame Basis. So sind auch alle weiteren angeblichen oder tatsächlichen deutschen Flugobjekte vermutlich von den „besten Technikern der Welt" (Schuhmann, Schriever, Habermohl, Miethe, Bellonzo etc.) gebaut worden.

Man kann Viktor Schauberger, diesem humanen Forscher, der erwiesenermaßen sechs Häftlinge vor dem sicheren Tod im KZ Mauthausen gerettet hatte und unter dessen Obhut – wie die Exhäftlinge und Zeugen Jezierski und Cerny bestätigten – die ihm verpflichteten Häftlinge eine äußerst menschliche Behandlung in diesem unmenschlichen System erfahren hatten, keinen Vorwurf machen, eine „braune Vergangenheit" im Sinne einer Nazizugehörigkeit gehabt zu haben. Menschen mit einer viel fragwürdigeren „braunen Vergangenheit" waren nach Ende des Zweiten Weltkrieges in Konzern- und Regierungsspitzen wiederzufinden. Oder der Exodus Tausender Wissenschaftler aus dem „Dritten Reich", die im Zuge der „Aktion Paperclip" von den Alliierten mit einer neuen Identität ausgestattet wurden, und in ihrer neuen Heimat ihr Wissen aus der Nazizeit für die Kriegsgegner Deutschlands (Russen, Amerikaner) verwerteten.

Verschwörung Paperclip

Die Anwerbung der „Nazi-Wissenschaftler" nach dem Krieg erfolgte nach der Vernehmung durch amerikanische Offiziere. Die ausgewählten deutschen Wissenschaftler wurden gekennzeichnet, indem man einfach eine gewöhnliche Büroklammer („Paperclip") auf ihre Personalakte steckte. Auch Viktor Schaubergers USA-Reise wird von manchen „Schauberger-Kennern" in der Weise interpretiert, daß er im Zuge der Aktion Paperclip in die USA geholt wurde. Wie so viele andere Nutznießer der Paperclip-Verschwörung sollten sie schließlich ungeachtet ihrer Tätigkeit im Krieg angesehene amerikanische Bürger werden, weil hohe Offiziere entschieden hatten, daß im nationalen Interesse die amerikanischen Einwanderungsgesetze und eine Weisung des Präsidenten vorsätzlich mißachtet werden mußten[(37)].

In dem Artikel: *Raketen über Neu-Mexiko, Deutsche V-2-Männer in Tätigkeit,* berichtete *Der Spiegel:*

Seit dem 10. Mai 1946 steigen vom Versuchsgelände White Sands in der Wüste von Neu-Mexiko deutsche V-2-Geschosse auf, deren Einzelteile die amerikanische Armee bei ihrem Vormarsch in Nordhausen fand. Bei dem letzten Versuch erreichte eine Rakete die Rekordhöhe von 114 Meilen. ... Die außerordentlich gut ausgewogene Rakete raste mit einer Stundengeschwindigkeit von 5.600 km/h fast senkrecht zum Himmel empor. Sie wird angetrieben von einem Gemisch von flüssigem Sauerstoff und Alkohol. Das Geheimnis der V 2 beruht vor allem auf der Brennstoffpumpe und der Kreiselsteuerung, die in der Nase der Rakete angebracht ist und in einem ganz bestimmten Verlauf das Geschoß mit den Schwanzfinnen steuert.

Die Versuche in White Sands werden geleitet von deutschen Raketen-Spezialisten, die früher in der Luftwaffe die V 1 und V 2 entwickelt haben und heute in Fort Bliss, Texas, Ohio und Dayton als Zivilangestellte des „US War Department, European Theater" geführt werden und sechs Dollar am Tag bekommen. Die deutschen Spezialisten arbeiten auch heute noch unter Leitung ihres ehemaligen V-2 Direktors Dr. Werner von Braun, der Forschungsleiter in Peenemünde war. Beim Kampf um Stettin „setzte er sich ab". Mit ihm seine Männer und Instrumente. Eigentlich sollten sie sich in die geplante „Festung Alpen" zurückziehen, doch sie zogen es vor, zu ihrem unterirdischen Werk in Nordhausen zu fahren. Dort wurden sie von besonders ausgebildeten „Wissenschaftler-Jägern" der Amerikanischen Armee aufgestöbert und nach einiger Zeit in Dienst genommen. In Nordhausen beschlagnahmten die Amerikaner auch große Bestände an Einzelteilen, aus denen sie heute die Versuchsraketen zusammenbauen. ...120 V-2-Männer aus Peenemünde leben in Fort Bliss. ... „Die deutschen Raketen sind unseren eigenen bei weitem überlegen", sagte ein USA-Spezialist[38]*...*

Als die riesige Saturn-V-Rakete im Juli 1969 majestätisch im morgendlichen Sonnenlicht von Cap Canaveral aufstieg, strahlten zwei Gruppen deutscher Wissenschaftler voller Stolz. Der Epoche machende Flug von Apollo 11 mit

37) Bower, Tom: „Verschwörung Paperclip, NS-Wissenschaftler im Dienst der Siegermächte" List Verlag, 1987, S. 12

38) „Der Spiegel", 18. Jänner 1947, S. 11

dem Astronauten Neil Armstrong an Bord zum Mond war, das fühlten sie, ihr persönlicher Erfolg. Die eine Gruppe, die im Kontrollraum jubelte, war das berühmte, von Wernherr von Braun geführte Raketenteam aus Peenemünde[39].

Diese Tatsachen erhellen, daß scheinbar doch nicht alles so schlecht und böse war, was die Nazis gemacht haben. Verwerflich seien nur ihre Ziele gewesen. Die Amerikaner und die Sowjets haben die in den 20er Jahren begonnenen Forschungsarbeiten der Nazis über „Gedankenkontrolle" am Kaiser Wilhelm Institut übernommen und fortgesetzt. Der Nazi-Anstoß zu den CIA Gedankenkontrolloperationen wurde vor kurzem mit der Deklassifizierung des „Projektes Paperclip" belegt. Paperclip entwickelte sich zu einer Serie von CIA-Projekten, die ahnungslose Zivilbürger als Versuchskaninchen benutzten[40].

Über diese und andere Fakten herrscht Stillschweigen. Oder ist es auch hier aus Gründen der „Political Correctness" opportun, nicht darüber zu reden? Der kleine Abstecher sollte lediglich als Vergleich dienen, was man eigentlich alles unter dem Titel „braune Vergangenheit" subsumieren müßte. Daß rechtsextreme Kreise Schauberger und seine Erfindungen wie „Fliegende Untertassen" etc. auf ihre Fahnen heften, liegt wohl auch an der Tatsache, daß Autoren von sogenannten „Enthüllungsbüchern", aufgrund ungenügender Recherchen, ein nicht der Wirklichkeit entsprechendes Bild von Schauberger zeichnen. Sie nehmen ihn einfach in ihr Weltbild auf. Wie wir sehen, bricht das rechtsextreme Kartenhaus in sich zusammen, wenn der Wind der Wahrheit hineinbläst.

Wie es Viktor Schauberger nach dem Krieg weiter erging, wollen wir im nächsten Kapitel untersuchen.

---

39) Bower, Tom: "Verschwörung Paperclip...", S.11

40) „Freie Energie statt Blut und Öl. Von der Atombombe zur Seelenmanipulation", Teil 3, S. 8. VAP-Verlag Wiesbaden

Kapitel 10

Die „Grüne Front“ – Schutzgemeinschaft für den Wald

Nach dem Zweiten Weltkrieg mußte auch Viktor Schauberger wieder von vorne beginnen. Der Großteil seiner Konstruktionspläne und Modelle fiel den Alliierten in die Hände. Er wurde dennoch nicht müde, sich weiter für seine Erkenntnisse einzusetzen. Denn für ihn war es klar, daß die ganze Sache irgendwann im ökologischen Bankrott enden mußte, wenn nicht raschestens ein Umdenken und daraus resultierendes Handeln eintreten würde. Im Herbst 1946 gründete er die biotechnische Versuchsanstalt „Visomontana Ges.m.b.H.“ mit Sitz in Kirchdorf an der Krems. Eine Tätigkeit dieser Gesellschaft unterblieb, da Schauberger nach Salzburg, Steingasse 5 verzog[(1)].

Später übersiedelte er nach Linz, wo er bei Tochter Grete und Schwiegersohn Dr. Walter Luib wohnte. Am 17.9.1950 hat er dem Bundesministerium für Inneres die Bildung des Vereines „Biologisches Institut“ mit Sitz in Linz angezeigt[(2)]. Am 29.10.1950 fand in Linz die konstituierende Sitzung des Vereines: „Verband der Liberalsozialisten“ statt, dessen Obmann Viktor Schauberger war[(3)]. Der Obmann-Stellvertreter, Oskar Huemer, war eine schillernde Persönlichkeit in der österreichischen innenpolitischen Szene[(4)]. Viktor Schauberger zog sich aber bald daraus zurück und widmete sich mehr dem „Biologischen Institut“. Der Verein „Biologisches Institut“ wurde 1952 in „Grüne Front“ umbenannt. Der eigentliche Motor der „Grünen Front“ war dann aber Viktors Sohn, Dipl.-Ing. Walter Schauberger († 1994).

---

1) Geschäftszahl 32803, 2/51, Bundesministerium für Inneres. Staatsarchiv Wien.

2) Ebd.

3) Zahl: Sid/Ver 2539/5 - 1950. Staatsarchiv Wien.

4) Huemer wurde 1949 Mitglied des Bundesvorstandes der VdU. ... Er war nach seinem Austritt aus dem VdU von 1950-1953 parteiloser Abgeordneter zum Nationalrat. ... Später fühlte er sich Wegbereiter zwischen FPÖ und SPÖ ..., er war dann zwischen 1963 und 1968 Mitglied der SPÖ. Aus „Oberösterreich – Die politische Führungsschichte ab 1945“, Slapnicka, Harry, Linz 1989. Siehe weiters: Autengruber, Peter, „Kleinparteien in Österreich 1945 bis 1966“, Studienverlag Innsbruck-Wien, 1997.

Walter Schauberger trifft Richard St. Barbe Baker, den Gründer der „Men of the Trees“

Am 21. März 1951 referierte Dipl.-Ing. Walter Schauberger in London über *Die biophysikalischen Funktionen des Waldes und der sonstigen pflanzlichen Bedeckung* vor den diplomatischen Vertretern von 24 Ländern der Erde, maßgeblichen Wissenschaftlern und Forstexperten. Veranstalter dieser Tagung war der im gesamten britischen Empire tätige Waldschutzverband „Men of the Trees“, der im Jahre 1922 von dem international bekannten Forstmann Richard St. Barbe Baker gegründet wurde. Dieser hatte in verschiedenen Teilen der Welt Aktionen organisiert und geleitet, durch die Milliarden Bäume gepflanzt wurden. St. Barbe Baker gelang es angeblich, in Afrika Eingeborenenstämme, die sich grimmig bekämpften, in der gemeinsamen Baumpflanzung zu einigen. Das Schwarzafrikanerwort „Twahamwe“ war der Gruß der „Men of the Trees“ und bedeutete soviel wie „Horuck“![5]

Mit Richard St. Barbe Baker bereiste Walter Schauberger im Anschluß an die Londoner Tagung England. Nach Österreich zurückgekehrt, widmete er sich gemeinsam mit seinem Vater der im Frühjahr 1952 in „Grüne Front“ umbenannten Umweltschutzorganisation („Schutzgemeinschaft Österreichs Wald“) mit Sitz in Linz. In Deutschland wurde wenige Jahre zuvor (1947) die „Schutzgemeinschaft Deutscher Wald“ gegründet.

Ein Plädoyer für den Wald

Der Wald ist die Mutter der Ströme. Ohne ihn kein geregelter Wasserhaushalt. ... Wo das Wasser fehlt, da veröden die Bauernhöfe, die Gemeinden verarmen,

---

5) Nach seinem Studium der Forstwissenschaft ging St. Barbe Baker 1920 als Beamter der britischen Forstverwaltung nach Kenia und arbeitete jahrelang in den afrikanischen Wäldern. 1926 war er als Delegierter auf dem Weltforstkongreß in Rom, der seiner Initiative vieles verdankte. Für Präsident Roosevelt entwarf er den Plan zur Wiederaufforstung der Vereinigten Staaten. Als Lehrer und Lernender bereiste er Nigeria, Kanada, Palästina, Australien, Südamerika, Ceylon und vor allem auch die Länder und Waldgebiete Europas. Eines seiner Bücher: Grüne Herrlichkeit – Die Wälder der Erde und ihre Geschichte, erschien in deutscher Sprache im F. A. Brockhaus-Verlag, Wiesbaden. „Spirale“ und „Grüne Wacht“, Zeitschrift für Biotechnik, Natur und Leben, 1.Jg. Nr. 5/6, Linz 1961, S. 109, 110

Städte und Kulturen siechen dahin, und nur Ruinen künden von vergangener Pracht. ... Den Regierungen sei empfohlen, Einzugsgebiete der Flüsse, alte Rodungen und Ödländereien aufzukaufen und aufzuforsten. ... Alle Völker müssen an der großen Aufgabe mitarbeiten, bestehende Wälder zu erhalten und entblößten Boden wieder neu zu bestocken. Das Wiederaufforsten der Welt ist wahrhaftig ein dem wirklichen Fortschritt dienendes Unternehmen. Es würde das Vordringen der Wüsten hemmen und dem allgemeinen Nahrungsmangel abhelfen[6].

Mit diesen und weiteren Parolen zog die „Grüne Front“ 1952, also wenige Jahre nach Beendigung des Zweiten Weltkrieges, ins Feld. Der Zweite Weltkrieg hatte neben all dem menschlichen Leid und den materiellen Schäden auch eine große Umweltzerstörung bewirkt. Der Schrecken und das Leid des sinnlosen Krieges saßen den Streitern der „Grünen Front“ noch tief in den Gliedern. Es war ihnen bewußt, daß ein Mangel an Nahrung a la longue immer wieder zu Kriegen führen konnte. Deshalb glaubten sie, daß durch Wiederaufforstungsaktionen auch die Kriegsgefahr schwinden würde: *Die Völker werden Frieden und Wohlstand erringen, wenn sie sich zusammenschließen, um fruchtbringendes Land zu erhalten und zu mehren!* Die „Grüne Front“ schlug vor, daß die bisher der Vernichtung dienenden Heere für die Wiederbegrünung der entblößten Erde eingesetzt werden sollten[7].

Getreu ihrem Leitspruch „Macht die Erde wieder fruchtbar!“ kämpften die Streiter der „Grünen Front“:

- für naturgesetzliche Behandlung und Führung der Gewässer,
- für natürliche Bearbeitung und Bewirtschaftung des Bodens,
- gegen den weiteren Raubbau an den Wäldern,
- für einen weltumfassenden Kampf gegen Wüsten, Öden, Karste,
- gegen die weitere Versteppung,
- für eine naturnahe Wissenschaft und lebenserhaltende Bio-Technik,
- für lebensgesetzliche Ordnung und naturwahre Lebensgestaltung,
- für alle Maßnahmen zur Heilung der Erde in ihrer Ganzheit.

Das Fundament der „Grünen Front“ bildeten Viktor Schaubergers Erkenntnisse über die Zusammenhänge zwischen Wasser, Wald und Boden. Die

6) Ebd. S. 110, 111
7) Ebd. S. 111

Mitglieder der „Grünen Front“ übten harsche Kritik an den konventionellen Methoden der Land-, Forst- und Wasserwirtschaft, deren ökonomische Vorteile durch kurzfristige Mehrerträge in keinem Verhältnis zu den langfristigen ökologischen und biologischen Schäden standen. Die „Grüne Front“ sah den Fortbestand des gesunden Waldes auch durch „Kräftegruppen“, die in den Wäldern auszubeutende Rohstoffplätze, Holzfabriken, sahen, bedroht.

Dipl.-Ing. Walter Schauberger riß den Gedanken an, einen „Obersten Landschaftsrat“ zu bilden, dessen Zweck darin bestehen sollte, über die Erhaltung der biologischen Daseinsgrundlagen (Wald, Boden, Wasser usw.) zu wachen und die Kontrolle über die Bewirtschaftung jenes Nationalvermögens, das in Form der Naturschätze des Landes vorhanden ist, derart auszuüben, wie dies verfassungsrechtlich z.B. der Rechnungshof hinsichtlich der finanziellen Gebarung aller staatlichen Institutionen vollzieht. Dazu bestand die Idee, ein landschaftsbiologisches Budget und einen Haushaltsplan von 100 bis 120 Jahren zu erstellen (Umtriebszeit des Waldes), damit das entscheidende Fundament der menschlichen Existenz, der Waldbestand, und damit auch die Wasserversorgung und die nachhaltige Bodenfruchtbarkeit gesichert sein würden.

In hundert Jahren ... wird man vielleicht nicht mehr von Kriegsverbrechern, KZ's und von unseren Kriegen sprechen, sondern man wird eine Generation schuldig sprechen, die der Menschheit den Wald und das Wasser geraubt hat, sagte Walter Schauberger 1952.

Als Haupttriebfeder für die Zerstörung der Lebensfundamente in diesem weltweitem Ausmaß sah er die traditionelle Technik. Im Grundsatzprogramm der „Grünen Front“, das Walter Schauberger verfaßte, steht:

Eine Technik, die uns langsam aber sicher umbringt, kann ihrem Prinzip nach nicht richtig sein. Die Lebenskraft von Jahrmillionen, die in Form von Kohle, Erdöl usw. aufgespeichert wurde, wird nun in wenigen Jahrzehnten verbraucht. Zu diesem Raubau an den unersetzlichen organischen Bodenschätzen, so auch an den Beständen unserer Wälder, deren Lebenskraft sinnlos z.B. den Papiermühlen geopfert wird, kommt die Ausbeutung der Erze und der sonstigen anorganischen Naturschätze und die auch damit verbundene gleichzeitige Zerstörung wertvollsten Ackerlandes. ... Nun werden auch in immer stärkerem Ausmaße auch die Wasserkräfte zur Unterstützung der Kohle herangezogen. Auch hier sind die Sünden des Wasserbaues, bedingt durch technische Fehlmaßnahmen, bereits offensichtlich geworden, obwohl eine rein organisch ausgerichtete Wasserwirtschaft sehr wohl möglich wäre ...

Auch die immer mehr um sich greifende Verschmutzung und Verseuchung unserer Flüsse, der Grundwasserbestände usw. durch Abwässer, mit der dadurch verursachten Vernichtung unserer Fischbestände und biologischen Auswirkungen auf Pflanze, Tier und Mensch in den angrenzenden Landschaftsteilen gehören hierher. Aus all dem ergibt sich die Forderung des „Obersten Landschaftsrates“: Unsere Technik muß biologisch orientiert werden, denn die übergeordneten Lebensgesetze vertragen auf die Dauer keine solche technische Vergewaltigung[8].

Nach Walter Schauberger hatte der Bauer, der durch viele Generationen hindurch die Erde betreut hatte, bis vor wenigen Jahrzehnten die Funktion eines „Obersten Landschaftsrates“ unbewußt getragen, bis ihm von den Vertretern einer kurzlebigen rationalistischen Epoche dieses „Hohe Amt“ entwunden wurde.

Daß wir heute noch ein fruchttragendes Land besitzen, verdanken wir allein dem heimatbewußten und bodenverwurzelten Bauerntum. Der Bauer pflegte den Wald, den Boden und beschirmte die „Blutadern der Landschaft“, das Wasser, und pflanzte Bäume für seine Enkel, weil er nicht nur an sich allein dachte, sondern sich als Glied des Geschlechtes sah. Er verstand zu ernten, aber er wußte auch um die große Verpflichtung zu säen ... Vormund und Wächter der Daseinsgrundlagen für unsere Kinder und Kindeskinder zu sein, soll aber die Aufgabe des „obersten Landschaftsrates“ werden, forderte Schauberger[9].

Die Menschheit muß sich im klaren sein, daß aller „Fortschritt“, alle Entwicklung sowie jegliches Wirtschaftswachstum nicht fortschreiten kann, ohne den Lebensraum Erde und seine Bewohner nachhaltig zu schädigen. Es ist absolut unsinnig, sich über die (Über-) Lebensmöglichkeit auf anderen Planeten den Kopf zu zerbrechen[10]. Unser Ziel sollte sein, die Erde wieder be-

---

8) Aus dem Grundsatzprogramm der „Grünen Front“ 1952

9) Ebd.

10) Wie z.B. das Projekt „Biosphere“ in einer texanischen Wüste. Eine riesige, künstlich geschaffene Biosphäre, in der ein Team von Wissenschaftler über einen längeren Zeitraum lebte, ohne sie zu verlassen. Möglicher Einsatzort:: Mond.

wohnbarer zu machen. Deshalb sollte man dem „obersten Ziel“ der „Grünen Front“, nämlich: die „Erde wieder grün (= fruchtbar) zu machen“, gerade heute, fast 50 Jahre später, absolute Priorität einräumen. Denn die Pflanze ist noch immer Fundament des menschlichen Lebens. Würde sie eines Tages dem Menschen nicht mehr dienen, wäre das Ende für die „Krone der Schöpfung“ gekommen[11].

Der Weltforstmann St. Barbe Baker schreibt in seinem Buch „Grüne Herrlichkeit - Die Wälder der Erde und ihre Geschichte“:

Tatsächlich ist das Leben des Menschen an das des Waldes gebunden; denn er sorgt für die beste Nahrung, für die beste Atemluft und für das beste Trinkwasser. ... Wir sollten endlich begreifen, daß es kein besseres Kleid der Erde gibt als den Wald. ... Die Güte des Bodens wird weitgehend von den Bäumen bestimmt, sodaß Landwirtschaft und Forstwirtschaft Hand in Hand gehen müssen. Der Bauer muß endlich begreifen, wie wichtig der Baum für ihn und das gesamte Volk ist.

Tag des Baumes

Eine der ersten Aktionen, welche die „Grüne Front“ setzte, war die Einführung eines „Tag des Baumes“, welcher das erste Mal am 26. Oktober 1952 feierlich begangen wurde. Der erste Tag des Baumes sorgte für ein enormes Presse-Echo. Der Generaldirektor der Ernährungs- und Landwirtschaftsorganisation der Vereinten Nationen (FAO), Norris E. Dodd, richtete an den Präsidenten der „Grünen Front“ des Landesverbandes für Wien, Niederösterreich und Burgenland folgendes Schreiben (auszugsweise):

Die Initiative der „Grünen Front“ entspricht genau den Absichten der Konferenz ... Die Wälder müssen bei der Erneuerung des Wohlstandes Ihres Landes Österreich eine erste Rolle spielen ... Durch die Wälder haben Sie aber auch eine Verpflichtung gegenüber anderen Ländern der Welt, die nicht so reichlich mit Wäldern bedacht sind. ... Wenn Sie für Österreichs Wälder wirken, arbeiten Sie zum Nutzen der ganzen Menschheit! Ich werde glücklich sein, berichten zu können, daß Österreich einen so hervorragenden Anteil an der Verbreitung dieser großen Idee genommen hat[12]!

---

11) „Spirale“ und „Grüne Wacht“, Zeitschrift für Biotechnik, Natur und Leben, 1.Jg. Nr. 5/6, Linz 1961, S. 111

12) Ebd.

In den USA beging schon im Jahre 1878 der Staat Nebraska den „Tag des Baumes". Über eine Million Bäume wurden an diesem Tag durch die Bevölkerung gepflanzt. In Indien gibt es einen forstlichen Feiertag: „Vana Mahotsava", an dem auch die indische Armee zur Aufforstung beiträgt. Die 68 UNO-Nationen beschlossen auf der Weltforsttagung in Rom, alljährlich einen „Festtag des Baumes" zu feiern[(13)].

Der Baum ist auch Symbol der Vereinigung aller Völker. Die verantwortungsvolle Sorge für den Wald sollte über die staatlichen Grenzen hinweg alle Völker in dem Gedanken des gemeinsamen Waldschutzes verbinden. So wie Richard St. Barbe Baker die einander bekämpfenden Eingeborenenstämme Afrikas in einem gemeinsamen Baumpflanzungsprojekt einen konnte, so sollte es auch möglich sein, durch überregionale Baumpflanzungsprojekte (flächenübergreifende ökologische Wald-Wasser-Boden-Projekte) friedensstiftend in turbulenten Gebieten dieser Welt zu wirken. Wo bleibt die „grüne Armee" für ein vereintes „Grünes Europa"? Denn der gemeinsame „Feind" aller Menschen ist die sukzessive Umweltzerstörung, also wir Menschen selbst.

Der nächste Festtag wurde als „Tag des Waldes" am 19. April 1953 gefeiert. Das Bundesministerium für Land- und Forstwirtschaft bekräftigte in einem Schreiben an die Präsidentschaftskanzlei vom 31. März 1953,

> *... daß man mit Vertretern der „Grünen Front" und anderer Organisationen ein einmütiges Bekenntnis zur gemeinsamen Arbeit am Aufforstungsprogramm erzielt hat. ... Das Bundesministerium für Land- und Forstwirtschaft begrüßt das Bestreben der „Grünen Front", eine tiefe Waldgesinnung in das ganze Volk zu tragen und daß der „Tag des Waldes" als geeignet betrachtet wird, die Naturverbundenheit in Stadt und Land zu pflegen und zu fördern. ... Begrüßt wird ferner, daß sich die „Grüne Front" auch der Werbung für eine Erneuerung und noch bessere Pflege der heimischen Obstbaumkultur annimmt und damit ebenfalls die Bemühungen des Bundesminsteriums für Land- und Forstwirtschaft wesentlich unterstützt*[(14)].

In den Satzungen der „Grünen Front" ist weiters verankert, daß sie nicht untersuchen wolle, wer schuld an den Mißständen sei, sondern immer wieder die Tatsachen aufzeigen wolle:

13) Ebd.
14) Ebd.

Wenn wir die Gefahr in ihrem vollem Umfange sehen, dann werden wir auch erkennen, daß etwas geschehen muß. Wir können heute nicht mehr sagen: die Wald- und Grundbesitzer, die Gemeinden, die Länder und der Bund müssen eingreifen. Sie tun ohnehin viel, aber sie können es alleine nicht mehr schaffen. Wir müssen alle mithelfen. Lehrern, Kindern, Jugendlichen, Natur- und Bergfreunden, Sportlern und allen anderen rufen wir zu: Übernehmt die Patenschaft über Bäume, das Protektorat über die Landschaft, schützt Wälder und Flur, pflanzt Bäume; macht die Erde wieder fruchtbar, macht die kranke Welt gesund!

Viktor Schauberger warnte bereits in den Dreißigerjahren vor den kommenden Umweltveränderungen, wenn der Mensch sich weiter dieser inhumanen Technik bedienen würde. Malte Schauberger bloß den Teufel an die Wand oder sind tatsächlich Umweltkatastrophen größeren Ausmaßes eingetreten? Die Neue Illustrierte Wochenschau berichtete in der Nummer 17 vom 23. 4. 1961, S. 17, unter dem Titel: Die Natur schlägt zurück:

Im Jahre 1951 stand Europa unter dem Eindruck der fürchterlichen Hochwasserkatastrophen in Italien. Sie war die beherrschende Sensation mehrerer Tage. Die „La Stampa" befaßte sich mit der Ursache der Katastrophe. Im Endergebnis sah sie das Grundübel in der Abholzung der Berge Norditaliens und umriß mit einem allgemeinverständlichen Satz das Problem und die zu treffenden Maßnahmen:

„Pflanzt wieder Wald in den Bergen, laßt die Flüsse ihren Umweg machen und stellt den Kampf gegen alles, was noch natürlich ist, ein, oder wir gehen mit unserer überzüchteten Technik rettungslos unter."

Die Hochwasser gingen zurück. Die Katastrophe war bald vergessen, ebenso die Folgerungen, die daraus hätten gezogen werden müssen. Es geschah nichts.

Im April 1952 berichtetet die Tagespresse: „Rücksichtslose Abholzung ist schuld an den Überschwemmungen. Graubraune Fluten wälzen sich in den Strombetten des Missouri, des Ohio und des Mississippi." Der Kommentator einer führenden amerikanischen Zeitung schrieb: „Die Großväter der heutigen Abgeordneten öffneten durch ihre Gesetzgebung den Wald für jene rücksichtslose Abholzung der riesigen Wälder, die an den heutigen Katastrophen weitgehend schuld ist. Holzgroßhändler machten vor der Jahrhundertwende durch ihre Mittelsmänner im Kongreß ein enormes Geschäft. Boden mit Holzbestand wurde von der Regierung zu

Schleuderpreisen verkauft. Die saftige Grasnarbe der weiten Prärien wurde umgepflügt und in Ackerland umgewandelt, das unter den sengenden Strahlen der Sonne austrocknete. Zwischen den verheerenden Überschwemmungen und der Versteppung des ‚Staubeckens' der Mittelweststaaten besteht eine direkte Verbindung."

Einige Monate später, am 7. Juli 1952, wurde gemeldet: „Dürrekatastrophen in Amerika, Tausende Farmer vor dem Ruin. Bereits Milliardenschaden. Das Landwirtschaftsministerium erklärte gestern die Staaten North Carolina und Arkansas zu Katastrophengebieten, nachdem vorher schon 10 andere Staaten derart eingestuft wurden. In Kentucky sind in mehreren Bezirken sämtliche Farmen ausgetrocknet und verbrannt. Das gesamte Vieh wurde zur Notschlachtung abtransportiert. In allen betroffenen Staaten wurden die Viehbestände drastisch reduziert, weil Wasser und Futter fehlen."

In dem Bericht über das Tennessee-Projekt steht:

Die übermäßigen Abholzungen störten das Gleichgewicht der Regenfälle. Auf dem nunmehr ungeschützten Waldboden konnte das Wasser ungehindert zu Tal fließen, die Humusschicht hinwegschwemmen und den Untergrund zerfurchen. Allmählich wurde es für den Boden unmöglich, das Wasser zu konservieren, um es nach und nach wieder abzugeben und dadurch die plötzlichen Ergüsse in das Tal zu vermeiden ... Die rücksichtslose Abholzung der Wälder, eine nur auf raschen Gewinn hinzielende Landwirtschaft hatten in kaum fünfzig Jahren das Tennessee-Tal zerstört.

Als Franklin D. Roosevelt im März 1933 Präsident der USA wurde, gipfelte seine Antrittsrede in dem Grundsatz: *Zurück zum Land und zur Forstwirtschaft! Ein Volk geht unter, wenn es das nicht einsehen will!*

Diese Beispiele machten deutlich, daß die von Viktor Schauberger prognostizierten Naturkatastrophen tatsächlich eingetreten sind. Nicht nur in Amerika kam es zu solchen Rückschlägen der Natur, auch in Europa gab und gibt es sie noch immer. Erinnern wir uns nur an die verheerenden Überschwemmungen und Murenkatastrophen in Teilen Österreichs, Deutschlands, Tschechiens und Polens im Sommer 1997 sowie in China und Bangladesh im Sommer 1998.

Welche Resonanz erzeugte die „Grüne Front" mit ihrer überaus starken medialen Präsenz? Die Bevölkerung nahm es durchaus positiv auf, die Forstwirte fühlten sich aber durch die mediale Berichterstattung angegriffen. Es gab aber Forstfachleute, die den Zielen der „Grünen Front" positiv gegenüberstanden. Im Jänner 1954 sprach Forstdirektor Ing. Helmuth Karigl bei einer Forstwirtschaftsführerversammlung in Linz über die „Grüne Front - deren Mängel und Irrtümer". (Sein Vortrag wurde in der Allgemeinen Forstzeitung abgedruckt)[15]. Karigls Sympathie für die „Grüne Front" wurde unter anderem dadurch ersichtlich, indem er fragte:

Überlegen Sie sich nun, ob die Ideale der „Grünen Front" sittlich in Ordnung sind, der Wahrheit entsprechen und sie es wert sind, sich im Leben darnach zu halten ..., erst dann kann man weiter auf die sich daraus ergebenden Handlungen der „Grünen Front" Folgerungen ziehen.

Karigl attestierte den Kämpfern der „Grünen Front":

... daß den waldbesitzlosen Eiferern die Heimat und ihr Wald ... nicht weniger am Herzen liegt, wie einem Herrschaftsbesitzer sein Grundbesitz[16]...

Man kann ohne weiteres behaupten, daß die „Grüne Front" eine der ersten ernstzunehmenden Umweltschutzbewegungen in Österreich war, in der sich Bürger aller Lager zusammengeschlossen hatten. Während heute unmittelbar demokratische Bewegungen gang und gäbe sind, war diese Vereinigung damals sicher ein Novum. Das erklärt auch, warum die von der „Grünen Front" angegriffenen Institutionen so sensibel reagierten. Die Politiker und die Beamten hatten nicht damit gerechnet, daß ihnen quasi aus dem „Nichts" eine so breite und einflußreiche Konkurrenz entstehen, und über sämtliche Tageszeitungen Druck auf sie ausüben würde. Und das Tragische an der Geschichte ist, daß die Kritik der „Grünen Front" vielfach berechtigt war.
Forstdirektor Karigl wurde später Präsidiumsmitglied und tatkräftiger Unterstützer dieser Vereinigung. Es gab aber Forstfachleute, die seine Meinung über die „Grüne Front" nicht teilten. Forstmeister Dipl.-Ing. Dr. Peter Handel-Ma-

---

15) Allgemeine Forstzeitung, 66. Jg., 1955, Folge 1/2, S. 37-39, Titel: „Die Grüne Front ist grün", Ein Rückblick auf das vergangene Jahr 1954

16) Ebd.

zetti nahm in einem Leserbrief in der *Allgemeinen Forstzeitung*[17] dazu Stellung. Es ging vermutlich darum, daß die „Grüne Front" einem ihrer Repräsentanten (Walter Schauberger) einen wichtigen Posten im Österreichischen Forstverein verschaffen wollte. Mazetti:

... Eben ein „Nichtfachmann" (Anm.: Walter Schauberger. d. Verf.) ist heute mit maßgebend bei der Leitung der „Grünen Front". Man lese den Artikel „Wachablöse" im „Salzburger Volksblatt" vom 23. Februar 1955, in welchem Zentralforstdirektor Dr. Duschek, einer der erfahrensten Forstleute Österreichs, von Dipl.-Ing. Schauberger, der keine forstliche Ausbildung hat, direkt angegriffen und seine „Ablöse" verlangt wird.

In einem Jahresrückblick auf das Jahr 1960 stellte die „Grüne Front" fest, daß die Not des Waldes wiederum größer und somit auch Österreichs Landschaft neuerlich ärmer geworden wäre. Der Wald hätte auch im ausgelaufenen Jahr weiter an Substanz verloren. Was Geld brauchte, stürzte sich auf den Wald. Selbst der Finanzminister überforderte den Wald. Forstleute und Waldwirte wurden zu Handlungen veranlaßt, die dem forstlichen Gewissen entgegenliefen.

Die „Grüne Front" fragte sich nun, wie der Wald Österreichs im Jahre 1980 und im Jahre 2000 aussehen würde, wenn in dieser Weise weitergemacht würde. *Werden wir in eine Generation von Waldschlächtern in die Geschichte eingehen, wenn wir weiter so rücksichtslos im Hinblick auf unserer Nachkommen handeln?* Noch drastischer formulierte sie dann: *Was wäre, wenn morgen kein Grashalm, kein Strauch und kein Baum mehr gedeihen, die Felder keine Früchte mehr hervorbringen würden, weil das Wasser als Lebensgrundlage fehlt?*

Hatte sich die „Grüne Front" durchgesetzt, hatte sie etwas bewirkt? Aus einem Lagebericht von 1968, also 16 Jahre nach ihrer Gründung, geht hervor, daß trotz ihrer Aktionen, Propaganda, etc. im Grunde nichts Entscheidendes getan worden wäre. Und daß es reichlich spät wäre, wenn in diesen Tagen, und dazu noch einer Budgetkrise gegenüber, von der Dringlichkeit der Aufforstung in den Hochregionen unseres Gebirgslandes, vom Anheben des Waldes bis zur biologischen Grenze und von der Wiederbegrünung der Lawinen- und Wild-

---

17) Allgemeine Forstzeitung, 66. Jg., 1955, Folge 9/10, S. 129. Titel: „Die Grüne Front und der Forstmann".

bacheinzugsgebiete geredet werde. *Auch die Erklärungen des Bautenministers gegenüber Vertretern der „Grünen Front“, auf dem gesamten Sektor des Wasserbaues sei ein Umdenken im Grundsätzlichen notwendig,* haben sich als leere Worte erwiesen. Die Gewässer der lebenden Landschaft werden, wie zuvor, unter Einsatz von enormen Mitteln, in Stein und Beton eingesargt[18].

Auch heute sei es in Österreich laut Kritikern so, daß wirkliche Umweltpolitik nicht von den Grünparteien, sondern von überparteilichen Einrichtungen wie *Greenpeace, WWF, Global 2000* und dem *Kuratorium Rettet den Wald* betrieben würde. Also allzuviel scheint sich seit den Zeiten der „Grünen Front“ nicht geändert zu haben. Die Umweltprobleme sind auch dieselben geblieben. Die Natur schlägt nach wie vor zurück. Kurioserweise hat sich als Antibewegung zu den Umweltschützern die „Natur-ist-Tod“-Bewegung gebildet. Die Vertreter dieser Bewegung huldigen dem technischen Fortschritt, da sie die Natur als Auslaufmodell betrachten.

Sie untermauern ihre Ansichten mit provokanten Thesen wie: die Natur wird untergehen, das Überleben der Menschheit wäre nur durch eine noch ausgeklügeltere Technik möglich; wie überhaupt die Zukunft des Lebens die Technik sei[19]. Auf jeden Fall eine „interessante“, den Theorien Viktor Schauberges diametral widersprechende Theorie, die kein Naturfreund ernst nehmen würde. Daß die Natur langsam zugrunde geht, ist nach Viktor Schauberger gerade der Verdienst der konventionellen Technik.

---

18) Implosion 30, Grüne Front 1968, S. 21-24

19) Bohnke, Ben-Alexander, „Die Natur ist ein Auslaufmodell“, Metropolitan Verlag Düsseldorf, 1997

Kapitel 11

Schauberger und der Priester

Außergewöhnliche Menschen ziehen ihresgleichen an. Die Begegnung zwischen Viktor Schauberger und dem Jesuitenpriester, Wissenschaftler und Friedensaktivisten DDDDr. Johannes Ude verlief anfangs harmonisch. Der Priester und Wissenschaftler war eine der schillerndsten Persönlichkeiten des kämpferischen Katholizismus. Am 28. Februar 1874 erblickte er in St. Kanzian am Klopeiner See in Kärnten das Licht der Welt. Der zweite Sohn der zehn Kinder des Volksschullehrers Peter Ude und seiner Frau Hedwig, geb. Bressnick, verbrachte seine Kindheit in der Steiermark. Nicht nur sein Mittelschulstudium bei den Benediktinern in St. Lambrecht und am Gymnasium in Graz absolvierte der Vorzugsschüler mit Auszeichnung, sondern nach sieben Jahren Studium an der Gregoriana in Rom kehrte er als zweifacher Doktor nach Hause zurück. 1900 in Rom zum Priester geweiht, wurde er in seiner Heimat Kaplan[(1)].

Die lebensreformerischen Prinzipien des Vegetariers, Nichtrauchers und Antialkoholikers, wie Kampf gegen Alkohol, Nikotin, Prostitution, Militarismus und Kapitalismus fanden ihre Anhänger. Einer der Programmpunkte Udes war auch die Forderung nach allergrößter Sparsamkeit der öffentlichen Hand, radikalem Abbau der Mandatare, Ehrenamtlichkeit der Volksvertreter, Abschaffung der Parteibuchwirtschaft und auch der Ruf nach der Beseitigung des Parteienstaates, an dessen Stelle der Ständestaat treten sollte.

1931 wurde er als Präsidentschaftskandidat vorgeschlagen. Als dann 1933 der „Christliche Ständestaat“ kam und aufgebaut werden sollte, war er in der Reihe seiner ersten Kritiker zu finden. Nach einem Flirt mit den Nazis, in deren Programm er Übereinstimmungen mit seiner politischen Linie fand, wurde er über Veranlassung von Fürstbischof Dr. Ferdinand Pawlikowski vom Lehrdienst suspendiert und 1938 in den dauernden Ruhestand versetzt. Von der Gestapo aus der Steiermark verbannt, ging er als Priester nach Grundlsee,

---

1) Kreuzbund-Rundbrief, 18. Jg. Mai 1964, Nummer 3

das damals zu Oberösterreich gehörte. Zweimal wurde er unter dem NS-Regime eingekerkert. Er setzte intensivste Friedensbemühungen und wurde 1948 von Albert Schweitzer für den Friedensnobelpreis nominiert. 77jährig kandidierte er 1951 noch einmal für das Amt des Bundespräsidenten, was gegen kirchliches Verbot geschah und ihm eine kurzzeitige Suspendierung von der Seelsorge einbrachte[2].

In der Publikation *Suezkanalproblem oder Weltproblem Hunger - was ist wichtiger*[3], setzte sich Ude u.a. mit Fragen der Lösung des „Weltproblems Hunger" auseinander. Er bat Viktor Schauberger um ein Gutachten, ob und wie die von ihm gemachte Entdeckung und damit zusammenhängende Erfindung zur Behebung der drohenden Welthungersnot verwendet werden könnte.

Schauberger antwortete ihm in einem Brief vom 5.9. 1956:

Darf ich Ihnen, verehrter Herr Professor, zum angeschnittenen Thema „zunehmende Welthungersnot" folgendes sagen:

Ich stehe seit längerer Zeit mit indischen Wirtschaftsführern in indirekter Verbindung, die Studienfreunde Nehrus hergestellt haben. Ich wurde kürzlich eingeladen nach Indien zu gehen. Da mir dies aber meines Alters wegen unmöglich ist, wird demnächst eine Studienkommission hier her kommen ... Der Führer dieser Studienkommission ist der indische Wirtschaftsführer Das Cupta, dem ich die Ursachen dieser zunehmenden Nahrungsmittelnot wie folgt erklärte:

Wasser ist keine chemisch tote Substanz, sondern das Blut der Erde, das den

---

2) 1905 habilitierte er sich in Graz als Dozent für christliche Philosophie und Dogmatik. Im Jahre 1910 wurde er zum a.o. Professor, 1917 zum ordentlichen Professor für spekulative Dogmatik an der Grazer Theologischen Fakultät ernannt. Nebenbei studiert er auch noch Botanik, Zoologie, Rechtswissenschaft, Medizin und Kunstgeschichte. So erwarb Ude noch zwei Doktortitel. Insgesamt war er vierfacher Doktor: Dr. phil., Dr. theol., Dr. rer.nat., Dr. rer. pol. Durch seine persönlichen Erfahrungen als Sanitäter im Ersten Weltkrieg wurde der bedingungslose Christ und Priester ein unerbittlicher Kämpfer für den Völkerfrieden und gegen die Wehrpflicht. Neben seiner akademischen Laufbahn engagiert sich der Friedensaktivist auch politisch. 1919 steht er bei den Christlichsozialen an erster Stelle der Kandidatenliste für die Wahlen zum Nationalrat, wird aber zurückgereiht, da er sich den parlamentarischen Gepflogenheiten nicht zur Gänze anpassen will. Sein Auftreten, das die Gegnerschaft maßgebender Kreise Österreichs fand, führte für ihn im Frühjahr 1927 zu einem Redeverbot durch Fürstbischof Dr. Ferdinand Pawlikowski. Ude veröffentlichte über 150 Bücher und Broschüren. Er starb am 7.7. 1965, im 92. Lebensjahr, in Grundlsee. Quellen: "Die Prominenz der Republik Österreich im Bild", Ascot Verlag/Zürich. "Farbe tragen, Farbe bekennen, 1938-1945, Katholisch Korporierte in Widerstand und Verfolgung", Österreichischer Verein für Studentengeschichte, Wien 1988. Munzinger Internat. Biograph. Archiv 1974.

3) Herausgeber Univ. Prof. Dr. Johannes Ude, im Selbstverlag.

gleichen Bewegungsgesetzen unterliegt, wie das Blut höherorganisierter Lebensformen oder Säfte in der Pflanzenwelt. Wasser, Blut und Säfte sind Medien, in denen die sogenannten Chromosomen stecken. Darunter hat man indifferente Energiestoffkonzentrate zu verstehen, aus denen sich je nach Bewegungsart der vorerwähnten Trägerstoffe, dezentrierende, kern- und zellspaltende oder konzentrierende, kern- und zellbildende Reaktionskräfte - atomare Zersetzungs- oder belebende Aufbau- und Auftriebsenergien entwickeln.

Naturbelassene Flüsse bewegen sich mäanderförmig. Diese Mäander sind die Wiegen des Blutes der Erde, die sich planetar, das heißt, radial-axial um deren ideelle Achse in zykloiden Spiralraumkurven drehend, die diamagnetische Längsachse - allgemein die magnetische Erdachse genannt- aufbauen. Diese diamagnetisch überladene Erdachse zieht umliegende Stick- und Sauerstoffrücklässe des ewigen Läuterungsvorganges an, ein und zusammen. Verbindet diese geosphärischen und atmosphärischen Gegensätze im diffusen Zustand. Das Produkt dieser Emulsion (= innigen Vermählung) der vorerwähnten Grundstoffgegensätze ist, unter naturrichtigen Voraussetzungen, Diamagnetismus, der sich vorwiegend lotrecht entlädt. Dieser Emanationsstoffauffluß zieht wiederum umliegende Rücklässe bipolarer Spannungsart an, ein und zusammen und so wächst dessen Auftriebskraft und Nachsogkraft im Quadrat zur Geschwindigkeit eines Temperaturabfalles, den ich das fallende - regenerierende - Wärmegefälle benannte.

Beim Blut- und Säftekreislauf spielt sich derselbe Entwicklungsvorgang ab. Es handelt sich auch hier um einen Energiestoffkreislauf, der die Medien Wasser, Blut und Säfte mit ins Schlepptau nimmt. Dies hat schon vor Jahrzehnten Prof. Jecek von der tierärztlichen Hochschule in Berlin festgestellt und wurde von Prof. Virchow anerkannt, der unter dem Katheder seinen Studenten erklärte, daß es keinen Blutkreislauf gibt, der durch den Herzdruck getätigt wird, also die heutige wissenschaftliche Ansicht naturunrichtig, also falsch ist. Nach dieser Einleitung stieg Virchow auf das Katheder und begann seine Vorlesung in ihm vorgeschriebenen Sinne. So, wie ihm die Schulwissenschaft dies vorschrieb.

Die moderne Wissenschaft bewegt das Wasser ausnahmslos axial-radial, das heißt, überwiegend zentrifugal. Also genau umgekehrt, als die weise Natur das echte Blut der Erde, das Wasser, die Blut- und Säftearten bewegt. Durch diese Fehlbewegungsart löst sich das steigende = degenerierende Wärmegefälle aus. Die biologische Folge dieses Druck- und Wärmeanstieges ist die oben erwähnte „ dezentrierende - dielektrisch überladene, daher wasser-, blut- und säftezersetzende Re-

aktionskraft, die nach allen Seiten hin ausstrahlt und umliegende Chromosomen in Zersetzungsherde verwandelt, die ihrerseits wieder zersetzende Emanationen aussenden. Und so kommt es zu einem allgemeinen Zerfall der Medien Erde, Wasser und Luft, also zum Rückentwicklungs-Krebsgang. Das heißt, zu einem Absterben, Verwesen und dadurch zu einer Verseuchung des Wassers, der Säfte und Blutformen infolge Überlichtung und Überwärmung, die um so entwicklungsgefährlicher wird, als die heutige Druck- und Feuertechnik die v. e. Medien direkt oder indirekt verkehrt bewegt, bzw. durch zu direkten Sonneneinfluß naturwidrig erregt.

Diese naturwidrige Bewegungsart medialer Gebilde wird heute an allen Akademien, Universitäten, Hoch- und Fachschulen gelehrt. Ich nannte diese Fehlbewegungsart: die akademisch-technische Wasserbewegung, die man auch beim heutigen Turbinenbau, bei Druckpumpensystemen, bei allen heutigen Propellerarten, Bodenbearbeitungsgeräten – kurzum in der ganzen Technik ausnahmslos verwendet. Diese Bewegungsart ist nicht nur unökonomisch, sondern zudem um so entwicklungsgefährlicher, als sie an Umfang und Intensität zunimmt ... Bewegt man aber ein Medium (Wasser oder Luft) und damit, die in diesen steckenden Chromosomen, in denen indifferente Spurenelemente eingesargt sind, akademisch-technisch – also überwiegend axial-radial = naturwidrig –, dann werden die oben erwähnten ZERSETZUNGS-Energien frei, die funktionell als der in allen technischen Maschinen wirkende Bewegungswiderstand tätig werden, der im Quadrat zur Geschwindigkeit eines Temperaturanstieges wächst.

Das heißt also, je vermeintlich bessere Bewegungserfolge die druck- und wärmesteigernde (fiebererhöhende) Technik erzielt, um so wirksamer wird der oben erwähnte ZERSETZUNGS-Energieaufbau und um so rascher geht es den Rückentwicklungs-Krebsgang.

Mit anderen Worten, die akademisch-technische Massenbewegungsart ist der eigentliche KREBS-Erreger und muß schleunigst gesetzlich verboten werden, um diesen Wasser-, Saft- und Blutzerfall in letzter Stunde, wenn nicht schon zu spät, noch aufhalten zu können.

Die moderne Wissenschaft hatte von der Existenz des oben erwähnten fallenden = rekreierenden (erfrischenden oder belebenden) Wärmegefälles keine Ahnung. Löst man in der Forst-, Land-, Wasser- und Energiewirtschaft das steigende, dem atomaren ZERSETZUNG-Energieaufbau dienende Wärmegefälle aus, so mußte es naturgesetzmäßig zum Rückentwicklungs-Krebsgang auf der ganzen Entwicklungslinie kommen.

Die Inder haben als die ersten, den von der modernen Wissenschaft gemachten Bewegungsfehler verstanden, den Das Cupta mit drei Worten: „Druck bedeutet Unterdrückung" definierte. Er erkannte und gab es auch rückhaltlos zu, daß man bewußt oder unbewußt den ewigen Verwandlungsfluß (Panta rhei) verkehrte.

Das heißt, bei der Bewegung medialer Gebilde die Druckkomponente vorherrschen, bzw. überwiegen ließ. Und dadurch mußte es zu einer Unterdrückung des gesamten Wachstums und damit zu der sich progressiv steigenden Welthungersnot kommen.

Ich baute nun Maschinen die das fallende = regenerierende Wärmegefälle auslösen, das dem Qualitätsstoffaufbau, dem Aufbau diamagnetischer Aufbau- und Auftriebsenergien dient. Diesen fort- und aufentwickelnden Atomenergieaufbau hat die naturfremde Wissenschaft ins genaue Gegenteil verkehrt und damit die Wasser-, Saft- und Blutzersetzung verursacht.

Ich gewinne also pro Kcal. und sec. aus den oben erwähnten Chromosomen ca. 5.7 PS an entwicklungsfördernder Leistungskraft. Und da man mit dieser nahezu kostenlos erzeugbaren belebenden Urkraft nicht nur besonders konstruierte und legierte Maschinen, sondern auch das ganze Wachstum antreiben (vermehren und veredeln) kann, so ist das gewaltige Problem „immer mehr Menschen und immer weniger und minderwertigere Nahrungsmittel" in dem Moment gelöst, als man es genau verkehrt macht, als man dies heute in allen Hoch- und Fachschulen lehrt und lernt.

Nun werden Sie als ehemaliger Hochschulprofessor auch verstehen, was diese Entdeckung bedeutet. Nämlich den Zusammenbruch der heutigen Schulwissenschaft. Und nun werden Sie auch verstehen, daß ich diejenigen, die dieses Weltunglück unbewußt ausgelöst haben, unmöglich als meine Richter ansehen kann, da sie Befangene sind und ihre Existenzberechtigung verlieren, wenn die breiten Volksmassen die W a h r h e i t erfahren, daß sie das Opfer der irrealen Bewegungsart der Ur-Quellen des Lebens wurden.

Ein Hochschulprofessor, Dr. Franz Pöpel, der T. H. Stuttgart, hat in Unkenntnis der Bedeutung des fallenden = belebenden Wärmegefälles meine Geräte überprüft und ein Gutachten ausgestellt, womit dieser Leistungskraftaufbau unwiderleglich bewiesen ist. Von 27 internationalen Patenteingaben haben ca. ein Drittel – in erster Linie Indien – Patenturkunden ausgestellt.

Ich ermächtige Sie, Herr Dr. Ude, von Obigem beliebig Gebrauch zu machen;

es steht Ihnen frei, in der beabsichtigten Weltbotschaft die Aufdeckung des von der Wissenschaft gemachten schweren Bewegungsfehlers zu verkünden, dessen schleunige Behebung Sein und Nichtsein der ganzen Menschheit bedeutet. Denn verdirbt und stirbt das Blut der Erde, der Grundstoffträger des Lebens, dann geht unsere Jugend einer geradezu grauenhaften Zukunft entgegen.

Können Sie, verehrter Herr Prof. Ude, als Priester das zulassen? Oder kann ein anständig denkender Mensch die ahnungslose Jugend wissentlich in ihr Verderben rennen lassen?

Millionen Menschen haben durch die Veröffentlichungen bereits die Unwiderlegbarkeit dieses wissenschaftlichen Bewegungsfehlers erfahren und fordern rückhaltlose Aufklärung dieses noch niemals dagewesenen Falles.

Soll Indien das einzige Land sein, dessen Führer den Mut haben, die Richtigkeit meiner Entdeckung zuzugeben? Sie können ohne weiteres in die diesbezügliche Korrespondenz Einblick nehmen.

Kann der österreichische Unterrichtsminister, oder ein anderer verantwortlicher Minister, da noch Vogelstraußpolitik treiben, wo es doch schon die Spatzen auf dem Dach pfeifen, daß dieser, katastrophale Auswirkungen ausgelöste Bewegungsfehler medialer Massen Tatsache ist?

Deutsche Industrielle, die ihre wissenschaftlichen Berater mitbrachten, mußten bei einer vorige Woche stattgefundenen Besprechung, zu der man mich einlud, bedingungslos kapitulieren. Die Aufdeckung dieses Bewegungsirrtums kann unter Umständen den Zusammenbruch der auf einer naturwidrigen Arbeitsart fußenden Währung bedeuten. Auch die Frage, kann man atomare Zersetzungs- und Vernichtungsenergien für friedliche Zwecke verwenden, muß verneint werden. Denn Zerstörungsenergien kann man unmöglich für einen Wirtschaftsaufbau verwenden. Das heißt, alles ist bipolar und auch für Atomenergien gilt dasselbe.

Es war noch immer so, daß wichtige Entdeckungen fast ausschließlich von Laien gemacht wurden. Und daher ist mein Fall durchaus kein Einzelfall.

Fast 40 Jahre lang beobachtete ich als naturnaher Forstmann die Natur und drang in die tiefsten Entwicklungsgeheimnisse ein. Ich bin heute 71 Jahre alt und stehe vor meinem Lebensende. Ich lehne Geschäftemachereien ab und gebe das naturrichtige Bewegungsgeheimnis nur dann frei, wenn ich sehe, daß die Entdeckung der Urkrafterzeugung für die Wiedererlangung der Nähr- und Bewegungsfreiheit Verwendung findet, die durch die Unterbindung des Qualitätsstoffaufbaues verlorenging, worunter ich hochfließenden Diamagnetismus verstehe, mit dem man,

in regeneriertes Wasser eingebaut, die ungefähr neunfache Bodenertragssteigerung innerhalb weniger Jahre erzielen kann.
Ihnen, verehrter Herr Professor, stehen ausreichende Veröffentlichungsmittel zur Verfügung die man mir sperrte. Gibt es für Sie als Priester und erfahrener Wissenschaftler etwas schöneres, als die Jugend zu retten? Oder könnten Sie es vor Gott verantworten, aus Angst vor den Folgen dieser exakt nachweisbaren Entdeckung, die Hände in den Schoß zu legen?

Oder glauben Sie, daß ich es wagen kann so aufzutreten, wenn ich nicht die unwiderlegbaren Beweise in Händen hätte? Freilich vor die Säue werfe ich die mir von der Vorsehung anvertrauten Erkenntnisse nicht. Denn Kapitalisten sind keine Idealisten. Und geirrt haben sich alle, die Kapitalisten, die Sozialisten und auch die Kommunisten. Und auch die Wissenschaftler drehten das U(h)r-Werk der Schöpfung verkehrt.

Etwas Unmoralisches darf auch eine staatliche Gesetzgebung nicht sanktionieren, um sich solange es halt geht, über Wasser halten zu können. Sie haben mich aufgefordert, Ihnen Rede zu stehen. Sagen Sie mir bitte, ob und wann Ihnen mein Kommen um den 20. des Monats genehm ist, und dann werde ich die eventuell letzten Zweifel nehmen, daß es hier um Sein und Nichtsein der irregeführten Menschheit geht. In diesem Sinne verbleibe ich mit besten Grüßen Ihr ergebener V. Schauberger (e. h.)[4].

Soweit das Schreiben Schaubergers. Zu seiner Bemerkung, daß es keinen Blutkreislauf gibt, der durch den Herzdruck getätigt wird, erschien in der Zeitschrift „raum&zeit“ ein Bericht über eine sogenannte dritte Kreislauftheorie. Derzufolge das Herz kein eigenständiges Organ, sondern ein vergrößertes Blutgefäß sei. Das Pulsieren des Blutes werde von den Saugkräften der Kapillaren erzeugt und vom Herzen höchstens marginal verstärkt, keinesfalls aber ausgelöst[5].

Dr. Ude merkte dem Schreiben folgendes an:

Es hängt nun ganz von den Delegierten der von mir angeregten Weltkonferenz

---

4) Zitiert in Schriftenreihe "Das Weltgewissen", "Christliche Moraltheologen als Helfershelfer des Kapitalismus", Dr. Johannes Ude, Naturschutzverlag Brüggen, Niederrhein, S. 12 ff.

5) raum&zeit, 16. Jahrgang, Nr. 91, S. 7 ff.

ab, ob sie über die Ausführungen Schaubergers zur Tagesordnung übergehen, oder diesen Ausführungen jene Beachtung schenken werden, die diese ernsten Ausführungen beanspruchen. Hat Schauberger Recht – und gerade das soll die Weltkonferenz allen Ernstes prüfen – dann eröffnen sich durch die Verwirklichung der von Schauberger gemachten Erfindung für die Behebung des Welthungerproblems ungeahnte Aussichten, aber nicht bloß für die Behebung des „Weltproblems Hunger", sondern sie bereiten, insofern das gesamte Energieproblem in Betracht kommt, dem Weltfrieden den Weg.

Aber immer wieder muß ich betonen: Auch die Verwirklichung der Entdeckung und Erfindung Schaubergers wird nur dann, und nur dann das von ihm erstrebte und von mir in dieser Broschüre kurz dargestellte Ziel für die gesamte Menschheit erreichen, wenn der Kapitalismus (die Zinswirtschaft) und mit ihm der Kommunismus und die durch Kapitalismus und Kommunismus verursachte Spaltung der Welt in Ostblock und Westblock beseitigt werden. Es muß also unbedingt verhindert werden, daß Schaubergers Erfindung kapitalistisch ausgebeutet wird...

Wir müssen nur den aufrichtigen Willen haben, die bisherigen Irrtümer, die eine fehlgegangene Wissenschaft Hand in Hand mit einer unersättlichen, ins Verbrecherische gesteigerten Hab- und Machtgier begangen hat, ehrlich einzugestehen und aus dieser Erkenntnis die einzig richtigen Folgerungen zu ziehen. Gott gebe, daß das geschehe!

Grundlsee (Österreich), im September 1956.

Ude glaubte unter anderem durch Abschaffung der Zinswirtschaft und Etablierung der Freiwirtschaftslehre eine wirtschaftliche Gerechtigkeit herstellen zu können. Denn der Mammon als Kapital schaffe Ungleichheit, was (im christlichen Sinne) ungerecht sei und die eigentliche Ursache für das „Weltproblem Hunger" darstelle.

Der Begründer der Freiwirtschaftslehre war Silvio Gesell (1862-1930), ein schweizerisch-argentinischer Kaufmann, Landwirt, Schriftsteller, der unter anderem während der Münchner Räterepublik (1919) „Volksbeauftragter der Räteregierung Bayerns für das Finanzwesen" gewesen war. In der Hauptsache wollte Gesell das Geldwesen reformieren, mit dem Ziel, ein freiheitliches Sozialleben dreigliedrig abzusichern durch die Umwandlung des Bodenrechts, des Geldwesens und der Beherrschung der Währung im Sinne der Stabilität.

Seine Gedanken legte Gesell in seinem Werk, *Die natürliche Wirtschaftsordnung durch Freiland und Freigeld 1915 nieder*[6].

Schauberger postulierte, daß Lebensmittelknappheit und Hungersnot nicht sein müßten, wenn man die von ihm entdeckten (natur-)richtigen Methoden zum Anbau von Lebensmitteln, zur Erzeugung von Energie etc. anwenden würde. Ude und seine Bewegung konnten das „ungerechte", verderbliche System bisher nur verbal anprangern, sie hatten keine praktischen Alternativen zur Hand, die ihnen größere Glaubwürdigkeit geschenkt hätten. Durch die von Schauberger in Aussicht gestellten Methoden gewann Ude wieder Argumentationsraum. Doch es kam nicht zu der ersehnten Kooperation der beiden Kämpfer. Schauberger war ja ein Gegner der Kutten- und Kaftanträger, beziehungsweise der kirchlichen Lehre. Es war nur eine Frage der Zeit, bis es zwischen den beiden Männern „krachen" würde.

Angeblich gab es den Zusammenprall wirklich. Fritz Watzl aus Altaussee, der beide gut kannte, schilderte dem Verfasser, daß Schauberger und Ude in Sachen Kirche arg aneinandergeraten waren. Watzl, der einstige Taxiunternehmer in Altaussee, fuhr Ude von seinem Wohnsitz, Gössl am Grundlsee, immer zur Predigt in die umliegenden Kirchen. Ude soll scharfe Predigten gehalten haben, so Watzl.

Zeitzeuge Fritz Watzl

Fritz Watzl führt Besuchern stolz seine Holzhackmaschine vor. Der erfinderische Geist lebt schon lange mit seiner Gattin im idyllischen Ort Altaussee, im steirischen Salzkammergut. In der ländlichen Unberührtheit findet der Tausendsassa Zeit, sich hin und wieder mit Viktor Schauberger und seinen Ideen zu beschäftigen. Wie aus einem Wildbach sprudeln seine Worte hervor, wenn er über den Naturforscher erzählt. Der vitale Naturbursch hat von den faszinierenden Ideen des Försters während seiner Radiomechaniker- und Elektrikerlehre in Linz gehört.

Seine Lehrstelle befand sich just in dem Haus – Zufall gibt es keinen – in dem Viktor Schauberger bei der Familie seiner Tochter Grete Luib wohnte. Der

---

6) Autengruber, Peter, "Kleinparteien in Österreich 1945 bis 1966", Studien Verlag Innnsbruck-Wien,1997, S. 202, 203

junge Radiomechaniker wollte Schauberger unbedingt kennenlernen und bei ihm mitarbeiten, da ihm die Ideen des Försters vertraut vorkamen:

Ich konnte alles unterstreichen, was Schauberger schrieb, denn ich habe viele Dinge selbst erlebt. Mein Vater hatte in der Nähe von Feldkirchen an der Donau eine Mühle gepachtet und hatte selbst herumexperimentiert. Er hat das Mühlrad durch eine Turbine ersetzt. Wir sind mit Autos gefahren, welche mit Holzgasmotoren angetrieben wurden ..

Schauberger ist leider bald darauf verstorben, sodaß es zu keiner Mitarbeit Watzls mehr kam. Dieser ist nach wie vor von den Erkenntnissen Schaubergers fasziniert. Wenn man die enge Stiege in den Keller seines Hauses hinuntersteigt und das Tageslicht hinter sich läßt, eröffnet sich dem Besucher eine Welt aus Kupfermodellen und Spiralen. Immer wenn er die Lampe in seiner Kellerwerkstätte anknipst, arbeitet er mit Ehrfurcht an Modellen nach Angaben von Viktor Schauberger. Verschiedene kupferlegierte Gartengeräte sowie ein Modell eines „Goldenen Pfluges“[7] zeugen von der Betriebsamkeit dieses Idealisten.

Das Faktotum Watzl, der sich in Lederhosen und ausgelatschten Sandalen am wohlsten fühlt, kann auf ein ereignisreiches Leben als Filmevorführer, Gastwirt und Taxilenker zurückblicken. Zur Freude der Schifahrer baute und betreute er eine Zeit lang den ersten Schilift am Loser (Hausberg von Altaussee). Wenn sich Menschen praktisch mit Viktor Schaubergers Ideen beschäftigen, so sind dies meist Idealisten, die ihr geringes Erspartes in eine Sache investieren, die in größerem Stile verwirklicht, vielleicht bahnbrechend wäre.

---

7) Speziell konstruierter und legierter biotechnischer Pflug nach Viktor Schauberger.

Kapitel 12

Schaubergers Reise nach Amerika. Führte sie zu seinem Tod?

Viktor Schauberger ist seit fünf Monaten tot, aber immer noch bewegt die Frage die Gemüter: war er ein Genie oder ein Phantast[1]? Mit diesen Worten leitete die Neue Illustrierte Wochenschau am 22.2.1959 ihren Nachruf auf Schauberger ein. Was war inzwischen geschehen?

Sein Sohn, Dipl.-Ing. Walter Schauberger, gab gegenüber der Zeitung an, daß ihn in den letzten Monaten vor dem Tod seines Vaters viele Leute wegen der Publikationen besucht hatten. Die Mehrzahl seiner Anhänger waren Laien, aber es interessierten sich auch Wissenschaftler und Techniker für ihn, da an seinen Ideen vielleicht doch etwas dran gewesen sein könnte. Unter diesen Leuten war auch eine Gruppe von Amerikanern, die, wie sie sagten, sich bereits seit zwei Jahren mit dem Gedanken getragen hatten, doch einmal den Mann in Linz aufzusuchen, der soviel von sich reden mache[2].

Diese Gruppe sandte zwei Beauftragte zu Viktor Schauberger, die dem „Old Man", wie sie ihn nannten, ohne Umschweife klar machen sollten, daß seine Sache unter allen Umständen nach Amerika gehörte. Denn es handelte sich da um ein außerordentlich interessantes Problem, mit dem sich bereits mehrere wissenschaftliche Teams in den USA eingehend befaßten. Viktor Schauberger erbat sich Bedenkzeit. Die Amerikaner kamen wieder, warteten geduldig eine Kur ab, die Schauberger in Bad Ischl machte, und machten ihm erneut Angebote. Schauberger meinte, daß er gesundheitlich nicht mehr in der Lage wäre, die Strapazen einer so langen Reise auf sich zu nehmen. Die Amerikaner wußten einen Ausweg, sie sagten ihm, daß er doch einen Vertrauensarzt und seinen Sohn mitnehmen sollte. Schauberger stimmte schließlich zu, aber unter der Bedingung, daß er höchstens drei Monate in den USA bleiben würde[3].

---

1) Neue Illustrierte Wochenschau, Nummer 8, 22.2.1959

2) Ebd.

3) Ebd.

Alois Kokaly, Biotechniker (im Sinne Viktor Schaubergers) der ersten Stunde, erinnerte sich an die Tage unmittelbar vor Schaubergers Abreise nach Amerika:

Auf einer Vortragsreise kam ich im Jahre 1958 wieder nach Linz. Schauberger war aber schon in Bad Ischl mit einigen Amerikanern, die ihn aus begreiflichen Gründen abzuschirmen versuchten. Es gelang mir aber doch, Herrn Schauberger zu kontaktieren, und ich versuchte ihn von seiner Reise in die USA abzuhalten, da ich schnell das Spiel durchschaute. Er sah aber wegen seines fortgeschrittenen Alters und seiner Krankheit seine letzte Chance. „Ihr habt es in Europa nicht haben wollen, jetzt müßt ihr es euch von Amerika teuer wieder holen", sagte er. Als wir uns nach einigen Tagen verabschiedeten und ich mich im langen Flur der Schratt Villa nach ihm umdrehte, sah ich eine ganz andere Gestalt: die eines „Toten". Ich hatte sofort das Gefühl, daß ich Viktor Schauberger nie wiedersehen würde. Nach etwas mehr als drei Monaten hatte ich den Totenbrief in der Hand[4].

„Mein Vater war von dem Tag an, da er sich zur Reise in die Vereinigten Staaten entschlossen hatte, voll erfüllt von der Aufgabe, die noch von ihm zu leisten war ... Seine Aufgabe war, in den vorgesehenen drei Monaten ein Team von Wissenschaftlern zu beraten. Ihnen alles, was er wisse – gleichsam Kraut und Rüben durcheinander – zu erzählen, alles niederzuschreiben, was er denke, und alle seine Anschauungen auf biotechnischem Gebiet in einer ihm eigenen Art zu interpretieren, sagte Walter Schauberger.[5]

Viktor Schauberger, dem Mann, der im Wald aufgewachsen war, fiel es schwer, sich im Trubel der großen internationalen Flughäfen zurecht zu finden. Das zeigte sich beim Abflug in Frankfurt, von wo aus es im Nonstop-Flug nach New York ging. Es berührte ihn sonderbar, daß man ihm das Stöckerl mit vierblättrigem Glücksklee, das er bei der Abreise geschenkt bekam, einfach wegnahm, um die Handvoll Erde in dem Blumentöpferl auf Schmuggelgut zu untersuchen[6].

---

4) Kokaly Alois, Siehe Implosion 49

5) „Neue Illustrierte Wochenschau", Nr. 8, 22. 2. 1959

6) Ebd.

In New York wurde er mit allen gebotenen Ehren empfangen. Man brachte ihn in den University Club, führte ihn kreuz und quer durch die Riesenstadt, veranstaltete Parties. Da er gerade Geburtstag hatte, tischte man ihm eine prächtige Torte auf. Aber die „ewige Auftischerei" tat ihm nicht gut. *Ich habe einen faden Magen,* erklärte er schon am dritten Tag seines Aufenthaltes dort. *Habt ihr nicht etwas Saures? Einen Rollmops oder vielleicht einen Magenbitter*[7]*?*

Mit dem Flugzeug ging es dann weit ins Land hinein. Angeregt betrachtete Viktor Schauberger die unter ihm dahinziehende Landschaft. Über Colorado traf er die Feststellung: *Was wollt's denn? Das da unten ist ein sterbender Wald, wenn man es von der biologischen Seite her betrachtet. Das Wasser ist futsch, die Erde ist futsch, die Erde ist ausgetrocknet wie eine Heizplatte!* Über die vielen im Lande stehenden Wassertürme äußerte er sich: Das Wasser gehört in die Erde hinein und nicht da hinauf. In diesen Behältern ist kein Wasser mehr sondern Feuerwasser. Weit im Süden des Landes erfuhr er bereits zum zweiten Male, daß man selbst im fernen Amerika um ihn wußte. In einem Restaurant war es eine Schweizerin, die den „Mann mit dem Bart" von Zeitungsveröffentlichungen her kannte, in einem anderen wußte die Kellnerin, eine Salzburgerin, Bescheid[8].

Nähere Details über den USA-Aufenthalt Viktor Schaubergers recherchierte Callum Coats, der Autor des Buches „Living Energies"[9].

Coats schreibt, daß Schaubergers Amerikaaufenthalt von einem gewissen Karl Gerchsheimer (1903 in Würzburg geboren) initiiert worden war. Er gibt an, daß er noch Gelegenheit hatte, Gerchsheimer persönlich zu interviewen. Dieser verließ Deutschland 1922. Von 1926 bis 1935 stand er in Diensten der mexikanischen Regierung und half dort, das Land wirtschaftlich auf Vordermann zu bringen. 1937 übersiedelte er nach Texas. Es wird behauptet, daß er im Zweiten Weltkrieg in den Diensten des C.I.C (Counter Intelligence Corps[10]) stand. Nach Ende des Zweiten Weltkrieges war er von 1945-1950 „the U.S. civilian property administrator-in-chief in charge of all civil administration, logistics, transport and accomodation under the American Army of Occupation", das war die mächtigste Rolle eines Zivilisten in der amerikanischen Zone.

---

7) Ebd.

8) Ebd.

9) Erschienen by Gateway Books, the Hollies, Wellow, Bath, BA2 8QJ, UK, 1996.

10) Ebd.

1950 kehrte er in die USA zurück, gründete eine metallverarbeitende Firma und stand in Vertrag mit der NASA. Er zog sich im Alter von 81 Jahren zurück. Nach seiner Rückkehr nach Amerika 1950 entwickelte er eine enge Freundschaft zu Robert Donner, dem früheren Eigentümer von „Donner Steelworks" in Philadelphia. Donner zog sich als wahrscheinlich extrem reicher Mann nach Colorado Springs zurück. Gerchsheimer schätzte sein Vermögen 1958 auf ungefähr US$ 400 Millionen.

Mit den Jahren nahm seine (Gerchsheimers) Liebe zur „Explosionstechnik" ab. Mit Unbehagen verfolgte er Wernherr von Brauns Bemühungen, den Raum mit Explosionsraketen zu erforschen, eine Angelegenheit, die er oft persönlich mit von Braun bei der NASA besprach. Er war überzeugt, daß es andere Möglichkeiten zum Antrieb von Raketen und Motoren geben müsse als die konventionellen. Dies hatte er auch oft bei Gesprächen mit Robert Donner erzählt, sodaß dieser immer neugieriger wurde. Ende 1957 wurden Gerchsheimers Visionen durch die Schriften über Viktor Schaubergers Implosionstheorie bestätigt. Mit diesen Informationen konfrontierte er Donner, und mit der Idee, Schauberger selbst aufzusuchen, falls sich herausstellen sollte, daß diese Ideen eine Untersuchung wert wären. Auch in der Hinsicht, daß Amerika als mächtigste Nation sich dieser kühnen Ideen des österreichischen Forstmannes nicht verschließen konnte. Und daß die Entwicklung von Schaubergers Ideen nirgends besser als in Amerika möglich wären.

Donner ließ sich von Gerchsheimer überzeugen und bat ihn, Vorbereitungen für das Treffen mit Schauberger zu arrangieren. Er bestand aber darauf, seinen finanziellen Berater Norman Dodd mit Gerchsheimer nach Österreich zu schicken. Aufgrund der Entscheidung von Donner kontaktierte Gerchsheimer seinen Geschäftspartner Harald W. Totten (einigen Berichten zufolge soll Gerchsheimer für ihn gearbeitet haben), den Eigentümer der „Washington Iron Works Inc.", in Sherman Texas. Tottens Unternehmen wäre für ihn der ideale Standort gewesen, um Schaubergers Pläne zu verwirklichen. Als dies vereinbart wurde, informierten Gerchsheimer und Dodd Viktor Schauberger von ihrem beabsichtigten Besuch. Nachdem sie in Linz eingetroffen waren, schlug Gerchsheimer Viktor Schauberger in Anwesenheit seines Sohnes, Dipl.-Ing. Walter Schauberger, das Angebot Robert Donners vor, der großes Interesse an der schnellen Verwirklichung von Schaubergers Implosionstheorien gezeigt hätte und unerschöpfliche Geldquellen dafür zur Verfügung stellen würde.

Gerchsheimer erwähnte, daß zu dieser Zeit die beiden Schaubergers große Angst vor Spionage und Überwachung hatten, da ihnen noch die Zeit 1945/1946 lebhaft in Erinnerung war, als sie von den amerikanischen Besatzern überwacht wurden. Während der Diskussion stellte sich heraus, daß die beiden Amerikaner nicht die einzigen Interessenten an der Implosionstheorie waren. Auch eine Schweizer Gruppe interessierte sich dafür. Gerchsheimer überzeugte Schauberger schließlich, wie viel leichter es in Amerika wäre, diese Pläne zu verwirklichen, und daß in Texas die technischen Voraussetzungen dafür gegeben wären. Am nächsten Tag offerierte Dodd Schauberger eine Summe von US $ 15.000 unter der Hand, eine Summe, die Schauberger gerade benötigte, um einen gewissen Thurner aus Salzburg zu bezahlen, mit dem er in einen Prozeß verwickelt war. Walter Schauberger wurde ein Betrag von US $ 5.000 angeboten.

Viktor Schauberger bat sich Bedenkzeit aus. Er hatte nicht mehr viel zu verlieren. Ein Kriegsleiden plagte ihn und der kalte Winter macht ihm auch zu schaffen. Ferner sah er in Europa keine Chance mehr, seine Pläne adäquat verwirklichen zu können. Gerchsheimer und Dodd reisten in die USA zurück, um alle relevanten Dinge zu besprechen. Sie kamen Mitte Mai 1958 wieder nach Linz und fanden Viktor Schauberger in Bad Ischl, in der Schratt-Villa, schon sehr krank vor. Dort handelten sie mit ihm den Vertrag aus, daß sein Aufenthalt in den USA nur drei Monate dauern sollte; sein Sohn Walter, ein Physiker und Mathematiker, sollte ihn begleiten und für ein Jahr dort bleiben. Ferner wurde erwogen, daß auch Schaubergers Schwiegersohn, der Arzt Dr. Walter Luib, ihn begleiten sollte. Ein weiterer Vertragspunkt war, daß Schauberger damit einverstanden wäre, daß alle Erkenntnisse und relevanten Daten über das „Projekt Implosion" in den USA verbleiben sollten. Schauberger hatte sich ausbedungen, daß sein Freund, der Maschinenbauer Alois Renner, der viele Modelle nach seinen Plänen hergestellt hatte, mit ihm in die USA reisen und ihn dort unterstützen dürfe. Dieser erste Vertrag wurde am 9. Mai 1958 unterzeichnet und die beiden Schaubergers wurden zu strengster Geheimhaltung verpflichtet.

Während sie Viktors gesundheitliche Besserung abwarteten, führten Gerchsheimer und Dodd Gespräche mit beiden Schaubergers. Mit Viktor am Vormittag, da sein Gesundheitszustand zu dieser Zeit besser war, mit Walter am Nachmittag. Viktor Schauberger versuchte, ihnen in diesen Gesprächen die Implosionstheorie näher zu bringen. Im Zuge der Gespräche wurde den beiden Amerikanern immer klarer, was die Schaubergers zu bieten hatten. Gerchsheimer erzählte dem Autor Callum Coats bei ihrem Gespräch, daß er damals den Eindruck hatte, Walter Schauberger verstünde nicht viel von den Theorien seines Vaters.

Gerchsheimer fand einen eigenen Zugang zu Viktor Schaubergers Theorien – da er sich in seiner Jugend selbst viel mit der Natur beschäftigt hatte. Der Finanzmann Dodd mußte in dieser Hinsicht Gerchsheimer vertrauen. So wurde Gerchsheimer langsam der „Kopf" der Sache – und doch war es das Verdienst von Dodd, der schließlich die Schaubergers nach Amerika brachte. Nach drei Wochen Gesprächen und Verhandlungen und Viktors gesundheitlicher Besserung entschied dieser mit seinem Sohn, das Angebot anzunehmen und nach Amerika zu gehen. Er beharrte aber auf die vertragsmäßig ausgehandelte Frist von 3 Monaten, und keinen Tag länger.

Nachdem Schauberger alle Unterlagen in Kisten gepackt hatte und Gerchsheimer ihnen geraten hatte, alle Trachtenbekleidung und Lederhosen hier zu lassen, wegen der Hitze in Texas, fuhren die Schaubergers in Begleitung von Dr. Walter Luib, dem Arzt und Schwiegersohn Viktors, am 25. Juni 1958 mit dem Zug nach Frankfurt. Am nächsten Tag flogen sie nonstop nach New York. Dort veranlaßte Dodd, daß die Schaubergers und Dr. Luib einige Tage im Universitätsclub in 1 West, 54. Straße – in welchem Dodd Mitglied war – untergebracht wurden, um sich von den Strapazen des Fluges zu erholen und sich langsam einzugewöhnen. Am 30. Juni feierten sie dort Viktors 73. Geburtstag. Am 1. Juli flogen sie dann weiter nach Dallas, Texas.

In Dallas angekommen, wurden sie von der Familie Gerchsheimers und von Harald W. Totten begrüßt. Bevor sie bequem in Tottens klimatisierter Ranch mit Swimmingpool untergebracht wurden, wohnten sie in einem Motel in Sherman. Dort hatten sie alles zur Verfügung, was ihnen das Leben so angenehm wie möglich machen sollte: einen Koch, einen Chauffeur, Telefon, etc. Hier warteten sie auf das Eintreffen von Renner, Viktors Freund und Konstrukteur. Gerchsheimer befragte Viktor Schauberger in der Zwischenzeit weiter über die Implosionstheorie, begriff aber seine Ausdrucksweise und Erklärungen nicht. Schauberger meinte, daß er dies am besten an einem funktionierenden Prototypen demonstrieren könnte. Sein Sohn Walter war ihm zu dieser Zeit auch keine besondere Hilfe in der Erklärung der Implosionstheorie, da er selbst noch nicht allzusehr mit dieser Materie vertraut war. Gerchsheimer fand mit der Zeit die Erklärungen über die Funktionsweise des Implosionsmotors immer unverständlicher, so sehr er sich anfangs auch bemühte, sie zu verstehen. Mit der Zeit kam Gerchsheimer zu dem Entschluß, daß die beiden Schaubergers nichts zu bieten hätten.

Die Isolation auf der Ranch, die langen Befragungen, die scheinbar nichts fruchteten, und die Hitze von Texas machten Viktor Schauberger zu schaffen. Ferner das lange Warten auf das Eintreffen von Renner, der anhand der Konstruktion eines Prototyps das Verstehen der Implosionstheorie erleichtern sollte, schwächten ihn physisch und psychisch. Er fühlte sich nicht wohl in diesem „toten" Land. Auf Anraten von Gerchsheimer und mit Dr. Luibs Einverständnis wurde er in eine Klinik nahe von Sherman gebracht. Dort verbrachte er einige Wochen und erholte sich zusehends. Der Hauptgrund seiner Niedergeschlagenheit war jedoch das Heimweh. Er vermißte Österreich und das vertraute heimatliche Umfeld. Eines abends sagte er zu seinem Sohn Walter: Du hast keine Ahnung, wie wunderbar es sein wird, wieder europäischen Boden zu betreten. Ich fühlte mich selbst verpflichtet, nach Amerika zu kommen, trotz meines Alters und meiner Schwäche. Doch ich glaube, alles getan zu haben, was ich tun konnte.

Walter Schauberger, welcher ernstlich um seines Vaters Gesundheitszustand besorgt war, unterbreitete Gerchsheimer am 9. August 1958 einen Plan. Er schlug die Rückkehr nach Österreich vor (sobald sein Vater wieder reisefähig wäre), von wo aus sein Vater als Berater fungieren sollte. Walter Schauberger selbst wollte mit seiner Familie für ein Jahr wiederkehren und das ganze Projekt überwachen. Doch Gerchsheimer lehnte diesen Vorschlag ab, da er selbst Viktor Schaubergers Erklärungen nicht verstand und sein sich steigerndes Unbehagen an dieser Sache Donner mitteilte. Dieser war entrüstet über diese Mitteilung und flog – aus Angst um den Erfolg der Sache – nach New York, wo er in „the National Atomic Research Laboratories at Brookhaven", Long Island, Experten Schaubergers neue Form der Atomenergie zur Überprüfung vorlegte. Dies hatte zur Folge, daß nach den darauffolgenden Gesprächen, vom 15.- 17. August, eine schriftliche Vereinbarung zwischen Donner und Eric A. Boerner, einem deutschen Wissenschaftler – der zugleich der Kopf einer Forschungsgruppe am „Cosmotron Project"[(11)] war – als Vermittler getroffen wurde.

11) Ein Projekt, das zur Erforschung der Atomstrukturen und Kernteilchen initiiert wurde.

Obwohl selbst kein Kernphysiker, war Boerner doch in der Lage, Schaubergers Erklärungen zu übersetzen und in wissenschaftliche Form zu bringen. In einer Phase der Verhandlungen schlug Boerner vor, ein „multi-million dollar“ Implosionsforschungs-Zentrum unter seiner Federführung in Arizona zu errichten. Boerner unterbreitete seinen Vorschlag auch den Schaubergers, die ihn als Tatsache auffaßten, obwohl diese Idee von Gerchsheimer und Donner abgelehnt wurde. Nach Abschluß des Vertrages flog Donner nach Colorado Springs zurück.

Am 20. August 1958 wies Gerchsheimer die Schaubergers an, alles über Implosion niederzuschreiben, da in ungefähr drei Wochen eine entscheidende Konferenz abgehalten würde. Viktor sollte alles so niederschreiben – in seinen eigenen Worten – egal ob die von ihm verwendeten Begriffe korrekt oder verständlich wären oder nicht; denn das Extrakt würde man daraus schon ziehen. Mit Absender: P.O. Box 28, Sherman Texas. Viktor Schaubergers schriftliche Zusammenfassung wurde an Mr. Eric A. Boerner, National Atomic Research Laboratory, Brookhaven, Upton, New York State adressiert.

Das Niederschreiben aller wesentlichen Fakten dauerte 10 Tage, vom 20. bis 30. August 1958. Danach wurde das Wissen über die Implosion an Boerner weitergeleitet. Es schien so, als ob jede Kommunikation zwischen den Schaubergers und Gerchsheimer nur mehr sehr oberflächlich verlief, und keine Klarheit über Personen, das Projekt und Programme brachte. Die Schaubergers wurden nicht ganz über Boerner informiert und erfuhren schließlich doch, daß er der Direktor des „Cosmotron Projects“ war. Deswegen glaubten sie, daß er ein Experte für Energiefragen war. Im Zuge der Gespräche zwischen den Schaubergers und Boerner dämmerte es Walter Schauberger langsam, daß Boerner mit seiner Gruppe womöglich eine Bombe konstruieren könnte, deren Wirkung ein Vielfaches der Wasserstoffbombe wäre.

Boerners Einfluß überschätzend, glaubten die Schaubergers, daß alle ihre Informationen an die amerikanische Regierung und an das Militär weitergeleitet würden. Diese Annahme war gegen die Absichten der Schaubergers, deren oberstes Prinzip die Erhaltung und Förderung des Lebens war. Die Kartons mit den Unterlagen der Schaubergers aus Europa waren mittlerweile in Sherman eingetroffen. Bald darauf wurde die festgelegte Konferenz abgehalten, an der Viktor und Walter Schauberger, Robert Donner und Eric A. Boerner teilnahmen. Das erste der drei Treffen fand auf Totten's Ranch außerhalb von Sherman statt. Boerner erklärte, daß das „Project Implosion“ jetzt eine lebendige Sache wäre, da Viktor Schaubergers Ideen und Kernaussagen über Implosion in Einklang mit neuen physikalischen Erkenntnissen gebracht werden könnten. Ein Energiekonzept auf naturgesetzlicher Basis könnte realisiert werden. Aus Boerners Sicht bestand die Lösung des Energieproblems in der angemessenen Interpretation von Max Planck's Gleichung: $E = h\nu$, und der Hasenöhrl-Einstein Gleichung: $E = mc2$.

Walter Schaubergers Interpretation von c2 im Lichte der Implosionstheorie machte verständlich, auf welche Weise natürliche Energien akkumuliert werden. Dies ermöglichte eine vernünftige mathematische und physikalische Basis, auf welcher das „Project Implosion“ gedeihen sollte. Nun konnte ein neuer Start gemacht werden. Den Schaubergers wurde gesagt, daß eine vierjährige Forschungsperiode nötig sein würde, ehe sich Früchte zeitigen könnten. Das Energieproblem war das größte Problem der USA und dessen Lösung erforderte alle Bemühungen, besonders von Viktor und Walter Schauberger, welche ihren Aufenthalt in den USA auf acht Jahre verlängern sollten. Viktor war geschockt von dieser Mitteilung, acht Jahre in einem fremden Land bleiben zu müssen, isoliert durch die Sprache. Besonders war er aber enttäuscht, betrogen worden zu sein, da er vertraglich zugesichert bekommen hatte, nicht länger als drei Monate bleiben zu müssen. Man gab ihm zwei Tage Bedenkzeit, sich den Vorschlag zu überlegen. Die erste Konferenz wurde so beendet. Die zweite Konferenz wurde kurz nach der ersten angesetzt und fand in der Arbeitshalle der „Washington Iron Works“ – in der die aus Österreich eingetroffenen Kisten mit Schauberger-Unterlagen und Modellen gelagert wurden – statt. Einige Arbeiter erhielten den Auftrag, den Prototyp von Thurner aus Salzburg auseinanderzunehmen. Die Schaubergers mußten zusehen, wie brutal die Arbeiter dabei vorgingen ... mit Metallsägen, das machte Viktor sprachlos. Die Schaubergers wurden gebeten, die anderen in ein nahes Büro für weitere Gespräche zu begleiten. Sie (die Schaubergers) hatten viele Fragen aufgrund der vergangenen Ereignisse und drängten auf eine endgültige Klärung der Sachlage. Doch ihre Fragen wurden mit der Begründung, sie würden bei der nächsten Konferenz beantwortet, ignoriert. Viktor Schauberger vertraute seinem Sohn an, daß er darauf bestehen werde, nach Ablauf der dreimonatigen Frist nach Österreich zurückzukehren, ansonsten würde er nichts mehr über Implosion sagen.

Als Gerchsheimer am nächsten Tag erschien, teilte ihm Viktor Schauberger mit, daß er schweigen und nicht mehr mit ihnen kooperieren würde, wenn sie den Vertrag nicht einhielten. Drei Tage nach dem zweiten Meeting wurde Viktor Schauberger wieder ins Hospital gebracht. Sein Sohn begleitete Gerchsheimer nach Colorado Springs zu einem entscheidenden dritten Meeting, an dem Donner und Vertreter der „Eastern Oil Company and Trunk Line Company" teilnahmen. Diese waren, von ihren wissenschaftlichen Beratern begleitet, extra aus New Mexico angereist. Während Gerchsheimer bei Donner wohnte, wurde Walter Schauberger in einem Hotel in der näheren Umgebung untergebracht. Gerchsheimer lieh Walter Schauberger seinen weißen Mercedes, damit er am nächsten Morgen zu dem Meeting ins Broadmoor Hotel fahren konnte. Dieser fuhr jedoch nicht zu dem Meeting, sondern machte einen Ausflug in die Umgebung und kam erst am späten Nachmittag ins Broadmoor Hotel zurück.

Gerchsheimer war fuchsteufelswild darüber, daß Walter Schauberger nicht zu dem Meeting gekommen war, das ohne ihn zum Fiasko wurde. Walter Schauberger rechtfertigte sich, daß er einfach auf das Meeting vergessen habe. Diese Antwort brachte Gerchsheimer noch mehr in Rage, denn Walter Schauberger war ein hochintelligenter Mann und konnte doch nicht von heute auf morgen eine so wichtige Sache vergessen haben. Warum er dies tat, ließ sich nicht ergründen. Vielleicht lag es an seiner und seines Vaters Absicht, weitere Informationen über Implosion zurückzuhalten. Welche Gründe es auch immer waren, sie gefährdeten das ganze Projekt. Donner war ebenfalls sehr wütend; und nachdem er Gerchsheimer beauftragt hatte, die Schauberges nach Hause zu schicken, ließ er seinen Anwalt Mr. Ross einen letzten Vertrag aufsetzen, den die Schaubergers ehebaldigst unterschreiben mußten.

Zwei Tage später, am 13.9.1958, am späten Nachmittag, wurden die Schaubergers zum letzten Meeting in das Büro von Totten geholt. Daran nahmen außer den Schaubergers noch Totten, Donner, sein Anwalt und Gerchsheimer teil. Donner unterschrieb ein Dokument vor Viktor Schauberger und reichte diesem seinen goldenen Füller, es ebenfalls zu unterschreiben. Gerchsheimer reichte Viktor Schauberger das Dokument mit der Erklärung, daß er heim reisen dürfe unter der Bedingung, das Dokument gegenzuzeichnen. Der Inhalt war in Englisch und Viktor bat seinen Sohn um Hilfe. Walter Schauberger bestand darauf, daß das Dokument ins Deutsche übersetzt werden sollte, damit sein Vater lesen und verstehen konnte, was er unterzeichnete. Das paßte Gerchsheimer nicht, er wurde ungeduldig und sagte Viktor, daß er das Dokument getrost unterschreiben könnte, denn damit erfüllten sich alle sein Wünsche. Walter jedoch bestand darauf, daß der Vertrag seinem Vater wenigstens mündlich in Deutsch vorgelesen würde. Doch die Zeit lief davon und sie mußten sich fertigmachen für den Rückflug am nächsten Tag. Viktor Schauberger erklärte sich bereit, den Vertrag zu unterzeichnen, was immer er auch beinhalten würde. Walter Schauberger verlangte von Gerchsheimer eine Kopie des Vertrages. Erst später realisierte Viktor Schauberger, was er da unterzeichnet hatte. Es wurde ihm bewußt, daß er damit all sein geistiges Eigentum, alles, wofür er sich eingesetzt und wonach er gestrebt hatte, alle seine Modelle und Pläne an das Donner-Gerchsheimer Konsortium verloren hatte, und daß er und sein Sohn Walter über alles, was mit Implosion zusammenhing, in Europa strengstes Stillschweigen zu bewahren hatten.

Am 19. September flogen sie via New York zurück nach Europa. Im Flugzeug drückte Viktor seine Traurigkeit Walter gegenüber mit den Worten aus: *Ich besitze nicht einmal mehr mich selbst. Meine Gedanken, mein Innerstes haben sie mir genommen. Von allem, was ich getan habe, ist nichts übriggeblieben. Ich bin ein Mensch ohne Zukunft!* Nachdem sie Frankfurt erreicht hatten, fuhren sie mit dem Zug nach Linz, wo Viktor am 25. September 1958 verstarb[12].

So nahm das Leben Viktor Schaubergers, des nimmermüden Kämpfers für die Wahrheit in der Natur, ein trauriges Ende. Sein Schwiegersohn, Primarius Dr. Walter Luib, erinnert sich an die verhängnisvolle Amerikareise seines Schwiegervaters. Er hatte ihn als Arzt begleitet:

Der Vater hatte damals schon Herzprobleme gehabt, was sich beim Stiegensteigen bemerkbar machte. Deswegen benötigte er auch ärztliche Betreuung. Wir sind von Linz mit dem Zug nach Frankfurt zum Flughafen gefahren. Vater mußte im Flugzeug 12 Stunden sitzen, was ihm nicht sehr angenehm war. Wir waren ca. drei Tage in New York. Das war übers Wochenende. Ich hatte mir New York sehr lebhaft und bewegt vorgestellt, doch am Sonntag waren diese schnurgeraden Straßen ziemlich leer. Wir haben in New York den 73. Geburtstag vom Vater gefeiert. Am Montag darauf sind wir weitergereist nach Dallas, Texas, wo wir von

12) Callum Coats, „Living Energies"..., S. 15-28

Bekannten von Gerchsheimer abgeholt und nach Sherman gebracht wurden. Dort wurde Ike Eisenhower geboren. Danach wurden wir zu einem künstlichen Stausee, zu einem Ferienheim (einer Farm) gebracht und hielten uns dort einige Tage auf.

Vater hat sehr unter der Hitze dort gelitten, aber die Air-condition nicht vertragen. Was für ihn eine zusätzliche Belastung war. Was mir auffiel war, daß die ganze Arbeit der Mann verrichtete, wenn wir wo eingeladen waren. Die Männer bereiteten die Brötchen, öffneten die Bierdosen etc. Die Frauen leisteten den Gästen Gesellschaft. Sie rauchten mehr oder weniger. Vater erzählte dann im Kreise der Familie, deren Gäste wir waren, auch Gerchsheimer war dabei, seine Naturbeobachtungen. Nach drei Wochen mußte ich wieder zurück nach Linz ins Krankenhaus, denn ich hatte nur für diese Zeit eine Vertretung. Ich war damals Chirurg. Gerchsheimer besorgte dann für den Vater einen Sauerstoffapparat und ich ließ ihm Medikamente da. Aber sehr wohl fühlte Vater sich in dieser Hitze bei ca. 40 Grad Celsius nicht.

Ich beobachtete, daß die Kühe sich um das bißchen Schatten rauften, den ein Baum warf. Die Erde war verbrannt. Erst nachdem ich weg war, sind Vater und mein Schwager, Walter Schauberger, zu einem Mr. Dodd gefahren, das war auf ca. 1000 m Höhe. Dieser Mr. Dodd finanzierte uns den Flug und den Aufenthalt. Vater teilte dort Mr. Dodd seine Beobachtungen mit. Nach der Rückkehr aus Amerika bekam Vater einen Herzinfarkt; ich war dabei, das war in unserer Wohnung in Linz. Ich versuchte dann noch Herzmassage, aber es war leider zu spät.

Über Gerchsheimer meint Dr. Luib:

Meiner Meinung nach war Gerchsheimer ein Agent, davon lebte er. Ich war einmal ganz kurz in seiner Wohnung, das war in der Nähe von Houston. Er hatte dort ein kleines Häuschen. Seine Gattin war ebenfalls Deutsche. Sie hatten drei Töchter. Mein Eindruck war, daß er auf sein Geschäft schaute. Das war, daß er immer wieder irgendwelche Forscher suchte, von denen Mr. Dodd glaubte, daß sich ein gutes Geschäft machen ließe. Scheinbar war Gerchsheimer aber nicht so hundertprozentig von Vaters Thesen überzeugt. Alois Renner, der Konstrukteur meines Schwiegervaters, war nicht in Amerika und ist meines Wissens auch nicht nachgekommen.

Nach dem Ableben Viktor Schaubergers kümmerte sich Walter Schauberger darum, daß die Erkenntnisse, Ideen und Pläne seines Vaters nicht untergingen. Es kam zur Gründung des Biotechnischen Vereines in Neviges in Deutschland, dessen Obmann der früher erwähnte Alois Kokaly war. In diesem Verein trafen sich Idealisten, welche Viktor Schaubergers Erkenntnisschatz hüteten und in der Schriftenreihe „Implosion" veröffentlichen. Lange Zeit schien sich die Öffentlichkeit nicht für die Ideen des Försters zu interessieren. Doch seit den letzten zehn Jahren ist wieder ein vermehrtes Interesse an Schauberger'schem Gedankengut feststellbar. Dies nicht zuletzt, weil die ganzen Sünden des technischen Zeitalters, die Säumnisse in der Wasser-, Forst- und Landwirtschaft voll ersichtlich sind.

Kapitel 13

Was für ein Mensch war Viktor Schauberger?

Viktor Schauberger als Mensch zu beurteilen, ist nicht so einfach. Lebende Zeitzeugen gibt es kaum mehr. Eine objektive Beurteilung des Forschers und Entdeckers ist auch nicht gewährt, da als Hauptquellen zur Beurteilung seiner Person primär seine Selbstzeugnisse, Aufsätze und Abhandlungen in diversen Schriftenreihen und Zeitungen zur Verfügung stehen. Ich hoffe jedoch, daß sich der Leser bisher selbst ein Bild von dem Mann mit dem wallenden Vollbart, den stechenden Augen und der Hakennase machen konnte.

Eine kurze Beschreibung durch seine in Wien lebenden Tochter, Huberta Böhm, Witwe des unvergeßlichen schauspielerischen Multitalents Maxi Böhm, läßt uns einen kurzen Eindruck von Schaubergers Persönlichkeit gewinnen:

Mein Vater hat das ganze Leben hart gearbeitet, er war ein wirklich unglaublicher Mensch. Leute aus der ganzen Welt sind damals zu uns nach Wien gekommen – ich war noch ein Kind – und haben mit ihm gesprochen. Obwohl sie von seinen Ideen fasziniert waren, haben sie ihn nicht verstanden. Er hat andere Worte geprägt, mit denen er seine Erkenntnisse ausdrückte. Worte, die nicht wissenschaftlicher Natur waren, denn seine Erkenntnisse hat er rein aus der intuitiven Anschauung der Natur gewonnen. Die Gespräche waren deshalb auch sehr schwierig, und er hat oft stundenlang erklärt und sich bemüht, den Gesprächspartnern die Sache verständlich zu machen. Und am Ende der langen Unterhaltungen hatte er gemerkt, daß sie es nicht verstanden haben, was ihn wahnsinnig deprimierte. Was ihn am meisten störte war die Tatsache, daß diejenigen die über alles bestimmten – studierte Schreibtischhengste – von der Natur keine Ahnung gehabt haben. Er und seine Vorfahren waren ja alle naturverbundene Menschen gewesen, die ihr Leben im Wald verbracht hatten. Mein Vater war zusätzlich zu dieser Naturverbundenheit ein intuitiv begabter Seher. Er hat alles Gedankliche plastisch erlebt; das war manchmal so stark, daß es ihn fast gesprengt hat.

Er hat viele Patente gehabt, was ein Vermögen gekostet hat. Wäre er bei einer

Sache geblieben, wie z.B. bei der Holzschwemmanlage, und hätte er diese Sache voll ausgeschöpft, wäre er ein wohlhabender Mensch geworden. Aber er konnte nicht, es ist ihm ununterbrochen zugeflossen, er mußte einfach weiter. Kaum hat er das eine erkannt, hat er es aufgeschrieben und aufgezeichnet. Hat er das Gefühl gehabt, daß es richtig ist, hat er schon das nächste begonnen.

In dieser Hinsicht waren sich Viktor Schauberger und der Forscher und Erfinder Nikola Tesla ähnlich. Kaum hatte dieser eine Sache verstanden, hat er sie (geistig) abgehakt und sich der nächsten zugewandt[1]. So kam es, daß viele Entdeckungen (Erfindungen) von Tesla vorerst auf der Strecke geblieben sind und später von anderen Forscher aufgegriffen, weiterentwickelt und unter deren Namen veröffentlicht wurden. Wären Tesla und Schauberger bei einer Sache geblieben, so wären sie in kurzer Zeit wohlhabende Leute geworden. Doch der Forschergeist trieb sie weiter.

Diese Idealisten hatten niemanden, der ihnen den Klimbim rundherum abgenommen hätte. Schaubergers Motivation war auch nicht das große Geld, das er durch seine Erfindungen verdienen hätte können. Sein Anliegen war es vielmehr, den Menschen den Weg aus der ökologischen Krise zu zeigen, welche, seiner Meinung nach, die konventionelle Technik verschuldet hatte. Doch zu jener Zeit, als er die technischen Maßnahmen in Land-, Forst- und Wasserwirtschaft als naturwidrig und -zerstörerisch anprangerte, war von einer ökologischen Krise nichts zu sehen. Wegen seiner Vorhersage von zukünftigen Naturkatastrophen und Umweltproblemen wurde er als Narr abgestempelt. Dazu sagt seine Tochter, Frau Böhm:

Mein Vater war damals seiner Zeit um vieles voraus. Er tätigte den Ausspruch: Wer seiner Zeit hundert Jahre vorauslebt, wird nicht vom Gegenwärtigen überrascht! Wie er das alles gesagt hat, war von dem alles nichts zu spüren. Die Flüsse und Wälder waren noch in Ordnung. Als er den Ausspruch tätigte, daß gegen Ende dieses Jahrhunderts ein Liter Wasser teurer sein wird als ein Liter Wein, haben alle gesagt, er spinnt, wir haben doch eh so viel Wasser und so viel Holz. Und es ist unerhört, daß es genauso eintrifft, wie er es vorausgesagt hat.

---

1) Cheney, Margaret, "Nikola Tesla, Erfinder, Magier, Prophet", Omega Verlag Düsseldorf, 1995

Vielleicht wird man angesichts der vielen Naturkatastrophen heute den Aussagen Schaubergers mehr Aufmerksamkeit schenken. Heute sind wir ja mit den ökologischen Problemen konfrontiert. Dabei stellt sich auch die Frage, warum sich Schaubergers Erkenntnisse nie durchgesetzt haben? Die Beantwortung dieser Frage hängt von vielen Faktoren ab. Zum einen lag es an Schaubergers Vorsicht, da er letzte Details stets für sich behalten hatte. Er glaubte, daß die Menschen noch nicht reif wären, seine Sache in vollem Umfang zu verstehen. Zum anderen lag es an dem Umstand, daß seine Thesen den geltenden wissenschaftlichen Thesen widersprachen. Als Laie wurde Schauberger von der Wissenschaft nicht ernst genommen, obwohl er seine Theorien praktisch beweisen konnte. Darüber mehr im Kapitel Schauberger und die Wissenschaft.

Woher hatte Schauberger sein Wissen?

Diese Frage läßt sich nicht so einfach beantworten. Lassen wir wieder seine Tochter, Frau Böhm, zu Wort kommen:

Ich habe lange daheim gewohnt und habe das miterlebt, wie er z.B. nächtelang an einer Schreibmaschine gesessen ist und durchgearbeitet hat. Er hat nie nachgedacht oder ausgebessert, sondern, so wie es gekommen ist, hat er es niedergeschrieben. Danach wußte er nicht mehr, was er eigentlich geschrieben hatte. Da waren Leute da am Vortag und sind am nächsten Tag wieder gekommen. Die waren ganz erstaunt, als sie das gelesen haben, was mein Vater über Nacht geschrieben hatte. Sie fragten ihn, wann er das geschrieben habe, daß er das unmöglich in einer Nacht geschrieben haben kann. Das war in Wien, in Hadersdorf Weidlingau. Dort haben wir bis zur Mitte des Krieges gewohnt, dann ist mein Vater mit meiner Mutter nach Leonstein bei Linz verlegt worden, wo er in einem Sensenwerk an seinen Projekten arbeitete. Er wurde dort von SS-Leuten bewacht. Wir Kinder blieben in Wien zurück, bis die Russen vor der Tür standen. Danach kamen auch wir zu unseren Eltern nach Leonstein.

Frau Böhms Schilderungen zufolge war ihr Vater medial veranlagt. Er empfing sein Wissen von einer über- oder außernatürlichen Quelle. Nennen wir es Eingebung, Einfall, Zufall, Erleuchtung oder von Gott gegeben. Die Frage stellt sich auch bei jedem erfolgreichen Künstler und Komponisten, der Einmaliges schafft oder geschaffen hat. Univ. Prof. Dr. Herbert Pietschmann vom Institut für theoretische Physik an der Universität Wien hat dem Phänomen des schöpferischen Elementes nachgespürt[2]. Woher schöpferische Menschen ihre Kreativität beziehen? Er zitierte Beethoven, der an den dreißig Jahre jüngeren Louis Schlösser schrieb:

Sie werden mich fragen, woher ich meine Ideen nehme? Das vermag ich mit Zuverlässigkeit nicht zu sagen; sie kommen ungerufen, mittelbar, unmittelbar, ich könnte sie mit Händen greifen, in der freien Natur, im Walde, auf Spaziergängen, in der Stille der Nacht, am frühen Morgen, angeregt durch Stimmungen, die sich bei dem Dichter in Worte, bei mir in Tönen umsetzen, klingen, brausen, stürmen, bis sie endlich in Noten vor mir stehen[3].

Man hat herausgefunden, daß viele Künstler während ihrer oft kurzen Lebenszeit nie so große Leistungen vollbringen hätten können, wenn ihnen nicht das Wissen, die Komposition, quasi das fertige Stück aus einer höheren Quelle „zugeflossen" wäre. Schauberger war zwar kein Komponist, aber die Art und Weise, inspirierende Gedanken einzufangen, ist im Grunde genommen bei jedem kreativen Menschen dieselbe.

Man kann daher sagen, daß die Leistung dieser Menschen primär im Offen- oder Empfänglichsein für solche Eingebungen besteht, als daß ihre Werke große Gedächtnisleistungen wären. Kreativität, Schöpfergeist, hat also sehr wenig mit Gedächtnisleistung ergo mit dem vielgepriesenen wissenschaftlichen Parameter des Intelligenzquotienten („IQ") zu tun.

Joseph Weizenbaum, Professor für Computer-Wissenschaften am Massachusetts Institute of Technology, USA, beschreibt die Folgen, die sich aus der berbewertung der meßbaren Intelligenz gegenüber dem nicht quantifizierbaren Gefühl ergeben:

Es gibt wenige „wissenschaftliche" Theorien, die das Denken von Wissenschaftlern und Laien stärker in Verwirrung gestürzt haben als die des „Intelligen-

2) Pietschmann, Dr. Herbert, "Die Wahrheit liegt nicht in der Mitte", Weitbrecht Verlag, Stuttgart, Wien, 1990

3) Ebd. S. 165, 166

zquotienten" oder des „IQ". Die Vorstellung, Intelligenz könne entlang einer simplen Linearskala quantitativ erfaßt werden, hat unsere Gesellschaft vor allem auf dem Gebiet des Erziehungswesens unsäglichen Schmerz zugefügt. Sie hat beispielsweise die riesige Bewegung für Begabungstests in den Vereinigten Staaten hervorgebracht, die den Verlauf der akademischen Karriere von Millionen Studenten und damit auch den Qualifikationsgrad stärkstens beeinflußt, den diese möglicherweise erreichen[4].

Viktor Schauberger war sich dessen bewußt, er lehnte ja instinktiv die akademische „Intelligenz" und die Intellektuellen ab. Wie früher erwähnt, bezog er sein Wissen nicht aus Lehrbüchern, sondern aus der intuitiven Beobachtung der Natur. Er konnte, um es mit Goethe zu sagen, mit den Augen sehen, was vor den Augen liegt. Was ein unmittelbares Verstehen des Beobachteten bedeutet.

Für Schauberger war es problematisch, seine Beobachtungsergebnisse in eine allgemein verständliche Sprache zu bringen. Deshalb hatte er die größte Mühe, seinen Gesprächspartnern die Sache zu erklären. Er drückte seine Erkenntnisse in einer bildhaften, symbolischen Sprache aus, die sich streng von der abstrakten Sprache der Wissenschaft unterscheidet. Wer in Schaubergers Erkenntnisse eindringen will, muß ein gewisses Maß an Vorstellungskraft besitzen. Das wird auch ein Faktor sein, warum sich seine Erkenntnisse bisher nicht durchgesetzt haben.

Wasser als Wissensquelle

Frau Böhms Schilderungen zufolge wäre ihrem Vater das Wissen während des Schreibens zugeflossen. Er selbst beschrieb, wie ihm Wissen aus einer anderen Quelle zufloß:

... So zog es mich immer wieder hinaus in den Wald, und stundenlang konnte ich das Fließen des Wassers beobachten ohne müde oder verdrossen zu werden. Ich wußte damals noch nicht, daß das Wasser der Träger des Lebens oder der Ur-

---

4) Zitiert in: "Das Ende des naturwissenschaftlichen Zeitalters", Dr. Herbert Pietschmann, Weitbrechtverlag.

quell dessen ist, was wir als das Bewußtsein bezeichnen. Ahnungslos ließ ich das fließende Wasser an meinen suchenden Augen vorüberrinnen und wurde erst nach Jahren gewahr, daß dieses rinnende Wasser unser Bewußtsein magnetisch anzieht, ein Stück mitnimmt, mit einer Kraft, die oft so stark wirkt, daß man das eigene Bewußtsein vorübergehend verliert und unfreiwillig tief einschläft.

Und so begann ich nach und nach mit diesen Kräften des Wassers zu spielen und gab dieses sogenannte freie Bewußtsein hin, um es vorübergehend dem Wasser zu überlassen. Nach und nach wurde aus diesem Spiel ein tiefer Ernst, weil ich sah, daß man das eigene Bewußtsein aus dem Körper entbinden und in das Wasser einbinden konnte. Nahm ich es wieder an mich, dann erzählte mir das dem Wasser geborgte Bewußtsein oft seltsame Dinge(5).

Wasser war das zentrale Element, mit dem sich Schauberger sein ganzes Leben beschäftigte. Schon als Kind gab ihm seine Mutter den Rat, wenn er einmal nicht mehr ein oder aus wisse, solle er zur Quelle gehen, denn dort würden die Seelen der Verstorbenen gen Himmel ziehen – und sie, seine Mutter, würde ihm dann Rat erteilen. Ähnlich formuliert es der berühmte Indianerhäuptling Chief Seattle in einer Rede: *Dieses glitzernde Wasser, das in den Flüssen und Bächen fließt, ist nicht nur Wasser, sondern das Blut unserer Vorfahren*(6).

Erinnerung an vergangenes Wissen

Schauberger glaubte auch, daß durch das Blut Wissen früherer Generationen übertragen würde. Diese Gabe nannte er „Erberinnerung“, oder die Fähigkeit des sich Zurückerinnerns. Wie auch schon Platon bemerkte: *Alles Wissen ist Erinnerung.* Damit meinte er, daß Lernen – so wie jeder schöpferische Akt – eine Erinnerung an unbewußt Gewußtes sei(7).

Auf die Frage, was Schauberger sich unter „Erberinnerung“ vorstelle, antwortete er, *daß alles korpuskulär sei, auch Licht und Energiewellen. Die Materie sei starrgewordene Energie. Das gleiche gelte auch für das Blut, das ein mate-*

---

5) Brief an Prof. Werner Zimmermann. "Mensch und Technik", Sonderheft, 24. Jahrgang 1993

6) Kaiser, Rudolf, "Die Erde ist uns heilig", Verlag Herder Freiburg im Breisgau, 1992, S. 85

7) Zitiert in: "Die Wahrheit liegt nicht in der Mitte", Dr. Herbert Pietschmann, Weitbrecht Verlag, Stuttgart, Wien, 1990. S. 168, 169

rialisierter Energiestrom sei, in welchem Energieträger vergangener Generationen weitergeführt würden. Für diejenigen, die Erberinnerung besäßen, sei es demnach möglich, aus ihrem Blut das gesammelte Wissen herauszuholen[8].

Karl R. Popper behauptet, daß alles, was wir wissen, genetisch a priori wäre. Er meint damit, daß Wissen – unabhängig von unserer Erfahrung (Wahrnehmung) der Wirklichkeit – bereits existieren würde. Konrad Lorenz hingegen vertritt die Ansicht, daß unsere Ur-Urahnen Dinge durch Wahrnehmung kennengelernt hatten, die dann irgendwie von der Wahrnehmung ins Genetische übernommen wurden[9].

Schauberger's Gedanken ähneln denen von Konrad Lorenz, indem er meinte, daß der Mensch Träger von Wissen vergangener Generationen sei. Wir müßten uns lediglich daran erinnern. Er glaubte, daß dieses Wissen im Blut des Menschen gespeichert sei, und durch eine Erinnerung ausgelöst, wieder ins Bewußtsein treten könnte. Die Erinnerung wäre bei ihm vornehmlich durch Naturbeobachtungen ausgelöst worden.

Schauberger war davon überzeugt, die Gabe der Erberinnerung zu besitzen. Er wußte, ohne Beweise sammeln zu müssen. *Ein mit Erberinnerung begabter Mensch bräuchte, so Schauberger, auch nicht zu spekulieren, da dieser den Unterschied zwischen neuzeitlichem und vorzeitlichem Wissen sehe und daher zwischen Wissenschaft und Wissen wählen könne*[10].

Schon Goethe ließ Mephistopheles im Faust sagen: *Ich sag dir: ein Kerl, der spekuliert, ist wie ein Tier auf dürrer Heide; von einem bösen Geist im Kreis herumgeführt, und ringsumher liegt schöne grüne Weide.*

Man darf die ganze Sache nicht einseitig, zugunsten des Gefühls bewerten. Wir haben ja auch Verstand mitbekommen, der uns hilft, zu werten und zu unterscheiden. Nicht alles intuitiv Empfangene ist grundsätzlich gut oder wahr, sondern es sollte auch hinterfragt werden. Dadurch lebt die alte Frage wieder auf, ob Erkenntnis der Wirklichkeit rein rational möglich ist. Kann man die Welt wissenschaftlich, also rational, beweisen? Wenn nicht, dann bleibt uns nur die Möglichkeit, an sie zu glauben, wie an Gott.

Viktor Schauberger, der intuitive, in die Zukunft blickende Seher behauptete, daß die Wissenschaft in ihrer jetzigen Form langsam aber sicher un-

---

8) Alexandersson, Olof, "Lebendes Wasser", Ennsthaler Verlag, Steyr, 2. Auflage 1994, S. 137
9) Popper, Karl, R., "Alles Leben ist Problemlösen", Piper Verlag, 3. Auflage 1997, S.127 ff.
10) Alexandersson, Olof, "Lebendes Wasser", Ennsthaler Verlag, Steyr, 2. Auflage 1994, S. 137

sere Lebensgrundlagen zerstören würde. Vorausschauend sagte Schauberger:

Der wirksamste Schutz der Natur ist die Hinfälligkeit des Menschen, seiner Werke und seiner Handlungen, deren Auswirkungen ihn früher oder später selbst vernichten müssen, weil ein Großteil seiner heutigen Handlungen allem Natursinn entgegengerichtet sind. Daher ist es auch seit jeher nur eine Frage der Wirksamkeit seiner Handlungen und nur immer eine Frage des Erreichens einer bestimmten Kulturhöhe, wann die rückläufige Bewegung einsetzt und wann alles mit vieler Sorge und mit Schweiß Erbaute wieder in sich zusammenbrechen muß. Hat der Mensch diese Stufe erreicht, so wird die Natur ihren größten Feind ganz von selbst los und mit neuer Macht wird sie wieder aufbauen, was die Menschen durch ihre Arbeit zerstört haben.

Bei Sophokles' Antigone heißt es am Anfang eines Chorliedes, das die bewundernswerten Kulturleistungen des Menschen von der Schiffahrt bis zur Heilkunst staunend aufführt, um schließlich vor eben diesem doppelgesichtigen technischen Vermögen des zu allem fähigen Menschen zu erschaudern:

Im Erfinderischen der Kunst eine nie erhoffte Gewalt besitzend, schreitet er bald zum Guten bald zum Bösen. Was soviel wie „äußerst befähigt" und „äußerst gefährlich" bedeutet; und auf die tragische Bestimmung des Menschen hinweist, die ihm gesetzten Grenzen immer wieder kühn zu überschreiten und so immer wieder gerade an seiner Größe zu scheitern.

Davon leitet sich der bekannte Ausspruch ab: *Viel Ungeheures ist, doch nichts so Ungeheures wie der Mensch*[11].

Viktor Schauberger war höchst befähigt, doch seine Sturheit hat ihm viele Wege verbaut. Da halfen ihm auch die guten Beziehungen und Kontakte seiner Mäzenin Mäda Primavesi nichts (Siehe Kapitel 6). Damit kommen wir zu einem Faktor, der in Schaubergers Leben eine große Rolle spielte: Frauen verstanden ihn anscheinend viel besser als Männer. Er sagte, daß Frauen intuitiver seien als Männer. Sie würden mehr mit dem Herzen denken, und stünden deshalb seiner Sache aufgeschlossener gegenüber. Seine Naturphilosophie baute ja zu zwei Drittel auf weiblichen Komponenten auf. Die „Implosion"

---

11) Veni Vidi Vici, Geflügelte Worte aus dem Lateinischen, Klaus Bartels, dtv, München 1992

ist eine weibliche, saugende, ziehende Kraft. Die Erde selbst, die Allmutter, ist ebenfalls weiblich. Seine erste Ratgeberin war eine Frau: seine Mutter. Einer Frau (Fürstin Schaumburg-Lippe) verdankte er den Auftrag für seine erste Holzschwemmanlage, gegen allen Widerstand der Männer. Eine Frau war seine größte Förderin, die vorhin erwähnte Mäda Primavesi. Mit der Wissenschaftlerin Dr. Dagmar Sarkar aus London stand er in engem Briefkontakt. Trotzdem litt Schauberger unter dem Problem, in seiner Heimat nicht verstanden worden, ja nicht einmal erwünscht gewesen zu sein. Über seine „Mission", sein autoritäres Auftreten schrieb Olof Alexandersson, schwedischer Biotechniker und erster Verfasser eines Buches über Viktor Schauberger:

... Der Mangel an Mitteln führte ihn immer wieder davon weg, das klare Bild der Wirklichkeit, das er in sich trug und an dem er nie gezweifelt hatte, verwirklichen zu können. Er wußte, und mit dieser Autorität verurteilte er Wissenschaft, Technik und Politik. ... Er hatte sich nicht selbst auserwählt, er war auserwählt, um diese umstürzlerischen Lehren verkünden zu dürfen. Man hat sich über seine selbstsichere Sprache aufgeregt, über sein richtendes Wort. Aber da hatte man ihn nicht verstanden, daß er nicht in eigener Sprache sprach!
... Er wußte, daß er Recht hatte, gleichzeitig aber zauderte er so lange wie möglich, all sein Wissen mitzuteilen. Er fürchtete ständig, daß seine Entdeckungen von naturfremden Menschen mißbraucht würden. Daher sprach er in verschlüsselter Sprache ... Es liegt eine tiefe Tragik darin, daß er es nicht länger ertragen konnte, seine Geheimnisse zu verstecken, weil die Zerstörung der Grundlage des Lebens immer alarmierendere Ausmaße annahm und er unfreiwillig dazu gezwungen wurde, das zu tun, was er in seinem Leben am meisten fürchtete: seine Perlen vor die Säue werfen zu müssen[12]*...*

Heinrich Malzkorn(†), pensionierter Dorfschullehrer und Präsidialmitglied im Deutschen Naturschutz aus Brüggen am Niederrhein, sowie Herausgeber der Zeitschrift *Das Weltgewissen*, schilderte seine Begegnung mit Viktor Schauberger in Linz:

Als ich dem 72-jährigen, geistig frischen und elastischen Biologen und Forstmann gegenüber saß, und er mir den historischen Werdegang seiner selbst und sei-

---

12) Alexandersson, Olof, "Lebendes Wasser", Ennsthaler Verlag, Steyr, 2. Auflage 1994 S. 137, 138

ner Naturkraft-Entdeckungen schilderte, war es mir, als läse ich in einem alten, längst vergessenen schönen Buche von menschenfreundlichen Wesen in Wäldern, Bächen und glasklaren Bergquellen[13].

---

13) Malzkorn, Heinrich, "Das Weltgewissen", II. Jahrgang, Nr. 3, April 1956, S. 1, 2

Kapitel 14

Viktor Schaubergers Herkunft

Die Schaubergers waren ein altes Jäger-, Fischer-, Förster- und Holzmeistergeschlecht, deren Herkunft sich nach den zugänglichen Quellen bis ins 17. Jahrhundert in das Dorf Gsenget, im bayerischen Böhmerwald, zurückverfolgen läßt. Als älteste Eintragung werden in den Kirchenbüchern von Waldkirchen ein Andreas Schauperger, †18.5.1663 und ein Blasi Schauberger, †29.1.1712, beide Jäger in Gsenget, erwähnt. Aus der im Jahre 1686 erfolgten Verbindung zwischen Stephan Schauberger, Gsenget und Barbara Reichenberger, Altreichenau, stammt Johann Adam Schauberger ab, mit dem die Schauberger-Linie beginnt, von der Viktor abstammt[1]. (Siehe Stammbaum, Anhang.)

Am 30.6.1885 erblickte Viktor Schauberger, als achtes von zwölf Kindern seiner Eltern Leopold Schauberger[2] und Josefa, geborene Klimitsch[3], in Holzschlag am Plöckenstein im Böhmerwald das Licht der Welt. Vier seiner Geschwister verstarben noch im Kindesalter. Die zwei Brüder vor ihm, die zu den vier verstorbenen Geschwister zählten, hießen mit Vornamen ebenfalls Viktor[4]. So ist unser Viktor der dritte Viktor in der Familie von Leopold Schauberger.

Mag. Friedrich Schauberger-Bruck, ehemaliger Apotheker aus St. Pölten, ein Neffe Viktor Schaubergers, hat Ahnenforschung betrieben und seine Ergebnisse in seinem Schauberger Merkbüchl[5] veröffentlicht. Auch er stoßt bei seinen Forschungen auf den „Stammvater" Johann Adam Schauberger. Bei den Kindern Johann Adams trennt sich die „Viktor-Linie" jedoch von jener der Vorfahren Schauberger-Brucks. Mit Adams Sohn, Johann Georg Schauberger[6],

---

1) Haertel, Friedl, Jäger Gelegenheitsfunde, Blätter des Bayerischen Landesvereins für Familienkunde, 53. Jahrgang, 1990, S. 95,96

2) *30.3.1838, Vorderanger 1, †5.1.1911, Aigen im Mühlkreis.

3) *16.1.1849, †18.12.1920, Aigen im Mühlkreis.

4) Angaben über die Familie Schauberger stammen aus den Kirchenbüchern der Pfarre Ulrichsberg. Zur Verfügung gestellt von Pater Dr. Isfried Pichler, vom Stift Schlägl, Aigen im Mühlkreis.

5) Schauberger-Bruck, Mag. Friedrich, Schauberger Merkbüchl, Selbstverlag des Verfassers, A-3100 St. Pölten, Josefstraße 81.

6) *18.4.1725, †1.10.1812, Jäger in Ulrichsberg.

pflanzte sich die Schauberger-Linie bis zu Viktor fort. Jener gilt auch als der Begründer der oberösterreichischen Schauberger-Linie.

Viktor Schauberger wurde in einer Gegend geboren, die durch den großen Dichter Adalbert Stifter und seine Werke Berühmtheit erlangte. Der Hochwald, das Epos Witiko, um nur zwei zu nennen, spielen sich im Bereich des Dreisesselberges (Dreiländerberges) ab. Historisch gesehen hat sich an diesem Schnittpunkt dreier Länder, Oberösterreich, Bayern und Böhmen, viel zugetragen: Bestimmung, Verletzung und Verschiebung von Territorialgrenzen, erlaubte und verbotene Jagd- und Waldnutzung, das Vordringen der Besiedlung, Handelsverkehr und Schmuggel etc.[7].

Geographisch gesehen ist das Gebiet des Dreisessel-Plöckenstein-Massiv eines der größten zusammenhängenden Waldgebiete Mitteleuropas[8]. Dieses Gebiet bildet auch die Hauptwasserscheide zwischen Nordsee und Schwarzem Meer. Kalte und Warme Moldau vereinigen sich zur Moldau, die in die Elbe fließt. Der Michelbach in Bayern sammelt viele Gebirgsbäche wie Schimmelbach, Riedelsbach und Gegenbach (der Gegenbach entspringt unterhalb der sogenannten Dreieckmark und bildet die Grenze Bayern-Österreich), auf österreichischer Seite wird daraus die Große Mühl[9] die in die Donau fließt[10].

Einer der größten Waldbesitzer in dieser Gegend ist die Kirche. Im Jahre 1522 verkaufte Graf Johann von Hardegg um 900 Pfund Pfennig den ganzen großen Klafferwald, zwischen Gegenbach, Klafferbach und Großer Mühl bis hinauf zum Plöckenstein, mitsamt den damals einzig darin gelegenen beiden Dörfern Klaffer und Freundorf und allen zugehörigen Rechten, an den Propst des Stiftes Schlägl, Siegmund Zerer (1522-1533)[11].

Wie schon eingangs erwähnt, ging es in dieser Gegend nicht immer sehr friedlich zu. Im 18. und 19. Jahrhundert trieben die Wilderer und Schwärzer (Schmuggler) ihr Unwesen. In ganzen Horden fielen Wildschützen und Räuber aus dem Bistum Passau vor allem in Böhmen ein. Die Jäger[12] wurden ih-

---

7) Praxl, Paul: Der Dreiländerberg, Verlag Morsak, Grafenau, 2. Auflage 1991. S. 8

8) Ebd. S. 26

9) Namensgeber des „Mühlviertels“

10) Praxl, Paul: Der Dreiländerberg, Verlag Morsak, Grafenau, 2. Auflage 1991 S.16

11) Ebd. S. 36

12) Schwarz, Dipl.-Ing. Mili, Die St. Eustachius-Jägerbruderschaft in Frauenberg an der Moldau, Schwarzenbergischer Almanach, 1980, S. 160. „Die Berufs- oder Standesbezeichnung „Jäger“ wur-

rer nicht mehr Herr. Es wurden ihnen Adjunkten zur Seite gestellt, aber ohne Erfolg. Sogar Militär wurde zur Hilfe herangezogen, was enorme Unkosten verursachte, aber auch keinen Erfolg brachte. Die Schwärzer (Schmuggler) aus Passau brachten ihre Waren nach Budweis und auf dem Rückweg schossen sie „gar manches Wild“[13]. Sie agierten rücksichtslos gegenüber jedem, der sich ihnen in den Weg stellte. So mancher Jäger (Förster) mußte dafür mit seinem Leben bezahlen.

So erging es auch Josef Schauberger, als er sich dem Wilderer Mathias Nachbar, Inwohnerssohn von Frauenberg, am 21.9. 1799, nachmittags, in der Nähe des Hochsteinfelsens am Dreisesselberg in den Weg stellte. Ihm zu Ehren wurde dort eine Gedenktafel angebracht, die an den Tod des Hochfürstlich passauischen Jägers, Josef Schauberger aus Gsenget, erinnert[14].

Zum 150. Todestag von Josef Schauberger wurde im Rahmen des ersten Familientages der Schauberg'schen Verwandtschaft in der Pfarrkirche Neureichenau eine feierliche Seelenmesse für den Verblichenen zelebriert. Hierauf wurde der Gedenkstein, der nächst dem Hochstein in den Felsen eingelassen ist, vom Hofrat Dipl.-Ing. Adolf Schauberger, gewesener Hofjagdleiter in Bad Ischl, in Gegenwart der Schauberg'schen Verwandtschaft und vieler Jäger dem Herrn Forstmeister Henseler in Neureichenau zu treuen Händen übergeben[15].

Viktor Schaubergers Geburtsort Holzschlag liegt am Klafferbach, der in die Große Mühl fließt. Hier konnte der Knabe den Schwemmknechten beim Schwemmen von Bloch- und Brennholz zuschauen, welche Beobachtung ihm später noch sehr nützlich wurde. Eine weitere Bekanntschaft mit dem kühlen Naß kostete ihn als vierjährigen Knaben fast das Leben. Erzählungen der alten Förster und Jäger zufolge sollen die Seelen der Verstorbenen flußaufwärts gen Himmel ziehen. Viktor wollte dies an Ort und Stelle untersuchen. In einem Brief an einen Dr. M.G. schrieb Viktor im Jahre 1954, wie es ihm dabei ergangen ist (auszugsweise):

---

de im Jahre 1848 über Antrag des Winterberger Forstmeisters Joseph John, als Vertreter der St. Eustachius Jägerbruderschaft, von Fürst Adam Franz Schwarzenberg durch „Förster“ ersetzt. Es wurden neue Bezeichnungen als Dienstgrade geschaffen, wie Revierförster, Reitförster, Oberförster. Die Bezeichnung „Jäger“ wurde von jedem Landbuben verpönt.“

13) Ebd. S. 154-159

14) Ebd. S. 155

15) Schauberger-Bruck, Mag. Friedrich , Schauberger Merkbüchl, S. 201

Als etwa vierjähriger Junge wollte ich diese Seelenwanderung ansehen und fiel dabei ins eiskalte Wasser. Die Magd riß mich heraus und verabreichte mir derbe Schläge und schüttelte damit das eingezogene Wasser aus Lunge und Magen. (...) Meine Mutter gab mir während des Kleiderwechsels die Belehrung: „Dummer Bub, wie kann man denn zum Wasser gehen, wo doch die armen Seelen bergwärts ziehen, dich an- und einziehen, du ertrinken, sterben und dann auch mitziehen mußt. Erst wenn du groß bist" – fuhr sie fort – „und einmal schwere Sorgen hast, dann, mein Junge, gehe zum Quellbach, in dem auch meine Seele sein wird, die dir meinen mütterlichen Rat gibt und dir so helfen wird, wenn ich auch nicht mehr auf Erden bin[16]*."*

Viktor Schauberger besuchte von 1891-1897 die Volksschule in Aigen. Von 1897 bis 1900 besuchte er das akademische Staatsgymnasium in Linz, Spittelwiese 14. Sein Vater wollte unbedingt, daß er auch die Universität besuche. Die Kinder sollten es einmal besser haben als die Eltern. Doch Viktor wollte partout nicht an die Universität, sehr zum Verdruß seines Vaters. Sein Berufsziel stand unverrückbar fest, er wollte Förster werden. Nichts konnte ihn von diesem Vorhaben abbringen. In einen Brief an Dr. Dagmar Sarkar[17], London, schrieb er:

Mein Vater, ein Förster, wollte mich zwingen, die höhere Beamtenlaufbahn einzuschlagen. Ich wollte aber nur wieder ein Förster oder Jäger werden, was meine Vorfahren seit Jahrhunderten waren. Meine Mutter unterstützte mich heimlich und sagte immer wieder: „Bleibe bei dem Beruf deiner Ahnen, die als seinerzeitige Adelige den Wahlspruch ‚Fidus in silvis silentibus' „(Treu den schweigenden Wäldern) hoch in Ehren hielten[18]*."*

---

16) Implosion 19, S. 18

17) Dr. Sarkar lebte bis zu ihrem Tode (1996?) in Südindien. Sie war eine Kosmopolitin, englisch-deutsch-russischer Herkunft. Der Verfasser besuchte sie während eines Aufenthaltes in Südindien im Jahre 1993. Sie lebte dort unter für uns Europäer unzumutbaren hygienischen Verhältnissen. Dr. Sarkar stand in Korrespondenz mit vielen wissenschaftlichen Instituten auf der ganzen Welt. Sie führte während ihrer Zeit in London einen regen Briefwechsel mit Viktor Schauberger. Zuletzt leitete sie die Academy of Ethical Science in Madras, Südindien.

18) Implosion 51, S. 5

Dem Berufswunsche Schaubergers stellten sich aber von allem Anfang an zahlreiche Hindernisse entgegen:

In erster Linie schien ich meinem Vater, einem fast zwei Meter großen und breitschultrigen Mann, den die Wildschützen und Schwärzer wie den Teufel fürchteten, für diesen, damals sehr gefährlichen Beruf, zu schwach. Oder, wie er sich auszudrücken pflegte, „zu z'nichtig". Zweitens wollte der Vater mit allen seinen sechs Buben hoch hinaus. Sie sollten wieder die Herren werden, die ihre Vorfahren waren, bevor sie zur Urfehdeschwörung von ihrer festen Donauburg weg nach Passau gelockt und dort von bischöflichen Söldnern auf Befehl überwältigt, zum Teil gerichtet, bzw. als Landpfleger in die bayrischen Urwälder verbannt wurden[19].

Wegen Zwistigkeiten mit seinem Vater in dieser Sache riß er von zu Hause aus und lebte eine Zeit lang im Wald. Seine Mutter und sein Bruder holten ihn zurück, bevor er ganz verwilderte. Bruder Adolf, der spätere k.u.k. Hofjagdleiter in Bad Ischl, setzte es durch, daß Viktor die Försterausbildung absolvieren konnte.

Nachdem Viktor Schauberger die Waldbauschule in Aggsbach absolviert hatte, war er ab 1904 als Forstadjunkt in Schweinbart in Niederösterreich tätig. Von 1906 bis 1908 leistete er beim Artillerieregiment 41 in Salzburg – und später beim Artillerieregiment 44 in Linz – seinen aktiven Militärdienst. Anschließend arbeitete er wieder als Forstadjunkt in den Diensten des Grafen Rudolf Abensberg-Traun. Infolge des Zusammenstoßes mit Wilderern im Jahre 1911 gab Schauberger aus Gründen der persönlichen Sicherheit seine Stellung auf. Noch im selben Jahr trat er in die Dienste des regierenden Fürsten Adolf zu Schaumburg-Lippe, Herrschaftsverwaltung Steyrling in Oberösterreich, ein. Bei Ausbruch des Ersten Weltkrieges wurde er als Reservist zur Artillerie eingezogen. Als Reserveverrechnungsunteroffizier 1. Klasse versah er Dienst an den Kriegsschauplätzen in Rußland, Italien, Rumänien und Frankreich. Kurz vor Kriegsende wurde er verletzt und sollte wegen Errettung seiner Truppe als Belohnung zum Leutnant befördert werden. Doch diese Beförderung konnte nicht vorgenommen werden, weil seine zivile Stellung als nicht dem Offizierscharakter entsprechend bezeichnet wurde.

---

19) Schauberger, Viktor, Die Entdeckung der Levitationskraft, Implosion 112, 1995, S. 4

In einem Belohnungsantrag[20] aus dem Jahre 1915 wird Schauberger als „offener, biederer, fester Charakter von hoher Intelligenz mit sympathischem Aussehen“ beschrieben, der „rastlos tätig und allgemein beliebt ist.“ Nach seiner Entlassung aus dem Heer als Offizierstellvertreter kehrte Schauberger zu seinem früheren Arbeitgeber, Fürst Schaumburg-Lippe, zurück.

20) Belohnungsantrag vom 20.8.1915, Res. Nr. 2300/439, Österreichisches Staatsarchiv Wien

Kapitel 15

Schauberger und Leonardo – zwei Genies?

Schauberger verdankte sein Wissen und seine Erkenntnisse über Wasser und die Natur einerseits seinen Vorfahren, die als Wald- und Wildhüter in den entlegensten Waldregionen lebten und andererseits seiner genialen Naturbeobachtungsgabe, die er als Förster im Wald entwickeln konnte. Es wird sich, ob der kontroversen Meinungen über seine Fähigkeiten, herausstellen, ob er ein Genie oder ein weiterer Narr auf dieser Welt war. Seine Liebe zum Wasser teilte er allerdings mit einem Genie, das ca. 500 Jahre vor ihm lebte und dessen schöpferische Leistungen heute noch höchste Anerkennung finden: Leonardo da Vinci. Der homo universalis zählte zu seinen wertvollsten Schätzen ein Manuskript mit dem Titel: *Von der Natur des Wassers.*

Bei Betrachtung der Lebensgeschichte beider Forscher sind erstaunliche Parallelen erkennbar. Mit dem widersprüchlichen Element Wasser beschäftigte sich Leonardo sein Leben lang, zeichnend, schreibend, malend, Projekte machend. Seine erste uns überlieferte Zeichnung ist eine Flußlandschaft, von dem Einundzwanzigjährigen eigenhändig datiert: *den 5. August 1473, am Tag der heiligen Maria vom Schnee.* Auch sein erster Auftrag als Maler hatte mit dem Wasser zu tun; bei Verrochios Taufe Jesu soll er nicht nur den linken Engel, sondern auch die Wasserlandschaft rechts hinter ihm gemalt haben.

Selbst noch ein Jahr vor seinem Tod entwarf er Pläne für ein Bewässerungssystem zwischen Loire und Saone. Auch seine ersten Aufzeichnungen über das Wasser hatten praktische Ziele. Obschon die meisten seiner Projekte nicht verwirklicht wurden, hörte er nie auf, Wasserwerke, Schleusen, Kanäle, Pumpen und Mühlen zu entwerfen; er hatte sogar einen Plan für die Trockenlegung der Pontinischen Sümpfe.

Schauberger brachte ebenso sein ganzes Leben mit der Erforschung dieses „widersprüchlichen Elementes" zu. Auch er entwarf zahlreiche Projekte, die sich aber mehr mit der energetischen Seite des Wassers befaßten, und die ebenfalls – bis auf wenige Ausnahmen – nicht verwirklicht wurden.

Leonardo hatte nicht die siebenjährige humanistische Ausbildung der artes liberales absolviert, sondern war in der Werkstatt des Verrocchio in den artes mechanicae, das heißt außer in der Malerei und Bildhauerei auch im Häuser- und Brückenbau, im Anlegen von Kanälen und im Herstellen von Theaterdekorationen unterwiesen worden; es handelte sich nicht um systematische, in Büchern festgehaltene Kenntnisse, sondern um praktische Fertigkeiten, die von Handwerksmeistern überliefert wurden. Wer diese Ausbildung hatte, wurde im Florenz des 15. Jahrhunderts als omo senza lettere bezeichnet; die abschätzige Bedeutung, gegen die sich Leonardo wehrte, bekam der Ausdruck erst durch die hochnäsig auf die experimentierenden Künstler herabblickenden Neuplatoniker. Leonardo, der omo senza lettere, besaß immerhin fast zweihundert Bücher. Für das, was er sagen wollte, mußte er eine eigene Sprache erfinden.

Schauberger lehnte freiwillig – „instinktiv" wie er sagte – eine akademische Ausbildung ab, obwohl sein Vater wollte, daß er, wie seine Brüder, die Universität besuchen sollte. Er erlernte den praktischen Beruf eines Försters und viele seiner Kenntnisse wurden ihm mündlich von seinen Vorfahren aus derselben Zunft überliefert und durch eigene Naturbeobachtungen abgerundet. Die akademisch gebildeten Forstleute blickten verächtlich auf ihn herab, als er sich anmaßte, ihnen zu sagen, daß durch ihre forsttechnischen Maßnahmen Wasser und Wald langsam aber sicher sterben müssen. Um seine Beobachtungen und Erkenntnisse zu beschreiben und auszudrücken, prägte Schauberger eigene Begriffe, die von den Wissenschaftlern nicht verstanden wurden.

Was Leonardo durch seine Bilder und Zeichnungen ausdrückte, übermittelte uns Schauberger durch seine nahezu poetischen Worte. In einem Brief an Werner Zimmermann schrieb er am 9. August 1936:

Schon seit frühester Kindheit war es mein sehnlichster Wunsch, die Natur zu verstehen und mich dadurch der Wahrheit zu nähern, die ich weder in der Schule, noch in der Kirche auffinden konnte. Dieses sozusagen mit verbundenen Augen übende Sehen, gab mir schließlich die Verbundenheit mit der geheimnisvollen Natur, die ich nun langsam erkennen und in ihrem Weben verstehen konnte. So wurde es mir nach und nach auch klar, daß wir Menschen gewohnt sind, alles verkehrt und unrichtig zu sehen. Die größte Überraschung aber war, daß wir Menschen das Wertvollste nutzlos abfließen lassen und von der großen Geistigkeit die in uns einströmt, nur die Fäkalien[1] behalten.

---

1) Nietzsche, Friedrich, „Und in ihrer Seele ist Schlamm ... und wehe wenn der Schlamm Geist hat"

Nach und nach bekam ich als Jäger einen großen Respekt vor dem sogenannten Instinkt des vermeintlich niederorganisierten Tieres, das naturverbunden das weiterdenkt, was die Natur in unverfälschter Art in das Tiergehirn eingebaut hat. Und so wurde es mir langsam klar, daß das dem letzten Gliede der aufbauenden Natur verbliebene Bewußtsein eine große Gefahr für den eigensinnig denkenden Menschen bedeutet und in Wirklichkeit das Unfreieste ist, solange der natürlich gewordene Mensch diese göttliche Gabe nicht zweckdienlich zu verwerten versteht.

Alles baut sich in der Natur stufenweise auf und so ist der sogenannte Verstand ein in der Regel vogelfreies Gebilde, das tausenden Gefahren ausgesetzt ist und daher auch vielen Eindrücken unterliegt, die gefährlicher sind, als der ahnungslose Mensch es nur ahnt. Dieser Zustand mußte in erster Linie dadurch entstehen, weil der Mensch den falschen Rezepten folgte, die unsere großen Philosophen uns schenkten. So wurde der Mensch statt ein Schöpfer auf Erden, ein ganz gemeiner Spekulant, der sich von der Wahrheit und Wirklichkeit immer weiter und weiter entfernte, wodurch er mit der Natur alle bindenden Bande verlor und im wahrsten Sinne des Wortes vogelfrei wurde.

Wahrheit gibt es nur in der allweisen Natur. Und so wurden die Massen der Menschen unbewußt die Opfer der Vertreter eines Pseudowissens, die sich entweder zwischen den Menschen und die Erde oder sich zwischen den Himmel und den Menschen stellen und dasjenige vorwegnehmen, das wertvoll ist. Die einen binden die Hände in zwecklose Arbeit, die anderen den Geist an eine sinnlose Fessel, die sie Dogmatik nennen, die es in der Natur nicht gibt, weil dort ewiges Fließen, ewige Bewegung und daher auch ewige Wechselsinnigkeit herrscht.

Ob sich diese, die breiten Massen verführenden Führer selbst und damit die anderen unfreiwillig belogen, wird sich niemals klar feststellen lassen. Jedenfalls ist die Zeit nicht mehr ferne, wo die Menschen frei werden und den Ur-Zweck des Lebens aus eigenen Erkenntnissen auffassen lernen, weil nun das Mittel gefunden ist, den Menschen von der unseligen Habsucht zu befreien, deren Opfer die Überzahl der Menschen wurden, weil sie bedingungslos an ihre Führer glaubten[(2)]*.*

Was Leonardo mit Schauberger noch verband, waren die Eigenschaften des (medialen) Sehens und Beobachtens. Schreiben und Zeichnen hatten ihren ge-

---

2) Schauberger, Viktor, Aufzeichnungen und Briefe aus Arnold Hohls Notizbuch, in: Mensch und Technik naturgemäß, 24. Jg., 1993, Heft 2, Hrsg. „Gruppe der Neuen", S. 4 - 6

meinsamen Ursprung in Leonardos Blick auf die konkreten Dinge der Welt, in dem von Schulweisheiten ungetrübten Blick eines Autodidakten. Er schaute und beobachtete so lange, bis er das Gesetz hinter den Erscheinungen entdeckte: Den Beweger wollte er finden, der das Bewegliche in Schwung brachte und das Angesicht der Erde veränderte. Hier lag wahrscheinlich auch ein Grund seiner Faszination durch das Wasser; denn es bewegte sich von selbst nur nach unten, aber wie oft sah er es „wider seinen natürlichen Drang" in die Höhe steigen, und wie vielfältig waren seine Bewegungen in Rohren, Töpfen, Flüssen, Seen und Meeren, in der Luft und unter der Erde. Den Beweger, das Gesetz, dem das Wasser und jedes andere Element gehorchten, entdeckte Leonardo nicht als abstrakte Größe, sondern als das geheimnisvolle Leben, das man selbst nicht sehen, sondern nur an seinen Auswirkungen erkennen konnte.

Viktor Schauberger erkannte das Leben ebenfalls in seinen Auswirkungen. Das Wasser selbst ist bei ihm nicht lebendig, es vermittelt Leben. Der Geber allen Lebens ist Gott. Aus ihm kommt alles Leben. Schauberger verglich den menschlichen Organismus mit der Erde. Wasser war für ihn das Blut der Erde[(3)], das sich wie das menschliche Blut in den Adern verzweigte und den Organismus mit lebenswichtigen Stoffen versorgte und Schlacken abtransportierte.

Leonardo liebte es ebenso, Vergleiche, Analogien anzustellen; besonders lieb war ihm die aus der Antike kommende Analogie zwischen dem Körper der Erde und dem Körper des Menschen. Wenn er vom Körper des Menschen sprach, fiel ihm sofort der Erdkörper ein, und er mußte die Ähnlichkeiten nennen: zwischen den Knochen und den Felsen, zwischen den Adern und dem See des Blutes im Herzen und den unterirdischen Wasseradern und dem Meer. Die verschiedenen Bewegungen langen Haares erinnerten ihn an die Bewegungen eines Wasserspiegels. Die Kugelgestalt des Tropfens zeigte hin auf die Kugelgestalt der gesamten Sphäre des Wassers. Leonardos Fehlschlüsse und seine Jahrhunderte vorausweisenden Entdeckungen gingen immer von konkreten Bildern aus. Eine zentrale Rolle spielte in seinem Denken und Schaffen das Bild des Wirbels, die Analogie der Spiralenform, der er immer wieder be-

---

3) Präzisierend wäre zu sagen, daß Wasser Träger von gelösten Kohlenstoffen ist, die Schauberger als Fettstoffe, aber auch als mütterliche Stoffe, bezeichnet. Eigentlich sind diese Fettstoffe das Blut der Erde.

gegnete: beim lockigen Haar, den Strudeln des Blutes im menschlichen Herzen, selbst in den Wirbeln der Zerstörung, im aufgewirbelten Sand und immer wieder bei dem in unzähligen und unfaßbaren Wirbeln strudelnden Wasser[4].

Die Wirbel hatten auch bei Schauberger große Bedeutung. Das Wesen der Implosion war die wirbelbildende, konzentrierende, verdichtende Bewegung. Er sah die Wirbel oder Strudel im natürlich fließenden Bächlein, in der brandenden Meereswelle, aber auch im Wirbelwind. Durch die einwirbelnde (konzentrische) Bewegung sollen Veränderungen (Umwandlungen) auf atomarer Ebene bewirkt werden.

Leonardo hatte die mannigfaltigen Bewegungen des Wassers beobachtet und verschieden benannt. Schauberger stellte sich die Frage, wieso sich das Wasser in dieser oder jener Weise bewegt. Er kam darauf, daß z.B. die Wirbelbewegung keine „Laune" der Natur war, sondern energetische Umwandlungsvorgänge auslösen würde, die er auch „höherwertige Gärprozesse" nannte.

Und so gäbe es noch mehrere Ähnlichkeiten zwischen den beiden Forschern zu nennen. Dabei stellt sich die Frage, was macht eigentlich das Genie aus? Was unterscheidet ein Genie von einem „normalen" Menschen?

Schopenhauer sagte, daß das Wesen des Genies in der Vollkommenheit und Energie der anschauenden Erkenntnis liegt. Alle tiefe Erkenntnis, sogar die eigentliche Weisheit, wurzelt in der anschaulichen Auffassung der Dinge.

Alles Urdenken, so Schopenhauer, geschieht in Bildern. Deshalb bedarf es der Phantasie, um jeden Gegenstand oder Vorgang sich in einem lebhaften Bilde zu vergegenwärtigen. Der Phantasiebegabte vermag gleichsam Geister zu citieren, die ihm, zur rechten Zeit, die Wahrheit offenbaren ... der Phantasielose hingegen wird nie etwas Großes leisten; es wäre denn im Rechnen und der Mathematik... Im Einzelnen stets das Allgemeine zu sehen ist geradezu der Grundzug des Genies; während der Normalmensch im Einzelnen auch nur das Einzelne als solches erkennt.

Das Genie ist ein Mensch, dessen wahrer Ernst nicht im Persönlichen und Prak-

---

4) Schneider, Marianne, Leonardo da Vinci, "Das Wasserbuch", Seite 7 bis 11, Schirmer/Mosel Verlag, München, 1996.

tischen, sondern im Objektiven und Theoretischen liegt und der imstande ist, das Wesentliche der Dinge und der Welt (den Kern), also die höchsten Wahrheiten aufzufassen und in irgend einer Weise wiederzugeben. Einem solchen Menschen ist sein Bilden, Dichten oder Denken Zweck, den Übrigen ist es Mittel. Diese suchen dabei ihre Sache, und wissen in der Regel sie wohl zu fördern, daß sie sich den Zeitgenossen anschmiegen, bereit, den Bedürfnissen und Launen derselben zu dienen.

Das Genie opfert sein persönliches Wohl dem objektiven Zweck: es kann eben nicht anders; weil dort sein Ernst liegt. Demgemäß ist sein Werk (des Genies) für alle Zeiten, aber die Anerkennung desselben fängt erst bei der Nachwelt an. Wer groß ist, erkennt sich in Allem und daher im Ganzen: er lebt nicht, wie jener, allein im Mikrokosmos, sondern noch mehr im Makrokosmos. Darum eben ist das Ganze ihm angelegen, und er sucht es zu erfassen, um es darzustellen, oder um es zu erklären, oder um praktisch darauf zu wirken[5].

Mögen wir es anderen überlassen, darüber zu urteilen, ob Schauberger ein Genie oder ein Narr mehr auf dieser Welt war. Wesentlich wäre, daß seine Erkenntnisse vorurteilsfrei überprüft würden. Wieso das nicht so leicht möglich ist, wollen wir im nächsten Kapitel näher untersuchen.

---

5) Schopenhauer Arthur, "Die Welt als Wille und Vorstellung II", Könemann Verlag Köln, S. 503 ff.

Kapitel 16

Schauberger und die Wissenschaft

Viktor Schauberger war Zeit seines Lebens in Kontroversen mit der Wissenschaft verwickelt. In der Auseinandersetzung zwischen ihm und der Wissenschaft wird deutlich, daß es der Wissenschaft primär darum geht, ihre Theorien und Gesetze zu verteidigen, als sich in eine Diskussion einzulassen, ob ihre Hypothesen noch relevant, besser gesagt „zeitgemäß" sind. Eine wissenschaftliche Theorie ist nur dann „gut", wenn sie sich widerlegen läßt, meint Karl Popper in seiner Logik der Forschung. Wissenschaftliche Hypothesen sind insofern vorläufig, da sie nur eine momentane Bestandsaufnahme darstellen. Sie beinhalten also die Möglichkeit, daß sie widerlegt werden können.

Diese scheinbare Offenheit für neue Erkenntnisse spiegelt sich in der Praxis kaum wider. Im Gegenteil: Viele Forscher, die nicht nur behaupten, eine herrschende Theorie zu widerlegen, sondern auch Beweise liefern können, werden von den Vertretern der herrschenden Lehre vorerst bekämpft. Je unbedeutender der Forscher ist, desto geringer die Chance, daß seine Ideen überprüft werden. Chancenlos sind wissenschaftliche Außenseiter, Autodidakten, ihre Erkenntnisse werden bestenfalls ignoriert[1]. Wie schwer es selbst für renommierte Wissenschaftler ist, ihre Zunftgenossen von der Richtigkeit einer neuen Erkenntnis zu überzeugen, darüber berichtet Luc Bürgin in seinem Buch *Irrtümer der Wissenschaft*:

Im allgemeinen gilt für den wissenschaftlichen Diskurs, daß der Widerstand gegen eine neue These um so heftiger ausfällt, je stärker diese von der gültigen Lehrmeinung abweicht. In der Tat reagiert der Wissenschaftsbetrieb auf neue Ideen und Entdeckungen oft gereizt, mitunter sogar gehässig, denn hochgelehrte Spezialisten verkaufen uns ihre Spekulationen und Gedankengebäude gerne als „definitiv erwiesene Tatsachen". Wenn Hinweise auftauchen, die diese „Tatsachen" ernsthaft

---

1) Eine große Ausnahme stellte Michael Faraday, Entdecker der elektromagnetischen Induktion u.a. dar. Siehe Arthur Zajonc, "Die gemeinsame Geschichte von Licht und Bewußtsein", Rowohlt Verlag, 1994, S. 154 ff.

infrage stellen, stören sie. Reicht das nicht aus, um ihnen den Garaus zu machen, wird ihren Urhebern schnell einmal die fachliche Qualifikation abgesprochen. Das ist um so einfacher, als Vertreter unorthodoxer Ideen nur in den seltensten Fällen zur Garde der wissenschaftlichen Koryphäen zählen. Wer auf den akademischen Olymp aufsteigen will, muß nämlich erst einmal brav Lehrmeinungen nachbeten. Und wer nach vielen mühsamen Jahren endlich oben angelangt ist, überlegt es sich zweimal, ob er dort mit provokativen Äußerungen seine hart erkämpfte Position gefährden will[2].

So wie es Luc Bürgin im obigen Absatz beschreibt, erging es auch Viktor Schauberger. Der Autodidakt wagte es, den „Göttern" des wissenschaftlichen Olymps zu zürnen. Vergeblich schleuderten sie ihre Blitze gegen den „gewöhnlich Sterblichen". Es gelang ihnen nicht, den Förster mundtot zu machen. Die Auseinandersetzung, die Schauberger mit der Wissenschaft geführt hatte, zeigt, daß es ihm nicht um ein spezielles Problem ging, vielmehr setzte er seine Axt an den Wurzeln des wissenschaftlichen Systems an. Seine Kritik gipfelte in der Aussage, daß die Wissenschaft – speziell die Naturwissenschaft – „alles verkehrt" in Bezug auf die Natur macht. Ein schwerwiegender Vorwurf eines Nichtwissenschaftlers, der die Grundlagen unserer abendländischen Naturwissenschaft infrage stellte. Wie konnte Schauberger zu einer solchen Aussage gelangen?

Seine Kritik an der Naturwissenschaft wuchs in dem Maße, in welchem ihm die Natur Gesetze enthüllte, die von der anerkannten Lehrmeinung abwichen. Als Absolvent des Staatsgymnasiums Linz verfügte er über die notwendigen physikalischen Grundkenntnisse. Seine Beobachtungsergebnisse ließen sich aber nicht mit seinem Grundwissen über Physik in Einklang bringen. Langsam begann er, an den in der Schule gelernten physikalischen Prinzipien zu zweifeln, beziehungsweise stellte er fest, daß bestimmte Prinzipien nur unter bestimmten Voraussetzungen gelten. Die Voraussetzungen in der Natur ändern sich aber ständig.

Tag-Nacht, Licht-Schatten, Kälte-Wärme, Sonne-Mond etc. bedingen stets andere natürliche Verhältnisse und lassen keine endgültige Theoriebildung zu. Als Förster hatte Schauberger die Möglichkeit, die verschiedenen Ver-

---

2) Bürgin, Luc, „Irrtümer der Wissenschaft", Herbig Verlag München, 1997, S. 19

hältnisse zu studieren. Besonders beim Wasser beobachtete er, daß Vollmond und Kälte gravierende Einflüsse auf die Trag- und Schleppkräfte des Wassers haben. Das Archimedische Gesetz, welches besagt, daß auf dem Wasser nur spezifisch leichtere Gegenstände als Wasser schwimmen können, gilt unter den vorerwähnten Bedingungen nicht. Schauberger hat dies auch praktisch in Form seiner Holzschwemmanlagen bewiesen.

Der Förster hätte kein Aufsehen erregt, hätte er seine Entdeckungen für sich behalten. Zu einem Problem wurden seine wissenschaftskritischen Aussagen erst dann, als er damit in die Öffentlichkeit ging und die Wissenschaft brüskierte. Um es in der Jägersprache auszudrücken: Der Förster Schauberger verließ sein Revier und drang in „fremdes Jagdgebiet" (jenes der Wissenschaft) ein. Die Platzhirschen verteidigten natürlich ihr Revier gegen den Eindringling. Konflikt war angesagt. Die Wissenschaft gilt ja als oberste (unfehlbare?) Autorität in Wissensfragen. Wenn jemand behauptet, daß einzelne Theorien zum Beispiel in Bezug auf Wasser falsch sind, so unterstellt er der obersten Autorität, daß sie sich irren kann. Wenn dieser Jemand auch noch weit unter dem wissenschaftlichen Olymp angesiedelt und nur ein „einfacher" Förster ist, so wiegt die Sache doppelt schwer.

Der Wissenschaftsapparat hat mehrere Möglichkeiten, darauf zu reagieren. Einige davon wurden im ersten Absatz dieses Kapitels geschildert. Schauberger wurde auf Betreiben des Wiener Ingenieur- und Architektenvereins in die psychiatrische Abteilung des Allgemeinen Krankenhauses in Wien eingewiesen und konnte nur mit Glück entkommen. Wer wissenschaftliche Aussagen kritisiert, muß, um von der obersten Autorität überhaupt ernst genommen zu werden, dieselbe Sprache sprechen. Das „Problem", das sich Forschern wie Schauberger stellt ist, daß ihre Aussagen und Erkenntnisse von der Fachwelt a priori nicht anerkannt werden, weil ihnen wissenschaftliche Methodik fehlt. Derjenige, der geltende wissenschaftliche Theorien infrage stellt, muß entweder seine Theorie als richtig oder die kritisierte Theorie als falsch beweisen können. Die Wissenschaft akzeptiert aber nur solche Beweise, die mittels ihrer Methodik erbracht werden.

Die (natur-)wissenschaftliche Methodik verlangt intersubjektive (objektive) Überprüfbarkeit. Das heißt, Aussagen oder Erkenntnisse müssen bestimmten Standards (Regeln) genügen, damit sie von jedem (ab omnibus) überall auf der Welt (ubique) unter denselben Voraussetzungen (semper) nachvollzogen werden können. Dieser Anspruch kann nur dann erfüllt werden, wenn man relativ einfache und einheitliche Kriterien aufstellt. Der Preis dafür ist der Verlust an Authentizität, an Wirklichkeitsnähe. Man kann zwar aufgrund des überall durchführbaren Experimentes mit hoher Wahrscheinlichkeit auf künftige Ereignisse schließen. Diese Aussagen gelten aber nur für einen begrenzten Bereich.

Archimedes im Irrtum?

Nehmen wir wieder das Archimedische Gesetz als Beispiel. Die Wahrscheinlichkeit, daß spezifisch leichtere Gegenstände als Wasser auf diesem schwimmen, ist sehr hoch. Die Frage lautet: wie ist Archimedes zu dieser Erkenntnis gekommen? Ist er wirklich in der Badewanne gesessen, als ihm diese Erkenntnis kam? Wenn wir das als historisch erachten, so können wir annehmen, daß das Badewasser wärmer als ein Gebirgsbach war. Archimedes hatte als „Parameter" warmes Badewasser. Nun ist warmes Wasser nach Schauberger insoferne schwach, als es keine Trag- und Schleppkräfte aufweist. Archimedes' Feststellung zu diesem Zeitpunkt war richtig. Für ihn war der Fall klar und abgeschlossen. Wenn wir heute das Experiment durchführen, so wird Archimedes zu 99 % bestätigt.

Er hätte aber – oder nach ihm andere Wissenschaftler – das Experiment ausdehnen müssen. Zum Beispiel hätte er sich die Frage stellen müssen, ob sein Gesetz überall und auch unter veränderten Bedingungen gilt. Scheinbar hat sich seit Archimedes niemand diese Frage gestellt. Es bestand ja auch keine Notwendigkeit an dem Archimedischen Prinzip zu zweifeln. Jeder, der das Badewannenexperiment durchführt – auch wenn das Wasser nicht badewarm ist – kann sich von der Richtigkeit dieses Gesetzes überzeugen.

Verlassen wir nun die Badewanne und begeben uns hinaus in die Natur. Dort herrschen andere Bedingungen. Schauberger beobachtete, daß in kalten Vollmondnächten ovalförmige Steine vom Grund eines Gebirgsees an die Oberfläche kamen und dort schwammen. Die Steine waren spezifisch schwerer als Wasser und lagen unter normalen Bedingungen auch am Grund des Sees. Bis hierher hatte Archimedes recht. Ändern sich die Bedingungen in der vorerwähnten Weise, tritt Archimedes außer Kraft. Vollmond und Kälte machen das Wasser trag- und schleppfähiger. Diese „Parameter" hatte bisher niemand in Betracht gezogen.

Viele Wissenschaftler bevorzugen die bequemere „Badewannen"-Methode, als sich in die rauhe Wirklichkeit zu begeben. Als Schauberger die These vertrat, daß Wasser spezifisch schwerere Gegenstände mühelos tragen kann, erwiderten seine Kritiker, die Fachgelehrten, unter Bezugnahme auf das Archimedische Gesetz, daß dies nicht möglich wäre. Seine Aussage war ein eklatanter Widerspruch zu der herrschenden Lehrmeinung. Anstatt durch ein Experiment die Sache zu klären, verharrten sie lieber in der Lehrmeinung.

Problem der Vereinheitlichung

Wissenschaftlich formulierte Naturgesetze scheinen nicht nur sehr einfach, sondern auch sehr einseitig zu sein. Das Problem der Vereinheitlichung zeigt sich bei den vielen Anomalien[3] des Wassers. Denn Wasser verhält sich in Bezug auf wissenschaftliche Theorien „anormal". Es wird von der Wissenschaft als Flüssigkeit ohne sonstige Eigenschaften angenommen. Die Gesetze der Hydraulik, die für andere Flüssigkeiten gelten, werden auch auf das Wasser angewendet. Wenn man von der Voraussetzung ausgeht, daß Wasser eine Flüssigkeit wie jede andere ist, ist mit hoher Wahrscheinlichkeit zu rechnen, daß es sich so wie andere Flüssigkeiten verhält.

Die Erfahrung hat aber gezeigt, daß die Wahrscheinlichkeit sehr gering ist, daß sich Wasser so wie andere Flüssigkeiten verhält. Deshalb auch die Feststellung, Wasser verhalte sich „anormal". Dieses Problem formulierte der emeritierte Chemieprofessor DDr. Viktor Gutmann von der Technischen Universität Wien so: *Nicht das Wasser sei anormal, sondern die Theorien in bezug auf das Wasser sind es*[4]. Die Löchrigkeit oder Unsicherheit dieser Theorien hatte bereits Viktor Schauberger aufgezeigt. Doch die Wissenschaftler reagierten auf Schaubergers Ergebnis „angerührt". Anstatt seine Behauptungen zu überprüfen, sprachen sie ihm als Nichtwissenschaftler jegliche Qualifikation ab, darüber zu urteilen.

---

3) Regelwidrigkeiten.

4). „Auf der Spur des Wasserrätsels", Film von Dr. Hans Kronberger, gesendet am 5.2.1997 in der Sendereihe „Thema", ORF 2, 21.05 Uhr.

Der Philosoph Michel de Montaigne (1533-1592) sagte, *wann auch immer den Wissenschaftlern über eine neue Entdeckung berichtet werde, würden sie zuerst sagen: „Das trifft wahrscheinlich nicht zu". Wenn danach die Richtigkeit bestätigt worden sei, sei ihr Kommentar: „Das mag wohl zutreffen – die Entdeckung ist aber nicht wichtig." Schließlich, wenn genügend Zeit vergangen ist und sich ihre Bedeutung gezeigt hat, sagen sie: „Gewiß ist sie wichtig, aber sie ist nicht mehr neu[5]."*

Spiel Wissenschaft

Diese Einstellung der Wissenschaftler macht es auch verständlich, warum es für Schauberger unmöglich war, daß seine Aussagen überprüft wurden. Er hielt sich nicht an ihr „Spiel". Die Wissenschaft ist nichts anderes als ein Spiel, das nach gewissen Regeln funktioniert. Wer mitspielen will, muß sich an die Regeln halten. Die „Spielregeln" wurden im 17. Jahrhundert von Galileio Galilei und in weiterer Folge von Isaac Newton und Rene Descartes aufgestellt und gelten heute noch. Mit seiner Forderung: Alles was meßbar ist, zu messen und was nicht meßbar ist, meßbar zu machen (und was nicht meßbar gemacht werden kann, ableugnen[6]), schuf Galilei ein mathematisch-abstraktes Modell der Wirklichkeit, das die persönliche Erfahrung (Naturbeobachtung) durch das (unpersönliche) Experiment ersetzte. Während in der Aristotelischen Physik die persönliche Betrachtung der Dinge noch relevant war, haben subjektive Erfahrungen – sprich Einzelaussagen – die nicht objektiv zugänglich sind, in der klassischen Physik keinen Stellenwert mehr.

Dazu sagte Carl Friedrich Weizsäcker:

Galilei tat seinen großen Schritt, indem er wagte, die Welt so zu beschreiben, wie wir sie nicht erfahren. Er stellte Gesetze auf, die in der Form, in der er sie aussprach, niemals in der wirklichen Erfahrung gelten und die darum niemals durch irgend eine einzelne Beobachtung bestätigt werden können, die aber dafür mathematisch einfach sind. So öffnet er den Weg für eine mathematische Analyse, die die

---

5) Zitiert in „Biophotonen, Das Licht in unseren Zellen", Marco Bischof, Verlag Zweitausendeins, Frankfurt, 8. Auflage, Dezember 1996.

6) Dr. Herbert Pietschmann setzte dies als Konsequenz zu Galileis These, die ja unausgesprochen so lauten muß, da im wissenschaftlichen Sinne, Nicht-Meßbares nicht existiert.

Komplexität der wirklichen Erscheinungen in einzelne Elemente zerlegt. Das wissenschaftliche Experiment unterscheidet sich von der Alltagserfahrung dadurch, daß es von einer mathematischen Theorie geleitet ist, die eine Frage stellt und fähig ist, die Antwort zu deuten. So verwandelt es die gegebene „Natur“ in eine manipulierbare „Realität“ ... Galilei zerlegt die Natur, lehrt uns, neue Erscheinungen willentlich hervorzubringen und den gesunden Menschenverstand durch Mathematik zu widerlegen[7].

Carl Friedrich Weizsäckers Beurteilung von Galileis Gesetzen macht die Diskrepanz zwischen Naturwissenschaft und Natur deutlich. Sie (die Gesetze) sind zwar einfach, aber dafür weniger wirklichkeitskonform. Man könnte auch so argumentieren, die Gesetze wären deshalb einfach, weil Galilei nicht die Absicht hatte, genaue Gesetze aufzustellen. Ihm schien es primär darum gegangen zu sein, „einfache“ Regeln zu entwerfen, die es einer unbegrenzten Zahl von Wissenschaftlern möglich machen sollten, an dem „Spiel“ Wissenschaft teilzunehmen. Historisch gesehen dürfte Galilei das Ziel verfolgt haben, sich aus den Armen der Kirche und der aristotelischen Metaphysik zu befreien, und nur das als Faktum anzuerkennen, was experimentell überprüfbar ist.

Ein theoretischer Unterschied zwischen Wissenschaft und Kirche ist der, daß wissenschaftliche Theorien falsifizierbar sind, das heißt, sie verlieren durch Auftauchen widerlegender Erkenntnisse ihre Geltung. Das kann man von den kirchlichen „Theorien“ nicht behaupten, sie erheben nach wie vor den Anspruch auf Absolutheit.

Kritik unerwünscht

Die wissenschaftliche Praxis sieht jedoch anders aus. Karl Raimund Popper meint in seiner Erkenntnistheorie, daß die kritische Beurteilung von Theorien und Lehrmeinungen notwendig ist, denn nur durch Diskussion kann man der Wahrheit näherkommen. Er verweist auf die Schule der Vorsokratiker – die Ionische Schule – wo Thales von Milet und seine Nachfolger ihre Schüler so-

7) Zitiert in: „Das Ende des naturwissenschaftlichen Zeitalters“, Prof. Dr. Herbert Pietschmann (Institut für theoretische Physik an der Universität Wien), Weitbrecht Verlag, Stuttgart, Wien, 1995, S. 22-24.

gar zum Widerspruch aufgefordert haben. Können wir uns diese Forderung an die Wissenschaft gegenwartsbezogen vorstellen? Dazu meint Popper:

Es scheint mir unmöglich, daß ein Schüler, der in der dogmatischen Tradition erzogen ist, es jemals wagen würde, das Dogma zu kritisieren (noch dazu das eines berühmten Weisen) und seine Kritik offen auszusprechen[8].

Es scheint auch unrealistisch, daß ein Student eine Diplomarbeit oder Dissertation gegen die Lehrmeinung seines Professors verfassen würde. Kritik erfolgt, wenn überhaupt, erst später.

Weil die Studenten auf den Universitäten zu wenig zu kritischem Denken angeregt werden, nimmt es nicht wunder, daß sie später in verschiedenen Positionen sehr „sensibel“ auf Kritik reagieren. Sie können mit Kritik nicht umgehen und fassen sie als persönliche Beleidigung, als Verletzung ihres Stolzes auf. Sollte das jahrelang (unkritisch?) erworbene Wissen, plötzlich nichts mehr taugen? Wozu hat man sich durch all die Prüfungen gequält? Die Menschen hängen an ihrem mühsam erworbenen Wissen eben genauso wie ein Kapitalist an seinem Vermögen. Beide würden sich nicht freiwillig davon trennen. Sir Karl Poppers Feststellungen in Ehren, aber der kritische Rationalismus dürfte wohl nur bei den Vorsokratikern in der Praxis funktioniert haben.

Bisher versuchten wir die „Spielregeln“ der Naturwissenschaft kurz zu streifen. Die Regeln, die anscheinend sehr „einfach“ sind, vernachlässigen ihren Erkenntnisgegenstand, die Natur. Erkenntnis wird durch Zerlegen und Analysieren eines Objektes im Rahmen eines logischen Denkschemas gewonnen. So gesehen geht es ihr weniger um die Natur, als um die Regelhaftigkeit. Ursprünglich aus einer ganzheitlichen Naturphilosophie hervorgegangen, besteht sie jetzt aus vielen Teilbereichen, die wiederum in einzelne Fachgebiete zergliedert sind.

Dazu meint Karl Popper:

Für mich verliert also die Philosophie und auch die Naturwissenschaft ihre Anziehungskraft ... wenn sie Fächer für Spezialisten werden und die Rätsel unserer Welt nicht mehr sehen und nicht mehr über sie staunen können. Für den Naturwissenschaftler ist die Spezialisierung eine Versuchung; für den Philosophen ist sie eine Todsünde[9].

---

8). Popper, Karl, R. „Lesebuch“, UTB für Wissenschaft 1997, S. 8

9). Ebd. S. 5.

Ein weiterer bestimmender Faktor der Naturwissenschaft ist die Emanzipation von Mensch und Natur. Die Persönlichkeit zählt nichts, die Objektivität ist alles. Dazu meint Prof. Bernd Senf:

Es gehört also mittlerweile zur Pflichtübung des modernen Physikers oder des Studenten der Physik, sich die Illusion von der Vorstellbarkeit und Anschaulichkeit oder gar der sinnlichen Erfahrbarkeit von Naturprozessen gründlich abzuschminken. Wer daran festhält, ist in dieser Fakultät verkehrt. Nicht von ungefähr wird im Physikstudium erst einmal mehr Mathematik gemacht als irgend etwas anderes. ...

Eine weitere Pflichtübung des Physikers oder Naturwissenschaftlers allgemein ist das Abtrennen eigener sinnlicher Erfahrungen und Wahrnehmungen von Natur und das Delegieren an objektive Meßinstrumente. Der Anspruch auf Objektivität in der Wissenschaft verbietet es geradezu, eigene sinnliche Wahrnehmungen (außer denen, das Meßinstrument abzulesen) in den Forschungsprozeß einzubringen. ... Der Student oder die Studentin der Physik lernen also, wenn sie es bis dahin noch nicht gelernt haben, ihre Emotion zurückzuhalten und aus der Naturbeobachtung herauszuhalten, das heißt, sich emotional leblos zu machen[10].

Collegium Logicum

Bernd Senf bemerkte, daß im Physikstudium vorerst Mathematik an der Tagesordnung steht. Die Studenten werden für das abstrakte Denken geistig fit gemacht. Eine Voraussetzung, die bereits Goethe im Faust erwähnt. Der Schüler möchte sich von Faust unterrichten lassen, da er recht gelehrt werden will. Er möchte gerne, was auf Erden und in dem Himmel ist, erfassen, die Wissenschaft und die Natur. Statt Faust trifft er aber Mephistopheles (den Teufel) an, den er für ersteren hält. Mephistopheles rät ihm:

Gebraucht der Zeit, sie geht so schnell von hinnen, doch Ordnung lehrt euch Zeit gewinnen. Mein teurer Freund ich rat euch drum zuerst Collegium Logicum. Da wird der Geist euch wohl dressiert, in spanische Stiefeln eingeschnürt ...

---

10) Senf, Bernd: „Die Wiederentdeckung des Lebendigen“, Zweitausendeins, Frankfurt, 1996, S. 331, 332.

Disziplierung des Geistes ist Voraussetzung für wissenschaftliche Tätigkeit, doch logisches Denken hat in der Natur kein Betätigungsfeld. Schon Leibniz meinte, daß eine logische Möglichkeit noch keine reale sei. Viktor Schauberger erkannte diese Fehler. Die Natur als Vorbild zeigte ihm ohne Meßinstrumente Gesetze, auf welche die Wissenschaft mit ihrem logischen Denken und „ihrer" Betrachtungsweise der Wirklichkeit wahrscheinlich niemals gekommen wäre. Schauberger wußte um die Schwächen des wissenschaftlichen Systems. Als Gymnasiast wußte er um die „Disziplinierung" des Geistes und um das unkritische Festhalten an Dogmen.

Die Medien berichten von immer größeren Naturkatastrophen und der steigenden Ohnmacht des Menschen gegenüber diesen Ereignissen. Mit Collegium Logicum kommt man scheinbar dagegen nicht an. Durch logische Maßnahmen sind wir ja in die Ökokatastrophe hineingeschlittert. Die Natur mutet uns „chaotisch" an, weil wir ihre Ordnung nicht verstehen. Sie wird immer „chaotischer", weil wir ihre Ordnung ständig untergraben. Wir orientieren uns an den perfekten geometrischen Formen und an den Idealvorstellungen unseres „dressierten" Geistes, die in der Realität nicht vorkommen.

Weil wir die Natur so, wie wir sie uns aufgrund unserer logischen Denkmodelle vorstellen, in Wirklichkeit nicht vorfinden, glauben wir, sie sei „wild" und „chaotisch". Diese Feststellung verleitet uns dazu, sie mittels technischer Raffinesse unseren Vorstellungen anzupassen. Ein Trugschluß, wie es sich immer mehr herausstellt. Schauberger sah dieses „Überlisten" der Natur als den eigentlichen Zweck der heutigen Technik und als Grundübel der Umweltzerstörung an. Natur und traditionelle Technik sind inkompatibel. Die Natur folgt unserer heutigen Technik nicht, sie läßt sich nicht zwingen, ergo kann sich die Technik nur an der Natur als Vorbild orientieren. Das ist eine von Schaubergers Grundaussagen.

Wir fanden bis jetzt heraus, daß die Naturwissenschaft mit hoher Wahrscheinlichkeit mehr dem Namen als dem Geiste nach mit der Natur verbunden ist. Ob es sich mit der Kirche und Christus ebenso verhält, sei hier nicht Gegenstand der Untersuchung. Für den Dichter Novalis ist die Natur *unter den Händen der Naturwissenschaftler gestorben*[11]. Kurt S. Zänker meint: *Wissenschaft*

---

11) Zitiert in „Rupert Sheldrake in der Diskussion, Das Wagnis einer neuen Wissenschaft des Lebens", Scherz Verlag 1997. S. 61.

der Postmoderne, etwa als Naturwissenschaft, war immer schon umstritten. Kritiker stellen mit Recht die Frage: Wird diese Naturwissenschaft ihrem Gegenüber, der Natur, gerecht[12]?

Viktor Schauberger unterstellte der Naturwissenschaft und ihrem „Kind“, der Technik, daß sie alles verkehrt in Bezug auf die Natur machen. Gegen die Natur zu arbeiten, bedeutet auch, gegen ihren Aufbauwillen, gegen das Lebendige vorzugehen. Wir können feststellen, daß sämtliche technische Errungenschaften – vermutlich einfach funktionieren – aber im Grunde lebensfeindlich sind. Wir übersehen die Lebens- und Naturfeindlichkeit dieser Produkte gerne, weil die scheinbare Bequemlichkeit, die sie uns verschaffen, uns die Sinne für deren Nachteile verschließt. Wir leben bequemer und sterben bequemer. Sind wir deswegen glücklicher?

Dazu meint Aldous Huxley:

... als Darstellung der Wirklichkeit ist die naturwissenschaftliche Abbildung der Welt nicht ausreichend, einfach aus dem Grund, weil die Naturwissenschaft nicht einmal den Anspruch erhebt, sich mit Erfahrung schlechthin zu befassen, sondern nur mit bestimmten Ausschnitten und nur in bestimmten Zusammenhängen. Die eher philosophisch orientierten Naturwissenschaftler sind sich dessen wohl bewußt. Aber unglücklicherweise hatten einige Naturwissenschaftler, viele Techniker und vor allem die Konsumenten der vielen kleinen technischen Errungenschaften weder Zeit noch Interesse, den philosophischen Ursprüngen und Hintergründen der Naturwissenschaft nachzugehen. Infolgedessen akzeptierten sie in der Regel das in den naturwissenschaftlichen Theorien implizierte Bild der Welt als vollständige und erschöpfende Darstellung der Wirklichkeit[13].

Wie vorhin erwähnt, gab es vor dem Aufkommen der „modernen Naturwissenschaft“ die Aristotelische Metaphysik. Bei Aristoteles war die persönliche Erfahrung (Anschauung) der Dinge noch relevant, die Galilei zugunsten des Experimentes verbannt hatte. Doch die Aussagen der Quantenphysik stellen die „moderne“, mechanistische Theorie bereits in Frage. Je weiter man in den Kern einer Sache eindringt, um so größer wird die Wechselwirkung zwischen Beobachter und Beobachtetem.

---

12) Ebd. S. 61

13) Pietschmann, Herbert: „Das Ende des naturwissenschaftlichen Zeitalters“ S. 24

Die Spaltung in Subjekt und Objekt hat sich als Irrtum erwiesen, denn dadurch haben wir uns ja von der Natur abgekapselt. Gerade die Forschungen im Bereich der feinstofflichen Energien, der energetischen Medizin wie zum Beispiel der Homöopathie, der Bioresonanz und der Radionik (= Übertragung von elektromagnetischen Frequenzen – „Informationen" – auf Trägermedien, zum Beispiel Wasser oder direkt auf Menschen), machen uns die enge Beziehung zwischen Forscher und Forschungsobjekt deutlich. Der Autor John Davidson beschreibt in seinem Buch *Das Geheimnis des Vakuums* den „Fall Benveniste", der uns als Beispiel dienen soll:

Im Jahre 1988 veröffentlichte die britische Zeitschrift *Nature* die Erkenntnisse von Dr. Jacques Benveniste, einem hochgeachteten und bekannten Wissenschaftler von untadeliger Reputation am Labor des medizinischen Forschungsrates von Frankreich an der Universität Paris-Sud. Er zeigte, daß Antikörper, die zum körpereigenen Immunabwehrsystem gegen allergene und mikrobische Eindringlinge gehören, ihre Wirksamkeit auch dann noch behielten, wenn sie in destilliertem Wasser fortlaufend bis über einen Punkt hinaus verdünnt worden waren, bei dem keine Moleküle der Antikörper vorhanden sein hätten können. Dies ist die Vorgehensweise, wie sie in der Herstellung homöopathischer Medikamente zur Anwendung kommt...

Jacques Benveniste hat damit demonstriert, daß die Wirkungen des Antikörpers selbst dann noch vorhanden und biologisch aktiv sind, wenn sich tatsächlich keinerlei Moleküle des Antikörpers mehr in der Lösung befinden. Nature veröffentlichte seine Abhandlung zusammen mit einem beispiellosen Kommentar der Redaktion, in dem die Leser dazu aufgefordert wurden, sich an ihrer „Skepsis" zu beteiligen, und in dem betont wurde, daß „es keine physikalische Grundlage für das Phänomen gibt."

Nature schickte ein aus „drei Experten" bestehendes Team los (von denen kein einziger Experte auf Benvenistes Gebiet war), um Benvenistes Ergebnisse zu überprüfen. Das Trio bestand aus ihrem Redakteur (John Maddox), dem Zauberer James Randi – ein Mann, der sich ganz der Beweisführung verschrieben hatte, daß alles, was er oder die „bekannten" Gesetze der Wissenschaft nicht erklären können, Schwindel sein muß – und Walter Stewart, zielstrebiger Ermittler in Sachen Wissenschaftsbetrug aus Amerika. Diese „Ermittler" erzeugten jedoch in Benvenistes Labor (wo sie sich als geladene Gäste aufhielten) anscheinend eine unangenehme, inquisitorische Atmosphäre und gaben schließlich nach nur fünftägiger „Überprüfung“ von fünf Jahren Forschung und Überlegung bekannt, Benvenistes Resultate seien das Ergebnis einer „unterbewußten Selektion von Daten“. In Anbetracht der Tatsache, daß man nur mit Mühe ein voreingenommeneres „Expertenteam“ und einseitigere Prüfungsbedingungen hätte aussuchen können, waren ihre „Schlüsse“ bereits von dem Moment an vorherzusehen, als sie von zuhause aufbrachen. Ihre eigene Geisteshaltung spielte ihnen denselben Streich, dessen sie Benveniste später beschuldigten.

Da geistige Energien so mächtig sind, bleiben sie – so subtil, wie sie sind – dennoch unbemerkt unterhalb der Bewußtseinsschwelle, und die negativen geistigen Schwingungen solcher feindlichen, „unabhängigen“ Inquisitoren machen die subtilen, sensiblen Schwingungen übersinnlich begabter Personen oder die subtilen Phänomene, die sie „überprüfen“ mausetot, meint Davidson.[14].

Benveniste beschrieb später die Stimmung im Labor so: *Ein Tornado aus intensiver Verdächtigung, Angst und psychologischem sowie intellektuellem Druck, ungeeignet für wissenschaftliche Arbeiten.*

Davidson meint, daß die Bedeutung dieser Art negativer Atmosphäre im Fall Benvenistes folgende war:

Die meisten praktizierenden Homöopathen werden wissen, daß die Qualität der Medizin auch direkt mit der Qualität der Einstellung, der Motive und des Verstehens der Person verbunden ist, die sie zubereitet. ... Dieses ist wieder dasselbe Phänomen wie bei der Köchin, die ihre Schwingung ins Essen einbringt. ... Es überrascht also nicht, wenn James Randi, Magier und Erforscher des Übersinnlichen, feststellen muß, daß die Welt des Subtilen sich verflüchtigt, sobald er auftaucht. ... In der Tat würde meine Prognose lauten, daß die unterschiedlichen Ergebnisse davon abhängen, „wer“ das Experiment durchgeführt hat, bzw. wessen Geist unmittelbar daran beteiligt war. Dieses Phänomen beim hochempfindlichen Experimentieren ist wohlbekannt, und es hat mit mehr als nur mit Fingerfertigkeit zu tun[15]

---

14). Davidson, John, „Das Geheimnis des Vakuums“, Omega Verlag, Düsseldorf, 1996, S. 98-105
15) Ebd.

Wir sehen, wie wichtig, ja unerläßlich die persönliche Beziehung des Forschers zu seinem Forschungsobjekt ist. Das würde auch der holistischen Anschauung gerecht werden, daß Alles mit Allem in Verbindung ist. Schauberger war sich dessen wohl bewußt. Hätte er nicht diese (intime) Beziehung zur Natur gehabt, hätte sie ihm wohl nicht viele ihrer „Geheimnisse" preisgegeben. Die Natur folgt ihren eigenen Gesetzen und nicht jenen des Menschen. Dieser kann sich ihr nur in Demut nähern, will er mehr von ihren „Geheimnissen" erfahren.

Es kommt demnach – auch bei der Erforschung „toter" Materie – auf die seelisch-geistige Einstellung des einzelnen Forschers an, der sich einer Sache nähert. Schauberger sagte, daß man das Wasser (die Natur) gütig, wie einen lieben Mitmenschen behandeln sollte. Doch mit all diesen Dingen fängt die traditionelle Wissenschaft nichts an. Für sie ist alles vom Menschen Verschiedene nur Objekt, dem man sich möglichst ohne subjektive Regung – sprich Gefühl – nähern soll. Gefühle könnten die Objektivität des Forschers beeinflußen. Solange die Wissenschaft nur anerkennt, was auf (gefühllosem) abstrakt-mathematischem Wege „erfahrbar" ist, wird sie nie weiter hinter die Kulissen der Wirklichkeit blicken können. Sie schließt sich ja durch ihre „Gesetzgebung" selbst davon aus.

Viktor Schauberger hat seinen gesunden Menschenverstand nicht durch mathematisch-abstrakte Denkweise trüben lassen. Die Wissenschaft akzeptierte seinen (intuitiven) Erkenntnisweg nicht, weil solche Erkenntnisse nicht objektivierbar wären. Doch ohne Intuition geht es nicht, bemerkte Karl Popper, obwohl seiner Meinung nach die meisten unserer Intuitionen sich schließlich als falsch erweisen.

Wir brauchen Intuitionen, Ideen und womöglich konkurrierende Ideen; und weiter Ideen wie man jene Ideen kritisieren, verbessern und kritisch überprüfen kann. Und bis sie widerlegt sind (und wohl noch länger), müssen wir auch fragwürdige Ideen tolerieren. Denn auch die besten Ideen sind fragwürdig[16].

Kommen die einzelnen Wissenschaftler wirklich nur auf rationalem Wege zu ihren Erkenntnissen? Spielt Intuition bei ihnen keine Rolle?

---

16). Popper, Karl, R. „Alles Leben ist Problemlösen", Piper Verlag, München, 3. Auflage 1997. S.151, 152.

Das, was Wissenschaftler treiben, hat nämlich nur sehr wenig mit der Wissenschaft, wie sie in Lehrbüchern steht, zu tun. Denn dort wird die Vorstellung geweckt, Wissenschaft sei vollkommen objektiv, als ob sie keine Spuren tragen würde vom Erkenntnisprozeß des Wissenschaftlers. Heute trauen sich die Wissenschaftler etwas mehr über ihre Trampelpfade zu sprechen, die sie immer brauchen, um etwas Neues zu finden. Und auf diesen Trampelpfaden passiert nämlich total etwas anderes. Die sind voll geleitet von irgendwelchen Vorstellungen, die mit der eigentlichen Wissenschaft nichts zu tun haben, und sie sind gerade deshalb ungeheuer fruchtbar, weil sie auf einen Weg führen, der gar nicht von empirischen Messungen vorgegeben war, sondern von irgendeiner vagen Vorstellung, der man nachgegangen ist. Stattdessen hält man es für wissenschaftlich, in Büchern zu konstruieren, wie man auf dem geradesten Weg zum Ergebnis kommt. Normalerweise thematisieren wir nicht, wie wir durch hundert Trampelpfade zu diesem Ziel gelangt sind. Dabei wäre das viel einleuchtender, weil jeder die (subjektiven, Anm. der Verf.) Ergebnisse kennt, die dahin führen,

sagt Hans Peter Dürr, Professor der Physik und Dr. phil., Direktor des Max-Planck-Institutes für Physik und Astrophysik in München, Träger des Alternativen Nobelpreises für seine Verdienste um die Friedensforschung, 1987[17]. Interessant, wenn ein Wissenschaftler aus der Schule plaudert. Wissenschaftstheorie und Wissenschaftspraxis scheinen demnach zwei verschiedene Paar Schuhe zu sein.

Erwin Chargaff, Biochemiker und Gelehrter, Mitentdecker des genetischen Codes und Essayist, wirkt seit langem als scharfer Kritiker der Naturwissenschaften, besonders der Gentechnik. In einem Interview für die österreichische Tageszeitung *Die Presse* sagte er unter anderem:

Die Gründer der Chemie wie Liebig und Wöhler sahen ihre Funktion in der Erforschung der Natur. Wenn sie jetzt zurückkehrten, wären sie sehr erstaunt darüber, daß die Hauptfunktion gewisser Wissenschaftler darin zu bestehen scheint, daß sie die Natur überlisten, auswerten, kolonialisieren. ... Gleichzeitig wirken wir störend. Man kann eigentlich nichts erforschen, das man nicht gleichzeitig um-

---

17) Dürr, Meyer-Abich, Mutschler, Pannenberg, Wuketits: „Gott, der Mensch und die Wissenschaft", Pattloch Verlag, Augsburg, 1997, Seite 42

bringt. Sie können auch die Zusammensetzung eines Blutkörperchens nicht am funktionierenden Blutkörperchen erforschen. Sie müssen es schon zerstören. ... Was unsere Zeit charakterisiert, ist die Unrast, die unerhörte Schnelligkeit, die man als Innovation verkennt. Genausowenig wie der Kapitalismus nicht stehen bleiben kann – er muß sich verbreiten, immer was Neues bringen „ so ist das jetzt auch in der Wissenschaft[(18)].

Schauberger sprach auch immer davon, daß die Wissenschaft eigentlich nichts anderes mache, als die Natur zu überlisten. Dabei sollte sie sich eigentlich der Natur und ihren Gesetzen anpassen, und nicht umgekehrt, der Natur ihre Gesetze aufzwängen. Er sagte:

Je näher wir dem springenden Lebenspunkt kommen, um so schwieriger wird die Erklärung. Der Forscher muß dann automatisch zum Experiment oder zum Versuch greifen. Dieser wirkt zwar sehr anschaulich, aber in Wirklichkeit zeigt er genau das Verkehrte, das der ungenügend theoretisch vorgebildete Mensch zu sehen vermeint. Aus diesem Grunde ist jedes Experiment oder jeder Versuch eine Gefahr für die naturrichtige Erkennung der Wahrheit, die immer das Spiegelbild der Erscheinung ist.

Dazu meint Popper:

Es gibt eine Wirklichkeit hinter der Welt, wie sie uns erscheint, möglicherweise eine vielschichtige Wirklichkeit, von der die Erscheinungen die äußersten Schichten sind. Der große Wissenschaftler stellt nun kühne Vermutungen, riskante Schätzungen darüber an, wie diese inneren Realitäten beschaffen sind. Das ist dem Erfinden von Mythen verwandt[(19)].

Aus dem Gesagten ergibt sich das Bild, daß Wissenschaft eine kühne Tätigkeit ist, die äußere Erscheinungen einer verborgenen Wirklichkeit untersucht und zu vorübergehenden Erkenntnissen kommt, die annähernd Ausschnitte der Wirklichkeit erklären. Es wäre im Sinne Poppers Idee der „offenen Gesellschaft“ auch für den wissenschaftlichen Betrieb angebracht, mehr Freiheit

---

18) „Die Presse“, 25.4.1997, Seite 23.

19) Popper, Karl, „Lesebuch“, UTB für Wissenschaft 1997, S. 107.

und Demokratie walten zu lassen. Statt dessen scheinen sich aber gegenteilige Tendenzen breit zu machen.

Nach unserer Analyse nimmt es nicht wunder, wie schwer es Forscher haben, neue Ideen und Gedanken in versteinerte Dogmen einfließen zu lassen. Die Natur ist etwas Lebendiges, sich ständig Wandelndes, das man auf Dauer in kein starres Korsett pressen kann. Die Menschen, die Autoritäten, die Machthaber sind nach wie vor der irrigen Meinung, durch starre Korsetts (Dogmen, Gesetze) alles unter Kontrolle halten zu können. Darum ist es nur eine Frage der Zeit, bis die Strukturen aufbrechen oder aufgebrochen werden. Die Schuld wird dann meistens der „bösen (wilden) Natur" oder den bösen (menschlichen) Aufbrechern zugewiesen.

Am schwersten haben es auf dieser Welt immer diejenigen, die (scheinbar) gegen den Strom schwimmen. Vielleicht ist das aber nur eine falsche Einschätzung; vielleicht schwimmt die Mehrheit (unbewußt) gegen den Strom (der Natur), nur merkt sie es nicht. Mit Natur ist in diesem Fall auch die „innere Natur" des Menschen gemeint. Vielleicht würden viele Menschen aufgrund ihrer inneren Natur (instinktiv, gefühlsmäßig) richtig handeln, geraten aber in Konflikt mit der „äußeren Natur" (sozialer Wirklichkeit, Konvention etc.), wobei sie aus bestimmten Gründen (Angst etc.) den gesellschaftlichen Zwängen nachgeben. Wir sollten den Mut aufbringen, mehr unserer inneren Autorität zu folgen und nicht alles bedenkenlos hinnehmen, was uns die äußeren Autoritäten als wahr, richtig, notwendig, etc. auftischen.

Kapitel 17

Wasserforscher leben gefährlich

Die Erforschung des Wasserrätsels ist scheinbar noch immer ein Tabuthema. Der Wissenschaftler kann mit geheimnisvollen Kräften im Wasser vorerst nichts anfangen. „Gewöhnliches" Wasser als Heilmittel ist uns nur mehr aus der Geschichte bekannt. Heutzutage wird Gesundheit gekauft. Selbst Wasser, sollte es als heilend oder lindernd angepriesen werden. Wer sich eine Reise nach Maria Lourdes in Südfrankreich ersparen will, begibt sich – in der Hoffnung auf Linderung seines Leidens – in die kommerziellen Heil- oder Thermalbäder unter wissenschaftlicher Aufsicht. Die Erzählungen über wundertätige Wässer und heilkräftige Brünnlein muten den aufgeklärten Menschen mystisch an. Dennoch pilgern jährlich tausende hilfesuchende Menschen an die verschiedenen Erscheinungsstätten der Mutter Gottes, in der Hoffnung, dort geheilt zu werden. Ist der Einfluß von „Wassergeistern" oder von „Heiligen Personen" auf die Heilkraft des Wassers ohne weiteres in den Bereich der Fabel zu verweisen?

Prof. Herbert Pietschmann schreibt in seinem Buch *Das Ende des naturwissenschaftlichen Zeitalters*[1] sinngemäß, ... *daß mit dem Einzug des wissenschaftlichen Denkens und Erklärens die Geister aus der Natur ausgetrieben wurden.* Feen, Elfen, Gnome etc. wurden durch mathematische Formeln und logische Denkparameter ersetzt. Mit den personifizierten Naturgeistern konnte man noch kommunizieren – es gab noch einen Dialog mit der Natur – was mit toten Formeln nicht mehr möglich ist.

Viktor Schauberger sagte:

Soweit die Geschichte zurückreicht läßt sich feststellen, daß alle Menschen, die sich mit der Klärung des Rätsels Wasser befaßten, auf das Erbittertste bekämpft wurden. In alten Bibelausgaben wird ab und zu vom quallenden, wachsenden und durch innere Kräfte hochsteigenden, am Bewegungsweg sich erfrischenden, heilen-

1) Weitbrecht Verlag, Stuttgart, Wien, 1995

den und daher heiligen Wasser gesprochen. Merkwürdig ist, daß diese dunklen Andeutungen ausgemerzt wurden und in neueren Auflagen fehlen. Die Wahrung des Wassergeheimnisses ist auch ein Mangel, um dem Gelde die Zinskraft zu sichern. Der Zins gedeiht nur in der Mangelwirtschaft[2].

Man könnte auch den Schluß ziehen, daß sich der Geist des Geldes und der Geist der Natur nicht vertragen. Wo der Geist des Geldes herrscht, haben „Geister der Natur" nichts verloren. Denn der Mensch würde sie in Anbetracht der Tatsache, daß (fast) alles zu kaufen ist, doch nicht beachten. Das Ganze sollte eigentlich unseren Umgang mit der Natur symbolisieren. Ehrfurcht und Demut vor der Natur sind uns verlorengegangen. Die Geister der Natur zeigen sich nur dem Geist, dessen Tätigkeit nicht im bloßen Wägen und Rechnen liegt. Goethe sagte treffend: *Du gleichst dem Geist, den du begreifst.*

Schaubergers Feststellung, daß alle Menschen, die sich mit der Klärung des Wasserrätsels befaßten, auf das Erbittertste bekämpft wurden, trifft auch heute noch (immer) zu. Der bereits früher erwähnte französische Forscher Jacques Benveniste, Immunologe von der Universität Paris-Sud, erregte Ende der Achtzigerjahre einiges Aufsehen, da er behauptete, wissenschaftliche Beweise für die Funktion der Homöopathie vorlegen zu können. Er hatte gezeigt, daß Wasser die Eigenschaft hat, sich an frühere Kontakte mit biologisch aktiven Substanzen zu „erinnern". Benvenistes Forschungen über hohe Verdünnungen wurden in der einflußreichen wissenschaftlichen Zeitschrift *Nature* veröffentlicht. Wie bereits im vorigen Kapitel erwähnt, erschien kurz darauf der Chefredakteur selbiger Zeitschrift in Begleitung eines für die Aufdeckung wissenschaftlichen Betrugs spezialisierten Physikers und eines professionellen Magiers in Benvenistes Labor. Kurz nach ihrer fünftägigen Visite veröffentlichte dieses wissenschaftliche „Einsatzkommando" in *Nature* einen Bericht mit dem Titel „High dilution experiments a delusion" (Experimente zu hohen Verdünnungen eine Täuschung)

Der Wissenschaftssoziologe Michel Schiff, studierter Physiker, verfaßte ein Buch über die Forschungen Benvenistes[3]. Drei Jahre hat der Autor recherchiert und Experimenten von Benveniste beigewohnt, die beweisen, daß der Forscher den Nachweis über die Funktion der Homöopathie tatsächlich erbringen

---

2) Implosion 119, S. 5

3) Schiff, Michel „Das Gedächtnis des Wassers", Verlag Zweitausendeins, Frankfurt am Main 1997

konnte. Michel Schiff interessierte sich vorher schon einige Zeit für das „Wassergedächtnis" und war ursprünglich selbst skeptisch Benvenistes Forschungen gegenüber eingestellt gewesen. Als er dann den Experimenten beiwohnte: *... war ich so fasziniert, daß ich schließlich an einigen weiteren Übertragungsexperimenten direkt teilnahm. Bei diesen Versuchen wird offensichtlich chemische Information mit Hilfe einer elektronischen Vorrichtung*[4] *übertragen, ohne daß damit ein Materietransport verknüpft ist.* Schiff schreibt, daß Benvenistes Behauptungen in wissenschaftlicher und soziologischer Hinsicht eine Herausforderung wären:

Wissenschaftlich beschreibt er Beobachtungen, die mit den derzeit anerkannten Theorien nicht erklärt werden können. Und er weist darauf hin, daß eben dieses Fehlen einer adäquaten Theorie seine Experimente interessant macht, denn dies sollte die Wissenschaftler anspornen, ihren derzeitigen Wissensstand zu überprüfen. Vom soziologischen Standpunkt aus ist die hartnäckige Weigerung von Wissenschaftlern, über die Fakten ernsthaft zu diskutieren, ein Indiz, daß in der akademischen Welt einiges nicht in Ordnung ist. Auch wenn ich den Widerstand von Wissenschaftlern gegen neue Vorstellungen nicht genau auf die gleiche Weise analysiere wie Benveniste, so bin ich doch mit ihm darin einig, daß ernstzunehmende Anzeichen von Zensur und Selbstzensur vorliegen[5].

Alle Versuche, Benveniste und seine Forschungen als Schwindel darzustellen, blieben erfolglos. Er arbeitete ungeachtet der Verunglimpfungen durch das wissenschaftliche „Einsatzkommando" weiter, und mittlerweile stützen sich andere Forscher auf seine Erkenntnisse. Der „Fall Benveniste" macht deutlich, wie unangenehm der Wissenschaft die Tatsache sein muß, daß man dem Wasser ein Erinnerungsvermögen, eine Gedächtnisfunktion zuschreibt. Das Weltbild der Biologie, der Naturwissenschaft schlechthin, kommt durch die neuen Erkenntnisse über Wasser auf alle Fälle gehörig ins Wanken. Viktor Schaubergers Mühen waren nicht vergebens. Er hatte bereits in den Zwanzigerjahren postuliert, was heute allmählich auch von einigen beherzten Wissenschaftlern teilweise festgestellt wird: Im Wasser stecken verborgene Fähigkeiten, die bei richtiger Führung oder Behandlung desselben zum Tragen kom-

---

4) Es handelte sich bei diesem Versuch um eine Informationsübertragung durch ein Bioresonanzgerät.

5) Ebd., S. 13-17.

men. Man soll auch gütig zum Wasser sein. Ob er damit die Wassergeister meinte?

Wegen dieser Behauptungen geriet Schauberger mit der Wissenschaft in Clinch, obwohl er am Beispiel funktionierender Holzschwemmanlagen auch praktische Beweise lieferte. Die Öffentlichkeit wurde auf den Förster und seine unerklärlich funktionierenden Holzschwemmanlagen, die er auch für die Österreichischen Staatsforste (Bundesforste) konzipierte, aufmerksam. Die Wissenschaft mußte sich jetzt nolens volens mit Schaubergers Erkenntnissen über Wasser auseinandersetzen, denn Ableugnen – ein probates Mittel – war aufgrund der Tatsache der Funktion der Schwemmanlage nicht mehr möglich. Doch die Kritik der Wissenschaftler am Förster und seinen Erkenntnissen wurde nur noch größer, weil sie weder in der Lage waren, die Funktion der Holzschwemmanlagen zu erklären noch sie zu widerlegen.

Schauberger, durch diesen Erfolg gestärkt, holte aus und bezichtigte die p.t. Wissenschaft, daß sie Schuld am ökologischen und ökonomischen Gesamtverfall sei, weil sie alles verkehrt – in seinem Sinne „naturunrichtig" – mache. Durch diese Aussagen erleichterte sich Schauberger seine Position nicht unbedingt. Der Konflikt zwischen ihm und der Wissenschaft wurde immer größer. Fachlich konnte man dem Förster nicht beikommen, so versuchte man, ihn für verrückt zu erklären, ein weiteres probates Mittel, um Gegner mundtot zu machen.

So kam es tatsächlich dazu, daß Viktor Schauberger unter dem Vorwand einer ärztlichen Untersuchung, zwecks vorzeitiger Pensionierung als Invalide, vom 16.10.1939 bis 21.10.1939 in der psychiatrischen Abteilung des Wiener Allgemeinen Krankenhauses (Abteilung B-6, Leitung Dr. Pölzl) auf seinen Geisteszustand untersucht wurde. Schauberger:

Nach etwa dreistündigem Warten im nackten Zustand, was nach Mitteilung des mich untersuchenden Arztes notwendig gewesen sei, begann er mit seiner Untersuchung, die darin bestand, daß ich im halberfrorenem Zustand mit dem Zeigefinger die Nasenspitze und mit der rechten Ferse das linke Knie und mit der linken Ferse das rechte Knie bei geschlossenen Augen rasch hintereinander zu treffen hatte. ... Als ich dann das Zimmer betrat, sah ich, daß ich in einer Irrenanstalt inmitten etwa 50 - 70 wie ich glaubte ausschließlich Verrückten war. In Wirklichkeit waren es aber solche, die als Unliebsame auf dieser Durchzugstation nach

München zum Empfang der Strychninnadel waren. ... Nächsten Morgen saß ich vor meinen Richtern ... 4 Ärzten und 2 Ärztinnen, unter dem Vorsitz von Frau Dr. Förster-Westermayer[6].

Nun wurde Schauberger befragt, warum und wie er hierhergekommen sei, ob er sich politisch betätigt habe. Es wurde ihm trotz des Verbotes, nach Hause zu schreiben oder zu telefonieren schließlich doch gestattet, kurz zu telefonieren. Er verständigte Mäda Primavesi, seine „Mäzenin", von der Tatsache seines Aufenthaltes in der psychiatrischen Abteilung des Allgemeinen Krankenhauses. Diese erschien am nächsten Tag und riet ihm, äußerst vorsichtig zu sein. Frau Dr. Förster-Westermayer ermöglichte ihm einen kurzen Ausgang, den Schauberger nutzte, um Prof. Wagner-Jauregg, den Vorgänger Prof. Pölzls, zu besuchen und ihm alles zu berichten. Wagner-Jauregg versprach Schauberger, das Möglichste zu tun. Daraufhin kehrte er wieder in die Klinik zurück. Es verging kein Tag ohne Untersuchungen.

... Jeden Tag wurden die zum Tode Verurteilten verlesen. Jeder wußte, wohin es ging. Manche stemmten sich dagegen. Geschulte Wärter brachen jeden Widerstand im Handumdrehen. Dann fuhr der schwarze Kastenwagen zu und kam immer wieder, um wieder mit seiner neuen Ladung – wie wir sagten – ins Jenseits zu fahren. Die Großtransporte gingen über Steinhof in die Nähe Münchens[7].

Nach vielem Hin und Her wurde Schauberger über Auftrag von Berlin von Prof. Pölzl persönlich untersucht. Erst nachdem er wiederholt erklärt hatte, daß er seit einer Granatverschüttung im Jahre 1918 ein Fuß- und Gesäßleiden habe, und dieses durch seinen Landwehrschein, in dem seine Invalidität verzeichnet war, nachweisen konnte, wurde er aus dem „Irrenhaus" entlassen. Prof. Pölzl konstatierte, daß Schauberger geistig völlig gesund sei und er sich dem Gutachten des früheren Ärztekonsiliums anschließe. Darin wurde ihm offiziell bestätigt, daß er Plattfüße habe, und da es keine Einlagen dafür gebe, sei er nicht pensionswürdig[8]. Später hat er erfahren, daß er auf Betreiben des

6) Schauberger, Viktor, „Die Entdeckung der Levitationskraft", Implosion 112, S. 43, 44

7) Ebd., S.46

8) Brief Viktor Schaubergers an das Ministerium für Wirtschaft und Arbeit, Wien 1., Franz Josefs Kai 7-9, am 24.10.1940, Staatliche Verwaltung des Reichsgaues, Zl. V-59, Tgb. Nr. 24369, 36033/40, III. Erf., Österreichisches Staatsarchiv Wien.

Wiener Ingenieur- und Architektenvereines in diese Situation gekommen war. Viele Jahre zuvor, als Schauberger in Steyrling für seinen damaligen Arbeitgeber Fürst Adolf Schaumburg-Lippe seine erste Holzschwemmanlage baute, wollte ihn der Bezirkshauptmann von Kirchdorf ebenfalls ins Irrenhaus stecken lassen. Mit der Begründung, daß er durch seine Holzschwemmanlage und durch das Staubecken, welches nach wissenschaftlichem Vermögen nicht funktionieren bzw. dem Wasserdruck nicht standhalten würde, die darunterliegenden Bewohner gefährde.

Ähnlich ging es vielen anderen Forschern, die vom Establishment auf diese Weise mundtot gemacht wurden. Als Paradebeispiel gilt Prof. Ignaz Semmelweis, der Entdecker der Ursache des Kindbettfiebers. Semmelweis sorgte mit seinen revolutionären Erkenntnissen für Unruhe und Unbehagen in der Fachwelt. Die Heftigkeit, mit der er seine Gegner als „Mörder“ beschimpfte, und sein kompromißloses Auftreten im Namen der Wahrheit gingen den Kollegen zu weit. Es mußte gehandelt werden. Semmelweis wurde nach Veröffentlichung seines Buches unter Vorspiegelung falscher Tatsachen in eine Nervenheilanstalt gelockt. Anzeichen von Müdigkeit und Erschöpfung kamen da mehr als gelegen.

Georg Sillo-Seidl, dem Autor des Buches *Die Wahrheit über Semmelweis*[9], fiel beim Sondieren der Akten auf, wie unfundiert die ärztliche Diagnose offenbar gewesen war: *Die angeblichen Symptome für Semmelweis' Geisteskrankheit waren äußerst vage und für die Begründung einer psychiatrischen Zwangseinweisung absolut unzureichend. Er starb angeblich an einer Blutvergiftung nach einer Rangelei mit Wärtern*[10].

Das Traurige an dieser Sache ist, daß gerade solche Menschen bekämpft werden, die Irrtümer erkennen und aufzeigen. Und wo sich über kurz oder lang nachweislich herausstellt, daß die unbequemen Mahner im Recht waren. Vielleicht stimmt Schaubergers Vermutung, daß sich die Wissenschaft im Gesamten irrt, denn sonst würde sie neue Ideen, die nicht in ihr Gedankenschema passen, nicht so fürchten wie der Teufel das Weihwasser. So gesehen bedienen sich die wissenschaftlichen Autoritäten eines autoritären Führungsstils, was eigentlich nicht dem jetzigen „liberalen, toleranten“ Zeitgeist entspricht.

---

9) Sillo-Seidl, Georg, „Die Wahrheit über Semmelweis“, Genf 1978
10) Bürgin, Luc, „Irrtümer der Wissenschaft“, Herbig Verlag, München 1997, S. 51

Kapitel 18

Schaubergers Naturphilosophie

In den folgenden Kapiteln wollen wir näher auf Schaubergers Erkenntnisse über die Natur, insbesondere über das Wasser eingehen. Seine Kritik an der Wissenschaft wuchs in dem Maße, wie er die natürlichen Wachstums- und Aufbauvorgänge richtig zu deuten wußte. Erst das Erkennen der seiner Meinung nach „naturrichtigen" Bewegungsvorgänge und deren Vergleich zu den technischen Bewegungsarten veranlaßte ihn, zweitere als die „naturunrichtigen" (dem Natursinn entgegengerichteten = destruktiven) zu erklären. Was ist richtig und was ist falsch, darüber läßt sich bekanntlich streiten. Der Wissenschaftler tut sich mit dem Begriff „naturrichtig"[1] schwer, denn das würde die einzige richtige Möglichkeit bedeuten, die es gibt, und alle anderen Möglichkeiten ausschließen. Allein diese Behauptung Schaubergers sorgte schon für Konflikt, ohne überhaupt auf den Inhalt einzugehen.

Die Konsequenz seiner Behauptung, das „Richtige" entdeckt zu haben, wäre, daß die Wissenschaft seit jeher das „Falsche" als das vermeintlich Richtige erkannt und sich danach ausgerichtet hätte. Obwohl die Wissenschaft – sich selbst einschränkend – zugibt, absolute Werte nicht zu erkennen, sondern nur wahrscheinliche, in ihr Weltbildmodell passende Aspekte der Wirklichkeit zu erfassen, gebärdet sie sich so, als ob ihre Erkenntnisse die einzig richtigen wären. Diesen Absolutheitsstandpunkt vertritt und verteidigt sie auch vehement und bekämpft alles, was von „außen" kommt.

Das war auch ein Grund, weshalb Schauberger die Wissenschaft als Ganzes infrage stellte. Erstens gibt sie ja selbst zu, nichts Konkretes, sondern nur Wahrscheinliches zu wissen. Und dieses Wissen bildet die Grundlage unserer Kultur. Dazu meinte Schauberger:

---

1) Besser wäre „naturident", denn die Bionik, ein Zweig der Technik, orientiert sich bei ihren Konstruktionen an natürlichen Formen. Denken wir an die Moniereisen (Eisenstäbe, die in Gitterform in Stahlbeton eingearbeitet werden, um dessen Elastizität zu erhöhen), welche den Saftbahnen der Pflanzen (Blätter) abgeschaut wurden. Oder die Kuppelform, welche der Schädelform abgeschaut wurde.

Was die meisten Menschen bisher erreichten, ist keine Kultur, sondern nur Zivilisation und ein Rückschritt von der wahren Kultur. Ein Weg, der unbedingt notwendig war (ist), um durch Erfahrungen wieder eine Stufe vorwärts zu kommen[2].

Wenn man (die Wissenschaft) a priori ausschließt, die wirkliche Wirklichkeit (= die Wahrheit) in umfassendem Maße erkennen zu können, muß man sich eine (abstrakte) Scheinwirklichkeit zurechtlegen, um nicht den Boden unter den Füßen zu verlieren. Für viele ist diese Scheinwirklichkeit zur Realität geworden, an die sie glauben. Deshalb ist es für solche Systeme gefährlich, wenn jemand wie Schauberger auftritt und behauptet, der wirklichen Wirklichkeit auf die Spur gekommen zu sein. Noch schmerzlicher wird es dann, wenn er auch noch praktische Beispiele für seine Behauptungen liefern kann. Was wäre, wenn die wissenschaftlichen Eliminierungsmethoden gegenüber den unbequemen Aussagen solch unbeugsamer Zeitgenossen nicht mehr funktionieren, weil sich deren Aussagen als „richtig" erweisen würden? In diesem Fall stempelt man den Unbequemen als Narren, als Geisteskranken ab.

Schauberger, selbst gebranntes Kind in dieser Sache, tätigte den Ausspruch:

Man hält mich verrückt, mag sein, daß man recht hat. In diesem Fall spielt es keine Rolle, ob ein Narr mehr oder weniger auf der Welt ist. Wenn es aber so ist, daß ich recht habe und daß die Wissenschaft irrt, dann möge der Herr sich der Menschheit erbarmen.

Langsam sieht es so aus, als müßte sich der Herr der Menschheit wirklich erbarmen, wenn er es nicht schon längst tut. Nehmen wir an, Schaubergers Erkenntnisse über die Natur erweisen sich als zutreffender als die wissenschaftlichen Aussagen. Gehen wir davon aus, daß beherzte Forscher seine Erkenntnisse allmählich bestätigen. Wird man dann daraus die Konsequenzen ziehen? Nein, denn eher geht ein Kamel durchs Nadelöhr, als daß die Wissenschaft zugibt, sich fundamental zu irren. Zuviel steht auf dem Spiel. Das Beispiel des französischen Forschers Jacques Benveniste zeigte uns, daß die wissenschaftlichen Reihen fest geschlossen sind.

---

2) Schauberger, Viktor, Aufzeichnungen und Briefe aus Arnold Hohls Notizbuch, in: „Mensch und Technik naturgemäß", 24. Jg., 1993, Heft 2, Hrsg. „Gruppe der Neuen", S. 40

Der „Bruch mit der Natur“ erwies sich als Kardinalfehler der mathematischen Naturwissenschaft. Durch die Aussagen der Quantenphysik, daß Beobachter und Beobachtetes in enger Wechselbeziehung zueinander stehen, wurde diese Kluft jedoch überwunden. Die „Versöhnung“ zwischen Materie und Geist ist aus quantenphysikalischer Sicht längst erfolgt. Die Masse hat an dieser physikalischen Revolution kaum Anteil genommen, noch die Konsequenzen daraus gezogen. Wir leben zwar in einer High-Tech Welt, befinden uns geistig aber noch in der Denktradition der mechanistischen Weltvorstellung des 19. Jahrhunderts. Was wunder, nahezu 400 Jahre hat es beispielsweise gedauert, bis sich die Heilweisen eines Theophrastus Bombastus von Hohenheim, genannt Paracelus, in Form der Homöopathie und Spagyrik durchgesetzt haben. Diese geistige Trägheit bekam auch der seiner Zeit weit vorausschauende und -denkende Viktor Schauberger zu spüren.

Schaubergers Naturverständnis, die Dinge an und für sich zu betrachten, knüpft vielleicht etwas an die griechische Naturphilosophie an. Er erging sich nicht nur in philosophischen Spekulationen, sondern lieferte auch praktische Ergebnisse. Durch die Beobachtung von fließendem Wasser zog er Schlüsse auf das Innenleben des Wassers. Dies inspirierte ihn zur Konstruktion einer „Implosionsmaschine mit Wasserfüllung“. Der Wissenschaftler untersucht Wassermoleküle, analysiert sie, was aber nichts über das Wesen des Ganzen aussagt. Er kann nur Eigenschaften einzelner Teile unter bestimmten Verhältnissen feststellen. Doch die Summe aller Teile ist mehr als das Ganze. Man muß sich die Frage stellen, warum ein Mensch so beschaffen ist, daß er die Dinge als Ganzes wahrnimmt und nicht deren Einzelteile. Man kann sich nur vom ganzen Menschen ein Bild machen und nicht von seinen Teilen. So ist es auch in der Natur. Ich kann alles bis ins kleinste Teilchen zerlegen, was meine Neugierde befriedigen kann, aber die Teilchen sagen nichts über das Ganze aus. Die Eigenschaften des Teilchens sind verschieden von den Eigenschaften des Ganzen.

Ein guter Arzt kann zum Beispiel an der Gesamterscheinung eines Menschen Krankheiten diagnostizieren, ohne seine Teile zu untersuchen. Ich will damit nicht den Sinn der wissenschaftlich-analytischen Methode infrage stellen, sondern aufzeigen, daß nur eine ganzheitliche Betrachtungsweise in der Lage ist, etwas über das Wesen des Ganzen auszusagen. Da die Wissenschaft in sich gespalten ist – es gibt nur mehr Fachdisziplinen, die sich weiter differenzieren – ist sie nicht fähig, ganzheitliche Betrachtungsweisen aufzustellen. Viktor Schauberger war ein ganzheitlicher Denker. Zu seiner wichtigsten Entdeckung – der sogenannten „naturrichtigen Bewegung" – gelangte er durch ein besonderes Erlebnis. Er wollte einen Bach im Stabhochsprung übersetzen und scheuchte dabei eine Gebirgsforelle auf, die pfeilschnell stromaufwärts floh. Viktor war zuerst erschrocken, doch dann arbeitete es in seinem Kopf. Er fragte sich:

Wie ist es nur möglich, daß diese starke Forelle bewegungslos im Wasser stehen und allen Schwerkraftgesetzen zum Hohn, ihr eigenes Gewicht und das Gewicht des fallenden Wassers so mühelos überwinden kann? Wie kommen die Fische in diese Höhe, da knapp unterhalb der Gebirgsbach über 60 Meter tief abfiel und vor Erreichung des Bodens zerstäubte. Von einer künstlichen Fischzucht war keine Rede. Sollten die bergwärts ziehenden Seelen sie mit ins Schlepptau nehmen? Oder herrscht hier eine biomagnetische Achsenkraft, die doch auch ein Voreilen schwerer Hölzer unmöglich macht und durch rätselhafte Rücksogkräfte ein achsmittiges Abschwimmen ermöglichen? Sollte dieses mit den geheimnisvollen Andeutungen im Zusammenhang stehen, die mir meine Mutter machte? Plötzlich sah ich visionär abermals die Maschine, welche die Schwerkraft überwinden sollte[3].

Diese Beobachtung hatte Viktor Schauberger auf ein bisher nicht erkanntes oder beachtetes Bewegungsprinzip aufmerksam gemacht, welches er in weiterer Folge „Implosion" nannte. Das „Implosionsprinzip" steht auf zwei Pfeilern: Einerseits auf der von Schauberger selbst getätigten Beobachtung des Verhaltens der Gebirgsforellen – der weitere Beobachtungen folgten – und andererseits auf der von Johannes Kepler postulierten Bewegung der Planeten auf ellipsoiden Bahnen. Wie ist das nun im Konkreten zu verstehen?

Implosion als Abbild planetarer oder atomarer Bewegung

Der eine Pfeiler, auf dem Schaubergers Implosionsprinzip ruht, ist das Prinzip der „planetaren Bewegung". In einer schraubenartigen Bewegung sollen

3) Schauberger, Viktor, Das Grundgesetz der Natur, aus einem Schaubergerbrief, Implosion 85, S. 21

sich nach Kepler die Planeten unseres Sonnensystems um ihre eigene Achse drehen (kreiseln), und sich in ellipsoiden[4] Bahnen um die in einem Brennpunkt der Ellipse befindliche Sonne drehen.

Nach dem Motto: Wie im Großen so im Kleinen, können wir dieses Bewegungsmodell auch in den kleinsten Teilchen, den Atomen, feststellen. Im Bohrschen Atommodell stellt der Atomkern die Sonne dar, um den sich die Elektronen als Planeten drehen. Sie bewegen sich nach Arnold Sommerfeld auch auf ellipsenförmigen Bahnen um den Atomkern. Man nennt die kreiselnde Bewegung der Elektronen auch „Spin".

Wenn diese Bewegungsform im Makrokosmos (Universum) und im Mikrokosmos (Atom) feststellbar ist, dann muß sie auch in den materiellen Zwischenformen unserer physischen Realität feststellbar sein, überlegte Schauberger. Und sie muß eine besondere Bedeutung haben, da sich in der Natur scheinbar alles Aufbauende in dieser Weise bewegt oder bewegt wird, schloß er weiter. Er sollte später noch erkennen, daß er dem evolutiven Prinzip der Natur auf die Spur gekommen war. Aufgrund dieser Erkenntnisse und seiner Naturbeobachtungen kam Schauberger zu dem Schluß, daß Mensch (die Wissenschaft) und Natur verschiedene Wege gehen. Wir bleiben im Sinne der Schauberger'schen Dialektik bei der Wissenschaft als Antithese zur Natur. Die Wissenschaft, so Schauberger, arbeitet in jeder Richtung gegen die Natur und ihre Intentionen. Er sah diesen Unterschied vornehmlich in der Diskrepanz zweier Bewegungsformen: Die Natur tendiert dazu, ihre Massen planetar zu bewegen (spiralig-konzentrisch), die Wissenschaft hingegen tendiert dazu, Massen gleichförmig-geradlinig zu bewegen. Wobei bekannt ist, daß es keine geradlinige Bewegung gibt, sondern aufgrund der Raumkrümmung und Erdgravitation jede geradlinig intendierte Bewegung gekrümmt verläuft.

Schauberger bezeichnete die der Intelligenz der Natur entspringende Bewegung „Implosion" und die der Intelligenz der Wissenschaft entspringende Bewegung „Explosion". Die Natur, der Kosmos, Planeten, Sterne, Atome, Moleküle, Wasser, Wellen, Wind (vor allem Wirbelstürme), Wolken, Blut und Pflanzensäfte, folgen der implosiven Bewegung. Die konzentrisch-spiralförmige „Implosionsbewegung" hat saugenden, ziehenden Charakter. Man be-

4) Dipl.-Ing. Walter Schauberger hat das 1. Kepler-Gesetz korrigiert. Das physikalische Universum ist ein „offenes System", daher gib es keine geschlossenen, sondern nur offene Bahnen. Er revidierte auch die Form der Planetenbahnen (Ellipsen) auf offene „Ei-Bahnen".

denke, welche Saugkräfte der Rüssel eines Tornados entwickelt. Nur der Mensch (die Wissenschaft) forciert die „widernatürliche“ geradlinige (drückende) Bewegungsform, die im Widerstand Wärme erzeugt und abbauende Eigenschaften hat, so Schauberger. Dazu Ludwig Boltzmann: *Nur die geradlinige Bewegung steigert den Druck und die Temperatur.* Bei der Implosionsbewegung soll durch die Saugwirkung eine minimale Reibung entstehen und eine Abkühlung erfolgen, da die Wärmeenergie in Bewegungsenergie umgewandelt wird, durch die zum Beispiel der Wirbelsturm auf Touren gebracht wird.

Die Forcierung einer geradlinigen Bewegung mag außer der mathematischen Komponente noch eine andere aufweisen. Der Denkprozeß ist eine geistige Angelegenheit, und nur im Bereich des Geistigen (Transzendenten) ist eine geradlinige Bewegung möglich. Man kann seine Gedanken unmittelbar (geradlinig) an jeden Punkt im Kosmos richten. Aber der Mensch besteht nicht nur aus Geist, sondern auch aus einem physischen Körper und lebt in einer physischen Welt. Die Materie gehorcht anderen Gesetzen. In der Natur gibt es keine Geraden, keine Kreise, keine absoluten Körperformen, weil alles im Werden und daher in ständiger Veränderung ist. Das geradlinige Denken hat uns „verführt“, die physische Wirklichkeit im Sinne dieses Denken zu gestalten. Doch die Wirklichkeit zeigt uns ja das Gegenteil. Pflanzentriebe wachsen nicht gerade, sondern spiralen sich an größeren Gewächsen hoch. Wenn man dazu Vergleiche aus der Mikrobiologie heranzieht, so zeigt sich die spiralförmige Tendenz bereits in der Struktur der DNS. Auch das Atom soll eine spiralförmige Struktur haben.

Die Vorstellung von exakten geometrischen Formen hat uns Euklid vermittelt. Sie sollen den transzendenten Bereich des „Göttlichen“, des Perfekten symbolisieren. Nur im Bereich des „Göttlichen“ ist exakte geometrische Perfektion möglich. Wir aber sind im Werden. Was wird, ist veränderlich und benötigt freie Bahnen zur Entwicklung. Deshalb gibt es in der Natur auch keine geschlossenen Systeme. Die Welt ist ein offenes System, der Mensch ist ein offenes System. Wären wir in ein abgeschlossenes System eingebettet, gäbe es auch keine Lernfähigkeit, keine Möglichkeit, sich zu ändern. Wir müßten die Wirklichkeit so hinnehmen, wie sie sich unserem subjektiven Wissensstand darbietet. Doch dieser ändert sich laufend. Gäbe es kein offenes System, könnten wir keine neue Erfahrungen machen, keine neuen Gesetze aufstellen.

Die Wissenschaft ist ein in sich geschlossenes System, das nach gewissen Regeln funktioniert. Man spricht auch von starren Lehrsätzen. Die Dogmatik ist evolutionshemmend, sie wirkt bremsend, da sie an lange geübten Verhaltens- und Denkweisen festhält, die man nicht so gerne und so schnell aufgibt. Wie gesagt, das Denken, richtig eingesetzt, kann zur „Höhe" führen, doch die meisten Menschen denken nur im Kreise herum, und kommen deshalb nicht vom Fleck. Die Trägheit des Denkens ist ein Problem, das schon Goethe wußte: *... keiner will etwas werden, ein jeder will schon etwas sein...*

Deshalb dauert es auch so lange, bis Irrtümer als solche erkannt werden. Doch die Natur ist geduldig. Gott hat uns die Zeit geschenkt, die wir sinnvoll nützen sollten, um Irrtümer zu überwinden und täglich ein Stück freier zu werden. Um es mit Rückert zu sagen: *Das sind die Weisen, die durch Irrtum zur Wahrheit reisen; das sind die Narren, die im Irrtum verharren.*

Die Evolution schreitet fort, die Natur zeigt uns, welche Wege die Evolution geht, *doch wir können mit den Augen nicht sehen, was vor den Augen liegt.* Das ist ein globales Problem. Die Masse der Menschheit vertraut blindlings dem, was die Experten sagen, sei es in gesellschaftlichen, politischen, wissenschaftlichen oder in religiösen Angelegenheiten. Der „mündige" Bürger ist tot, es lebe der „Unmündige".

John Davidson, Jahrgang 1944, studierte in Cambridge Biological Science und war anschließend dort 17 Jahre an der Fakultät für Angewandte Mathematik und Theoretische Physik tätig. Er meint:

... denn diejenigen Wissenschaftler, die effektiv ihre Deutungen oder Modelle mit der Natur selbst verwechseln, meinen wirklich, das Universum vollkommen erklärt und verstanden zu haben, wenn sie nur einen Satz zusammenpassender Gleichungen und Vorstellungen finden, mit denen sich alle Probleme zulässig beschreiben lassen. Und sie werben auch bei anderen Menschen für ihr Evangelium und steigern dadurch ihren Irrtum. ... Zuerst beobachten wir die Natur. Dann beschreiben wir einige Funktionen mathematisch. Dann bestehen wir darauf, daß die Natur dieser Beschreibung immer folgen müsse. Wir spannen den Karren eindeutig vor das Pferd[5].

---

5) Davidson, John, „Das Geheimnis des Vakuums", Omega Verlag Düsseldorf,1996, S. 142, 143

Von Alpha nach Omega

Das Universum auf der Bahn der Einrollung ist der kosmologische Ansatz des Jesuitenpaters und Wissenschaftlers Pierre Teilhard de Chardin (1881-1955). Er unternahm den Versuch, eine Versöhnung zwischen Naturwissenschaft und Religion herzustellen. „Die Naturwissenschaft versucht zu beschreiben, wie etwas funktioniert, stellt sich aber nicht die Sinnfrage, warum es so ist", so Chardin. Er sah den Sinn der kosmologischen Entwicklung darin, daß sich das Universum auf einer veränderlichen, spiralartig von außen nach innen verlaufenden Bahn, von dem Ausgangspunkt „Alpha" in Richtung Ziel, dem Punkt „Omega" bewegt. Der Punkt „Omega" ist für ihn der geistige Bereich, der Bereich Gottes, in den der geläuterte Mensch nach der kosmischen Reise eintritt. Sinn dieser Entwicklungsreise von Alpha nach Omega ist, daß der Mensch eine seelisch-geistige Höherentwicklung (Katharsis) erfährt, die ihn für den Eingang in das geistige Zentrum „reif" macht. Das „einheitliche Feld", welches das Universum an- oder hineinzieht, ist die Liebe Gottes. Chardin sieht Christus als das Herz der Materie, der alles aus Liebe bewegt und zu sich (dem kosmischen Christus = „Omega") hinzieht. Das Universum ist dabei das Raumschiff, das auf Kurs „Omega" unterwegs ist. Man kann die Entwicklungsbahn des kosmischen „Raumschiffes" der Form nach mit einer Eieruhr vergleichen. Innerhalb dieser Eieruhr spiralt das Universum Richtung Zentrum (Omega), wobei der Raum immer enger und die Zeit immer schneller wird. Irgendwann läuft die Zeit aus. Deshalb nannte Chardin es auch das Universum auf der Bahn der Einrollung[6].

Schaubergers Hypothese der Implosionsbewegung erfährt durch Chardins Universum auf der Bahn der Einrollung eine weitere Bestätigung. Diese Hypothese widerspricht der wissenschaftlichen Vorstellung des Universums, das zunehmend expandieren soll.

Wir wollen uns jetzt wieder der Implosionsbewegung in der Materie zuwenden. Viktor Schauberger sah also einen engen Zusammenhang zwischen der Bewegung der Planeten, der Atome und der materiellen Zwischenstufen. Er benützte für die Planetenbewegung auch den schwierigen Begriff „zykloide Raumkurvenbewegung". Johannes Kepler hatte erforscht, daß die Plane-

6) Chardin, Pierre Teilhard, „Das Herz der Materie", Walter Verlag, Olten 1990

ten nicht auf Kreis- sondern auf Ellipsenbahnen um die in einem Brennpunkt der Ellipse befindliche Sonne kreisen. Nach Schauberger spiralen sie um die Sonne. Er begründete dies damit, daß alles, was sich im Kreise dreht, nicht vom Fleck kommt. Statt „zykloider Raumkurvenbewegung" sagte er auch „planetare Bewegung". Also dreht sich auch die Erde in dieser Weise. Die „planetare Bewegung" der Erde hat auch Einfluß auf die Massenbewegung, sagte Schauberger. Das Wasser, Blut, Pflanzensäfte, Winde und Meereswellen, Gase, Rauchschwaden, etc. werden in dieser Weise bewegt.

Univ. Prof. Felix Ehrenhaft, Vorstand des ersten Physikalischen Institutes der Universität Wien, machte mit seinen Mitarbeitern die Entdeckung, daß kleinste freischwebende Materieteilchen in einem konzentrierten Lichtstrahl sich auf Schraubenbahnen bewegen. Teils in der Fortpflanzung des Lichts, teils in der entgegengesetzten Richtung. Dieser Versuch wurde *Photophorese* genannt.

Grundsätzlich neuartig und aufregend, so Prof. Ehrenhaft, *ist das Phänomen, daß die Bewegung von Materieteilchen in Feldern nicht auf geraden Bahnen, sondern auf Schraubenbahnen der regelmäßigsten Form, Größe und Umlauffrequenz erfolgt. Zu der Bewegung um die Schraube, kommt oft noch eine Bewegung um die eigene Achse.*

Nach Dipl.-Ing. Walter Schauberger spielt sich die Erscheinung in allen Gasen, insbesondere auch in Edelgasen (Argon) und bei allen Drücken ab. Der Inder Satyendra Nat Ray bewies, daß auch in Flüssigkeiten derartige Bewegungen auftreten. G. Fachini in Italien hat ebenfalls Photophorese in Flüssigkeiten festgestellt. W.W. Barkas im Porterschen Laboratorium zu London hat auch in Röntgenstrahlen Photophorese gefunden. Die Versuchsergebnisse Prof. Ehrenhafts wurden in dem Sonderdruck „Acta Physica Austriaca" des Springer Verlages Wien, 1951, herausgegeben, der aber nicht im Handel erschienen ist. Die Photophorese – die schraubenförmig-spiralige Bewegung kleinster Materieteilchen – würde Viktor Schaubergers Implosionstherie (planetare Bewegung) im Prinzip bestätigen. Prof. Ehrenhaft, der zur selben Zeit wie Schauberger lebte, wußte nichts von dessen Beobachtungen. Als sie sich später einmal begegneten, verhinderte die Eitelkeit des Gelehrten eine nähere Fühlungnahme[7].

---

7) Spirale, Zeitschrift für Biotechnik und Fragen der Lebenserneuerung, Nr. 1, Jänner 1961. S. 16 ff., Hrsg. Leopold Brandstätter.

Die Gedankengänge des Försters Schauberger sind interessant. Welcher Forscher hätte schon solche Zusammenhänge hergestellt? Wer hat sich bei den mikro- und makroskopischen Betrachtungen je die Frage nach einer allem zugrundeliegenden Bewegungsform gestellt, geschweige daraus irgendwelche Schlüsse gezogen? Schauberger sieht dahinter das aufbauende, lebensfördernde, evolutionäre Gesetz der Natur, schlicht das Leben selbst, das ja ein Phänomen der Bewegung ist. Die Forelle hat ihm dieses scheinbar simple Prinzip enthüllt. Sie nutzt diese Kraft, um bei ihrer Wanderung zum Quellsprung die Strömung und selbst Wasserfälle zu überwinden. Die „Sehnsucht" nach der ehemaligen Heimat, den Laichplätzen, ist so groß, daß sie diese Strapazen auf sich nimmt, dort zu laichen und danach zu sterben. Ihr Fahrstuhl hinauf ist die biomagnetische Flußmittelachse, an der sie sich quasi hinaufsaugt. Es handelt sich dabei laut Schauberger um feinstoffliche Kräfte im Wasser, die in einer vertikalen Achse rückläufig (flußaufwärts) fließen und es den Forellen ermöglichen, mühelos gegen die Schwerkraft flußaufwärts zu schwimmen. Diese Kräfte werden im fließenden Wasser frei, das seinem natürlichen Bewegungsrhythmus in einem natürlichen Umfeld folgen kann.

Die Implosion als aufbauendes Naturprinzip „Atomumwandlung statt Atomzertrümmerung"

Schauberger verstand unter „Implosion" also eine zentripetale Massenbewegungsform, die auf einer konzentrisch-spiralförmigen Bahn von außen nach innen verläuft, deren Zentrum saugend ist. Wie z.B. ein Wirbelsturm, der schwere Massen mit Leichtigkeit in sein „Auge" hineinsaugt. Diesen Naturvorgang (Wirbel) versuchte Schauberger technisch zu kopieren. Massen, wie Luft oder Wasser, die in diesen Bewegungsvorgang geraten, werden aufgrund des immer enger werdenden Raumes der konzentrischen Bahn verdichtet. Dabei wird auf atomarer Ebene Kernenergie frei, jene Bindungsenergie, welche die Atome im Innersten zusammenhält. Zugleich erfolgt eine qualitative Veränderung des ursprünglichen Stoffes. In der Physik wird dieser Vorgang Massendefekt bezeichnet: Paarbildung – Massendefekt – Freie Energie. Zum Beispiel bei der Umwandlung von Wasserstoff in Helium. Das Ursprüngliche wird quantitativ leichter, verliert an Masse, wird aber auf ein höheres Ordnungsniveau gehoben und gewinnt dadurch an Qualität. Jeder Stoff hat eine spezifische Eigenfrequenz und Struktur. Wenn nun die Eigenfrequenz beziehungsweise Struktur eines Stoffes durch Zufuhr von Energie verändert (erhöht) wird, verändert sich auch seine Qualität. Endprodukt eines solchen Bewegungs(= Veredelungs) -vorganges ist beispielsweise Edelwasser.

Was kann man sich unter einer qualitativen Veränderung vorstellen? So wie ein Mensch sittliche Reinheit anstreben kann, indem er unreine Gedanken und verwerfliche Taten meidet, Gutes tut, so kann auch die Materie geläutert werden. Bei ihr geht es um die Ausscheidung von giftigen Substanzen und Schlacken. Das heißt, daß der giftige Stoff nur auf einer bestimmten Frequenz giftig ist. Ändert man seine Eigenfrequenz, geht seine Toxität verloren. Das ist ja der Sinn des offenen Systems: Nichts muß ewig in derselben Position, im selben Zustand verharren. Alles hat die Chance sich zu ändern, im Guten wie im Schlechten. In der Natur herrscht die wahre Freiheit und Offenheit.

Der Wirbel sorgt also für Ordnung. Schauberger nannte diesen Vorgang auch „Atomumwandlung statt Atomzertrümmerung". Bei der Atomzertrümmerung werden Zerfallsprozesse eingeleitet. Uranatome werden gespalten, wodurch Energie frei wird. Uran ist ein bereits hochwertiges Element, das durch den Kernspaltungsvorgang in ein minderwertiges, hochgiftiges Abfallprodukt verwandelt wird. Aus Ordnung wird Chaos.

Beim Verfahren der natürlichen Atomumwandlung nach Schauberger werden Atome nicht gespalten, sondern durch die saugende, verdichtende Implosionskraft auf ein höheres Ordnungsniveau gebracht. Die ursprüngliche Atomstruktur wird aufgelöst und neu gruppiert, eingespeicherte Energie wird frei. Ein Trennen und Wiedervereinen auf höherer (qualitativer) Ebene. Aus Chaos wird Ordnung. Man hat festgestellt, daß sich die Atome oder Moleküle eines Stoffes im allgemeinen chaotisch verhalten (Brown'sche Molekularbewegung).

Schauberger meinte, daß man das Chaos „überchaotisieren" müsse, um Ordnung zu schaffen. Jedenfalls verhalten sich Atome nach einer „Wirbelbehandlung", oder – neuesten Erkenntnissen zufolge – auch nach einer elektromagnetischen Beeinflußung nicht mehr chaotisch, sondern kohärent[(8)]. Man könnte auch sagen, wenn man ihnen von außen Energie zuführt, „erinnern" sie sich wieder an ihre Ordnung.

---

8) Sie weisen eine Struktur von Ordnung auf.

Nach dem Zweiten Hauptsatz der Thermodynamik steuert unser physikalischer Lebensraum dem Zustand größtmöglicher Unordnung zu (Entropie). Dieses Gesetz gilt nicht für Lebewesen. Ihnen gelingt es, nach Erwin Schrödinger, vor allem hinsichtlich der Vererbung mit Hilfe der Gene, aus Unordnung wieder Ordnung zu schaffen[9].

Der Zweite Hauptsatz der Thermodynamik bereitet vielen Forschern Unbehagen. Karl Popper meinte, daß sich keine zwei Physiker einig darüber sind. Er vermutete, daß der Freitod des Wiener Physikers Ludwig Boltzmann mit diesem physikalischen Problem etwas zu tun gehabt hätte. Denn Evolution und Entropie schlossen einander aus. Das physikalische Universum soll (laut Wissenschaft), sich selbst überlassen, im Chaos enden, während das Leben höherer Ordnung zustrebt. Ein Widerspruch, den Boltzmann sichtlich nicht überwinden konnte[10].

Wenn wir die Lebenskraft im Prinzip mit der aufbauenden Kraft der Natur gleichsetzen, so müßte sie mit Schaubergers Implosionskraft ident sein. Das heißt, die Ordnungskraft, die im Organismus durch Zellteilung über verschiedene Entwicklungsstadien immer höhere Ordnung schafft, bis hin zum fertigen Individuum, würde auch in der unbelebten Natur wirken. Damit wäre – im Sinne der Vereinheitlichung – ein allgemeines Grundgesetz erkannt, das sowohl für die belebte als auch für die unbelebte Natur gilt.

Diese Hypothese widerspricht aber dem zweiten Hauptsatz der Thermodynamik, dem wissenschaftlich prognostizierten Endzustand (Entropie). Dieser ist wahrscheinlich, wenn die Wissenschaft weiterhin an ihrer linearen Denk- und Handlungsweise festhält und die Welt in diesem Sinne verändert. Nach Schauberger wird das solange gutgehen, bis die Reizschwelle der Natur überschritten wird. Durch „Überchaotisierung“ des Systems würde dann wieder ein Zustand der Ordnung erreicht werden. Schaubergers „Implosions-Wirbel-Theorie“ zufolge müßte der Zustand der Entropie nicht erreicht werden, wenn man im überwiegenden Sinne die aufbauende, ordnende Kraft forcieren würde. Die Natur, sich selbst überlassen, sorgt für Ordnung. Der Mensch, mit seiner Vorstellung von Ordnung, ist der Störenfried.

---

9) Fischer, Ernst Peter (Einführung), Schrödinger, Erwin, „Was ist Leben“, Piper Verlag, 4. Auflage, Oktober 1989

10) Ebd.

Hier wird deutlich, daß es einen Unterschied zwischen natürlicher Ordnung und menschlicher Vorstellung von Ordnung gibt. Wir verwechseln Ordnung oft mit Schönheit, mit Ästhetik und manipulieren die Natur so, wie es unserem Auge, oder unserem Geschmack gefällt. Der Mensch wird nicht zum Gestalter sondern zum Verunstalter der Natur. Wir prägen ihr unsere „Ordnung“ und unsere (mathematischen) Naturgesetze auf und müssen dabei feststellen, daß die Unordnung immer größer wird, daß alles aus dem Rhythmus kommt. Goethe sagte treffend: ... *daß die Wahrheit nicht im Widerspruch zu den Naturgesetzen steht, sondern im Widerspruch zu dem, was wir über die Naturgesetze wissen. Und er meinte weiters: Das Schwierige bei der Natur ist: das Gesetz auch da zu sehen, wo es sich uns verbirgt, und sich nicht durch Erscheinungen irremachen zu lassen, die unseren Sinnen widersprechen. Denn es widerspricht in der Natur manches den Sinnen und ist doch wahr.*

Das Gegenstück zur Implosion wäre demnach die „Explosion“, eine zentrifugale Massenbewegungsform, die von innen nach außen verläuft und Druck erzeugt. Das technische Paradebeispiel dafür ist der Verbrennungsmotor. Durch Verbrennung oder Explosion erzeugte Wärme wird in mechanische Arbeit umgewandelt. Dabei werden hochwertige Rohstoffe wie Benzin in minderwertige Stoffe wie Abgase und Schlacke verwandelt (verbrannt).

Schaubergers Dialektik nach bedeutet Explosion Rückentwicklung, Abbau, Zerstörung; Implosion hingegen Fortentwicklung, Aufbau, Leben. In der Natur kommen beide Kräfte vor – Ausdruck der Bipolarität – doch es überwiegt die Implosion, jene (Auftriebs-) Kraft, die für das Wachstum, die Entwicklung sowie für den inneren Zusammenhalt der Körper verantwortlich ist. Selbst die abbauende Kraft hat in der Natur einen positiven Charakter, sie zerlegt abgestorbene Organismen in ihre „Bestandteile“, die wiederum in neue organische Lebensformen integriert werden. Man denke an die Verrottungsvorgänge. Wenn es dieses „Recycling“ nicht gäbe, wären wir alle längst schon im organischen Müll erstickt.

Die Wissenschaft bemüht sich schon lange, hinter das Geheimnis des Lebens zu kommen, das sie in der Entschlüsselung der DNS vermutet. Die Anwendung der Gentechnik ruft außerhalb wissenschaftlicher Kreise mittlerweile großes Unbehagen hervor. Das Schreckgespenst, der „geklonte Mensch“, wird aber kaum realisierbar sein. Die Wissenschaft mag zwar in der Lage sein, materielle Formen und Strukturen zu reduplizieren, aber es ist ihr unmöglich, Seele, Geist und Lebenskraft eines Menschen zu manipulieren, denn diese Dreieinheit macht ja erst das Individuum Mensch aus. Und solange sie den Mensch aus rein mechanistischer Sicht betrachtet – als gefühllosen Roboter oder Automaten, den man in seine Einzelteile zerlegt und wieder zusammensetzt – wird sie nicht hinter das Geheimnis des Lebens kommen.

Vielleicht ist Schaubergers Entdeckung der Implosion jenes „Geheimnis", das die Wissenschaft schon solange vergeblich zu enthüllen sucht, was ihr bisher aufgrund „ihrer" Betrachtungsweise der physikalischen Realität nicht gelungen ist. Hat der Förster jenes Gesetz entschlüsselt, worüber der „Wissenschaftler" Faust in Goethes gleichnamigen Stück sinniert: ... *Drum hab ich mich der Magie ergeben, ob mir durch Geistes Kraft und Mund nicht manch Geheimnis würde kund; daß ich nicht mehr mit saurem Schweiß zu sagen brauche, was ich nicht weiß; daß ich erkenne, was die Welt im Innersten zusammenhält?*

Schauberger sagte, daß man immer zu denselben Ergebnissen kommt, wenn man von denselben (einseitigen!) Voraussetzungen ausgeht. Eine Änderung der Blickrichtung wirft oft ein anderes Licht auf die Dinge und eröffnet eine neue Sicht. Die Wissenschaft hingegen, so Schauberger, denkt im Kreise, ihr Denken ist starr. Wobei Wissenschaftler ja auch Menschen sind, aber ihr Geist ist meist an Dogmen gefesselt, der ihnen keine andere Sichtweise der Dinge erlaubt. Starre Denkweisen stehen nicht im Einklang mit dem dynamischen, sich ständig fort- und weiterentwickelnden System des Universums, und behindern ein Vorwärtskommen. Deswegen lautete Schaubergers lapidare Kritik an der Wissenschaft: Ihr bewegt falsch!

Schauberger meinte, daß die alten (heidnischen) Kulturvölker die „Feuertechnik" (Explosion) gekannt, sie aber mit der Begründung, daß Feuer und Explosion Teufelswerk seien, abgelehnt haben. Ob Altmeister Goethe dies auch so gesehen haben mag? In seinem „Faust" wird im Dialog zwischen Mephistopheles und Faust deutlich, wie sehr sich der Teufel (Mephistopheles) bereits erfolglos bemüht hat, diese „plumpe Welt" (Erde) und die „Tier- und Menschenbrut" zu vernichten:

> Faust:
> Nun kenn' ich deine würd'gen Pflichten!
> Du kannst im Großen nichts vernichten.
> Und fängst es nun im Kleinen an.

Mephistopheles:
Und freilich ist nicht viel damit getan.
Was sich dem Nichts entgegenstellt,
Das Etwas, diese plumpe Welt.
So viel als ich schon unternommen,
Ich wußte nicht ihr beizukommen,
Mit Wellen, Stürmen, Schütteln, Brand –
Geruhig bleibt am Ende Meer und Land!
Und dem verdammten Zeug der Tier- und Menschenbrut,
Dem ist nun gar nichts anzuhaben.
Wieviele hab ich schon begraben!
Und immer zirkuliert ein neues, frisches Blut.
So geht es fort, man möchte rasend werden!
Der Luft, dem Wasser wie der Erden
Entwinden tausend Keime sich,
Im Trocknen, Feuchten, Warmen, Kalten!
Hätt' ich mir nicht die Flamme vorbehalten,
Ich hätte nichts Apart's für mich.

Ist Mephistopheles Aussage, daß er die Flamme (das Feuer?) sich vorbehalten hat, vielleicht als Anspielung auf die „Feuertechnik" zu verstehen? Die Energiegewinnung auf der Basis der Explosion (Verbrennung) zeitigt nicht nur ökologische Schäden durch Raubbau an lebenswichtigen Ressourcen und durch gefährliche Emissionen, sondern ist auch ökonomisch nicht sehr sinnvoll, wenn man den geringen Wirkungsgrad der Verbrennungsmotoren in Betracht zieht. Der größte Teil der Energie geht als Wärmeenergie verloren, verpufft also sinn- und nutzlos. Die verbrannten Rohstoffe (Erdöl, Kohle etc.) spielen laut Schauberger in der Natur eine wichtige Rolle beim Umbau von atmosphärischem Sickerwasser in hochwertiges Grundwasser.

Schauberger verglich diese Art der Energiegewinnung mit einem Automaten, wo man oben einen Schilling hineinwirft und unten nur mehr vierzig Groschen herausbekommt. Erdöl stellt solange einen wichtigen Wirtschaftsfaktor dar, solange Verbrennungsmotoren damit betrieben werden. So wie es aussieht, gilt unser Mitleid eher den Reichen (Ölscheichs), die ihre sprudelnden Einnahmequellen verlieren könnten, als den Armen, die nicht einmal sprudelndes Wasser haben. Lange wurde die Öffentlichkeit in dem Glauben belassen, daß es zum Verbrennungsmotor keine brauchbaren Alternativen gebe.

Solche sind aber längst zur Hand, doch es wird nach wie vor verbrannt. Umweltfreundliche Modelle (Wasserstoffmotor, Elektro- und Solarmotor etc.) haben scheinbar keine Chance. Die Ölscheichs wollen ihren Thron noch nicht verlassen. ... *Man denke an die vielen Arbeitsplätze, die am Spiel stehen, und ... die Wirtschaft will ja schließlich auch leben,* sind so einige Floskeln, welche die milliardenschwere Erdöl- und Autoindustrie gerne als Argumente verwendet, um ihre Existenz zu verteidigen.

Schauberger wollte hier den Hebel ansetzen, denn er sah, daß sich Wenige auf Kosten Vieler bereichern und daß es die Ölmagnaten völlig kalt läßt, welche Folgen die schädlichen Emissionen anrichten. Er glaubte, wenn man das Energieproblem durch die Erzeugung einer billigen, überall auf einfachste Weise herstellbaren Energie lösen könnte, würde Erdöl im wahrsten Sinne des Wortes „überflüssig" und somit als Spekulationsobjekt wertlos werden. Von dieser Motivation ließ er sich leiten und arbeitete an Methoden, die „Implosionsenergie" auf einfache und billige Weise nutzbar zu machen. Dieses Vorhaben wollte er mit seiner Implosionsmaschine verwirklichen.

Journalisten gegenüber erklärte Schauberger die Implosionsmaschine so, daß sie sich einen Lebensmotor vorstellen sollen, bei dem das Betriebswasser wie das Blut im Menschen zirkuliert. Der obere Teil enthalte eine kleine Sogturbine, die bei offenen Ventilen angelassen werde. Ist die gewünschte Drehzahl erreicht, werden die Ventile geschlossen. Und so beginnt nun, wie im menschlichen und tierischen Venen- und Arteriensystem, ein Vertikalkreislauf, der sich in zykloiden Spiralraumkurven abspielt.

Die Maschine bedarf keiner laufenden Wasserzufuhr, sondern das einmal eingefüllte Betriebswasser muß erst nach einiger Zeit ergänzt beziehungsweise ausgewechselt werden. Das unten ausgelassene Wasser sei regeneriertes Trinkwasser. Die Implosionsmaschine stelle also zugleich ein Wasserveredlungsgerät dar. Als das Wesentlichste und Wichtigste bezeichnete Schauberger, daß durch die Zirkulationsbewegung der in die Maschine eingebauten Saug- und Spiralprofile das Wasser in der Turbine eingespult und nahezu reibungslos gegen die Mitte eingedreht werde. Dabei kühle das Wasser rasch ab und nähere sich seinem Anomaliepunkt von + 4° Celsius. Es verdichte sich spezifisch, wodurch ein Unterdruck entstehe, der wiederum den laufenden Ansog bewirke. Genauso, wie der Mensch durch den Unterdruck in seinem Brustkorb zum steten Ansog von Luft gezwungen werde. Schauberger nannte diese Maschine auch „Atmungsmaschine“.

Im Reservoir, das sich am unteren Teil der Maschine befindet, entstehe ein hydraulischer Überdruck, der das Betriebswasser laufend im seitlichen Rohr hochdrücke. Zugleich werde das Wasser mit starker Saugkraft von der Sogwendel eingerissen. Der Zirkulationsvorgang erreiche im Inneren der Turbine bei einer bestimmten Tourenzahl Überschallgeschwindigkeit, und das Betriebswasser verlasse durch Spezialdüsen die Sogschraube schußartig, als nahezu homogener Sogkolben, der sich, ähnlich wie ein Zyklon oder Hurrikan, um die eigene Achse drehe. Die so entstehende Drehung wollte Schauberger durch Anhängen eines Dynamos zur Energieerzeugung nutzbar machen[11].

Die Kritik Schaubergers, daß die Wissenschaft „falsch bewege“, betraf nicht nur die Energieerzeugung, sondern auch die Art der Fortbewegung von Autos, Flugzeugen und Schiffen. Man vergleiche den Unterschied zwischen spiralförmiger und geradliniger Bewegung am Beispiel von Schraube und Nagel. Eine Schraube in ein Holz zu drehen, erfordert wesentlich weniger Kraft als einen Nagel hineinzuschlagen. Es ist auch weniger Kraftaufwand erforderlich, ein steiles Gelände in Serpentinen zu überwinden, als auf geradlinigem Wege. Autos, Flugzeuge und Schiffe bewegen sich geradlinig fort, was sehr viel Kraft erfordert, um den im Quadrat zur Geschwindigkeit wachsenden Widerstand zu überwinden. Bei einem Auto ist dieses Faktum noch nicht so gravierend, doch man bedenke, welchen Widerstand Flugzeuge oder Raketen zu überwinden haben, damit sie auf ihrer „geradlinigen“ Bahn bleiben. Schauberger meinte, daß auch möglich wäre, eine Fortbewegung von Fahr- und Flugzeugen im Sinne der Implosion technisch zu verwirklichen. Dabei müßte man vor den Autos und Flugzeugen ein (saugendes) Vakuum erzeugen. Er hat diese Möglichkeit skizzenhaft an einem Modell eines „biotechnischen Unterseebootes“ angedeutet.

Die Wissenschaft rühmt sich, die Naturgesetze – wenn auch nur in beschränktem Maße – erkannt zu haben und richtet ihre Handlungen danach aus. Schaubergers Erkenntnissen zufolge kann man Naturgesetze an ihrer Bewegungsäußerung erkennen. Es kommt seiner Meinung nach auf den Bewe-

---

11) „Der Zyklon in der Turbine“, Neue Illustrierte Wochenschau, Nummer 42, 16.10.1955

gungsanstoß an, welche Kräfte man weckt. Bewegt man vorwiegend geradlinig-gleichförmig-zentrifugal, so erzeuge man zunehmend Druck, Reibung und Wärme und rufe somit die abbauenden Kräfte auf den Plan. Bewegt man überwiegend konzentrisch-spiralförmig-zentripetal, entstehen Sog, Widerstandslosigkeit und Kälte, Faktoren, welche den natürlichen Aufbau begünstigen. Wir können der Wissenschaft sehr dankbar sein, daß sie uns durch ihre technischen Produkte einen „angenehmen Lebenskomfort" ermöglicht. Über die unerwünschten Nebenwirkungen dieser Erzeugnisse freuen sich die Krankenanstalten, die Pharmaindustrie und sämtliche im Gefolge der konventionellen Wissenschaft blühenden Existenzzweige. Der Kapitalismus ist ein unersättlicher Organismus, und je disharmonischer die Verhältnisse sind, je mehr Krankheit, Unzufriedenheit, Destabilisierung, Kriege, Mangel etc. es gibt, um so mehr Kapital (Gewinn) läßt sich daraus schlagen. Man kann sich fast zu der Behauptung versteifen, Kapitalismus und Wissenschaft seien siamesische Zwillinge, wo der eine ohne den anderen nicht mehr leben kann. Oder um es „faustisch" auszudrücken: Der Mammon lebt von der „Flamme".

Schauberger sagt, daß das, was er (wieder)entdeckt hat, die alten Völker bereits gewußt hätten. Das Wissen um die Wasserentstehung sei früher von den Hohepriestern wie ihr Augapfel gehütet worden. Da es um die Umwandlung atomarer Kräfte ging, war es notwendig, dieses Wissen unter Kontrolle zu halten, um mißbräuchliche Anwendung zu vermeiden. Die heidnischen Völker hätten das Wissen um die Entstehung des Wassers noch gehabt. Die rituelle Verehrung des Sonnengottes sowie der Sonne selbst, war Ausdruck dieses tiefen Wissens, das, wie er sagt, in neueren Schriften über diese Kulte ausgemerzt worden ist. Die Sonne wurde als Befruchter der Erde angesehen, deren winkelrichtig einfallenden Strahlen Wasser vermehren. Daran sollen uns noch die Bräuche des Sonnenpflügens erinnern. Der naturverbundene Bauer habe die Furchen im Acker in richtiger Stellung zum Sonneneinfall gezogen, was ihm reichliche Ernte bescherte. Mit dem Aufkommen der institutionellen Religionen, namentlich der jüdisch-christlichen, seien diese Kulte verboten und von der Kirche als Teufelswerk verdammt worden[12].

Bernd Senf schreibt in seinem Buch *Die Wiederentdeckung des Lebendigen*[13],

---

12) Schauberger, Viktor, „Die ethische Technik", Implosion 119

13) Bernd Senf, „Die Wiederentdeckung des Lebendigen", Verlag Zweitausendeins, Frankfurt am Main 1996.

daß sich Forscher wie Wilhelm Reich, Viktor Schauberger, Georges Lakhovsky, Roland Plocher u.a. mit der Erforschung und Nutzbarmachung der Lebenskraft beschäftigt haben. Diese Forscher seien zum Teil aufs Bitterste bekämpft worden, weil sie sich mit einem wissenschaftlichen Tabuthema befaßt haben. Man müßte Viktor Schaubergers Feststellung, daß alle Menschen, die sich mit der Erforschung des Wasserrätsels beschäftigt haben, aufs Erbittertste bekämpft wurden, modifizieren und sagen, daß alle Menschen, die sich mit der Erforschung der Lebenskraft beschäftigen, aufs Erbittertste bekämpft werden. Wasser ist ja der Mittler von Lebenskraft Nummer eins. Deswegen ist es so wertvoll, so einfach und (noch) so billig.

Die oben genannten Forscher haben ja gezeigt, daß es möglich ist, die von der Wissenschaft verpönte Lebensenergie mittels geeigneter Methoden zu speichern und heilbringend für Mensch, Tier, Pflanzen und Boden anzuwenden. Deswegen wurden sie als Scharlatane hingestellt und einige sogar hinter Gitter gebracht. Alle künstlich erzeugten (synthetisierten) „Heilmittel", alle chemischen Präparate zur „Heilung" von Mensch, Tier, Pflanze und Boden erweisen sich als wert- und nutzlos, da ihnen die Lebenskraft fehlt. Man kann Lebendiges nur mit Lebendigem heilen. Die Wissenschaft vermag fast alles auf künstlichem Wege herzustellen, aber ans Leben selbst kommt sie nicht heran. Die vorerwähnten Mittel eignen sich bestenfalls zur Behandlung von Symptomen, aber niemals zur Heilung.

Wasser, das unerforschte Rätsel

Schaubergers zentrales Thema war das Wasser. Mit keiner anderen Sache hat er sich so sehr beschäftigt, wie mit dem lebensspendenden Naß. Daß wir heute unsere Aufmerksamkeit vermehrt diesem Element schenken, ist nicht zuletzt sein Verdienst. Er hat uns die Augen für die vielen bisher unbekannten Eigenschaften des Wassers geöffnet. Durch ihn wissen wir (wieder), daß Wasser, von der Wissenschaft auf eine simple Formel reduziert, etwas Lebendiges ist und die Fähigkeit hat, Energien (Informationen) zu speichern und abzugeben. Nicht umsonst galten früher Brunnen und Wasserstätten als heilig und für die Inder sind es heute noch bestimmte Flüsse. Wasser ist zweifellos das kostbarste Element, und daß wir es wieder als solches schätzen und behandeln, wird angesichts der überall drohenden Wasserknappheit Teil einer globalen Überlebensstrategie werden müssen. Schauberger:

Verstehen wir das Wasser, dann wird es uns ganz von selbst klar werden, daß es auch im Wasser genau so viele Möglichkeiten und Unterschiede gibt als Vegetationsarten vorhanden sind, weil das Wasser, das Urblut alles Seins ist, das unter verschiedenen Einflüssen entstehend, auch Verschiedenes zeugen muß.

... Nicht das Regenwasser, sondern vor allem das fließende Quellwasser, das aqua viva, das vivum flumen war es, dem im kulturellen Leben unserer Altvorderen wesentliche Bedeutung zukam. Die Quelle entspringt dem Schoße der Allmutter Erde. Das Wort „Quickborn" wird meist im Zusammenhang mit der erquickenden Wirkung von Wasser gebraucht, weil das Wasser quick ist. (Beachte die Bedeutung des Wortes „quick" im Englischen = schnell). Auch die belebende Wirkung des Wassers findet in verschiedenen Ausdrücken Anwendung.

Zum Beispiel das „Lebenswasser" soll durch seine Einwirkung die tote Materie immer wieder zum Leben erwecken. Der „Jungbrunnen" ist in unserem Sprachgebrauch verankert. So muß es nun immer klarer werden, daß nur bestimmt beeinflußtes Wasser die lebensbejahenden Energieformen zeugen kann, die wir uns dann so auswählen können, daß Mutter Erde uns im Überfluß das gibt, um das wir immer beten: das tägliche Brot. Dieses wird erst dann vom Himmel fallen, wenn wir uns auf der Erde zu orientieren vermögen und in der Offenbarung die Brücke erkennen, die aus der Erde mit dem Wasser kommend, die Leiter für den Himmel auf Erden ist[14].

Die alten Römer haben ursprünglich zur Wasserführung Leitungen aus Holz oder Naturstein verwendet. War die Einführung von Bädern mit ein Grund an der Dekadenz der römischen Kultur? Schauberger war der Meinung, daß warmes Wasser keine Heilkräfte besitze, weil es durch die Erwärmung Energie verliere und die Menschen verweichliche. Heutzutage wird Wasser in engen Rohrleitungen aus Eisen, Kupfer oder Kunststoff geführt. Doch Material und Form erweisen sich als sehr ungünstig, denn industriell behandeltes Eisen oder Kunststoffe haben die Tendenz, sich mit der Energie aus dem Wasser aufzuladen. Feuer („Feuertechnik") entzieht dem Eisen Energie, entspannt

14) Schauberger, Viktor, „Wasser und Leben", Beilage zu den Akten aus der Reichskanzlei, Rk 3695/34, BA Koblenz.

es, deswegen ist es bestrebt, den ursprünglichen Zustand wiederherzustellen, und holt sich in diesem Falle die Energie aus dem Wasser. Das Wasser wird durch den engen Rohrquerschnitt mehr gedrückt als gezogen. Druck erzeugt Reibung, dadurch entsteht Wärme, die elektrolytische (zersetzende) Vorgänge auslöst.

Beides, Material und enger Rohrquerschnitt, entziehen dem Wasser Energie und Kräfte. In diesem Milieu leben Bakterien auf, welche den kranken Organismus Wasser abbauen. Bei einer chemischen Analyse werden diese Mikroben überall festgestellt, weshalb dem Wasser Chlor oder andere Mittel beigemengt werden, um es im chemischen Sinne wieder genießbar zu machen. Man kann in diesem Falle nur mehr von Brauchwasser sprechen, das mancherorts zusätzlich noch mit Nitraten aus dem Grundwasser angereichert ist. Dieses, nach wissenschaftlichen Erkenntnissen behandelte und geführte Wasser kann im höchsten Maße gesundheitsschädigend sein. Darüber sind sich Behörden und Untersuchungslabors einig und warnen sogar vor dem Genuß solchen Wassers. Gerade am Beispiel der Führung und Behandlung des Wassers kann man erkennen, wie die Wissenschaft mit dem wichtigsten Lebensmittel umgeht.

In diesem Lichte wird deutlich, warum die Enthüllung des Wasserrätsels so unbequem für die Wissenschaft und sämtliche in ihrem Anhange sich befindlichen Chemie- und Erdölkonzerne etc. wäre. Denn das simple Medium Wasser kann durch scheinbar simple Methoden mit Lebenskraft aufgeladen werden, welche Mensch, Tier, Pflanze und Boden beleben, stärken und gegen Krankheiten resistent machen – und das ohne schädliche Nebenwirkung. Ein starkes, mit Lebenskraft angereichertes Weizenkorn ist gegen jeden Schädling resistent. Schädlinge und Bakterien treten nur dann in vermehrtem Maße auf, wenn es darum geht, organisch Schwaches, Krankes, nicht mehr Entwicklungsfähiges abzubauen. Dies ist ein Schutzmechanismus, ein Regulativ der Natur. Schauberger:

Ist das Problem der Wasserentstehung gelöst und wird es dann möglich, jedes Wasserquantum und jede Wasserqualität an beliebigen Orten herzustellen, ist man in der Lage, ungeheure Wüstenflächen wieder urbar zu machen, wird der Kaufwert der Nahrung und zugleich der Kaufwert der Maschinenkraft auf ein solches Minimum gesenkt, daß es sich nicht mehr lohnt, damit zu spekulieren. Nah-

rungsfreiheit und kostenlose Maschinenkraft sind so umstürzende Begriffe, daß das gesamte Weltbild und auch alle Weltanschauungen eine Veränderung erfahren werden. Die Wahrung des Geheimnisses des Wassers ist daher das größte Kapital des Kapitals und aus diesem Grunde wird jeder Versuch, der dieser Klärung dient, rücksichtslos schon im Keime erstickt.

Für Schauberger ist das Wasser die Ursache allen Entstehens. Diese Ansicht teilt er mit dem ionischen Naturphilosophen Thales von Milet. Wie er überhaupt mit seinen Ansichten auf dem Boden der ionischen Naturphilosophie(15) steht. *Da wir dem Wasser das Leben verdanken, sollten wir es gütig behandeln,* so Schauberger, *denn dann würde auch das Wasser zu uns gütig sein.* (Man denke an die vielen Naturkatastrophen.) Der antiken Mythologie zufolge ging aus den weiblichen Urwässern der Tiefe durch Selbstbefruchtung die Schöpfung hervor. Oder der Mythos von Gaia, der Erden-Mutter und Uranos, dem Himmel-Vater, aus deren Vermählung neues Leben hervorging. Dieser Mythos sollte für Schauberger kein Mythos sein, denn seine Erkenntnisse bauen maßgeblich auf der Verbindung zwischen Himmel und Erde auf.

Für ihn verkörpert die Erde das weibliche Prinzip (Gaia) und der Himmel das männliche Prinzip (Uranos). Er meint damit insbesondere die irdischen (geosphärischen) und die himmlischen (atmosphärischen) feinstofflichen (ätherischen) Energien, die durch ständige Verwandlung (Metamorphose) der Stoffe frei werden. Diese feinstofflichen Energien, die wir auch als männlich und weiblich, Yin und Yang, Plus und Minus etc. bezeichnen können, liegen allen Grobstoffen (der Materie) zugrunde.

Geschlecht ist in allem, alles hat männliche und weibliche Prinzipien, Geschlecht offenbart sich auf allen Ebenen; alles ist zwiefach, alles hat zwei Pole, alles hat sein Paar von Gegensätzlichkeiten; gleich und ungleich ist dasselbe; Gegensätze sind identisch in der Natur, nur verschieden im Grad (Kybalion).

Die sinnrichtige „Vermählung der Gegensätze“

Nach Schauberger ist Wachstum das Ergebnis eines Druckausgleiches zwei-

15) Damit sind vor allem die Vorsokratiker wie Anaximander, Thales von Milet, Heraklit u.a. gemeint.

er bipolarer (gegengeschlechtlicher) feinstofflicher Energien, die sich gegensinnig kreuzen (vermählen, vereinen), woraus ein Drittes entsteht. Diese feinstofflichen Energien sind für unser menschliches Auge unsichtbar, nur sensitive Menschen nehmen solche Energien wahr, spüren sie. Erst das Produkt aus der Kreuzung (Vermählung) dieser feinstofflichen Energien, die Auswirkung, das sogenannte „Dritte", das „Grobstoffliche" (summa summarum unsere gesamte materielle Welt) ist für uns sichtbar und greifbar.

Jeder Aufbauvorgang in der Natur hängt vom sinnvollen Zusammenspiel der feinstofflichen Energien ab, dessen Resultat das für uns sichtbare Universum ist. Also nicht die materiellen Stoffe, Elemente, sind laut Schauberger für das Wachstum entscheidend, sondern die feinstofflichen Energien, ohne die es auch keine Materie gäbe.

Fein-Stoffe sind, wie der Name sagt, feinststrukturierte Energiegeflechte höherer Frequenz und Potenz. Das Grobstofflich-Materielle ist dasjenige, das beim Zusammentreffen feinstofflicher Energien und derem gegenseitigem Ausgleich, als Ausgleichsprodukt aus der Mitte ausgelagert wird, nach außenhin kristallisierend, erstarrend, in der Struktur gröber werdend, in der Frequenz abnehmend. Das chinesische Prinzip, dem dies folgt, lautet, daß aus EINS (Gott, der Quelle des LICHTS) ZWEI (die zwei Lichtäste: männlich-ausrollendes Licht: Yang und weiblich-einrollendes Licht: Yin), als Bipolarität in der Schöpfung hervorgegangen ist; und aus ZWEI entsteht wiederum ein DRITTES – als die Wiederver-ein-igung. Dieses Prinzip der Trennung (Polarität) und Wiedervereinigung (Einheit) herrscht in der Natur vor. In diesem rhythmischen Wechselspiel geht Wachstum und Entwicklung vor sich. Durchlebte Materie zerfällt und eingespeicherte Energie wird frei, die sich laut Schauberger wiederum mit einfallender, gegenpoliger („kosmischer") Energie trifft, um erneut Ausgleiche einzugehen.

Der Ausgleich gegenpoliger Stoffe ist nichts anderes als „Entladung". Die gegenpoligen Stoffe (Energien) ziehen sich an, es herrscht Spannung, welche durch fortwährendes gegenseitiges Aufschaukeln zu einer Ladung und schließlich zu einer Entladung und Entspannung führt[(16)]. Man kann sich diesen Vorgang analog einem Gewitter vorstellen. Das Entladen ist nichts anderes als ein Austausch von Energien, ein Geben und Nehmen. Die Natur arbeitet in der

16) Siehe einschlägige Literatur über Wilhelm Reich und seine Orgonomie, besonders seine Orgasmusformel, die diesem Prinzip ähnlich ist.

Weise, daß sich Geben und Nehmen die Waage halten. Eines hilft dem anderen in seiner Entwicklung dadurch, daß es etwas von sich abgibt, um das andere zu erhöhen. Ein Beispiel aus der Physik zeigt uns dies: Die Umwandlung von Wasserstoff in Helium. Die Wasserstoffatome „opfern" von ihrer Quantität zugunsten des neu entstanden „Dritten", des qualitativ höherwertigen Heliums. Man nennt diesen Vorgang auch Massendefekt (Lichtopfer), weil dadurch eingespeicherte Energie frei wird.

Nehmen wir an, daß durch die Umwandlung von Wasserstoff (Atomgewicht 1.008) in Helium dieses nicht die Masse von 4 mal 1.008 (= 4.032) hat, sondern aufgrund der Zusammenlagerung der Grundbestandteile (Wasserstoffatome) nur 4.000. Dieser Massenverlust von 0.032 bedeutet nach der Relativitätstheorie eine Energieentwicklung und, wenn die gesamte Energie als Wärme frei wird, die Entwicklung von 640 Milliarden Grammkalorien pro Grammatom[(17)]. Diese Energie geht (nutzlos) als Wärmeenergie verloren. Das wäre auch ein Beispiel für die von Schauberger propagierte Atomumwandlung, die er der Atomzertrümmerung entgegensetzte. Bei der vorhin beschriebenen Art der Atomumwandlung werden enorme Mengen Energie frei, welche die traditionelle Technik nicht zu nutzen weiß.

Wasserstoff (sein Kern), ist der Baustein aller anderen Kerne. Karl Popper meint in seinen Fragen der Naturerkenntnis, daß sich die positiven Kerne bis hinunter auf sehr kurze Entfernungen gegenseitig elektrisch stark abstoßen, während sie sich auf noch kürzere Entfernungen (die nur dann erreicht werden, wenn die Abstoßungskräfte durch riesige Geschwindigkeiten überwunden werden) aufgrund der Kernkräfte gegenseitig anziehen. Das heißt, daß diese Gravitationskräfte in großen Anhäufungen von Wasserstoff so mächtig werden können, daß sie die gewaltigen elektrischen Abstoßungskräfte zwischen den Kernen überwinden und sie, vermöge der Kernkräfte, zum Verschmelzen bringen[(18)]. Dadurch wird eingespeicherte Kernenergie frei. Die Wissenschaft erreicht diesen Effekt durch hohen Druck und hohe Temperaturen. Schauberger postulierte, daß dieser Effekt (Überwindung der Abstoßung der Kerne, Freiwerdung der Kernenergie) auf kaltem Wege durch „naturrichtige" Bewegung erreicht werden könnte.

---

17) Schauberger, Viktor, „Wasser und Leben", Beilage zu den Akten aus der Reichskanzlei, Rk 3695/34, BA Koblenz.

18) Popper, Karl R. „Alles Leben ist Problemlösen", Piper Verlag, 3. Auflage 1997, S. 63 ff.

Einfach überlegt, sollte man eine Sache (hier: Atomstruktur) am besten auf diese Weise (auf)lösen, wie sie beschaffen ist. Nehmen wir an, daß die Strukturen und Substrukturen der Atome eine bestimmte Form haben, sagen wir einen spiralartigen Aufbau. Nehmen wir weiter an, daß wir diese Struktur lösen können, wenn wir sie ihrer Form gemäß beschleunigen, im Sinne von Schauberger spiralartig-konzentrisch. Nehmen wir weiter an, daß die (gelösten) Strukturen die Tendenz haben, sich wieder in der ursprünglichen Form zu strukturieren, weil sie sich vielleicht an die frühere Form erinnern. Und in der Zeit zwischen Lösen und (Ver)binden wird Energie frei. Man kann eine Nuß mit Gewalt knacken, oder man könnte (falls man wüßte wie), die Schale lösen.

Schauberger meint, daß die auf naturkonforme Weise gewonnene „Atomenergie" die beste und billigste Antriebsenergie für Maschinen darstelle. Zu ihrer Herstellung wäre keine Fremdenergie notwendig. Man bräuchte „nur" einen natürlichen Vorgang kopieren, den man natürlich kapieren müsse. Schauberger sprach den traditionellen Wissenschaftlern diese Fähigkeit ab. Die sich ja durch „ihren Zugang zur Realität" von der Erkenntnis dieser Tatsachen selbst ausschließen. Nach dem Motto: Weil nicht sein kann, was nicht sein darf! Um auf die vorerwähnte Polarität der Feinstoffe zurückzukommen: Schon Paracelsus, der große Universal-Geist des 16. Jahrhunderts, erklärt uns in seinen Schriften: Mikrokosmos-Makrokosmos,

...daß jedes Kristall, jede Zelle und jeder Keim ihre Essenzen während des Wachstums magnetisch aus dem Astrallicht anziehen, und sich durch zentripetale Akkumulation um das neutrale Zentrum des jeweiligen Stoffaggregates zunächst zur Astralform und dann zum materiellen Körper – Kristall, Pflanze etc. verdichten. So existiert bei der Pflanze das Blatt, das morgen erst zu wachsen beginnt, bereits seit gestern im Astrallicht. Die von „außen", von den Gestirnen kommenden Essenzen (Feinstoffe) – Involution – begegnen sich in der Astralform mit den Essenzen, welche von innen nach außen drängen – Evolution – was ein Stören des Gleichgewichts der Strahlen, ein Spalten und Wiedervereinigen derselben in einem anderen Verhältnis zur Folge hat, wodurch sich Stoff verdichtet und innerhalb der astralen Umrisse sich gruppiert und gestaltet, um das Blatt zu bilden(19).

19) Werner, Helmut, „Mikrokosmos und Makrokosmos", Okkulte Schriften von Paracelsus, Eugen Diederichs Verlag, München 1989

So weit liegen Paracelsus und Schauberger also nicht auseinander. So ist beispielsweise Wasser das „Kind" (das „Dritte", das „Novum"), das durch die Ausgleiche zweier gegenpoliger Stoffe (Wasserstoff, als Element der Kühle und Sauerstoff als Element der Wärme) entsteht – und nun seinerseits Stoffe aufnehmen und abgeben kann, daher Akkumulator und Transformator zugleich ist. Das „Kind" ist im Sinne Schaubergers nicht das „Jüngere", sondern das „Ältere", also das Höherentwickelte. Daher kommt alles Wasser aus diesen Urwillensstoffen und nicht, wie es allgemein betrachtet wird, alles Leben aus dem Wasser, das als das geheimnisvolle „Dritte" oder als „Kind" die höchste Erscheinungsform ist, wenn diese Ausgleiche richtig und ungestört vor sich gehen. Demnach ist Wasser selbst nicht die Quelle des Lebens, sondern es vermittelt Leben (Lebensenergie).

Nach Schauberger ist die Bildung des „atmosphärischen" und des „geosphärischen" Wassers die Folge sich unter einem bestimmten Winkel kreuzender Energieströme. Demzufolge wäre man, so Schauberger, auch in der Lage – durch eine sinngemäße Kreuzung von organischen Energieströmen – jede Art flüssiger, gasförmiger oder fester Stoffe nahezu kostenlos in höchster Beschaffenheit zu erzeugen. Die natürlichsten Düngemittel sind nach Schauberger jene Energien, die aus verrotteten organischen Überresten entstanden sind und ihre einstmalige Form so weit umgebaut haben („geläutert", also edler sind), daß sie in der letzten Form nur mehr als höchstdosierte Energiestoffe erscheinen können.

Schaubergers Konsequenz daraus:

Wer die hier ausschlaggebenden Vorgänge kennt, ist imstande, alle Stoffe, die wir rund um uns wahrnehmen können, in jeder Quantität und Qualität, so wie dies in der Natur geschieht, herzustellen. Damit könnten die herkömmlichen industriellen und sonstigen nahrungstechnischen Maßnahmen ins Wanken kommen, weil man künftig nicht mehr Abfall und Unrat zu düngen braucht, sondern die Mutter Erde mit den natürlichen Strahlungsstoffen versehen kann, die dann soviel Früchte abwirft, daß jeder „schmutzige" Handel mit Nahrungsmitteln ein Ende hätte.

In diesem Wechselspiel der Energien sollte Schauberger zufolge aber immer der weiblich-mütterliche Stoff überwiegen. Auch der männlichen Flußgott in den Mythen ist immer so dargestellt, daß er auf dem weiblichen Mutterschoß der Erde ruht. Selbst das Wasser trägt diese Polarität in sich. Das Wassermolekül ist ein Dipol, das aus zwei Atomen Wasserstoff und einem Atom Sauerstoff besteht, die eine besondere „Neigung" zueinander haben.

Als mütterliche (empfangende) Stoffe betrachtet Schauberger die Kohlenstoffe, als väterliche (zeugende) Stoffe die Sauerstoffe. Wir sehen an der Dipolform des Wassermoleküls, daß die weiblichen Stoffe (Wasserstoff) im Verhältnis 2 zu 1 (H2O) überwiegen. Gutes Hochquellwasser soll kohlenstoffreich und sauerstoffarm sein. Schauberger quantifiziert dies mit einem Anteil von ca. 96 % Kohlenstoffen. Eine wichtige Rolle spielt dabei die Temperatur. Zu hohe Temperatur mache den Sauerstoff aggressiv, wodurch das Wasser übersäuert werde; niedere Temperatur halte ihn passiv. Deswegen sei es notwendig, das Wasser kühl zu halten und es vor zu großer Besonnung zu schützen. Der Kohlenstoff soll bei niederer Temperatur aktiv werden und den inaktiven Sauerstoff verzehren (binden, neutralisieren).

Es ist klar, daß ein Wissenschaftler mit dieser Schilderung wenig anfangen kann. Schauberger benutzte eine bildhafte Sprache, mit der er das Vorstellungsvermögen der Menschen anzuregen versuchte. Er meinte:

Ein wieder mehr naturverbundenes Denken wird uns auch innerlich die Bedeutung des Wassers mehr zum Bewußtsein bringen. Dabei darf man aber, bei aller Hochschätzung der bisherigen wissenschaftlichen Erkenntnisse über das Wasser, nicht etwa wieder in den Fehler verfallen, einzig und allein nur diese gelten zu lassen, sondern müssen uns dessen immer bewußt bleiben, daß es nach wie vor Dinge gibt, die unseren doch nur menschlichen Erkenntnissen bis zum Augenblick noch verschlossen sind und auch verschlossen bleiben müssen, wenn wir uns von den bisherigen Forschungsmethoden nicht trennen können[20].

Schaubergers Naturphilosophie beinhaltet auch den von der Wissenschaft verpönten metaphysischen Teil. Deswegen wurde er nicht ernst genommen und als Narr, als Spinner etc. bezeichnet. Sehr viele seiner Erkenntnisse verdankt er Beobachtungen in der freien Natur:

---

20) Schauberger, Viktor, „Wasser und Leben", Beilage zu den Akten aus der Reichskanzlei, Rk 3695/34, BA Koblenz.

Als Förster und Jäger konnte ich oft beobachten, daß krankgeschossenes Wild bestimmte Kräuter sucht und sein Wundbett in ganz bestimmte Wässer legt. Schließlich kam ich drauf, daß im Wasser sehr geheimnisvolle Kräfte stecken und so begann ich zu suchen und fand nicht nur diese merkwürdigen Kräfte, sondern auch die Mittel, diese Kräfte willkürlich ins Wasser zu bauen(21).

Das alles scheint auch noch sehr einfach zu sein:

Ein bißchen Lichteinfluß, ein bißchen Lichtabschluß, ein bißchen Wärme, ein bißchen Kälte rhythmisch geordnet genügt, um das edelste Wasser, das durch Mutatoren fließt, hochwertig aufzuladen (zu „ionisieren")(22).

Er meint damit das Prinzip, durch das man edelstes Hochquellwasser herstellen kann. Es klingt zwar einfach, ist es aber nicht. Nur langsam ergründet man seine Denkweise, vor allem, „was" er damit ausdrücken will:

Die wichtigste Arbeit ist die sinnvolle Organisation der Grundsubstanz „Wasser", mit welchem wir von jedem Zufall unabhängig werden, weil uns das Allerbeste von selbst dann „zufallen" muß, wenn wir das Werdende beliebig zu gestalten vermögen. Stören wir aber – wie dies allerorts heute geschieht – diese Dreieinigkeit Wasser, bzw. benützen wir diese „Wohnstätte der Gottheit Leben" zum Antriebe unserer sinnlosen Maschinen, dann stören wir damit nicht nur die gesamte Entwicklung, sondern verlieren damit auch die Ursubstanz Wasser und damit auch dasjenige, wofür wir noch kämpfen: das Leben(23).

In diesem Zusammenhang nennt Schauberger auch noch ein anderes Prinzip:

Ich löse in neuester Zeit aus edelsten Bergkristallen die eingebauten Kraftstoffe, und die freiwerdenden Strahlungsenergien akkumuliere ich dann in das Wasser. Auf diese Weise bekommen ich die Ur-Eiweißstoffe oder die lebensanfachenden Vitamine(24).

---

21) Schauberger, Viktor, Aufzeichnungen und Briefe aus Arnold Hohls Notizbuch, in: „Mensch und Technik naturgemäß", 24. Jg., 1993, Heft 2, Hrsg. „Gruppe der Neuen", S.35

22) Ebd., S. 36

23) Schauberger, Viktor, „Wasser und Leben", Beilage zu den Akten aus der Reichskanzlei, Rk 3695/34, BA Koblenz.

24) Schauberger, Viktor, Aufzeichnungen und Briefe aus Arnold Hohls Notizbuch, in: „Mensch und Technik naturgemäß", 24. Jg., 1993, Heft 2, Hrsg. „Gruppe der Neuen", S 39

Er hatte in der Zwischenkriegszeit ein Labor in Wien, in welchem er qualitativ hochwertiges Wasser, sogenanntes „Edelwasser“ herstellte. Viele Menschen sollen durch dieses Wasser wieder gesund geworden sein. Schauberger sagt, daß die erste logische Folge beim Genuß dieses Wassers eine Entschlackung des Organismus sei, weil dieses hochaktive Wasser selbst die kristallinen Schlacken löse und aus dem Körper ausführe; und durch regelmäßigen Genuß dieses Wassers sollen sich auch höhere Gedanken einstellen, mit denen man in der Lage sei, die Naturvorgänge genauer zu erfassen. Denn Schauberger glaubt, daß aus einem „versauten Schlammsack“ keine hochwertigen Ideen entstehen können. Auch die Nahrung solle man nach der „bioelektrischen“ Kraft beurteilen[(25)].

Er assoziiert reine Nahrung (reines Wasser) mit reinen Gedanken. Es wäre schön, wenn das so wäre. Dann müßten alle diejenigen, die darauf Bedacht nähmen, „reiner“ sein als all die anderen. Was die „bioelektrische“ Kraft der Nahrung anbelangt, sei auf die Forschungen von Prof. Fritz Albert Popp et. al. verwiesen[(26)].

Entstehung des Wassers

Wir haben weiter oben über die feinstoffliche Entstehungsweise des Wassers gesprochen. Viktor Schauberger berichtet, daß im französischen Pyrenäenkloster von Arles sur Tech in einem kühlen Gruftraum ein mächtiger Sarkophag aus edelstem Marmor steht, in dem ein Ritter oder kirchlicher Würdenträger bestattet wurde. In diesem Sarkophag soll seit über 700 Jahren ein frisches und heilkräftiges Wasser entstehen und viele Menschen sollen durch Genuß dieses Wassers geheilt worden sein. Nur vor Kriegszeiten oder schweren Katastrophen versiegt diese Quelle im Marmorsarg. Man hatte den Sarg vor Jahrzehnten geöffnet, um einen vermuteten Zufluß zu entdecken. Im Sarg fand sich außer etwas Staub und aschenartigen Überresten des einst darin Bestatteten nichts als ein Kupferrohr, das keinerlei Spuren von Oxydation aufwies. Der Sarg war also hermetisch abgeschlossen gewesen. Kurze Zeit später

---

25) Ebd., S. 38, 39

26) Siehe: Bischof, Marco, „Biophotonen, das Licht in unseren Zellen“, Verlag Zweitausendeins, Frankfurt.

nach Schließung des Sarkophages füllte er sich wieder mit bakteriologisch einwandfreiem Quellwasser, das durch eine sinnvolle Absaugvorrichtung entnommen und den Kranken verabreicht wurde[27].

Schauberger sah dieses Beispiel als Prototyp der Wasser- bzw. Säfteentstehung an. Die Hohenpriester der alten Kulturvölker hätten dies gewußt und auch angewendet, um aufquallendes Wasser Tausende Meter in die auf Berggipfeln gelegenen Haine aufwachsen zu lassen. Sie kopierten den Vorgang der Blut- und Säfteentstehung und ließen bipolare (männliche und weibliche) Feinstoffe unter Licht- und Luftabschluß sich kreuzen. So wie Sauerstoff, der in höheren Lebensformen durch den Atmungsvorgang in die Blutbahn gelangt (diffundiert)[28] und dort unter bestimmten Temperaturverhältnissen von verdauten Nahrungswerten (Kohlenstoffen), die ebenfalls im Diffusionsweg in die Blutbahn gelangen, gebunden wird. Das Produkt dieses höherwertigen Gärprozesses ist der Saft, das Blut oder – im obigen Fall – das juvenile (urgezeugte) Wasser. Wichtig sind die Diffusionswände: in den Pflanzen die Rinde, Borke, beim Menschen die Haut – oder beim Sarkophag die Marmorwand. Diese dürfen nicht brüchig sein, denn sonst kann infolge von Lichteinflüssen der freiwerdende Sauerstoff zu Fäulniserscheinungen führen.

Wir sehen, daß in diesem Sarkophag unter hermetischem Licht- und Luftabschluß in einer kühlen Gruft organische Überreste (Körper des Vestorbenen) „naturrichtig" verrotteten, wodurch Energie (die in den Kohlenstoffen eingespeichert war) frei wurde und sich mit der Energie des Sauerstoffs, der durch die Marmorwand eindrang, kreuzte. Aus dieser Verbindung ging ein „Kind": das „neugeborene" Wasser hervor. Das Kupferrohr hatte dabei die Funktion eines Mittlers, eines Katalysators. Dazu ist es notwendig den Begriff „Verrottung" oder „höherwertige Gärung", wie es Schauberger noch bezeichnete, näher zu erläutern.

Abgestorbene organische Körper werden durch aerobe Bakterien unter Sauerstoffzufuhr so umgebaut, dass sie wieder neue organische Verbindungen eingehen können. Diesen Vorgang nennt man Verrottung. Davon ist die Fäulnis zu unterscheiden. Das ist die vitale Tätigkeit der anaeroben Bakterien, die sich

27) Implosion 116, S. 3

28) Diffusion (biologisch) = Durchgang eines Stoffes durch eine feine, (halb)durchlässige (semipermeable) Scheidewand in den Zellen und Gefäßen eines Organismus.

unter Sauerstoffabschluss vollzieht. Dabei können giftige und unangenehm riechende Stoffwechselprodukte entstehen.

Die vorerwähnte Wasserentstehung vollzieht sich auf dieselbe Weise, wie sie sich in dem großen Sarkophag Erde ständig vollzieht. Unterirdisch entsteht, reift und vermehrt sich das Wasser. Das wichtigste Element dabei ist der bereits durch „höherwertige Gärung" unter Licht- und Luftabschluß umgebaute Kohlenstoff, der in Form von Kohle, Erdöl oder Erdgas im Erdinnern lagert. Je mehr dieser veredelten Ressourcen aus dem Leib der „Mutter Erde" gerissen oder gepumpt werden, desto schlechter wird die Qualität des Wassers und sonstiger organischer Verbindungen.

Schauberger will mit diesem Beispiel deutlich machen, daß der abgestorbene Organismus, der ja eine „Kohlenstoffverbindung" ist, wieder dem Aufbau von Wasser und sonstiger organischer Verbindungen dient. Dies führt er auch bei seiner Kritik an der Kirche ins Treffen, deren Meinung nach der menschliche Organismus zu Staub zerfalle und zu nichts mehr nütze sei. Doch durch die „Auferstehung" der Kohlenstoffe sorgt er für Wachstum und Entwicklung, was seinen Nachfahren wieder zugute kommt. Deshalb wächst es auch auf Friedhöfen so üppig, und die Menschen früher wußten um die regenerierenden Kräfte auf diesen Plätzen.
Schaubergers Erklärung erhellt auch die Bestattungsbräuche der alten Ägypter. Die Mumifizierung und Bestattung von Hohepriestern und Königen in Sarkophagen scheint letztendlich den Sinn gehabt zu haben, daß der Organismus des Verstorbenen lange erhalten (konserviert) blieb. Denn die Ägypter glaubten (oder wußten), daß der Verstorbene so noch lange sein „Orenda"[(29)] verströmen würde.

Schaubergers Theorie zufolge dürften sich in den antiken Sarkophagen dieselben Um- und Aufbauvorgänge vollzogen haben, wie in dem erwähnten Beispiel des Klosters Arles sur Tech. Bezeichnend ist auch, daß den Verstorbenen sämtlicher Schmuck (Gold, Edelsteine etc.) ins Grab gelegt wurde, was wiederum – nach Schaubergers Theorie – die Funktion eines Katalysators gehabt haben könnte.

Wir müssen gar nicht so weit über die Grenzen unseres Landes hinaus und in der Geschichte so weit zurückgehen, denn diese Art der Bestattung und Ver-

---

29) Übernatürlich wirkende Kraft in Menschen und Tieren.

ehrung von Heiligen wurde auch vor gar nicht all zu langer Zeit in Österreich gepflogen. Der lange Zeit als Kärntner Landespatron („Apostel Kärntens") geltende, aber von der Kirche niemals anerkannte Herzog Domitian[30] wurde im Kloster Millstatt bestattet. Der Name Millstatt soll einer Legende zufolge daherrühren, daß Domitian tausend (heidnische) Statuen (mille statuae) zertrümmern ließ[31]. Man schuf seinen Gebeinen eine Tumba. Das ist ein sarkophagartiger Überbau eines Grabes mit Grabplatte. Darin liegen die organischen Überreste des Verstorbenen unter hermetischem Licht- und Luftabschluß, sodaß es wieder – im Sinne Schaubergers – zu den energetischen Umwandlungsvorgängen gekommen sein könnte.

Die Kranken wurden auf die Tumba des verstorbenen Domitian gelegt, damit sie das „Orenda", das angeblich als Licht entströmte, aufnehmen konnten. Und das „Orenda" ging auch in das „Heilsbrot" der „Domitianlaibln" über, die zu Abertausenden im Lande verbreitet wurden. Das „Orenda" wäre nach Schaubergers Theorie eine rekreierende Kraft (Energie), welche durch die energetischen Umwandlungsvorgänge im Sarkophag entsteht. Es ist anzunehmen, daß die heilsuchenden Menschen von diesen Umwandlungsvorgängen nichts wußten, sondern die „Heilkräfte" dem Nimbus der „Heiligkeit" des Verstorbenen zusprachen. Mit dieser Glaubenskraft dürften sie das natürliche Orenda verstärkt haben, wodurch es dann wirklich zu Heilungen gekommen sein mag. In vielen Kirchen und Kapellen ließen Menschen aus Dank für die empfangene Heilung Weihegaben zurück. Darunter befinden sich auch viele Krücken, woraus man schließen kann, daß der Geheilte den Ort ohne Hilfe verlassen konnte.

„Wunder" sollen auch am Grabe des Grafen Otwin von Sonnenburg geschehen sein. Der Gründer des Benediktinerinnenklosters St. Georgen am Längsee verbrachte 17 Jahre seines Lebens in einer Höhle ob St. Georgen als Büßer und Einsiedler Otwin. Nach seinem Tod wurde er in einer Tumba in der Klosterkirche bestattet. An seinem Grab geschahen Wunder. Blinde wur-

---

30) Er wurde von der Kärntner „Landesgenossenschaft" noch im Jahre 1778 – zwei Jahre vor Josephs Regierungsantritt – in der Wiener Peterskirche zum letztenmal als Landespatron (8. Februar) gefeiert und dies durch Jahrhunderte hindurch. Siehe Gustav Gugitz, Kärntens Wallfahrten im Volksglauben und Brauchtum, Mitteilungen des Geschichtsvereines für Kärnten, CARINTHIA I, Heft 1-3, 141. Jg. 1951, S. 197-198.

31) Einer anderen Version zufolge soll er die Statuen im Millstätter See versenkt haben.

de sehend, Krumme gerade, tote Kinder lebendig. Die Aufsetzung seines Pilgerhutes heilte Kopfleiden. Der Josephinismus tilgte schließlich sein Grab(32). Dietrich von Spanheim, ein Büßer und Einsiedler, hauste in einer Höhle des Johannesberges bei St. Paul im Lavanttal. Neben Dietrichs Klause sprudelte Wasser, mit dem er viele Kranke heilte, indem es sich in seiner Hand zu Öl verwandelte, womit diese eingerieben wurden. Nach seinem Tod baute sein Bruder, der Gründer des Klosters in St. Paul, eine kleine Kapelle, worin der von der Kirche nicht anerkannte Volksheilige seine Grabstätte fand. Sie ist noch als Krypta unter der neuen Kirche erhalten(33).

Wenn auch vieles sagenhaft oder mythisch erscheint, so haben solche Legenden oder Mythen immer einen wahren Kern. Schaubergers Theorie stellt vielleicht den Ansatz einer „naturwissenschaftlichen“ Erklärung solcher Phänomene dar.

Die Natur, der größte Alchimist

Schauberger hob in seinen Ausführungen immer wieder die Verwandlungsfähigkeit der Natur hervor. Er nannte die Erde „den größten gärenden Misthaufen“. Sie ist, so gesehen, der größte Alchimist, die größte biologische Recyclingstation. Sie produziert alles ohne komplizierte technische Apparate, einfach durch Temperaturunterschiede und „ein bißchen Licht, ein bißchen Wasser“ etc. Durch Temperaturunterschiede werden Bewegungen ausgelöst, Vorgänge eingeleitet und Materie wird aufgelöst. Das sind Stoffwechselvorgänge (energetische Umwandlungsvorgänge), durch welche Stoffe wie Wasser oder Luft qualitativ verbessert werden. Fruchtsäfte werden durch diesen Vorgang erst zu Most oder Wein veredelt. Das Panta rhei (Alles fließt) des Heraklit bekommt bei diesen Betrachtungen tieferen Sinn.

Alles fließt, heißt nicht, daß alles gleichmäßig dahinfließt, wie scheinbar ein Bach. Der Natur tiefster Sinn ist die fließende (Ver-)Wandlung, die niemals geradlinig, sondern immer über Umwege, über Zwischenstadien erfolgt. Verwandlung bedeutet, daß sich etwas im Aussehen, in der Beschaffenheit, in der

32) Gugitz, Gustav; Kärntens Wallfahrten im Volksglauben und Brauchtum, CARINTHIA I, Heft 1-3, 141. Jg. 1951, S. 198

33) Ebd.

Qualität ändert. Die Verwandlung/Veränderung kann im physischen Sinne erfolgen. Der Prototyp ist der Schmetterling, der durch Metamorphose von der gefräßigen Raupe über die Puppe zum bunten Zweiflügler mutiert. Der Mensch selbst macht mehrere (Ver)Wandlungen während seiner Lebensperiode durch. Die erste Metamorphose erfolgt bereits im Mutterleib, wo das befruchtete Ei mehrere Stadien bis zum Embryo durchlebt. Nach der Geburt beginnt bereits der physische Alterungsprozeß und der Mensch durchlebt wieder mehrere Stadien: Baby-Kleinkind-Kind-Jugendlicher-Erwachsener-Greis. Das biologische Ablaufdatum ist uns gewiß und viele Menschen fürchten sich vor dem Tod. Doch dem zunehmenden physischen Verfall (sollte) geht ein geistiger Reifeprozeß einher (-gehen), der sich natürlich individuell auf die geistige Entwicklung des Einzelnen auswirkt. Wenn das Leben mit dem organischen Tod aus wäre, welchen Sinn hätten dann die geistige Entwicklung, alle Erfahrungen, die der Mensch in der kurzen Zeit seines Erdendaseins gemacht hat?

Die Griechen nannten die geistige Entwicklung, die Veredelung des Menschen, „Katharsis", was soviel wie Seelenreinigung, Läuterung, bedeutet, und die Voraussetzung für den Eintritt in das Reich der Götter (Jenseits) war. Der Mensch sollte sich von seiner Unreinheit, seinen Schlacken befreien und seelisch-geistige Reinheit anstreben. Ethik und Moralvorstellungen postulieren ja, daß der Mensch „edel, hilfreich und gut sei", jedoch mangelt es an der praktischen Umsetzung. Der Grund dafür könnte in Schaubergers Feststellung liegen, daß wir Menschen das Wertvollste nutzlos abfließen lassen und von der großen Geistigkeit, die in uns einströmt, nur die Fäkalien behalten. Die Fäkalien werden dann auch noch zu Gesetzen und Dogmen erhoben. Schon Nietzsche meinte: *... Und in ihrer Seele ist Schlamm ... und wehe wenn der Schlamm Geist hat.* Was nützt es also, edles Menschentum zu propagieren, wenn die Fundamente im Sinne von Schauberger morsch, brüchig und naturwidrig sind?

Die vorhin angeführten Beispiele sollten zeigen, daß alles im Fluß, in steter Wandlung ist. Im Einklang mit der Natur leben, heißt „im Fluß" bleiben. Der Gang der Evolution läßt sich nicht aufhalten. Wir Menschen haben uns aber durch starre Gesetze und Dogmen selbst große Klötze an die Beine gelegt, die uns an unserer Entwicklung hindern. Bewegung und stetige Wandlung ist das Wesen des Lebens. Die Prinzipien der Wandlung sind überall dieselben. Schauberger hat sie vornehmlich im Wasser studiert. Es hängt primär von dem Bewegungsimpuls ab (mechanisch oder physikalisch), ob wir eine Entwicklung (Aufbau) oder Rückentwicklung (Abbau) forcieren. Bei der Veredelung des Trauben- oder Apfelsaftes zu Wein oder Most zweifelt ja auch niemand an der Tatsache, daß aus dem Ausgangsprodukt (der Frucht) durch Gärvorgänge ein edleres Endprodukt, der Geist (Wein oder Most) entsteht.

Im Weinfaß im kühlen Keller geschieht nichts anderes als im natürlich fließenden, sich abkühlenden Wasser, das sein Geschiebe (seine „Wegzehrung", wie Schauberger sagt) aufzehrt (mechanisch zerreibt). Die Umwandlung von Frucht(zucker) in Geist (Alkohol) erfolgt unter hermetischem (Licht-, Luft- und Wärme-) Abschluß. Unter diesen Voraussetzungen kühlt die zu gärende Flüssigkeit ab. Unterstützend wirkt dabei auch die Tonnenform des Fasses, da sie Schaubergers idealer Form in der Natur – der Eiform – sehr nahe kommt. Die bei Kühle aktiv werdenden Kohlenstoffe (Süßstoffe) binden (verzehren) den Luftsauerstoff, der bei Erwärmung frei, polar und aggressiv wird. Dies wäre der Vorgang der „höherwertigen Gärung", durch den das edle Endprodukt, der „Geist", entsteht. Sind die vorerwähnten Voraussetzungen (hermetischer Abschluß etc.) nicht gegeben, so entsteht als Endprodukt Essig.

Nach Schauberger baut sich das in die Tiefe gesunkene, sauerstoffreiche atmosphärische Wasser im Erdinneren unter hermetischem Licht-, Luft- und Wärmeabschluß um. Es (ver)wandelt sich. Der Vorgang ist ähnlich wie beim Wein. Der durch Abkühlung inaktiv werdende Luftsauerstoff wird durch die bei Kühle aktiv werdenden Kohlenstoffe gebunden. Das Wasser wird entsäuert. In weiterer Folge kommt es zu einem „Gärvorgang", der das „reife" Wasser von selbst an die Oberfläche steigen und als Quelle austreten läßt.

Nun gehen die Menschen her und zapfen das unreife Grundwasser an und pumpen es herauf. Dieses Wasser konnte sich nicht zur Gänze umbauen (reifen) und ist daher von schlechterer Qualität. Anstatt dem Organismus zu nützen, schadet es ihm eher. Es kann schon zutreffen, daß Schaubergers Befürchtungen über die Krebsentstehung mit dem Konsum von unreifem, chemisch behandeltem Wasser zusammenhängen. Denn gutes, edles (kohlenstoffreiches) Hochquellwasser würde den (zumeist übersäuerten) Organismus entschlacken (entsäuern). Der Genuß von unreifem (saurem) Wasser soll die Übersäuerung des Organismus erhöhen. Wenn wir davon ausgehen, daß Krebs primär eine Blutkrankheit ist, die durch das saure Milieu begünstigt wird, so sehen wir, daß es sehr wichtig wäre, edles oder veredeltes Wasser zu trinken. Schauberger hatte in der Zwischenkriegszeit in Wien ein Labor, wo er Edelwasser herstellte. Über die Erfolge mit diesem Wasser berichtet er:

Dieses kristallklare, vollkommen bakterienfreie, auffallend erfrischende und stark harntreibende Edelwasser war auch bedeutend besser im Geschmack, als das weltberühmte Wiener Hochquellwasser, das bekanntlich durch die derzeitige Führungsart, soweit es sich um eiserne Druckrohrleitungen handelt, an Güte verliert. Dieses laut fachlicher Untersuchung einwandfreie Wasser war nicht nur für Trink- und Kochzwecke sehr beliebt ... Als sich nun nach und nach herausstellte, daß dieses Wasser alte Frauen auffallend verjüngt und senile Greise ihre Potenz wiederum erhielten und wieder jung und leistungskräftig wurden, füllte sich mein Laboratorium zusehends. Zudem stellte sich heraus, daß es keine Krankheit gab, die nicht irgendwie mit Genuß oder Anwendung dieses Wassers zu schwinden begann. Und so begannen Ärzte und Wiener Spitäler in erster Linie unheilbare Kranke zu Versuchszwecken zu mir zu senden.

... Ein älterer Herr, den das Kaufmännische Spital sandte und der nur mehr eine – jedoch versteinerte – Niere besaß, wurde innerhalb 6 Wochen steinfrei. 51 Steine von Grieß- bis zur Erbsengröße gingen durch bloßen Genuß dieses Wassers ab ... Lues[34] *- und Malariakranke verloren die typischen Merkmale ihrer entsetzlichen Krankheit. Leukämiekranke erreichten ihr normales Blutinhaltsverhältnis wieder ... Niemand konnte sich diese „spezifischen“ Heilerfolge, wie eingeweihte Ärzte diese rätselhaften Fälle nannten, erklären. Meinen Erklärungen, daß es sich hier um ganz selbstverständliche atomare Überkräfte, also höherwertige Atomenergien, handle, schenkte man nur ein geringschätziges Lächeln.*[35]

Schauberger mußte sein Labor bald wieder zusperren. Denn durch seine Heilerfolge, die es nach dem Wissen der Schulmedizin nicht geben durfte, brüskierte er den ganzen medizinisch-technischen Apparat. Wer würde noch zu einem Arzt gehen, wenn speziell behandeltes Wasser heilend oder lindernd wirkt?

Mittlerweile gibt es verschiedene Systeme zur Wasserveredelung oder -re-

---

34) Syphilis

35) Implosion 112, S. 20, 21

vitalisierung. An Schaubergers System kam nach Wissen des Verfassers bis jetzt niemand heran. Über besondere Erfolge mit „belebtem Wasser“ berichtete der Verfasser gemeinsam mit Dr. Hans Kronberger in dem Buch „Auf der Spur des Wasserrätsels“[36]. Dem System der Wasserbelebung des Tiroler Naturforschers Johann Grander werden ähnliche (Heil-)Erfolge nachgesagt. Johann Grander, der sympathische Tiroler Naturbursche, ebenfalls ein Autodidakt, wird als Forscher oft mit Viktor Schauberger verglichen. Vom äußeren Erscheinungsbild ist der Vergleich durchaus legitim. Inhaltlich haben sie aber verschiedene Wege beschritten.

---

36) Uranus Verlag Wien, 1995

Kapitel 19

Die Hochwasserkatastrophen und ihre Entstehungsursachen

Die Wetterkapriolen in den Sommern 1997 und 1998 machten wieder einmal deutlich, welche (zerstörerische) Macht die Natur haben kann. Sintflutartige Regenfälle führten zu Überschwemmungen in weiten Teilen Mittel- und Osteuropas, in China und Bangladesh und verursachten neben Milliarden-Sachschäden viel menschliches Leid. Wie schon so viele Male hat die Natur zurückgeschlagen und bewiesen, daß der Mensch gegen sie machtlos ist. Die Feststellung, daß es Hochwässer immer schon gegeben hat und daß sich der Mensch in Überflutungsgebieten angesiedelt hat, wird den betroffenen Hochwasseropfern kein Trost sein; ebensowenig, daß die Menschen früher in Einklang mit den Rhythmen der Natur gelebt haben. Für die alten Ägypter waren die Nilüberschwemmungen lebensnotwendig, da durch den fruchtbaren Schlamm Ackerbau in dieser Wüstengegend überhaupt erst möglich war.

Natürlich blieb der Mensch nicht untätig und ersann Methoden, die Hochwassergefahr in verbauten Gebieten einzudämmen. Bereits im Mittelalter war ein Zusammenhang zwischen Wasserkatastrophen und Waldverwüstung erkannt worden. Duile (1776-1863) hat in seiner Schrift *Über die Verbauung von Wildbächen in Gebirgsländern* auf die Wichtigkeit einer pfleglichen Waldwirtschaft in den Einzugsgebieten der Wildbäche hingewiesen. Die Hochwasserkatastrophe im Herbst 1882 in Oberkärnten und Tirol führte unter Prof. Freiherr von Seckendorf zur Schaffung des österreichischen Wildbachverbauungsgesetzes aus 1884 sowie zur Gründung des Dienstzweiges der Wildbachverbauung. Durch dieses Gesetz wurde die Anmeldepflicht für Holzfällungen in Wildbachgebieten festgelegt; es hat auch die Wälder oder Waldreste oberhalb der geschlossenen Waldzone unter die Wirksamkeit des Gesetzes gestellt und die Holzlagerung in den Wildbächen oder im Hochwasserbereich der Wildbäche sowie die Holzbringung in Wildbachgebieten an die Bewilligung der Bezirksverwaltungsbehörden gebunden[(1)].

Werfen wir einen Blick nach Kanada, British Columbia, an die Pazifikküste im Jahre 1997. Tier- und Naturschützer schreien auf: Das Bärenland, wie man behauptet eines der schönsten Gebiete der Erde, soll der Kahlschlagwirtschaft zum Opfer fallen. In dem ca. zwei Millionen Hektar großen Gebiet nördlich von Vancouver (was fast zwei Drittel des österreichischen Waldbestandes entspricht) sollen täglich bis zu 1000 Bäume, darunter jahrhundertealte Rote Zedern, Hemlock-Tannen und Sitka-Fichten mit riesigen Holzerntemaschinen in wenigen Minuten geschlägert, entastet und in Stücke geschnitten worden sein. Ein Wiederaufforsten soll es trotz rechtlicher Vorschriften nicht gegeben haben. Dieser massive Eingriff in die Natur hinterließ nicht nur ein Bild der Verwüstung, sondern zog auch längerfristige ökologische und volkswirtschaftliche Schäden nach sich. Die Auswirkungen des Kahlschlages betrafen besonders die Flüsse, die plötzlich ihres pflanzlichen Licht- und Wärmeschutzes entraubt, zu einem „Wildwasser" wurden[(2)]. Damit begann erst der Rattenschwanz an weiteren Folgen, durch diese ökologisch sehr bedenklichen Eingriffe in die Natur.

Viktor Schauberger stellte in jahrelangen Beobachtungen von Wasserläufen fest, daß das Wasser sich in langgestreckten Schraubenlinien fortbewegt. Als Hauptursache dieser Bewegung führt er Temperaturdifferenzen an, die sich durch Reibung des Wassers an den Begrenzungsflächen des Gerinnes und Abkühlung an der Oberfläche durch Verdunstung, sowie Wärmeabgabe an die Luft ergeben. Das wärmere, spezifisch leichtere Wasser steigt hoch, das kältere, spezifisch schwerere Wasser sackt ab. Dadurch entsteht eine Zirkulation, ein Kreisen des Wassers, welches sich durch die gleichzeitige horizontale Fortbewegung in eine Schraubenbewegung verwandelt. Diese Beobachtung sei besonders deutlich an der Quelle (am Quellsprung) zu sehen.

Der Temperatureinfluß ist nach Schauberger des Rätsels Lösung, warum schwere Hochwasserkatastrophen fast regelmäßig von auffallenden Temperaturstürzen begleitet sind, oder daß solche Katastrophen durch Temperaturstürze erst zur gefürchteten Auswirkung kommen. Schauberger meinte, daß diese von ihm erkannten Zusammenhänge auch in der Atmosphäre anzutreffen sind, wo die ebenfalls rotierende Bewegung der Luftmassen durch die verschiedene Dichte und Feuchtigkeit der Luft hervorgerufen wird.

---

1) Schmid, Ing. Franz, Ministerialrat i.R., „Wald- und Wasserwirtschaft", Allgemeine Forstzeitung, 67. Jg. Folge 3/4, 1956, Seite 28, 29.

2) „KRONEN-ZEITUNG"(„KRONE-BUNT"), 3.8.1997, S. 14, 15.

Die durch den Temperatureinfluß verursachte wirbelnde Bewegung des Wassers hat nach Schauberger den Sinn, daß das Wasser nicht zu rasch abfließt, und – wenn die natürlichen Bedingungen entlang eines Flußlaufes (Licht- und Wärmeschutz durch Pflanzen, Zufluß kühlerer Nebenläufe etc.) gegeben sind – seine optimale Fließgeschwindigkeit beibehält. Die Konstanz der Fließgeschwindigkeit zeigt sich darin, daß Wasser bei größerem Gefälle genauso schnell fließt wie in flacheren Lagen. Schauberger sagt, daß die Wassermassen durch die wirbelnde Bewegung gehindert werden, ihre volle Geschwindigkeit zu entfalten. Die wärmeren, daher leichteren Wassermassen gegen Ufernähe fließen langsamer und wirken bremsend, während die kühleren, schwereren Wassermassen gegen Stromstrich (ungefähr Flußmitte) schneller fließen und ziehend wirken. Es ist dies ein rhythmisches Wechselspiel zwischen kalten und warmen Wassermassen.

Hochwasser kommt nach Schauberger dann zustande, wenn der natürliche Fließrhythmus gestört wird. Die vor einem Gewitter trockenliegenden Uferpartien sind durch die Sonne erwärmt. Mit dem Gewitter geht eine Abkühlung der Luft einher und das hat zur Folge, daß die Uferpartien rasch abkühlen. Weiters erfolgt ein rascher Temperaturausgleich im Oberlauf des Flusses zwischen den Wassermassen, sodaß die kühleren, ziehenden Wassermassen die Oberhand gewinnen. Das hat zur Folge, daß das Wasser schneller abfließt. Im Unterlauf des Flusses werden die rasch abfließenden Wassermassen von den dort langsamer fließenden Wassermassen gebremst – und es kommt zum Hochwasser.

Eine Begleiterscheinung, die bei Hochwasser regelmäßig auftritt, ist die enorme Geschiebeführung. Die von Natur aus weise eingerichtete Schraubenbewegung des Wassers besitze die Eigenschaft, spezifisch schwerere Körper als Wasser zu befördern. Diese (das Geschiebe) werden durch die drehende Bewegung mechanisch zerkleinert (zerrieben). Dadurch werden die Teile leichter und können im Unterlauf des Flusses mühelos weitertransportiert werden. Wenn der Mensch die Natur sich selbst überließe, so Schauberger, würde alles in sich selbst regulierenden Abläufen funktionieren.

Doch durch Kahlschläge hervorgerufene Überlichtungen erwärmen das Wasser und führen zu einem turbulenten Fließverhalten. Das erwärmte Wasser verliere dadurch seine Homogenität und werde zu einem „Wildwasser“, das im wahrsten Sinne des Wortes „ausufert“ und seine Ufer angreift. Schäden größeren Ausmaßes können dann in kilometerweit entfernten Orten und Städten durch Hochwässer eintreten.

Die Wildbachverbauung war bisher bemüht, das „wilde Wasser" durch technische Maßnahmen (Hartverbauung) zu zähmen. Diese Handlung erfolgt ganz im Stile des altbewährten Reparaturdienstverhaltens, indem man die Folgen und nicht die Ursachen behandelt. Schauberger sagt, daß die Menschen die Gewalten der Natur mit noch mehr Gewalt zu bekämpfen trachten. Eine Rechnung, die nie aufgeht, da die Natur immer stärker bleibt.

Nach Schauberger soll eine effiziente, ursächliche Flußregulierung am Medium Wasser selbst beginnen. Da der Temperatureinfluß auf das Fließverhalten des Wassers eine große Rolle spielt, soll man in erster Linie danach trachten, die natürlichen Zustände entlang eines Flußlaufes wieder herzustellen. Oder vorbeugend darauf achten, daß die Vegetationsstreifen (Kühlzonen) im Quellgebiet und entlang eines Flußlaufes so weit wie möglich bestehen bleiben und nicht abgeholzt werden.

Lange Zeit wurden Flüsse rein nach hydraulischen, wasserbautechnischen Maßnahmen reguliert. Die hydraulische Theorie, *die chemisch tote Substanz Wasser sei am effizientesten auf kürzestem, geradlinigstem Wege ... ins Meer zu führen,* mag zwar lange dem Wissensstand der Hydraulik entsprochen haben, doch zeigte sich, daß diese Maßnahmen Hochwässer und Überschwemmungen auf Dauer nicht verhindern konnten. Hydraulische Maßnahmen wirken sich auf lange Sicht auch nachteilig auf die Wasserqualität aus. Besonders im Bereich von Flußkraftwerken, Staudämmen oder künstlich angelegten Kanälen sind tote Fische kein seltener Anblick. (Menschlich hervorgerufene) Verunreinigungen jeglicher Art geben dem hydraulisch geführten Wasser noch den letzten Rest, sodaß man mit Recht von „Wasserleichen" sprechen kann. Der Begriff „Wasserleiche" impliziert, daß Wasser etwas Lebendiges sein soll. Damit können Hydrauliker und Wasserbauer, für die Wasser etwas Totes ist, nichts anfangen. Was denkt sich wohl ein Wasserbautechniker, wenn er einen natürlich fließenden (mäandernden) Fluß sieht und bei seinem nächsten Auftrag genau das Gegenteil macht, nämlich den Fluß begradigt?

Man sah den Vorteil einer geradlinigen Flußführung ökonomisch darin, daß Land eingespart werden konnte und technisch sollte die sich erhöhende Fließgeschwindigkeit hochwasserpräventiv wirken. Diese ökonomisch-technische Argumentation erwies sich insofern als irrig, da ökologisch und biologisch gesehen die Begradigung eines Flusses dessen biologischen Tod bedeutet und die erhöhte Fließgeschwindigkeit erst recht Schäden an anderen Punkten des Gewässernetzes hervorruft. Doch jahrzehntelange Beispiele hydraulischer (Miß-)Flußregulierung haben offensichtlich nichts genützt, um diese Fehler erkennen zu lassen. Fazit: Die Natur schlägt immer stärker zurück. Siehe die verheerenden Hochwasserkatastrophen in Ost-Österreich, Tschechien, Polen und Deutschland im Sommer 1997, und am Jang Tse in China im Sommer 1998. Wie hart muß die Natur noch zurückschlagen, damit den Wasserbauern und Technikern endlich die Augen aufgehen? Wieviel Leid, Elend und volkswirtschaftliche Schäden müssen noch entstehen, damit endlich ein Umdenken eintritt?

Viktor Schauberger hat schon in den Dreißigerjahren vor den Folgen der rein hydraulisch-wasserbautechnischen Behandlung der Flüsse gewarnt. Er warf den Technikern vor, nicht zu wissen, welche Rolle das Wasser im Haushalt der Natur eigentlich spielt:

Alle diese Fragen und fundamentalen Grundlagen für eine verständnisvolle Wasserbehandlung finden wir in der heutigen Wasserwirtschaft nicht einmal berührt, geschweige denn beantwortet. Ohne Klärung dieser elementaren Grundsätze gibt es aber in erster Linie keine Führung und Behandlung des Wassers auf der Erdoberfläche, und nur so konnte es kommen, daß der Mensch, statt im Wasser seinen größten Wohltäter und Helfer zu erkennen, dasselbe seit Anbeginn geradezu als Feind betrachtete und ganze Körperschaften und behördliche Abteilungen aufstellte, um das Wasser, den Träger und Vermittler des Lebens zu bekämpfen und zu vernichten[3].

Doch seine Warnungen wurden in den Wind geschlagen, als irrig bezeichnet. Der damalige Leiter der wasserbaulichen Versuchsanstalt im Bundesministerium für Land- und Forstwirtschaft, Ministerialrat Ing. Ehrenberger, stellte diesbezüglich fest, daß sich die hydraulischen Gesetze bisher bestens bewährt hätten und er keine Veranlassung sähe, dies zu ändern. Würde Ing. Eh-

3) Schauberger, Viktor, „Erkenntnis der Gesetzmäßigkeit der Wasserbewegung, die Grundlage der Landwirtschaft", Bundesministerium für Land- und Forstwirtschaft, Zahl 15083/30, Österreichisches Staatsarchiv Wien.

renberger heute noch leben, könnte er sehen, „wie gut" sich die hydraulischen Gesetze bewährt haben. Die Folgen der konventionellen Wasserbehandlung und -führung sind eben erst nach Jahren sichtbar.

Wer trägt letztendlich die Verantwortung dafür? Der Politiker, der auf die „Experten" angewiesen ist? Der „Experte", der auf die jahrelang Tradition („bestens bewährt") zurückgreift. Die Experten schieben den Schwarzen Peter der Industrie, der Überbevölkerung, den Autofahrern zu, denn durch die Schadstoffemissionen (SO2 etc.) sterben die Bäume. Die kranken Bäume werden geschlägert und rauben dem Wasser den Licht- und Wärmeschutz. Dadurch wird das Wasser erwärmt und zu einem „Wildwasser", das der Hydrauliker vergeblich mit seinen „bestens bewährten" Methoden zu zähmen versucht. Viktor Schauberger sah die Hauptursachen so:

Die heutige Forstwirtschaft und die mit ihr Hand in Hand gehende Wildbachverbauung und Flußregulierung sind die eigentlichen Urheber des von Jahr zu Jahr immer deutlicher werdenden Rückganges des Wassers ... Das Wasser ist ein Kind des Waldes und muß entarten und zugrundegehen, wenn man ihm seine Heimat zerstört. Schon diese Erkenntnis allein muß zu einer völligen Umstellung der gesamten Forstwirtschaft führen ... die sich nicht nur nach kaufmännischen sondern auch nach wassererhaltenden Grundsätzen orientieren wird müssen[4].

Schauberger meint konkret, daß man vom Kahlschlagbetrieb zum wassererhaltenden Dauerwald übergehen soll. In der heutigen Zeit wird Anpassungsfähigkeit, Innovation, (geistige) Flexibilität etc. verlangt. Bleibt nur zu hoffen, daß dies keine leeren Phrasen sind. Denn die Menschen im Gebiet der hydraulisch regulierten Flüsse bangen weltweit um ihr Überleben. Ein Beispiel: die Oderkatastrophe. Bereits König Friedrich Wilhelm I. sah die Verheerungen, die das Oderwasser angerichtet hatte und beauftragte seinen Kriegsrat, ihm ein Gutachten einzureichen, ob das Oderbruch gegen Überschwemmungen auf der ganzen Strecke eingedämmt und gesichert werden könne.

Die Kommission kam bald zu dem Ergebnis: 1. der Oder einen schnellen Abfluß zu verschaffen (hydraulische Überlegung); 2. die Oder mit tüchtigen Dämmen einzufassen; 3. das Binnenwasser aufzufangen und abzuführen.

---

4) Ebd.

Doch die Ergebnisse waren nicht befriedigend. Man konnte das Wasser nicht genügend beschleunigen und der Fluß versandete vielfach. Auch das „Herstellen tüchtiger Dämme“ war nicht das Allheilmittel, da ein Dammbruch nicht auszuschließen war[5].

Die Oder stieg nahezu alljährlich über die Ufer und überflutete die umliegenden Gebiete. 1997 war es dann soweit: Ein Jahrtausendhochwasser drohte das Oderbruch, den „Gemüsegarten Berlins“ mit seinen 19.000 Einwohnern, zu überschwemmen.

Vor allem das Wetter war schuld. An einem einzigen Tag des ersten fünftägigen Dauerregens kam soviel Wasser vom Himmel wie sonst in einem ganzen Monat. Weite Teile Süpolens und 40 Prozent des tschechischen Staatsgebietes standen mit einem Mal unter Wasser. Die Folgen waren katastrophal: Über 100 Tote waren zu beklagen, Tausende Menschen waren aus ihren Heimatorten geflohen, weite Teile der landwirtschaftlichen Flächen waren überspült, die Angst vor vergiftetem Wasser war groß, berichtete der Hamburger Spiegel[6].

Dennoch war das Hochwasser nicht allein eine Folge anhaltend schlechten Wetters, es war auch das Ergebnis der Vernichtung ganzer Waldgebiete. Die Nadelwälder im Altvatergebirge und im Riesengebirge sind durch die hohen Schwefeldioxydemissionen weitgehend zerstört. Da kranke Bäume einfach gefällt wurden und die Aufforstung nur schwer vorankam, verlor der Boden seine natürliche Rückhaltefunktion. Das Wasser strömte mit hoher Geschwindigkeit in die Täler. Michael Muth, Chef des Krisenstabes im Brandenburger Innenministerium bezeichnete diese Katastrophe als „GAU der Wasserbauer“[7].

Hochwasser sind im Winter oder Frühjahr hier nichts Ungewöhnliches, wenn in den Bergen die Schneeschmelze beginnt, doch der rund 900 km lange Fluß ist der einzige Strom Mitteleuropas, der Grundeis bildet. Die Oder kann binnen weniger Tage auf ganzer Länge zufrieren. Letztmalig beim Winterhochwasser 1981/82 bedrohten Eisberge die Deiche[8].

Das Zufrieren der Oder ist auch ein Indiz, daß mit der Wasserführung und -behandlung einiges nicht stimmt. Wasser hat bei einer Temperatur von

5) „täglich ALLES“, 3. 8.1997, S. 19, aus Theodor Fontanes „Oderbruch“.

6) „Der Spiegel“ 31/1997, v. 28.7.1997, „Die Schlacht an der Oder“, S. 23

7) Ebd. S. 24, 27

8) Ebd. S. 27, 29

annähernd 4 ° Celsius seine größte Dichte und Schwere. Man nennt diesen Punkt „Anomaliepunkt“. Ein positives Temperaturgefälle besteht nach Schauberger dann, wenn sich die Temperatur des Wassers diesem magischen Punkt nähert. Vor oder nach diesem Punkt ist das Wasser leichter. Also stellt Eis (Gefrierpunkt ca. 0 ° Celsius oder tiefer) nicht den spezifisch schwersten Zustand des Wassers dar.

Diese weise Einrichtung der Natur hat den Sinn, daß das Wasser nicht vom Grund her zufrieren kann, da sich gemäß dem Archimedischen Gesetz die spezifisch leichteren Wasserschichten (also auch Eis) über die spezifisch schwereren schichten. Das heißt, Wasserschichten mit annähernd vier Grad Celsius sinken ab (weil sie am schwersten sind) und darüber lagern sich die spezifisch leichteren Wasserschichten. Spezifisch leichter entspricht jeder Temperatur des Wassers über oder unter dem Anomaliepunkt von vier Grad. Deshalb schwimmen die spezifisch leichteren Eisschichten auf dem Wasser und sacken nicht bis zum Grund ab. Wäre es anders, würde also Eis den spezifisch schwersten Zustand des Wassers darstellen, so müßte es vom Grund her zufrieren. Man kann eher davon ausgehen, daß stehende Gewässer oder kleine Bächlein zufrieren, aber ein Strom wie die Oder, das ist rätselhaft. Schaubergers Theorien gehen vom natürlichen, nicht durch Menschenhand manipulierten Zustand des Wassers aus. Ist die Oder vielleicht dermaßen zer-reguliert, daß sogar die Archimedischen Gesetze nicht mehr gelten?

Ein möglicher Erklärungsversuch: Es ist ja bekannt, daß im Winter die Atmosphäre abkühlt und die Geosphäre (Erde) sich erwärmt. Dadurch ist auch das Wasser im Winter wärmer als im Sommer. Warmes Wasser gefriert schneller als kaltes. Das Wasser der Oder gefriert in der Nacht bei Minusgraden an der Oberfläche und bildet Eisschollen. Doch der hydraulisch regulierte (= lahme) Fluß kann mangels Trag- und Schleppkräfte die „schweren“ Eisschollen nicht tragen, sodaß sie zum Grund absinken. Man kann eben einem geschwächten Organismus keine große Last aufbürden. Schauberger hat ja bei seinen Schwemmkanälen bewiesen, daß „naturrichtig“ geführtes Wasser selbst schwere Holzstämme, die laut Archimedischem Gesetz absacken müßten, mittig führt. Das heißt, im Mittelstrich des fließenden Wassers spielend transportiert.

Wenn nun im Falle hydraulisch regulierter Flüsse die ganze Wassernatur in Unordnung geraten ist, da der Hydrauliker auf die innere Gesetzmäßigkeit des Wassers keine Rücksicht nimmt und den Temperatureinfluß nicht für relevant erachtet, kann es zu dem Fall kommen, daß ein Fluß zufriert. Die Eisschichten sinken ab und lagern sich sedimentartig übereinander, bis alles zugefroren ist. Eis dehnt sich bekannterweise aus, was im Falle der Oder zusätzlich noch die Gefahr von Deichrissen und -brüchen beinhaltet.

Viktor Schauberger hat wohl recht, wenn er behauptet, daß durch die „ordnende" Hand des Menschen die natürliche Ordnung zerstört wird. Der heutige zivilisierte Mensch hat die intime Beziehung zu seiner natürlichen Umgebung verloren. Er betrachtet und behandelt alles nur mehr intellektuell, aus der Sicht seines abendländisch „dressierten" Geistes. Wie schon erwähnt, hat die Logik in der Natur kein Betätigungsfeld, weil diese nicht logisch, sondern biologisch „denkt". Man soll mathematisch-abstrakte Denkmodelle nicht auf die lebendige Natur übertragen. Dies zeigt sich besonders bei der Wasserführung.

Die Umsetzung der logischen Erkenntnis, daß die kürzeste Verbindung zwischen zwei Punkten die Gerade sei, auf wasserbautechnische Maßnahmen, hat oft verheerende Folgen gezeitigt. Wer nur stur nach seinem Kathederwissen vorgeht und seine Pläne, nachdem er alles mathematisch-exakt berechnet hat, in die Tat umsetzt, ohne jemals einen natürlich verlaufenden Fluß beobachtet zu haben, der muß sich den Vorwurf des Revierförsters und Naturbeobachters Viktor Schauberger gefallen lassen, daß er keine Ahnung von natürlichen Abläufen hat. Kein Fluß – außer der von Menschenhand beeinflußte – fließt in der Natur geradlinig.

Warum fließt ein natürliche Fluß – entgegen jeder menschlichen Logik – mäanderförmig und nicht geradlinig, und warum begradigen die Techniker – entgegen jeder Bio- und Öko-Logik – einen natürlich verlaufenden Fluß? Irrt sich in dieser Sache der logisch denkende Mensch oder irrt sich die Natur? Zweifelsohne irrt der Logiker.
Viktor Schauberger:

Es kann und darf nicht Aufgabe des Ingenieurs sein, die Natur zu korrigieren. Seine Aufgabe ist es vielmehr, die natürlichen Vorgänge, soweit es möglich ist, zu ergründen und die Beispiele, die die Natur an gesunden Wasserläufen bietet, bei jenen Wasserläufen, die einer Regulierung bedürfen, nachzuahmen[9].

9) Schauberger, Viktor, „Temperatur und Wasserbewegung", in: Die Wasserwirtschaft, Nr. 20, 1930 S. 427

Schauberger weiter:

Die heutige Wasserlaufregulierung ist schon im Ansatz falsch, da sie auf die innere Belebung des Wassers keine Rücksicht nimmt. Im Gegenteil, es wird alles getan, um das Aufleben des Wassers zu verhindern und die natürliche Fort- und Aufpflanzungsmöglichkeit zu unterbinden. Man muß sich wahrlich nur noch wundern, daß es überhaupt noch ein Teil gutes Wasser und eine, wenn auch müde Vegetation gibt[10].

Schauberger hat zwar keinen Fluß nach seinen Erkenntnissen reguliert – obwohl er sich mehrmals angeboten hatte, auf seine Kosten kleine Strecken zu regulieren – aber er hat bei seinen Holzschwemmanlagen auf die Gesetzmäßigkeit des fließenden Wassers Rücksicht genommen. Einer der wichtigsten Punkte dabei war die nahezu mäanderförmige Verlegung der Schwemmkanäle und der Einbau von Bremswiderständen, um dem Wasser naturnahe (Fließ-)Bedingungen zu schaffen

Die Bremswiderstände führen zur spiralartigen Eindrehung der Wassermassen, bei gleichsamer Verdichtung und Abkühlung. Schauberger nannte diese Bewegung („wie der Saubär brunzt = uriniert") auch die „Lebenskurve", deren „Geheimnis" die horizontale und vertikale Kurvenbildung auf einer Achse ist, deren Aufriß gleich dem Querschnitt ist. Im Schnittpunkt dieser vertikal und horizontal sich einspulenden Wassermassen – am besten mit einer „Zopfbildung" zu vergleichen – gehen energetische Stoffwechselvorgänge vor sich, die wasserbildend wirken sollen.
Schauberger:

Das Bett, in dem das Wasser fließt, ist der Profil- und Kurvenform nach ein negativer oder ein spiegelbildlicher Abdruck der im Wasserinneren wirkenden Kräfte ... Wie unvernünftig die sogenannten Sachverständigen handeln, sehen wir am besten im Bemühen, Wasser durch Korrektion der Ufer, oder im Bemühen, das Wasser durch Begradigung der Gerinne oder durch Verengungen des Profiles in die Meere zu treiben ... Wäre dies nicht traurig, müßte man lachen, wie verkehrt sie handeln unsere weltfremden Wasserapostel[11]

---

10) Implosion 8, S.12

11) Schauberger Viktor, Aufzeichnungen und Biefe aus Arnold Hohls Notizbuch, in: „Mensch und Technik naturgemäß", 24. Jahrgang, 1993, Heft 2, S.56, 57

Bei der Flußregulierung spielt laut Schauberger der Temperatureinfluß eine große Rolle. In den kühleren Kernwassermassen entstehen Saugkräfte, durch die Geschiebekörper bestimmter Korngröße, die schwerer sind als Wasser, in die spezifisch schwerste Kernzone gesogen werden. Dort herrscht die größte Dichte, die größte Bewegungsgeschwindigkeit und der geringste Bewegungswiderstand. Durch die saugenden Kräfte (zentripetal = zur Mitte ziehenden Kräfte) werden die Uferwandungen so stark entlastet, daß sie (die natürlichen oder künstlichen Wandungen) nur mehr Dichtungszweck haben[12].

Körper, die schwerer sind als die Kernwassermassen, werden durch den zur Mitte wirkenden Sog (Zentripetalzug) und die größere Fließgeschwindigkeit in der Wasserachse getragen. Geschiebe (Sand- und Schmutzstoffe), die leichter sind, werden, weil sie geringere Fließgeschwindigkeiten haben, seitlich ausgeworfen und gewichtsmäßig deponiert. Durch diesen Vorgang baut und erhält der Fluß sein Ufer.

Die mittig gehenden schweren Geschiebemassen werden durch gegenseitige Reibung mechanisch zerkleinert, dabei werden Energien frei und von den kühlen Kernwassermassen absorbiert. Das ist ein Selbstreinigungs- und Veredelungsvorgang des Wassers[13], der sich laut Schauberger auch auf den umliegenden Boden auswirke, in den das Wasser überschüssige Energien entlade. Im natürlichen fließenden Bach kommt es nur langsam zu einer oberflächlichen Erwärmung des Wassers. Zwischen dem schneller fließenden Schwer- und langsamer fließenden Leichtwasser bildet sich eine Gegenströmung, in deren horizontaler Achse das Leichtwasser (wärmeres Wasser) flußaufwärts fließt. Dadurch schützt es das Schwerwasser (kühleres Wasser) vor zu starker Erwärmung und trägt zur Aufrechterhaltung des positiven Temperaturgefälles (4-Grad-Grenze) bei. Dieses Zusammenspiel zwischen Leicht- und Schwerwasser (Fluß-Gegenfluß) bewirkt, daß das fließende Wasser selbst im Steilhang stetig fließt[14].

Wir sehen, daß der Temperatureinfluß eine überaus wichtige Rolle im Was-

---

12) Schauberger, Viktor, „Temperatur und Wasserbewegung“, in: Die Wasserwirtschaft, 1930, Nr. 20, S. 425, 426 und Nr. 24, 1930, S. 498

13) Nach Schauberger kommt es bei Abkühlung und Annäherung der Wassertemperatur an den Anomaliepunkt (+ 4 Grad C) zur Entkeimung.

14) Schauberger, Viktor, „Temperatur und Wasserbewegung“, in: Die Wasserwirtschaft, 1930, Nr. 20, S. 425, 426 und Nr. 24, 1930, S. 498

ser- und Säftehaushalt der Natur spielt. Wenn wir Schaubergers Erkenntnisse über die Flußregulierung rekapitulieren, erkennen wir, daß bei der Wasserführung in erster Linie auf eine konstant kühle Temperatur zu achten sei und alle Maßnahmen, die eine Erwärmung des Wasser begünstigen (Kahlschlag , etc.) zu unterlassen seien. Wo dies bereits geschehen ist, sei durch Anpflanzung der natürliche Licht- und Wärmeschutz wieder herzustellen. Im Englischen sagt man: „keep cool"; wir ermuntern jemanden, einen „kühlen Kopf" zu bewahren, wenn er/sie zu „Hitzköpfigkeit" neigt. Wir sehen, daß auch der Mensch in seiner emotionalen Phase „temperaturbeeinflußt" ist.

Weiters ist darauf zu achten, daß das Wasser seinem natürlichen Weg folgen kann. Alle begradigten Flußläufe sind zu „entgradigen" (rückzubauen). Positive Ansätze in diese Richtung sind bereits erkennbar. Ob mit oder ohne Schauberger, man beginnt künstliche Gerinne oder nach konventionellen Methoden verbaute Flüsse nach ingenieurbiologischen und landschaftsökologischen Maßnahmen wieder rückzubauen. Die ehemals als ökonomisch sinnvoll erachteten Flußregulierungen werden jetzt durch intensiven Kapitaleinsatz wieder in einen ökologisch sinnvolleren Zustand gebracht.

Der Nachteil der Zersplitterung der Wissenschaft in einzelne Fachdisziplinen zeigt sich gerade an diesem Beispiel: Die Flußregulierung nur den Hydraulikern und Wasserbaufachleuten zu überlassen, hat fatale Folgen gezeitigt. Ein besseres Ergebnis wird durch das Zusammenwirken von Hydraulikern, Hydrobiologen und Landschaftsökologen erzielt.

Als eines von vielen Beispielen für einen gelungenen Rückbau gilt der Mödlingbach im Stadtgebiet von Mödling in Niederösterreich. Dieser wurde in drei Etappen: 1988, 1990 und 1996 mit Kosten von 3,4 Millionen Schilling auf 850 Meter Länge rückgebaut. Damit konnte etwa die Hälfte des Bachlaufs, der bis in die Siebzigerjahre „hart" reguliert wurde, der Natur zurückgegeben werden. Das Projekt wurde von der Abteilung Wasserbau des Amtes der Niederösterreichischen Landesregierung mit eigenen Arbeitspartien durch. Der Einsatz von 4000,-- Schilling pro Bach-Laufmeter lohnte sich. Die Bachufer mit Sträuchern und begrünten Böschungen sehen nicht nur besser aus, sie ermöglichen auch eine Rückkehr vieler Tier- und Pflanzenarten. Experten der Universität für Bodenkultur in Wien, die für die ökologische Unterstützung sorgten, konnten bereits eine fünfzehnfache Vermehrung des Fischbestandes im Mödlingbach feststellen.

Auch der Hochwasserschutz soll im renaturierten Mödlingbach gewährleistet sein. Schwere Hochwässer, besonders die Katastrophe im April 1900, bewirkten umfangreiche Sicherungsbauten, die nach und nach den Bach in ein Korsett aus Stein und Beton zwängten. Erst in den letzten Jahren wurde der Erkenntnis Rechnung getragen, daß Hochwasserschutz und ein natürliches Bachbett mit Ufergehölzen, Sträuchern und grünen Böschungen vereinbar sind. Der naturnahe Wasserbau verwendet auch Pflanzen als Baustoff sowie als Ergänzung technischer Ufersicherungsbauwerke[15].

Dipl.-Ing. Robert Redl, welcher für die Durchführung dieses Projektes verantwortlich zeichnet, erklärt, daß solche Maßnahmen bisher nur im Rahmen eines Pilotprojektes durchgeführt wurden. Die Gemeinden reagierten eher zögerlich darauf. Nach dem „Jahrhundertunwetter“ im Sommer 1997 besteht die Unsicherheit, daß die Deregulierung (Rückbau) nicht genügend Schutz gegen neuerliche Hochwässer bieten könnte, da die Natur Zeit benötigt, um wieder Wurzeln zu fassen. Das Festhalten an den konventionellen Verbauungsmethoden hat gezeigt, daß die Probleme nicht gelöst, sondern sogar größer geworden sind.

Die im März 1998 vorgestellte Initiative „Lebende Flüsse“, eine gemeinschaftliche Initiative des österreichischen Bundesministeriums für Land- und Forstwirtschaft, des Bundesministeriums für Umwelt Jugend und Familie und des World Wild Fund for Nature (WWF) klingt vielversprechend. Drei klare Ziele sind es, die bis Ende des Jahres 2000 erreicht werden sollen:

- der Erhalt ökologisch bedeutender Flußstrecken,
- die deutliche Verbesserung ökologisch degradierter Abschnitte und

die Aufklärung und Bewußtseinsbildung der Bevölkerung.

Konkret sollen bis zum Jahr 2000 500 Kilometer Flußstrecken revitalisiert, 500 Hektar neuer Überflutungsraum gewonnen, 500 Hektar neuer Auwald initiiert, 500 Hektar neuer Uferrandstreifen gesichert sein. Revitalisierung bedeutet, den Flüssen wieder mehr Raum zu geben[16]. Dazu sollen u.a. Ufer-

15) NÖ Gestalten, Ortsbildbroschüre der Baudirektion-Ortsbildpflege im Amt der Niederösterreichischen Landesregierung. Nr. 70 Juni 1997, S. 6-8

16) Eine Forderung, welche auch an die verantwortlichen Politiker und Behörden in Deutschland anläßlich der Oder-Katastrophe gestellt wurde. (Schaut her nach Österreich.)

verbauungen herausgenommen, abgetrennte Altarme wieder angebunden und alte Dämme und Wehre beseitigt oder umgebaut werden. Bleibt zu hoffen, daß die angekündigten Maßnahmen auch umgesetzt werden[17].

---

17) Das Buch der Flüsse. Eine Intiative von Bundesministerium für Land- und Forstwirtschaft, Bundesministerium für Umwelt Jugend und Familie und dem World Wild Fund for Nature.

Kapitel 20

Arnold Schindler – Schweizer „Wildbachmeister"

Ein ähnliches Schicksal wie Viktor Schauberger erlebte einige Jahrzehnte früher der Schweizer „Wildbachmeister" Arnold Schindler (*1829). Er führte einen ebenso aussichtslosen Kampf mit der Fachwelt um die Anerkennung seiner Flußbau-Praktiken wie Schauberger. Auch er nimmt die Natur als Vorbild, *die sich ja selbst heilt und regeneriert. Der Mensch müsse lediglich ein Zehntel nachhelfen, neun Zehntel erledige die Natur selbst.* Über die Fachgelehrten äußerte er sich:

Der Studiengang und Inhalt der Ingenieurswissenschaft ist meistens auf sogenannte exakte Wissensgebiete berechnet und steht deshalb eigentlich in direktem Widerspruch mit den praktischen Problemen, welche in der chaotischen wilden Natur zu lösen sind. – Meines Erachtens ist der Forstmann, der mit den örtlichen Verhältnissen, den Hilfsmitteln, den Arbeitskräften, der Naturbeobachtung usw. von Haus aus viel vertrauter ist als der Ingenieur, die allein richtige Persönlichkeit für das Erosionsgebiet. Er besitzt zugleich alle erforderlichen wissenschaftlichen und theoretischen Kenntnisse. Seine Anlage, Laufbahn und Beruf verleihen ihm überhaupt den hier so hochnötigen praktisch-instinktiven Sinn, und er steht berufsmäßig ohnehin schon dem lokalen Schauplatz der Arbeit viel näher als der Ingenieur[1].

In diversen Publikationen legte Schindler seine Ansichten über Flußbau etc. dar. 1876 hatte er seine erste Schrift dem Schweizer Bundesrat angeboten. Doch das darüber gefällte Gutachten lautete auf „literarische Erscheinung, welche der Druckkosten nicht wert sei." Er schrieb in seinem Memorandum:

Dieses Manuskript fand dann um so bessere und reich honorierte Aufnahme in der „Allgemeinen Bauzeitung" in Wien, und wurde damit das System in die

1) „Tau", Monatsblätter für Verinnerlichung und Selbstgestaltung, für Erkenntnis und Tat. 13. Jg., April 1936, Heft 144, S. 11. Herausgegeben von Werner Zimmermann.

wasserbauliche Sphäre der schlesischen Fluß- und der karpathischen Erosionsgebiete eingeführt. Das Resultat dieser im Jahre 1877 begonnenen Erfahrungen wurde mir 12 Jahre später mitgeteilt. Dem Schreiben lag ein gedrucktes Projekt für die Weichselregulierung mit 27 Nebenflüssen im Kostenvoranschlag von zwei Millionen Franken bei, welches hauptsächlich auf das System des „Ingenieurs Schindler" in Basel basiert und kalkuliert war. Dort hatte der Pfahlbau raschen und ausgiebigen Kredit gefunden, weil er nicht als „literarische", sondern als „praktische" Erscheinung behandelt wurde und schon in seinem ersten Jahre viele Tausende von Quadratmetern wasserverheerter Ländereien durch „Hochwasser" zur Selbstheilung gebracht hatte[(2)].

Schindler legte seine Pläne den zuständigen Autoritäten immer wieder vor. Sein System sei mit großem Erfolg in den Karpaten und Beskiden sowie im Gebiet der Weichsel angewendet worden. In der Schweiz stieß er – bis auf wenige Ausnahmen – durchwegs auf Ablehnung. Schindler postulierte so wie Schauberger eine Kostenersparnis von bis zu 90 % bei Anwendung seiner Flußbau-Methoden. Am 4. Juni 1898 wurde Schindler vom Schweizer Bundespräsidenten Eduard Müller empfangen. Schon am nächsten Tag entschied der Ständerat mit nur zwei Gegenstimmen, das Oberbauinspektorat habe recht, das System Schindlers tauge nichts[(3)]. Im Jahre 1907 schrieb er noch einmal – vor allem die kostensparenden Vorteile seines Systems hervorhebend – an den Schweizer Bundespräsidenten Eduard Müller. Er bezieht sich dabei auf das damalige Verwerfungsgutachten des Oberbauinspektorates gegen sein System:

... Dieses Urteil bildete nicht nur an sich selbst einen ungeheuren wissenschaftlichen Irrtum und ein folgenschweres Unrecht, sondern stand auch in einem abenteuerlich dramatischen Widerspruch zum Urteil ausländischer hochkompetenter Fachautoritäten, welche das neue System (Schindlers, d. V.) aufgrund zehnjähriger Erprobung rundweg „als das Einzige erklärten, welches wirklich zum Ziele führe." Seine ungeheure Wichtigkeit sollte sich auch schon dadurch dem Staatsinteresse aufdrängen, daß es finanziell eine Kostenersparnis von 90 Prozent bedeutet, das heißt, mit dem zehnten Teil der bisherigen Beträge auskommt.

---

2) Ebd. S. 5

3) Ebd. S. 4

Seit jenem, meine Person und meinen vierzigjährigen Kampf mit Schmach bedeckenden Beschluß, konnte ich nur noch zuwarten, ob nicht die Erscheinungen und die Proben der Zeit der unterdrückten Wahrheit und dem Staatsinteresse zu Hilfe kämen. – Es liegt mir nun, hochgeehrter Herr Bundespräsident, der begreifliche Wunsch nahe, das an der wissenschaftlichen Wahrheit begangene Unrecht und die mir angetane Schmach einigermaßen gesühnt zu sehen, wodurch gleichzeitig die Möglichkeit gegeben wäre, dem staatlichen Haushalt den enormen Vorteil zugänglich zu machen, welcher, wie es zutage liegt, durch bloße Nachahmer und Uneingeweihte nicht zu erzielen ist; dies ganz besonders dann, wenn eine alteingerostete Schule in der Furcht vor überlegener Rivalität lieber auf Umlernung des Gewohnten verzichtet, als auf dem Wege persönlicher Opfer dem Allgemeininteresse die größten und unnötigsten Opfer zu ersparen.

Es ergibt sich nun bei dieser Frage das fatale Dilemma, daß die berufenen Organe für die Beratung der Behörden, die Ingenieure, nicht neutral, sondern voreingenommene Partei, und zwar sehr unfreundlich gesinnte Partei sind. – Dieses Schicksal konnte mir nur widerfahren, weil ich als Privatmann und Autodidakt jeder offiziellen Stütze entbehrte(4)*...*

Worin unterscheidet sich nun Schindlers neues System des Flußbaues im wesentlichen vom konventionellen System? Er prangert in bezug auf das Erosionsgebiet das „Talsperrensystem", das aus treppenartigen Talstufen, aus Sohlen- und Böschungspflasterungen, Leitwerken und Sturzböden besteht, sowie dessen Baumaterialien wie Quader- oder Bruchstein, Zement und Beton, als zu kostenaufwendig und nicht zielführend an. Er meint, daß die „alte Schule" (konventionelle Methode) die elementaren Kräfte als regellose Zerstörungskräfte auffaßt und behandelt und nicht bedachte oder beobachtete, daß ebenso mächtige und wundervolle Heilungskräfte in der Natur selbst liegen.

Dazu zieht er den Vergleich mit dem Blut heran, das eine offene Wunde heilt und verschließt, weil es fleischbildend ist. Die Rolle, welche das Blut im menschlichen Körper als einziger und ausschließlicher Heilfaktor im Heilungsprozeß spielt, kann im topographischen Heilprozeß der Bergwunde nur das Erosionsmaterial, das heißt das Geröll, die Steine, das feine und grobe Ge-

---

4) Ebd. S. 4

schiebe übernehmen. Blut und Fleisch des Berges ist das Mineralreich.

Schindler: *Die Natur ist darauf angelegt, sich selbst zu heilen und zu korrigieren, sonst wäre die Erde längst schon eine unbewohnbare Wüstenei.* Als sichtbares Mittel dieses Selbstschutzes nennt er die natürliche pyramidale Kegelbildung[(5)]:

Tausendfach findet er (Anm.: der Konus, d.V.) sich in typischer Vorlage am Fuß aller unserer Berge dargestellt. Das gleiche Gesetz der Gravität vollzieht sich aber auch, dem Auge mehr unvermerkt, in jedem Geschiebe führenden Bergbach, dessen schwerfälliger und in Krümmungen verlaufender Gang aus lauter Kegelbildungsversuchen besteht. – Bisher stemmt sich der Mensch mit Aufbietung aller Kräfte dem natürlichen Gesetz der Selbstheilung schroff und gewaltsam entgegen. – Um gründliche Heilung zu erlangen, müssen die grundlegenden Bedingungen der Gesundheit geschaffen werden, und diese lehrt uns ja die Natur selbst ohne jedes mühsame und, wie es scheint, vielfach irreführende literarische Studium[(6)].

Wie sollen nun diese grundlegenden Bedingungen zur Selbstheilung aussehen?

Es bestehen dieselben aus der Aufhebung jeglicher Rinne, aus zehn-, zwanzig-, fünfzigfacher Verbreiterung des Wasserablaufbettes, der unbegrenzten Erhöhung aus Ausbreitung der Schluchtsohle, der Porosität und natürlichen Rauhheit des Bodens zur Verlangsamung, Versickerung und Verdunstung des Wassers usw. Die Natur schützt sich dann, auf Grund dieser Bedingungen, durch feinere und gröbere Vegetation, Buschwerk und Wald selbst[(7)] ...

Schindler konkretisiert den Hauptfehler des „Talsperrenprinzips" darin, daß es, ganz entgegen dem der Erosionskrankheit entsprechenden Heilmittel der „Division" dem „Additions- und Multiplikationsprinzip" dient. Es repräsentiert die „Konkavität"[(8)] statt die „Konvexität". Das sei im Folgenden näher erläutert.

---

5) Ebd. S. 8, 9
6) Ebd. S. 9
7) Ebd. S. 9
8) Konkav bedeutet hohlrund, vertieft, nach innen gewölbt; konvex bedeutet erhöht, nach außen, nach oben gewölbt.

Schindler preist als Grundform seines Systems die „Konvexität" der Bodengestalt. Denn durch sie erfolge eine allgemeine Trennung der Kräfte, das heißt des Wassers, in der Festhaltung aller Geschiebe an Ort und Stelle, und in der Ablagerung aller in Bewegung befindlichen, durch Ausscheidung des Wassers auf dem Schuttkegel festgehaltenen Materialien. Statt der bisher mit aller Sorgfalt durchgeführten kanalförmigen und raschen Wasserableitung gelte es, an Stelle der glatt und kahl gewaschenen Hänge und trichterförmigen Rinnen fächerförmige Schuttkegel in allen Dimensionen im ganzen Lauf des Wildbaches hervorzubringen, eine Prozedur, welche in außerordentlich kurzer Zeit und durch erstaunlich geringe menschliche Nachhilfe bewerkstelligt werden soll[(9)].

Der Kegelbau repräsentiere nicht nur durch seine geometrische Normalform den Urtypus der gesunden topographischen Bergform, sondern enthalte auch die unendlich wertvolle Eigenschaft, durch seine Porosität die Bedingungen zur Quellenbildung zu erfüllen. Wenn wir eine Brücke zu Viktor Schauberger schlagen, können wir sagen, daß die Kegelform ja dem Typus der Schauberger'schen Implosionsform entspricht. Zur Kegelform schreibt Schindler weiter:

Der Schuttkegel ist deshalb der unvergleichlichste Agent für die technische Heilung der unmittelbaren Gefahr, und ein ebenso großes klimatisches Milderungsmittel in meteorologisch-atmosphärischer Hinsicht. Seine Herstellung besorgt zu 90 % die Natur selbst. Der Kegelbau ist ein reines Naturprodukt. Das System des pyramidalen Schuttkegels ist ebenso wundervoll in seiner therapeutischen Heilwirkung, wie es wundervoll ist in seiner Einfachheit, Solidität und Billigkeit.

Schindler resümiert:

Die ganze Erosionsfrage muß auf dem Wege der Natur, nicht auf der Kunststraße zu lösen gesucht werden. Hier hat der Zirkel und der Zollstab nichts zu tun, und das sogenannte exakte Wissen, das der Ingenieurskunst, welches andernorts unentbehrlich ist, hindert hier buchstäblich mehr als es nützen könnte[(10)].

Er kritisiert auch die Technik des Flußkorrektionswesens, insbesondere die dabei verwendete einfache oder doppelte Trapezoidform des Querprofils:

---

10) Ebd. S. 10

... Das fließende Wasser zwischen parallelen Steindämmen abzuleiten und vor schädlichem Angriff nach außen zu hindern, ist ein sehr naheliegender, man kann sagen ganz unwissenschaftlicher Gedanke. – Kanalisierung eines freilaufenden Gewässers ist nun aber kein natürlicher, sondern ein auf künstlicher Operation beruhender menschlicher Vorgang und unterliegt als solcher gewissen, der Natur entnommenen Grundgesetzen, an welche die menschliche Anordnung sich anlehnen muß, wenn sie nicht mit jenen Gesetzen in Widerspruch geraten soll – Das Trapezprofil versündigt sich gegen das Gesetz der freien Ausdehnungsmöglichkeit und verschuldet dadurch die ungebührliche Pression gegen die Ufer und den dadurch entstehenden beständigen Ruin der Wuhrung(11).

Hinsichtlich des verwendeten Materials meint er:

... Der Steinbelag bildet nur oberflächliche Plackierung ohne wurzelhafte Verbindung mit dem Inneren der Unterlage. Die Mauer sieht, wenigstens in den Augen des Unkundigen, sehr massiv aus, aber sie ist nur eine aufgeklebte Schicht, welche dem unausbleiblichen Ruin verfällt, sobald der Untergrund auch nur in etwas aus dem Gleichgewicht gebracht worden ist. Es haftet ferner dem „alten System" der Nachteil an, daß es infolge der Unmöglichkeit, Flußbiegungen widerstandsfähig zu schützen, zur Geradlegung der Flußläufe zwingt, was bekanntlich eine ungeheure kostspielige Sache ist(12).

Als naturkonformere Lösung nennt Schindler das elliptische Querprofil, *das alle Vorteile, nicht nur des schönsten Wasserlaufes, sondern auch der Solidität, der Ufersicherheit, der größten Schiffahrtsmöglichkeit und größten Raumfassung in sich zusammen vereinigt. Als Material dienen einfache hölzerne Pfähle und die Faschine*(13) *in einer bisher unbekannt gebliebenen und für das Auge fast nicht sichtbaren Anwendungsmethode.*

Schindler begründet seinen Vorzug von Holz gegenüber Stein damit, daß Holz (Pfähle) in der Geschichte des Wasserbaues seit undenklichen Zeiten eine große Rolle spiele und wesentlich resistenter als Stein sei(14).

---

11) Ebd. S. 12

12) Ebd. S. 12

13) Reisiggeflecht für Uferbefestigung.

14) Ebd. S. 13

Im Groben läßt sich der Unterschied zwischen dem traditionellen System der Wildbachverbauung und dem neuen System von Schindler so darstellen, daß er im Erosionsgebiet dem stufenförmigen „Talsperrenprinzip" („Konkavität") sein Prinzip des „pyramidenartigen Schuttkegels" („Konvexität") gegenüberstellt. Und im Flußbau stellt er der vorwiegend trapezoiden, geradlinigen Rinnenform aus Stein seine elliptische Pfahlbaukonstruktion gegenüber. Die ersten erfolgreichen Anwendungen des „neuen Systems" von Schindler sollen im Kanton Basel-Land stattgefunden haben, wo die Ergolz, der Hauptfluß, samt allen seinen jurassischen Nebenflüssen in sehr schlimmem Zustande waren. Das alte Wasserbauverfahren vermochte sich der Sohlenkolke und Uferbrüche nicht zu erwehren und erforderte unaufhörliche Reparaturen. Seit der Einführung des neuen Pfahlbausystems soll nicht nur vollständige Sicherheit eingetreten – obschon die Arbeiten mangelhaft und mit übertriebener Sparsamkeit ausgeführt worden waren –, sondern der sogar höchst interessante Beweis erbracht worden sein, daß sich damit die schärfsten, sogar rechtwinkligen Kurven ebenso sicher verbauen lassen wie gerade Strecken. Nach ungefähr 20 Jahren soll der absolut unveränderte Zustand der damals erstellten Pfahlbaukorrektionen konstatiert worden sein[15].

Wie überall, so liegt auch hier ein Hauptbestandteil der Lösung des Problems in der Bescheidenheit des Geständnisses, daß es nicht auf die Großartigkeit des menschlichen Werkes und seiner autonomen Unabhängigkeit ankommt, sondern auf kooperative harmonische Übereinstimmung mit den anderen, oft viel mächtigeren Hilfskräften, meint Schindler.

Viktor Schauberger wurde im Zuge der Diskussion um die Rheinkorrektion, 1935/36, mit den Ideen Schindlers konfrontiert. Er sagte: *Schindlers Ansichten decken sich vielfach mit den meinen; nur geht er mehr von der äußeren Form aus, während ich mit inneren Kräften (Anm.: des Wassers, d. Verf.) zu arbeiten gewöhnt bin*[16].

---

15) Ebd. S. 16
16) Ebd. S. 1

Kapitel 21

Wald – Boden – Wasser

Diese drei Faktoren bedingen maßgeblich das Leben auf Erden. Sie zählen zu den wichtigsten und zugleich sensibelsten ökologischen Systemen. Die Kulturhöhe eines Volkes kann an der Art ihres Umganges mit der Natur gemessen werden. Der Begriff Kultur hat angesichts der gegenwärtigen Umweltsituation aber einen ambivalenten Charakter. Wir rühmen uns, kulturell auf einer hohen Stufe zu stehen, ruinieren aber gleichzeitig die Natur. Bei aller Technophilie scheint eines gewiß zu sein, wir können die Natur nicht durch die Technik ersetzen. Deswegen kann unsere gegenwärtige Kulturhöhe nur von vorübergehender Dauer sein.

Schauberger sprach immer davon, daß die traditionelle Technik lebensfeindlich sei, und daß es möglich wäre, durch naturkonformere Techniken weniger destruktiv auf die Umwelt einzuwirken. Wir haben an anderer Stelle im Buch dieses Problem bereits erörtert und es mit den falschen Naturvorstellungen und -modellen der Wissenschaft in Verbindung gebracht. Die traditionelle Technik hat sichtbare Spuren im Wasser, im Boden, im Wald und in der Luft hinterlassen.

In zunehmendem Maße berichten die Medien, daß der Wald stirbt, die Humusschichte schwindet, das Wasser in vermehrtem Ausmaß ungenießbar wird, das Klima verrückt spielt etc. Radikale Umweltschützer befürchten aufgrund dieser Zeichen einen globalen ökologischen Kollaps. Wegen ihrer Sensibilität werden sie auch „Ökochonder“ genannt. Auf der anderen Seite vertreten Experten die Meinung, daß alles nicht so schlimm und kein Grund zur Panik gegeben sei. Woran sollen wir uns letztlich orientieren?

Viktor Schauberger warnte die Menschheit bereits vor 70 Jahren vor den ökologischen Katastrophen, die wir heute haben. Wenn wir die Medienberichte aufmerksam verfolgen, können wir feststellen, daß vieles von dem eingetreten ist, wovor Schauberger warnte. Tatsächlich droht in vielen Gebieten des Nahen Ostens die Gefahr, daß Kriege um Wasser geführt werden. Wasser ist mancherorts schon teurer als Benzin. Die weltweite Zunahme von Kahlflächen und Wüsten und damit verbundene Klimaschwankungen sind Indikatoren für die Arbeit des Menschen gegen die Natur.

Noch immer herrscht in vielen Köpfen der Gedanke vor, man könne die Natur ruhig sterben lassen, denn Wissenschaft und Technik vermögen einen adäquaten Ersatz für sie zu schaffen. Schlagwort: „virtual reality“. Computer vermögen künstliche, imaginative Welten zu schaffen. Kann und soll es das Ziel sein, die natürliche Umwelt zugunsten einer künstlichen Welt zu verdrängen? Wollen wir alle in einem globalen Disneyland leben? In Amerika probieren Wissenschaftler das Überleben in einer künstlich geschaffenen Miniwelt („Biosphere“), die man gegebenenfalls auch auf einem anderen Planeten errichten könnte.

In den Auseinandersetzungen zwischen Umweltschützern und Befürwortern des technischen Fortschrittes werden die verschiedenen Positionen sichtbar. Beide Parteien vertreten meist radikale Standpunkte. Da fällt es nicht leicht, das Wesentliche herauszufiltern. Die verantwortlichen Politiker müssen immer Kompromisse eingehen. Das zeigt sich bei allen großen Umwelt-Konferenzen. Dort wird darüber diskutiert, ob und in welchem Maße Schadstoffemissionen reduziert werden sollen. Es wird über die Quantität von Schadstoffen verhandelt, die Frage ihrer Qualität (Giftigkeit) wird nicht berührt. Das heißt, wie kann man die Giftigkeit von Schadstoffen drosseln? Das klingt zunächst unwahrscheinlich, denn man spricht ja immer nur von Reduktion. Es gibt bereits Verfahren, durch die man auch die Qualität von schädlichen (giftigen) Stoffen beeinflussen kann.

Wir wollen in weiterer Folge versuchen, die Fehlentwicklungen in der Wald-, Wasser- und Bodenwirtschaft im Lichte der Erkenntnisse Viktor Schaubergers zu analysieren. Unser erster Problemfall ist der Wald.

Was ist dran am Waldsterben?

Viktor Schauberger sagte in den Zwanzigerjahren, daß er nur mehr über das Sterben des Waldes berichten kann. Was versteht er eigentlich unter dem Begriff Wald?

In einem gesunden Wald leben außer vielen Beipflanzen, die als Unterwuchs bezeichnet werden, eine Unmenge von Tieren aller Art: vom Wild bis zu den Raupen in den Baumkronen, den Borkenkäfern in der Rinde, den mikroskopisch kleinen Milben und einer Unzahl weiterer Lebensformen, die Bodenstreu und Boden bevölkern. Alle diese Organismen machen erst den Begriff „Wald" aus. Sie sind in einem gesunden Wald derart aufeinander abgestimmt, daß alle Mitglieder dieser „Waldlebensgemeinschaft" ihr Auskommen finden. Diese Biozönose befindet sich in einem Gleichgewichtszustand, wenn sie nicht durch Menschenhand gestört wird ... Alle Lebewesen leben in einem, auf den ersten Blick höchst merkwürdig erscheinenden, bei näherem Zusehen aber als unbedingt notwendig erkennbaren Zustand des gegenseitigen Duldens[1].

Der Wald dient als Beispiel, wie das Zusammenleben von Vielfalt in der Einheit funktionieren kann. Wir Menschen könnten viel daraus lernen, besonders was das gegenseitige Dulden anbelangt. Immer wieder wird vom Waldsterben gesprochen. Was versteht man unter Waldsterben? Wenn man darunter die vermehrte Abholzung der Wälder und die Entstehung von Kahlflächen versteht, so können wir, die Geschichte zurückverfolgend, feststellen, daß diese Art von „Waldsterben" nichts Neues ist.

Quantitatives Waldsterben

Bereits in der Antike wurden ganze Waldstriche kahl geschlagen und Karstgebiete hinterlassen. Im 12. und 13. Jahrhundert setzte in Europa ein rapides Bevölkerungswachstum ein, das eine Epoche der Bodenkultivierung eingeleitet hatte. Wälder wurden in urbare Felder verwandelt, Sümpfe entwässert, um Weideland für die Zugtiere zu gewinnen. In England, Frankreich, Deutschland und Italien ging der Umfang der Waldgebiete deutlich zurück. Die signifikanteste Ursache für das Sterben der Wälder war jedoch das Wachstum der frühen Industrie. Schiffsbau, Seifen-, Glas-, Eisen- und Kupferindustrie waren auf die Wälder als Energiequellen angewiesen[2].

Hatte die mittelalterliche Wirtschaft auf organischen und erneuerbaren Energiequellen – Holz, Wasser, Wind – basiert, so stützte sich die aufkommen-

1) Schauberger, Viktor, Tau, 13. Jg., Juni 1936, Heft 146.

2) Merchant, Carolyn, „Der Tod der Natur", Beck'sche Reihe, 2. Auflage 1994, S. 75, 76

de Wirtschaft, die nun in den meisten Ländern Westeuropas Gestalt annahm, nicht nur auf die nicht-erneuerbare Energiequelle Kohle, sondern auch auf einen nicht-organischen Wirtschaftskern, nämlich Metalle – Eisen, Kupfer, Silber, Gold, Zinn und Quecksilber –, deren Veredelung und Verarbeitung letztlich auf die Wälder angewiesen war und diese zusätzlich ausblutete. Große Handelsbanken wie die Fugger oder die Medici besaßen und betrieben Gold- und Silberbergwerke. Da sie aber auf dem Bergbau fußten, hingen sie letztlich von den Wäldern ab, die die Holzkohle zur Erzverhüttung lieferten. Zur Gewinnung einer Tonne Holzkohle waren enorme Mengen Nutzholz erforderlich[3].

Trotz primitiver Ausrüstung und schlechter Transportmöglichkeiten gelang es den Holzschlägerungsunternehmen binnen kurzer Zeit ganze Waldstriche abzuholzen. An- oder nachgepflanzt wurden nur solche Hölzer, welche für die vorerwähnten Zwecke brauchbar waren. Zur Verfeuerung in den Pultöfen unter den Sudpfannen der Salinen etwa eignete sich das in großen Flammen verbrennende Fichtenholz am besten. Dieses kann zu jeder Jahreszeit geschlagen und im Wald liegen gelassen werden, ohne an Brennwert zu verlieren, was beim Buchenholz nicht der Fall ist[4]. Man war sich damals wahrscheinlich nicht bewußt – oder verschloß die Augen davor – welche Folgeschäden dieser Eingriff in die natürliche Waldordnung hervorrufen würde. Wiederaufforstung – obwohl in den Waldordnungen geregelt – wurde nur spärlich vorangetrieben. Die mittelalterliche Störung des forstlichen Ökosystems durch den Aufstieg der frühmodernen Industrie mit einem sorglosen Umgang mit den Ressourcen weist jedenfalls frappierende Parallelen zu aktuellen Umweltfragen auf[5].

Qualitatives Waldsterben

Im Unterschied zum mittelalterlichen, quantitativen (ökonomischen) Waldsterben herrscht heute eher ein qualitatives Waldsterben vor. Laut Stati-

3) Ebd. S. 77, 78

4) Koller, Engelbert, „Das Forstwesen im oberösterreichischen Salzkammergut im 16. und 17. Jahrhundert“, Allgemeine Forstzeitung, 67. Jg., Folge 21/22, 1956, Seite 290

5) Merchant, Carolyn, „Der Tod der Natur“, Beckische Reihe, 2. Aufl. 1994, S. 78, 79

stiken hat sich der Wald quantitativ wieder erholt – es gibt wieder genügend Bäume – doch die Qualität der Bäume wird durch Umweltbelastungen (Schadstoffemissionen, Strahlenbelastung etc.) stark beeinträchtigt.

Viktor Schauberger verkündete nachfolgende düstere Prognose 1928:

Was wäre über den Wald und sein Leben nicht alles zu sagen. Meine Aufgabe ist es leider, bereits über sein Sterben zu schreiben. Es sollen diejenigen Menschen auf den entsetzlichen Fehler aufmerksam gemacht werden, die in der Lage sind, dem unter der Hand naturfremder Menschen sterbenden Wald in vielleicht letzter Stunde zu retten.

Wenn irgend ein Mensch stirbt, läuten die Glocken. Wenn der Wald stirbt und mit diesem ein ganzes Volk zugrunde geht, rührt kein Mensch einen Finger. Jedem Sterben eines Volkes ging bekanntlich das Sterben seines Waldes voraus. Gelingt es nicht, den Wald vor der heutigen Forstwissenschaft zu schützen, dann wird in wenigen Jahren das eine oder andere Volk aufgehört haben, ein Macht- oder Kulturfaktor zu sein[6].

Angesichts der heutigen positiven Zuwachsbilanz stellt sich die Frage, ob Schaubergers Prognosen falsch waren. Hat sich der Förster geirrt? Wir können diese Frage zunächst mit einer Gegenfrage parieren: Dürfen wir aufgrund der positiven Bilanz – mehr Holzzuwachs als Holzentnahme – schließen, daß das Problem Waldsterben bereits historischen Charakter hat?

Laut einer Studie der UN-Organisation für Landwirtschaft und Ernährung (FAO) konnte die Zerstörung der Wälder zwischen 1990 bis 1995 spürbar gebremst werden. Doch über die Gründe der Besserung tappen die Fachleute auf einer Tagung des FAO-Forstkomitees in Rom weitgehend im Dunkeln. Sie glauben, daß es teilweise mit dem Geburtenrückgang in Asien und Lateinamerika sowie mit einer Bewußtseinsänderung in Politik und Wirtschaft zu tun hat. Über eines herrschte Einigkeit bei der Tagung: Nicht die Appelle der Ökologen retten die „grünen Lungen“, sondern der Hinweis auf den Profit. Die Länder müssen erkennen, daß der Wald ein langfristiges Kapital ist, meinte der deutsche FAO-Experte Karl-Hermann Schmincke[7].

---

6) „Spirale“ und „Grüne Wacht“, Zeitschrift für Biotechnik, Natur und Leben. Linz, Mai 1961. S. 33

7) Bericht in der Wiener Zeitung, 13.3.1997, S. 7

Weniger euphorisch äußerte sich der Ehrenvorsitzende des WWF[8], Prinz Philip. Er meinte, daß es in 50 Jahren keine natürlichen Wälder mehr geben wird, wenn die Vernichtung der Wälder im selben Ausmaß wie bisher weitergeht. Rücksichtslosen Schlägerungen seien weltweit bereits mehr als die Hälfte aller Wälder zum Opfer gefallen. Österreich habe im Vergleich zu anderen Ländern zuwenig Naturreservate. Obwohl sich die Republik Österreich im Helsinki-Abkommen von 1993 verpflichtet hat, die biologische Vielfalt durch die Bewahrung von Urwäldern zu sichern, läßt die tatsächliche Umsetzung noch auf sich warten[9].

1992 wurde das Projekt „Hemerobie Österreichischer Waldökosysteme" über Initiative der Universität Wien und der Akademie der Wissenschaften erstellt. Erhebungen zur Hemerobie[10] des österreichischen Waldes haben gezeigt, daß generell der Natürlichkeitsgrad des Waldes vergleichsweise hoch und die Vielfalt der Waldgesellschaften in typischen Mengenverhältnissen vorhanden ist. Gut zwei Drittel der Waldflächen lassen noch deutlich Elemente der natürlichen Waldgesellschaften erkennen. Ein Anteil von 25 % an natürlichen und naturnahen Wäldern liegt europaweit (ohne Schweiz) im Spitzenfeld. Der Anteil „natürlicher Wälder" – Urwälder oder langfristig ungenützte Naturwälder – von 3 % ist zu niedrig[11].

Georg Grabherr, Koordinator der Österreichischen Wald-Studie; fordert mehr Schutzgebiete. In welchem Ausmaß Wälder „verurwalden" sollen, könne er nicht sagen, das hänge auch von politischen Faktoren ab. Derzeit gebe es drei Wege, Gebiete unter Schutz zu stellen: im Rahmen des Naturschutzgesetzes des jeweiligen Landes; in (rechtlich allerdings nicht verbindlicher) Form von Naturzellen, wie dies in Tirol und Salzburg praktiziert wird; und durch Änderung des Forstgesetzes. In ihm muß Arten- und Bodenschutz verankert werden, meint Grabherr[12].

Weltweit hat das World Resources Institute erarbeitet, was die Universität

---

8) WORLD WIDE FUND FOR NATURE

9) Kronen-Zeitung, 8.4.1997, S.9

10) Der Begriff „Hemerobie" wurde vor etwa 25 Jahren in der ökologischen Botanik eingeführt und beschreibt den Grad des menschlichen Einflusses auf ein Ökosystem. Die „Naturstufe" errechnet sich aus der Verknüpfung von elf Einzelkriterien, wie Naturnähe der Baumartenkombinationen, der Bodenvegetation, der Menge an Totholz oder der Wegverbauung.

11) Monatsberichte über die österreichische Landwirtschaft 1/97.

12) Die Presse, Spectrum, 8.3.1997

Wien für Österreichs Wald erstellt hat: die biologische Bewertung bewaldeter Regionen. Nur noch ein Fünftel aller bewaldeten Gebiete (mehr als vier Milliarden Hektar, Anm.) können als naturnah bezeichnet werden, berichtet Nigel Sizer, Wissenschaftler des World Resources Institute (WRI) in Washington und Koordinator der Studie „Last Frontier Forests“:

Gebiete, deren Artenzusammensetzung noch überwiegend standortgerecht ist und die wildlebenden Tieren Lebensräume bieten, die auch durch natürliche Katastrophenereignisse nicht gefährdet werden können. ... Mehr als drei Viertel der „Frontier Forests“ liegen in drei Ländern – in Rußland, Kanada und Brasilien. ... Die WRI-Studie ... kommt zum Schluß, daß drei Viertel dieser letzten Reste der „Frontier Forests“ in Gefahr seien, in den kommenden fünf bis zehn Jahren verloren zu gehen. Die entscheidenden Faktoren: Kahlschläge, Bevölkerungsdruck und korrupte Politiker, die um des Geldes willen den Schutz der Wälder mißachten[13].

Anscheinend argumentierte man schon zu Schaubergers Zeiten, daß mit einer quantitativen Holzvermehrung das Problem Waldsterben gelöst sei. *Sie lassen sich von Statistiken irreführen, die nachweisen, daß heute am Hektar mehr Festmeter „kommerziellen Holzes“ stocken als früher,* so Viktor Schauberger. Er sah, daß das Problem ganz wo anders lag. Seiner Meinung nach waren die optisch zahlreich anmutenden Bäume alle krank. Aber nicht weil der Käfer drinnen saß, sondern:

Eine der Ursachen des überall schon sichtbaren Sterbens des Waldes ist die „ordnende Hand“ des naturfremden Menschen. Eine eintönige Ordnung wirkt tötend. Es gehört viel Aufmerksamkeit und eine sehr lange Betrachtungsweise dazu, um in dieser scheinbar chaotischen Unordnung die weise Hand der allwissenden Natur zu sehen. Jede Edelholzgattung ist von einem Kranz minderwertiger Schmarotzer umgeben, die aber bei näherem Hinsehen der dominierenden Holzart nicht schaden. Vielmehr nützen sie ihr direkt und indirekt, weshalb sie diese nicht nur duldet, sondern geradezu verlangt.

Wer den Wald naturrichtig erkennen will, muß ihn aus einer Gesamtheitsschau sehen. Er muß die Edelholzergebnisse als die natürlichen Endprodukte unzähliger Zusammenhänge betrachten, die so sinnreich angeordnet sind, daß man beim er-

13) Ebd.

sten Blick wahrlich verwirrt wird und tatsächlich glaubt, in dieser chaotischen Anordnung ein sinnloses Durcheinander vor sich zu haben. Jeder, mit den eigentlichen Waldverhältnissen unvertraute Mensch, kommt daher in Versuchung, alles das wegzuräumen, was scheinbar dem Guten den Platz an der Sonne wegnimmt[14].

Diese Art von Waldsterben kann man als „qualitatives Waldsterben" bezeichnen. In einer natürlichen Waldordnung regelt sich nach Schauberger alles von selbst. Es herrscht ein harmonisches Gleichgewicht, das nur der Mensch allein in Unordnung bringen kann. Der ist (im guten Glauben) bemüht, dem Wald „seine Ordnung" aufzuzwingen, erkennt aber nicht, daß er dadurch die natürliche Ordnung des Waldes zerstört. Der menschliche Sinn von „Ordnung" kann nicht analog auf die Natur umgelegt werden. Wir Menschen lassen uns vielmehr von ästhetischem Empfinden leiten, worunter wir im allgemeinen Ordnung verstehen. Wie fatal sich das auf die Natur auswirkt, wird in Bezug auf den Wald deutlich.

Durch die menschliche Störung werden die Bäume in ihrem natürlichen Wachstum beeinträchtigt, weil das Umfeld (das Milieu) durch den Menschen verändert wird. Monokultivierte Bäume liefern minderwertiges Holz und sind anfälliger für Schädlinge. Bei allen Jubelmeldungen über die positive Waldentwicklung tauchen parallel dazu auch Meldungen über ein erhöhtes Auftreten von Schädlingen auf.

Ursache der Borkenkäferinvasion

Erschreckend ist ein Bericht über die katastrophalen Folgen der Fichte-Monokulturen, der in der Zeitschrift „Kosmos" 1961 veröffentlicht wurde:

... Der größte eingefriedete Wald Deutschlands im Landkreis Edersberg in Oberbayern umfaßt 7776 Hektar. Ursprünglich ein reiner Nadelwald, in dem Laub- und Nadelhölzer in einer gesunden Mischung anzutreffen waren, wurde er im 19. Jahrhundert monokultiviert. Der reine Fichtenbestand begünstigte die Ausbreitung der Borken- und Rüsselkäfer und führte schließlich in den Jahren 1889 bis 1892

---

14) „Spirale" und „Grüne Wacht", Zeitschrift für Biotechnik, Natur und Leben. Linz, Mai 1961. S. 37

zu dem größten Nonnenfraß, den jemals ein deutscher Wald erlebt hat. Der Flug der Schmetterlinge glich einem Schneegestöber, obwohl zuvor Millionen Raupen vernichtet worden waren. Insgesamt mußten 1.064.688 Festmeter Nutzholz und über 370.000 Festmeter Brennholz geschlagen werden. Dem Nonnenfraß folgte ein Wirbelsturm ungeheuren Ausmaßes, der 577 Hektar Wald vernichtete. ... Die Ausmaße von Wirbelstürmen in diesen Zündholzformationen sind verheerend[15].

Viktor Schauberger sagt dazu:

Heute gibt es einen eigenen (Anm.: wissenschaftlichen, d. V.) Zweig, Schädlinge ausfindig zu machen und sie mit lateinischen Namen zu benennen, weil die Experten glauben, der Schädling sei die Ursache für das Waldsterben. Dabei verhält es sich genau umgekehrt, ... kernfaules ... Lichtholz, das der Mensch durch Monokultur kultiviert, ist die Ursache für das Auftreten des Schädlings. Dabei ist es nichts anderes, als daß die Natur das abbaut, was schwach und überlebensunfähig ist, ... das der waldentfremdete Mensch züchtet. ... Den Fuchs als Gesundheitspolizei des Waldes kennt jeder und niemand stellt ihn in Frage. Wenn die Schädlinge auftreten und eigentlich mit dem kranken Holz dasselbe machen, wie der Fuchs mit kranken Tieren, so bricht die große Panik aus.

Schwenken wir in das Jahr 1996. Unter dem Titel: „Frißt, frißt und frißt: Borkenkäfer-Invasion" berichtete die österreichische Tageszeitung *Die Presse* über das Waldsterben im niederösterreichischen Waldviertel[16]. Im Bezirk Horn erreichte nach den Statistiken der Niederösterreichischen Landesforstdirektion 1995 der Schadholzanfall durch Borkenkäferbefall etwa 200.000 Festmeter und damit den absoluten Spitzenwert. Für Fichte und Kiefer ist die Gefahr besonders groß: Trockene Sommer und die Schadstoffbelastung machen dem „Buchdrucker", wie der Borkenkäfer wegen des Musters, das er auf seinen Freßtouren unter der Rinde zeichnet, das Leben leicht – und die Widerstandskraft der Bäume geringer. Was oberflächlich wie eifrige Forstwirtschaft aussieht, ist nur Schadensbegrenzung. Entlang der Forststraßen im Hoyos'schen Revier liegen die gefällten Fichten zu Stößen geschichtet ... Bis zu 100 Larven bevölkern ein tellergroßes Rindenstück.

15) Ebd. S. 38, 39

16) Die Presse, 19. Dezember 1996, S. 11

Wir müssen beim geringsten Befall schlägern, um die Ausbreitung zu stoppen, berichtet Forstmeister Markus Hoyos von der Hoyos'schen Gutsverwaltung ... *Hier haben die Waldbesitzer noch nicht geschlägert, doch der Käfer sitzt längst schon in den noch von fern gesund wirkenden Bäumen.* Er meinte ferner: *Wer nicht von der Forstwirtschaft lebt, schlägert heute nicht mehr. Der Holzpreis ist zu niedrig.*

Friedrich Karl Schönborn, Obmann des Verbandes der Niederösterreichischen Forstbetriebe und Markus Hoyos zeigten aber auch noch andere Formen des Waldsterbens: etwa durch Windbruch im Bezirk Horn.

Wo Ende 1993 auf vier Hektar noch stolze, gesunde Stämme standen, wächst heute nur noch Gras. Im Jänner1994 knickten Stürme die 20-Meter-Riesen wie Strohhalme ... Im vergangenen Winter war es dann der Schnee, der dem Wald zusetzte. Als der Schneedruck im letzten Winter die Bäume umwarf, hörten wir das Bersten des Holzes weit durch die sonst stille Nacht, erinnert sich Hoyos. *Der einzige Weg aus dieser Misere ist radikales Umdenken, es müssen wieder dem Standort angepaßte Baumarten angepflanzt werden: vor allem Laubhölzer – Eiche, Buche, Linde, Ulme. Monokulturen bieten dem Käfer optimale Lebensbedingungen,* meint der Forstexperte.

Man kann auch argumentieren, daß dem Borkenkäfer der natürliche Feind fehlt. Zum Beispiel bestimmte Vogelarten, die ebenfalls durch Monokulturen verschwinden. Ein gesunder Mischwald würde nicht nur einen Artenreichtum an Pflanzen, sondern auch an Tieren beherbergen. Es gäbe kein Überhandnehmen einer Art, sei es Tier oder Pflanze.

Schauberger sagt, daß die Ursache der katastrophalen Vermehrung des Fichtenborkenkäfers in der Überlichtung der Bäume liegt. Die Fichte ist ein Flachwurzler und sie kann, versetzt man sie aus der Baumschule in Kahlschläge, erst nach dem Kronenschluß, also erst nach 20 bis 30 Jahren, ihre Wurzeln im eigenen Schattenbereich behüten und beschützen. In diesem Schattenbereich, so Schauberger, spielen sich aber die wichtigsten Lebensvorgänge ab:

Hier werden die Gärprodukte des Grundwassers durch das Wurzelspitzenprotoplasma im Diffusionswege (Verschmelzungswege) in den Baum nahrungsmäßig übernommen. Ist (in Kahlschlägen gewöhnlich der Fall) kein genügender Schatten-

bereich vorhanden, dann ist auch kein temperaturloser Gärungsprozeß des Grundwassers und Grundstoffbestandes möglich. Es treten jene strukturändernden Folgen, die schon in der Schulpflanzung ihren Anfang genommen haben, vemehrt auf.

Saure Gärprodukte im schattenarmen Wurzelbereich führen zu Gewebezerreißungen, zu Wucherungen, zu Krebs. Überstarke Säuberungen, zu weit gehende Durchforstungen, Streunutzung usw. führen nach Schauberger ähnliche Erscheinungen auch im naturgewachsenen Wald herbei. Daß sich die Kambiumringe (Jahresringe) der Bäume an stark belichteten Standorten ganz wesentlich von naturgesunden, unter Mutterschutzbaum aufgewachsenen Beständen unterscheiden, ist jedem Fachmann bekannt.

Durch diese Strukturlockerung (auch Kunstdünger ruft solche herbei) leidet die Forst- und Aufpflanzungsmöglichkeit der betroffenen Bäume, es tritt eine Art Impotenz auf, ein Entwicklungsstillstand. Das aber duldet die Natur nicht. *Sie schickt den Hüter, den Henker und Leichenbestatter, den Borkenkäfer, der das Kranke zu vernichten hat. Im natürlichen, gesunden Wald, gibt es keine Borkenkäferinvasion. Der Käfer kann darin nicht leben, er findet dort nicht die ihm notwendige Nahrung, die gibt es nur im krankgewordenen Wald,* meint Schauberger[17].

Ursache des Wildverbisses

Aber nicht nur der Borkenkäfer ernährt sich von den „faulen Früchten". Schauberger sieht darin auch die Ursache des Wildverbisses.

Bisher hatte man nicht gewußt, warum junge Fichten, aus der Schulpflanzung genommen und in Kahlschläge versetzt, vom Wild verbissen werden. Hingegen blieben Fichtenpflanzen, die im Schutze des Mutterbaumes naturhaft aufgewachsen seien, vom Wild verschont.

Dieses Problem wird im Sinne des Reparaturdienstverhaltens gelöst. Durch Verwerken, Bespritzen und Umzäunen solcher Pflanzen versucht man das Wild abzuhalten. Schauberger sagt, daß ihm dieses Problem keine Ruhe gelassen habe. Nach vielem Forschen kam er darauf, daß die Ursache wieder

17) Linzer Volksblatt, Nr. 289, 14. 10.1950, „Bersten die Säulen der Welt", Teil 3, S. 9

im Grundwasser in der Baumschule zu finden sei, das durch Überlichtung ganz anderen Gär- und Verdauungsprozessen unterworfen sei, als im naturbelassenen, von Altbeständen etc. geschützten Nährboden.

Er meint, daß in den unter natürlichen Bedingungen gewachsenen Pflanzen die Gärprozesse des Grundwassers zell- und gewebezusammenziehend, also verdichtend wirken. Das fördere einen besseren Verholzungsprozeß als in der im sonnenreichen Kahlschlag stehenden „Kunstpflanze", die dazu meist Verkrautungserscheinungen zeige. Desweiteren liefere die „Kunstpflanze" einen säuerlichen Geschmack, die naturbelassene Pflanze hingegen einen süßlichen Geschmack. Und gerade der säuerliche Geschmack ziehe das Wild an, indes es das Süße nicht suche, weil dieses in naturgesunden Lagen in jedem Wiesengras und allem Grünen reichlich zu finden sei[(18)].

Auch die Kartoffelkäferinvasion sei auf die vorhin beschriebenen Ursachen zurückzuführen. Hier meint Schauberger, daß durch die falsche Furchenziehung auf dem Acker die Sonne den ganzen Tag über auf die tiefste Stelle der Furchen fallen könne. Das entschatte den Wurzelbereich und mache es der Pflanze unmöglich, sich natürlich zu entwickeln. In weiterer Folge komme es im Saftgang zu Fäulniserscheinungen und zu einem Brüchigwerden der Kapillarwände und des Wurzelprotoplasmas. Eine Erscheinung, die wir beim Menschen Arteriosklerose nennen.

Durch das gestörte Mikro-Bodenklima werden die Pflanzen krank und ziehen den Kartoffelkäfer an. Dieser konnte und kann sich nur von kranken Pflanzen ernähren, gesunde verschmäht er. In gesunden Kartoffelbeeten ausgesetzte Käfer gehen, wenn sie nicht abwandern können, schnell zugrunde. Und jede Frucht aus der kranken Pflanze ist ebenfalls krank, und es kann sich aus ihr wieder nur eine kranke Pflanze entwickeln. Vertilgt man aber den Vertilger der kranken Frucht, dann schützt man das Kranke und läßt dieses weitervegetieren. Der Keim des Zerfalles, der in der kranken Frucht sitzt, entwickelt sich auch im höherstehenden Organismus, der ihn aufnimmt (also im Tier- und Menschenmagen), weiter, wenn er dort die für ihn notwendigen Voraussetzungen (Milieu) vorfindet. Da wir heutigen Menschen uns vielfach falsch ernähren und übersäuert sind, ist das Milieu für diese Parasiten in unseren Eingeweiden gegeben.

---

18) Ebd.

Ursache der Gemsenräude

Aber nicht nur die kranken Pflanzen sind ein Problem. Durch das Ausrotten vieler Pflanzenarten werden Tiere krank, weil ihnen bestimmte pflanzliche Heilstoffe fehlen. Als Beispiel nennt Schauberger die Räude, eine Krankheit, die Gemsen befällt. Die Gemsen werden räudig, wenn die Wälder kahlgeschlagen werden. Durch zu großen Sonneneinfluß werden die zuvor wuchernden Pflanzen weitgehend zerstört. Darunter sind aber jene Pflanzen, die ätherische Öle enthalten, welche die Gemsen benötigen, um ihren wichtigen Haarschutz aufzubauen[(19)].

Die Hauptursache des Auftretens von Schädlingen ist der Mensch

Nach den bisherigen Erkenntnissen ist nicht der Schädling die Ursache des Pflanzensterbens, sondern der Mensch begünstigt durch seine naturwidrigen Handlungen das Aufleben von Schädlingen. Den Begriff „Schädling" hat der Mensch geprägt. Alles, was ihm und seinem Handeln schadet ist ein Schädling. Anscheinend realisiert er aber nicht, daß er selbst der größte Schädling der Natur ist. Er greift vielfach unbedacht in das Naturgefüge ein und richtet dadurch mehr Schaden als Nutzen an. Was der Mensch als Schädlinge bezeichnet sind in der Natur Nützlinge, da sie kranke und schwache Organismen abbauen. Die Natur schwächt sich ja nicht selbst, sondern reguliert immer nur die menschlichen Fehleingriffe. Das empfinden wir dann als hart und grausam. Anstatt unser Fehlverhalten zu erkennen, ersinnen wir noch raffiniertere Methoden, die „grausame" Natur zu überlisten, sie zu bekämpfen. Das vermehrte Auftreten von „Schädlingen" ist ein Indikator für die naturwidrigen Eingriffe des Menschen – ein Alarmzeichen.

Wie deutet der homo sapiens diese Zeichen? Er steht jetzt vor dem Problem, die Schädlinge zu bekämpfen, denn sie sind nach dem Kausalitätsprinzip die Ursache des Pflanzen- und Baumsterbens. Wieder greift er in die natürliche Ordnung ein. Schädlingsbekämpfungsmittel werden dieses Problem lösen. Diese haben bloß einen Nachteil, sie zerstören nicht nur die ver-

---

19) Ebd.

meintlichen Schädlinge sondern auch alle Nützlinge, somit das gesamte Mikroleben des Bodens. Der Boden, durch Monokulturen ausgelaugt, durch Schädlingsbekämpfungsmittel vergiftet, kann keine Humusschichte mehr aufbauen. Es wird ihm auch keine Ruhe mehr gegönnt. Er verliert Kraft und wird schlapp. Auch da weiß der kluge Mensch Rat. Er greift auf die bewährten chemischen Mittel zurück, die den Boden aufreizen und aufputschen. Ein wahrer Teufelskreis beginnt hier, der aber noch nicht zu Ende ist.

Umweltgifte als Bumerang

Was passiert mit den Giften, die der Mensch auf Pflanze und Boden aufgetragen hat? Nach dem Motto: Wer Gift sät, wird Krankheit ernten, gelangen sie über die Nahrungskette und das Trinkwasser zu ihrem Absender zurück. Leider haben sie ihre toxische Wirkung unterwegs nicht verloren. So nimmt es nicht wunder, daß der Mensch langsam krank wird. Was macht er? Er bekämpft seine Krankheit wieder mit den altbewährten chemischen Mitteln, die nur einen Nachteil haben, sie können unter Umständen schädliche Nebenwirkungen und somit weitere gesundheitliche Probleme hervorrufen.

Neueste Untersuchungen ergaben, daß die Steuerinstrumente in Organismen, die Hormone, in ihrer Wirkung durch Umweltchemikalien nachhaltig beeinflußt und beeinträchtigt werden. So ist erwiesen, daß Rückstände der Antibaby-Pille ins Abwasser gelangen. Wie viele davon im Klärschlamm gebunden werden und wie viele in die Flüsse gelangen, ist unklar. Jedenfalls genügt bereits ein Bruchteil dieser Menge aus der „Pille“, um die Fortpflanzung von Fischen zu verringern, meint Hasso Seibert, Toxikologe in Kiel.

Während bei den Tieren in vielen Bereichen Beweise vorliegen, ist die Kausalkette beim Menschen nur selten geschlossen. In den USA wurde in den Siebzigerjahren Frauen mit Schwangerschaftsproblemen ein Präparat verabreicht, um Aborti zu verhindern. Dieses Präparat beinhaltet den Stoff DES (Diethylstilbestrol), welcher bei den Nachkommen schwerwiegende Folgen verursachte: Bei jungen Frauen trat vermehrt Vaginalkrebs auf, bei jungen Männern Hodenkrebs. Die Chemikalien gelangen vor allem über das Trinkwasser in den menschlichen Körper[20].

Ebenso drastisch wirken sich Antibiotika aus, die in den Ökokreislauf kommen. Die österreichische Tageszeitung *Der Standard* berichtete darüber. Mit dem Titel: „Super-Bugs lassen Antibiotika zahnlos werden", wurde die Problematik auf den Punkt gebracht. Einer der führenden Antibiotikaforscher, Julian Davies aus Vancouver, erklärte am Rande eines Vortrages in Wien dem *Standard: Wenn sich in irgendeinem Spital der Welt ein Staphylokokken-Strang entwickelt, der gegen das letzte noch wirksame Antibiotikum resistent ist, ... dann sind wir wieder in einer Situation wie vor der Erfindung der Antibiotika.* Daß die einstigen Wunderwaffen so rasch stumpf geworden sind und sich multiresistente Mikroorganismen entwickelt haben („Super-Bugs"), liegt zunächst am Mißbrauch. *Obwohl der Erfinder des Penicillin davor gewarnt hat, ist die Erde in Antibiotika gebadet,* bilanziert Davies: Und er meint: *In den letzten 50 Jahren haben wir in einem riesigen Experiment hundert Millionen Tonnen Antibiotika freigesetzt, nur die Hälfte in der Medizin, der Rest in Viehzucht, Aquakultur, auch auf Obstbäume – und überall entwickeln sich Resistenzen ... Die Bakterien haben ein unendlich trickreiches Arsenal entwickelt, sie lassen Antibiotika entweder nicht in sich hinein, oder sie pumpen sie wieder hinaus, oder sie entschärfen sie im Inneren.*

Und Antibiotika sind nicht nur Quelle von Resistenzen, sie fördern auch ihre Verbreitung: *Sie sind wahre Aphrodisiaka für Mikroben,* erläutert Davies, *sie erhöhen den Gentransfer zwischen Bakterien, die auf vielfachen Wegen Gene tauschen ... Naheliegende Gegenstrategien funktionieren nicht – auch gegen synthetische Antibiotika werden sie resistent, und einmal erworbene Resistenzen verlieren sie nicht mehr*[21]...

Aber nicht nur Antibiotika stellen eine große Gefahr dar. Der Mensch bringt noch viel mehr Gifte in Umlauf, welche die Natur und ihre Bewohner auf Dauer schädigen. Wenn Schauberger bereits vor 70 Jahren von miserablen ökologischen Verhältnissen im Wald sprach, muß man bedenken, daß damals die Schadstoffemissionen ja noch nicht so groß waren wie heute. Wenn wir diese Faktoren zusätzlich hinzuziehen, bekommt das „Waldsterben" eine noch viel größere Dimension. Wurde früher der Wald aus pekuniären Gründen kahlgeschlagen, so muß man ihn heute von kranken Bäumen – „Baumleichen" – säubern.

---

20) Die Presse, 24.4.1996, S. 11

21) Bericht von Jürgen Langenbach, in „Der Standard", 24.10.1997, S. 27

Zur Feststellung, daß wieder mehr Holz nachwächst als geschlägert wird, meint Univ. Prof. Erwin Führer von der Universität für Bodenkultur in Wien:

Der Wald wird mehr und wächst schneller – und die vom naiven Wirtschaftswachstumsglauben geprägte Wahrnehmung macht sich vor, was wächst, wäre auch gesund. Aber das ist ein Trugschluß. Der Wald wächst sich krank.

Seiner Meinung nach liegt die Ursache des beschleunigten Wachstums in der Überdüngung durch den Menschen. *Es gibt einen verstärkten Stickstoffeintrag aus Landwirtschaft und Autoverkehr, es gibt erhöhte CO_2-Gehalte, und beides sind gute Dünger. Aber durch den Überfluß an Dünger werden die Bäume auch anfälliger: Luxus verweichlicht gewissermaßen.* So Prof. Führer.
Als Beispiel nennt er die Wurzeln:

Gibt es in der Nähe viel zu holen, bleiben sie klein und können bei Trockenheit die Wasserversorgung nicht sichern. Aber das Problem ist nicht einfach die Menge der Ressourcen, es ist ihre Ausgewogenheit: Bekommt ein Baum zuviel Stickstoff, bildet er wenig Abwehrstoffe gegen Schädlinge und wenig Harz gegen Verletzungen. Herrscht umgekehrt Stickstoffmangel, hört der Baum im Herbst zu spät zu wachsen auf. Das bringt erhöhte Anfälligkeit für Frostschäden[22]*...*

Außer den Stickstoffverbindungen aus der Landwirtschaft nennt Prof. Führer noch drei weitere wesentliche Faktoren, welche das ganze Waldökosystem durcheinander bringen: *Schwefelemissionen, bodennahes Ozon und Versauerung des Bodens*[23].

Gefahrenquelle Elektrosmog

Eine potentielle Gefahr wurde bisher nicht berücksichtigt oder erkannt: Die Strahlenbelastung. Zu den Hochspannungsleitungen, Radar- und Satellitenanlagen als Emittenten gesundheitsgefährdender elektromagnetischer Strahlen gesellen sich jetzt auch noch die Mobilfunkeinrichtungen als Gefahrenquellen dazu. Die Gesundheitsgefährdung von Mobilfunksendeanlagen und Handys wird von den Experten bisher noch verniedlicht[24].

---

22) Bericht von Jürgen Langenbach in „Der Standard“, 22.10.1996, S. 11

23) Die Presse, 21.7.1997, S. 3

24) Siehe Wulf-Dietrich Rose, „Elektrosmog-Elektrostreß“, Verlag Kiepenheuer & Witsch, 3. Auflage 1996

Vom 22. bis 23. Oktober 1997 tagte eine internationale WHO-Expertengruppe in Wien, welche die Risikobereitschaft der Öffentlichkeit in bezug auf elektromagnetische Strahlenquellen einschätzte. Darüber berichtete die Wiener Zeitung: ... *Nach derzeitigem Stand gebe es keinen Hinweis, daß Handy und Co. Krankheiten wie Krebs fördern oder gar verursachen. Die Erkenntnis muß aber durch weitere Untersuchungen verifiziert und gefestigt werden.*

Die Expertengruppe geht also davon aus, daß keine Gefährdung vorliege und daß diese Feststellung durch Untersuchungen erhärtet werden soll. Sie vertritt vielmehr die Ansicht, daß die Angst vor der Schädlichkeit von Handys eher ein psychologisches Problem sei.

Der Grund für das Mißtrauen der Öffentlichkeit sei fehlendes Wissen. Wer selbst am Handy „hängt", ist viel eher bereit, mögliche Risiken in Kauf zu nehmen. Menschen, die kein Handy verwenden, stufen selbst die Gefahren der relativ schwachen Radiofrequenzfelder als hoch ein.

Der Grund, so der britische Psychologieprofessor Terence Lee: *Sie sind einer Belastung unfreiwillig ausgesetzt und halten das für ungerecht*[25]. Vielleicht hat auch der Wald nur ein „psychologisches Problem" mit Strahlen. Tatsache ist, daß dieser im Bereich von großen Sende- und Radaranlagen nicht gut aussieht. Kaum scheint ein Umdenken in Richtung ökologische, nachhaltige Waldbewirtschaftung (Mischkulturen etc.) eingesetzt zu haben, kaum scheint sich der Wald einigermaßen erholt zu haben, rückt ihm der Schädling Mensch mit einer neuen Gefahr zu Leibe. Wir werden uns in Zukunft wahrscheinlich mit einer neuen Dimension des Waldsterbens auseinandersetzen müssen. Über kurz oder lang werden die Schäden, welche der „unsichtbare Feind" (die Strahlenbelastung) anrichtet, offenbar werden. Wenn der Handy-Markt weiter so boomt, wird es in Zukunft mehr Handys als Bäume geben.

Monokulturen

Als eine der Ursachen des Waldsterbens haben wir das System der Monokultur genannt. Wir wissen, daß Eintönigkeit, Einseitigkeit auf Dauer krank macht – und zwar in jeder Hinsicht. Die Vielfalt macht das Leben aus, was sich

---

25) Wiener Zeitung, 24.10. 1997, S. 6

im Artenreichtum der Natur, in ihrem Farben- und Formenreichtum widerspiegelt. Ein Ton macht noch keine Melodie, erst das Zusammenklingen mehrerer harmonischer Töne. Jeder Mensch ist ein Individuum, etwas Einzigartiges. Wir Menschen versuchen der Eintönigkeit des Alltages zu entfliehen, wir sehnen uns nach Abwechslung. Bei all seinem Streben nach Harmonie, nach Vielfalt, ist es eigenartig, warum der Mensch, welcher selbst durch Monotonie krank wird, Monokulturen anlegt, die ja eintönig, einseitig ergo widernatürlich sind. Daraus resultiert die Frage, warum tut der Mensch der Natur etwas an, wovor er selbst flieht? Man kann als Ursachen wahrscheinlich wieder die falsche oder mangelnde Naturvorstellung, die naturwidrigen wissenschaftlichen Denkmodelle oder – wie in den meisten Fällen – ökonomische Interessen annehmen.

Viktor Schauberger stellte diesbezüglich fest:

... Doch aus dem heutigen Waldbild sind früher nicht selten gewesene Resonanzhölzer wie Haselfichte, Rotlärche, Ulme, Edelesche, Eibe, Bergahorn, Edeleiche sowie sonstige Edelsorten ganz und gar verschwunden. Die „moderne Forstwirtschaft" betrachtet den Wald nur mehr als „Holzfabrik" und ihre Kunst beschränkt sich darauf, auf einer Kahlfläche Jungwuchs nach der Schnur in Reih und Glied zu stellen und Quantitäten zu mästen. Unter diesen Bedingungen leiden Millionen Jungbäumchen unter den erbarmungslosen Strahlen der Sonne, die keinen Borkenschutz haben und nur unter dem Schutz des Mutterbaumes gesund zu gedeihen vermögen. Nach der Meinung der heutigen Waldsachverständigen genügen der „Lichtschlag", die Säuberungen und Durchforstungen, um einer raumsparenden Forstwirtschaft auf die Beine zu helfen. Daß aber durch diese Maßnahmen die Qualität der so erzogenen Waldbestände in erschreckender Weise zurückgeht und schwammiges Holz, mit schwarzen Ästen und Rotfäule im Kern das Ergebnis ist, wird zu verschweigen und zu vertuschen versucht[26].

Das System oder Problem ist dasselbe wie in der traditionellen Landwirtschaft. Dort wird auch das System der Monokulturen forciert, um damit – sowie durch Einbringung von Kunst- und Mineraldünger (Aufputschmittel) – in

26) „Spirale" und „Grüne Wacht", Zeitschrift für Biotechnik, Natur und Leben. Linz, Mai 1961. S. 33

kurzer Zeit quantitativ gute Erträge zu erzielen. In der Forstwirtschaft ersetzt das Licht den Kunstdünger, das dort mehr quantitative als qualitative Erfolge sichert[27].

Man stelle sich vor, es gelänge, das Wachstum und die Entwicklung des Menschen in ähnlicher Weise zu forcieren wie bei den Pflanzen. Beispiele von Wachstumsschüben zeigen, daß Jugendliche große Probleme haben, wenn sie „über Nacht" um einen Kopf größer werden. Eine künstlich hervorgerufene Wachstumsbeschleunigung würde dem Menschen größte gesundheitliche Probleme bereiten. Er wäre sehr anfällig für Krankheiten und würde wahrscheinlich nicht sehr lange leben. Diese Probleme verschaffen wir aber den Pflanzen und den Bäumen. Sie können keinen Widerstand mehr bilden gegen äußerliche Unbilden oder Feinde, und werden krank. Darüber freuen sich Borkenkäfer und Co.

Das Chaos – die natürliche Ordnung

Gemäß Schauberger wäre das „Chaos" die eigentliche Ordnung des Waldes. Bis jetzt gab es wenig Möglichkeiten, dies zu überprüfen. Es gibt kaum mehr Wälder, die nicht von der „ordnenden Hand" des Forstmannes bearbeitet worden sind.

In zunehmendem Maße befassen sich die Medien mit einem Mann, der als Eigenbrötler und Querkopf in seiner Umgebung beschrieben wird. Im Salzburgischen Lungau, oberhalb von Ramingstein, lebt der Bergbauer Sepp Holzer mit seiner Gattin Vroni[28] auf 1500 Meter Seehöhe. Er hat eine Alm-Landwirtschaft besonderer Art entwickelt. Bei ihm wachsen im wahrsten Sinne des Wortes Kraut und Rüben durcheinander.

Holzer hat vor 20 Jahren begonnen, seine Almwirtschaft umzustellen. Als er 1967 in einem Fischzuchtkurs die verheerenden Auswirkungen von Pestiziden auf das Leben im Wasser vorgeführt bekam, stellte er abrupt das Spritzen und Chemiedüngung ein. Auf steilen Hanglagen hat er terrassenförmige Plantagen angelegt, die asiatischen Reisplantagen ähnlich schauen. Neben mehreren Fischteichen und Biotopen hat er riesige Hügelbeete errichtet. Be-

27) Man muß hier zwischen Licht- und Schattholzarten unterscheiden.

28) Krameterhof, 5591 Ramingstein, Keuschnig 13, Telefon und Fax: 06475/239. (Voranmeldung).

sonderheiten, wie schwarze Kartoffeln und duftende persische Minze, wachsen neben Topinambur und Karotten. Kirschen gibt es von Juni bis September, aber auch Pfirsiche und Kiwis gedeihen in dieser klimatisch ungünstigen Lage: Lungau ist bekannt als Kältepol Österreichs.

Auf den Terrassen liegen Teiche für Forellen, Saiblinge, Zander und die Vielzahl amphibischer Nützlinge, die den Pflanzenkulturen ringsum die Schädlinge wegputzen. Es sind insgesamt 60 Biotope und Kanäle mit drei Hektar freier Wasserfläche, in einem Gebiet, wo früher Fichtenwald das Landschaftsbild bestimmte. Holzer hat geschlägert und den fast toten Boden renaturiert. Das brachte ihm mehrere gerichtliche Verfahren ein, weil er Wald zerstört hatte. Doch er hat gewonnen und macht weiter.

Heute wachsen unter den Bäumen – Fichten wurden ausgelichtet und durch Obstkulturen ersetzt – Radieschen und Salat, ohne Dünger, wo sich früher kein Grashalm halten konnte. Es ist das krasse Gegenteil einer Monokultur und mutet dem ordnungsverwöhnten Auge als „Chaos“ an. Die verschiedenen Pflanzen stehen sich aber nicht im Wege, im Gegenteil, sie beeinflussen einander im Wachstum. Nützlinge von der Waldameise bis zu den Vögeln besorgen die Schädlingsbekämpfung. Kaukasische Mangalitza-Waldschweine helfen beim Umgraben, Eggen und Düngen. Denn was durch einen Saumagen gegangen ist, keimt sofort. Wirtschaftliches Standbein des ökologischen Paradeunternehmens ist die „Alternativbaumschule“. Holzers Obstbäume, durch die Höhenlage extrem abgehärtet, lassen sich noch als stattliche 6-jährige mitsamt der dazugehörigen Pflanzengemeinschaft umsiedeln. Erst kürzlich hat Holzer ein abgefahrenes Skigelände bei Schladming vom Erosionshang in einen Obstbaumgarten verwandelt[(29)].

Mit seiner Anbau-Methode demonstriert er, daß reiche Ernte auch ohne Monokultur und Chemie möglich ist. Vor nicht so langer Zeit erfuhr er, daß seine Art von Landwirtschaft einen Namen hat. Nach dem Australier Bill Mollison wird sie „Permakultur“[(30)] genannt. Mollison erhielt für die Wiederentdeckung des Wirtschaftens aus vorindustrieller Zeit den alternativen Nobelpreis. Lehrmeisterin ist die Natur. Man schaut ihr optimale Muster und Systeme für eine ökologische Kreislaufwirtschaft ab[(31)].

---

29) Greisenegger, Ingrid, „Die Gärten von Eden“, 2. Teil, Serie im „Kurier“, vom 16. Juli 1997

30) Permakultur: (permanent agriculture = nachhaltige Landwirtschaft). Das heißt, das Anlegen von sich auf Dauer selbst erhaltenden Ökosystemen.

Weniger ist mehr

Das Interesse des Menschen für den Wald sei nach Schauberger eine der Ursachen der katastrophalen Veränderung des Waldbildes. Das beste wäre gewesen, der Mensch hätte sich nicht in den Wald eingemischt. Diese Philosophie des Nichteinmischens verfolgt der griechische Zen-Buddhist und Taoist Panaiotis Manikis. Der Obstbauer aus Nordgriechenland bewirtschaftet seit acht Jahren erfolgreich eine Obstfarm nach den Lehren des japanischen Bauern und Philosophen Masanobu Fukuoka. Inmitten der intensiven Pfirsich- und Kirsch-Monokulturen rund um Edessa bewirtschaftet er ein Grundstück mit 30 Obstsorten sowie Reis, Weizen, Gemüse und Wasserpflanzen, das Tieren eine giftfreie Oase bietet. Warum sollte, was für Pfirsiche und Kirschen gilt, nicht auch bei Wäldern funktionieren, dachte der 39-jährige und zettelte seitdem Aktionen zur Waldaufforstung an. Seine Methode ist die „natürliche Landwirtschaft", ihr Prinzip lautet „Einfachheit". Panaiotis Manikis: *Immer frage die Agrarwissenschaft, was man noch tun könne, um die Erträge zu steigern. Die natürliche Landwirtschaft nach Fukuoka aber frage statt dessen: Was kann man noch bleibenlassen? Was kann man Nicht-Tun?*

Die fünf Prinzipien nach Fukuoka bedeuten deshalb fünfmal Nicht-Tun: nicht düngen, keine Unkrautvernichtung, keine Schädlingsbekämpfung, nicht pflügen, keine Monokultur. *Wir tun nichts, was die Natur nicht auch selber tun kann. Deshalb nennt man diese Methode auch die Nicht-Tun-Landwirtschaft.* Das Prinzip des Nicht-Tuns ist aus dem Taoismus entnommen. *Das Tao tut nichts, und doch bleibt nichts ungetan,* sagt Lao Tse. Ganz ohne Nicht-Tun geht es auch nicht. In einer Mischmaschine mischt Panaiotis Wasser, Tonmehl und Samen, die kleine Kügelchen ergeben. Diese „Samenpellets" streut er auf dem kargen Boden aus. Die Schutzhülle aus Ton dient zum Schutz vor Austrocknung, da der Boden nicht gepflügt wird. Die verschiedensten Samen werden ausgestreut und welche Pflanzen hier wachsen sollen, das wird die Natur selbst entscheiden.

Panaiotis meint, daß es möglich sei, mit einer Stunde Arbeit am Tag die eigenen Grundbedürfnisse an Lebensmitteln zu decken. Der Unterschied zwi-

---

31) Information: Institut für Freiraumgestaltung, Universität für Bodenkultur, Peter Jordan-Straße 82, 1190 Wien. Literatur: Ruth Stout, „Mulch". Patrick Whitefield, „Permakultur". Beide im Pala-Verlag erschienen.

schen der „natürlichen Landwirtschaft“ nach Fukuoka und der Permakultur, welche wir früher am Beispiel des Salzburgers Sepp Holzer geschildert haben, ist folgender: In der Praxis gibt es viele Ähnlichkeiten, aber die geistige Einstellung ist anders. Bei Fukuoka steht der Mensch nicht über der Natur, sondern versucht, ein Teil von ihr zu sein[32].

Natürlich sind auch die anderen alternativen Land- und Forstwirtschaftsmethoden in diese Thematik miteinzubeziehen. Zum Beispiel die biologisch-dynamische Landwirtschaft nach Rudolf Steiner. Desweiteren Agro-Forestry: Waldfeldbau, Mischkultur in Wäldern und an Waldrändern unter Ausnutzung ihres Synergie-Effektes. Die biologisch-organische Landwirtschaft: nur organische Dünger und Pflanzenschutzmittel; sowie integrierte Landwirtschaft: Pflanzenschutz durch natürliche Feinde[33].

Die Wüste ist ein weites Land

Ein eminentes Problem ist die weltweite Zunahme von Wüstenflächen. Schon in der Antike wurden fruchtbare Gebiete durch massive Abholzungen in Karstgebiete verwandelt. Von Mauretanien zieht sich heute durch Afrika und Asien ein nur an wenigen Stellen unterbrochener Wüstengürtel bis nach der Mongolei. Die Sahara lag noch zur Zeit Hannibals weit im Süden von Karthago. Die Wüste Gobi soll einst das Jagdrevier des Dschingis Khan gewesen sein. Wo jetzt in Palästina verkarstete Berge liegen, wurden Staatswaldgrenzsteine aus der Römerzeit (64 vor bis 330 nach Christus) gefunden und in den angrenzenden Wüstengebieten sind kilometerweit unterirdisch miteinander verbundene ehemalige Wassersammelstellen, sogenannte Foggoras, zu sehen. Ruinen von Staudämmen und Aquädukten beweisen, über welche Wassermassen Palästina damals verfügte. Die Reste der Wasserleitung von Caesarea zum Beispiel zeigen, daß diese Stadt aus sieben Kilometer Entfernung täglich mindestens 80.000 Kubikmeter Wasser bekam.

Das Karstgebirge, welches sich als Fortsetzung der südlichen Kalkalpen in südöstlicher Richtung bis weit in die Balkanhalbinsel erstreckt, war einst ein herrliches Waldgebirge, heute aber eine trostlose Mondlandschaft. Die Römer

32) Bericht von Leila Dregger, in „esotera“ 10/97, „Grüne Pflanzen“, S. 22-27
33) Ebd.

und Venezianer haben dort Raubbau betrieben. Nun wüten in diesen verkarsteten Gebieten die Bora-Stürme. Was wir heute sehen, sind nur mehr Ruinen einer einstmals großen Kultur. Wir können uns heute nicht mehr vorstellen, wie üppig die europäischen Landschaften einmal ausgesehen haben.
Ingrid Resch-Rauter schreibt in ihrem Buch Unser keltisches Erbe:

Tacitus und andere Schriftsteller der Antike erzählen von den undurchdringlichen Urwäldern des mittleren Europa und deren ungeheuren Ausdehnungen. „Es gibt niemanden", schreibt Caesar über den Hercynischen Wald, der sich über das Gebiet vieler Völkerschaften erstreckte, „der von sich behaupten könnte, er sei bis zum östlichen oder nordöstlichen Rand des Waldes vorgestoßen, auch wenn er sechzig Tage marschiert wäre, noch weiß jemand, wo der Wald anfängt[(34)]*"... Plinius grollt den Wäldern Germaniens, da sie durch ihre Schatten die natürliche Kälte des Landes noch steigerten. Fast unsterblich schienen die Rieseneichen des Urwaldes zu sein. Ihre enormen Wurzeln krümmten sich unterirdisch und warfen ganze Hügel auf. Wenn sie diese durchbrachen, bildeten sie natürliche Torbogen, so weit und hoch, daß Reiterkolonnen durchreiten konnten. ... Der Wald bestand vorwiegend aus Laubholz; seine charakteristischen Bäume waren Eiche und Buche*[(35)]*.*

Daß es solche Wälder und solche üppige Vegetation gegeben hat, erscheint uns angesichts der heutigen Wälder fast utopisch. Die (heidnischen) Römer und Kelten haben den Wald noch als heilig erachtet. *Der Wald, lat. „silva", wurde in der Vorstellung der Römer von Gott Silvanus/Silvestris bewohnt. ... Der römische Silvanus war gleich dem keltischen Celtius die Personifizierung des Waldes; er durfte nicht gestört, seine Geschöpfe nicht gepeinigt werden, weil er sich sonst bitter rächte. ... Der Mensch betrat daher scheu und behutsam den Wald und rücksichtsvoll behandelte er seine Geschöpfe. Silvanus/Silvestris beschenkte ihn daher mit reichen Gaben, mit Beeren, Schwämmen, Honig der Wildbienen*[(36)]*...*

Viktor Schaubergers nachfolgende Feststellungen fügen sich hier nahtlos an, wenn er meint:

---

34) Resch-Rauter, Ingrid: „Unser keltisches Erbe", Teletool Edition, Wien, 2. Auflage 1994, G.J. Caesar: Der gallische Krieg 6.25.2 ff: Der hercynische Wald erstreckte sich vom Schwarzwald bis zu den Karpaten lt. Anmerkung 358 (Übersetzung M. Deissmann, Reclam) S. 19

35) Resch-Rauter, Ingrid: „Unser keltisches Erbe", S. 19, 20

Nichts ist für irgendein natürliches Gedeihen gefährlicher als das „Interesse" des Menschen. Wenige Jahrzehnte nach einem Wachwerden dieses Interesses für den Wald genügten, um denselben in seinen fundamentalen Wachstumsvorgängen von Grund auf zu stören. Die wundervollen Aufbauvorgänge unterbleiben oder werden umso mehr geschwächt, je fleißiger der moderne Forstwirt nach seiner Art den Wald reinigt und pflegt[37].

Nach Ingrid Resch-Rauter ... *warnen uns die Sagen und Mythen vor dem Versklaven und Quälen der Natur, die sich an ihren Peinigern rächt. Und immer ist der Mensch der Schwächere! Oft vergehen Jahre, manchmal Jahrzehnte, wie die Märchen erzählen, bis der Geist zurückschlägt und ein Vergehen oder einen Mißbrauch bestraft. Die Menschen haben dann ihren Frevel und die Naturversklavung meist schon längst vergessen oder sind durch rasche Erfolge dazu verleitet, sie unbekümmert weiter zu betreiben, wie man sich mit der Zeit eben an böse Dinge gewöhnt, aus denen man profitieren kann und sie zuletzt nicht mehr sieht*[38].

Am 10. Oktober 1997 fand in Rom die erste Konferenz der Vertragsparteien der UNO-Konvention zur Bekämpfung der Wüstenbildung statt. Die Wiener Zeitung vom 24.10.1997 berichtet:

Rund eine Milliarde Menschen sind weltweit vom Problem der Wüstenbildung betroffen. Jedes Jahr werden rund sechs Millionen ha Ackerland in trockenen und halbtrockenen Gebieten der Erde unfruchtbar. Rund 20 Millionen Hektar Ackerland erleiden ernste Einbußen bezüglich ihrer Produktivität. In Zahlen ausgedrückt, schätzt die FAO den Verlust, welcher der Landwirtschaft aus der Verschlechterung des Bodens erwächst, auf rund 40 Milliarden US-Dollar. ... Bereits seit den siebziger Jahren beschäftigt sich die UNO mit dem Problem der Wüstenbildung. Daß die Bekämpfung der Wüstenbildung bisher erfolglos war, führt die Exekutivdirektorin von UNEP, Elizabeth Dowdeswell, auf die selben Faktoren zurück, die auch eine Umsetzung einer allgemeinen Nachhaltigkeitsagenda behindern.

---

36) Ebd., S. 31

37) „Spirale" und „Grüne Wacht", Zeitschrift für Biotechnik, Natur und Leben. Linz, Mai 1961. S. 37

38) Resch-Rauter, Ingrid: „Unser keltisches Erbe", S. 19, 20

Sie sagte in Rom: „Ich meine das augenfällige Fehlen des politischen Willens, unzureichende Ressourcen, den Schwerpunkt abstrakter Planung statt Aktivitäten vor Ort und das Negieren der sozialen Dimensionen des Problems." Der Hauptzweck der Konvention liegt in einer grundsätzlichen Neuorientierung der Wirtschafts- und Umweltpolitik in den von Wüstenbildung betroffenen Staaten, die einen ökologisch sinnvollen Einsatz der vorhandenen Mittel sicherstellen soll ...[39]

Angesichts dieser Tatsachen stellt sich die Frage, ob die „Planer" selbst noch daran glauben, daß ihre Vorschläge de facto etwas bewirken können. Tatsache ist, daß die Wüsten unaufhörlich weiter wachsen. Tatsache ist, daß immer noch unzureichende ökologische Denkansätze sowie massive ökonomische und politische Interessen einschneidende Maßnahmen verhindern. Schauberger stellte fest, daß man die Ursachen ändern muß, wenn man die sich immer wiederholenden (negativen) Folgen verhindern will. Wenn man weiter Monokulturen forciert, Kunstdünger streut, den Boden aufreißt etc. wird keine Besserung der Situation zu erwarten sein. Auch dann nicht, wenn man im Sinne von Ulrich von Weizsäckers Überlegungen die Ressourcen viermal so effektiv nutzt wie bisher.

Eine ursächliche Methode zur Vermeidung von weiterer Wüstenbildung wäre das Anpflanzen. Macht die Erde wieder grün, lautete das Motto der österreichischen Umweltschutzbewegung „Grüne Front". Mit den Grünflächen sollte auch das Wasser wieder zurückkehren. Auf den großartigen Klima- und Umweltkonferenzen wird das Problem viel zu kompliziert angegangen.

Es wird viel zuviel Augenmerk auf die Schäden gerichtet. Man weiß seit Hiroshima, Nagasaki und Tschernobyl, wie „segensreich" Atomkraft ist. Autos, Flugzeuge und Industrieschlote erzeugen schädliche Abgase seit mehr als 50 Jahren. Die Probleme sind alt. Die Lösungsvorschläge sind meistens halbherzig – eher faule Kompromisse. Die Situation ist dieselbe wie schon zu Schaubergers Zeiten. Wenn es um das Eingemachte geht, wenn es darum geht, die Axt an der Wurzel der Probleme anzusetzen, ziehen sich alle zurück. Dann kommt wieder der Einwand, daß zuviele Interessen am Spiel stehen (Arbeitsplätze etc.).

Einfache, billige Lösungen darf es in unserer Gesellschaft scheinbar nicht

---

39) Bericht von Dr. Irene Freudenschuß. Wiener Zeitung, 24.10.1997, S. 3.

geben. Alles wird an seinem materiellen Wert und an seiner Kompliziertheit gemessen. Und – die Wirtschaft will ja auch leben. Kapital ist wertneutral, es läßt sich überall einsetzen und fließt vor allem zum geringsten Widerstand. Wenn die Erzeugung von „Todesmitteln" mehr Gewinne bringt als die Erzeugung von Lebensmitteln, werden sich die Unternehmen danach richten.

Als Hauptursache des quantitativen Waldsterbens kann, rückblickend betrachtet, die massive „ökonomische" Nutzung (Ausbeutung) des Waldes als Holzfabrik gesehen werden. Derartig massive Eingriffe in die natürliche Ordnung haben ihre Spuren nicht nur im sichtbaren oberirdischen Bereich, sondern auch im unsichtbaren unterirdischen Bereich hinterlassen. Viktor Schauberger stellte fest, daß bereits langfristige Schäden im Wasserhaushalt des Waldes eingetreten waren:

Der Wald ist die Wiege und die Heimstätte des Wassers, das unstet und zur größten Gefahr für den Menschen wird, wenn er ihm die Heimstätte zerstört. Ohne Wald kein Wasser, ohne Wasser kein Brot, ohne Brot kein Leben. Das schönste Denkmal könnte sich ein Mensch setzen, der dem sinnlosen Morden des Hochwaldes ein Ende setzt. Leider haben viele Menschen noch keine Ahnung, was der Wald im Leben eines Volkes bedeutet. Man kommt früher oder später zur Einsicht, daß die biologischen Mißerfolge durchwegs auf Fehler zurückzuführen sind, die im Boden, im Wasser und in der Luft geschehen[40].

Wald und Wasser

Von der Art und Weise der Behandlung des Waldes hängt es ab, ob Regen und Schnee zum Segen oder Unheil gereichen. *In den meisten Fällen erfährt der Wald heute eine Behandlung, welche nur als ein roher Eingriff in die Gesetze der Natur bezeichnet werden muß, ein Eingriff, der sich besonders im Hochgebirge als verhängnisvoll erweist, indem er einen ständigen Rückgang des Waldes zur Folge hat,* meint Schauberger.

Fehlmaßnahmen in diesen Bereichen bekommen die Bewohner der entferntesten Städte durch Überschwemmungen etc. zu spüren. Schauberger sagt,

---

40) 40) „Spirale" und „Grüne Wacht", Zeitschrift für Biotechnik, Natur und Leben. Linz, Mai 1961. S. 34.

daß man zwar gewußt hat, daß ein Zusammenhang zwischen Wald und Wasser bestehe, aber die Art des Zusammenhanges nicht verstanden habe. Und er meint, daß viele Beobachtungen nötig waren, um zu erkennen, daß der Wald Wasser „aufbaue“: *Denn wäre es anders, so müßte um so weniger Wasser sein, je mehr Wälder entstehen.* Mangel an Feuchtigkeit und immer stärkere Austrocknung der Böden einerseits, Überschwemmungen und Zerstörungen durch starke Regengüsse andererseits bereiten bereits schwere Sorgen und Kosten. *Das Versiegen der Bergquellen und die Änderung der gesamten Grundwasserbewegung (Absinken des Grundwasserspiegels) sind bereits eindeutige Folgen der heutigen forstwirtschaftlichen Maßnahmen,* so Schauberger.

Der Wald baut nicht nur Wasser auf, sondern er nimmt auch Wasser auf, durch die große Porosität und Durchlässigkeit des Waldbodens. Ein natürlicher Wald nimmt sogar das ganze Schmelzwasser in sich auf und in den Trockenperioden des Sommers und Winters dient der Wald als Wasserspeicher. In bewaldeten Gebieten trocknen die Wasserrinnen in der Regel nie aus, während dies in weniger bewaldeten Gebieten oft eintritt.

Der Einfluß der Temperatur auf den Grundwasserspiegel

Viktor Schauberger betonte in seinen Ausführungen über die Gesetzmäßigkeit der Wasserbewegung immer wieder den wichtigen und bisher in allen Fällen vernachlässigten Einfluß der Temperatur auf das Wasser. So wie die Sonne den Kreislauf des Wassers über der Erdoberfläche – die Verdunstung, Wolkenbildung, Niederschläge und die Befeuchtung der Erde selbst – in Gang halte, so halten Wärmequellen den Kreislauf des Wassers im Erdinneren in Gang.

Die Vegetation könne sich durch Regenwasser allein nicht erhalten, weil dieses chemisch rein und somit nährstoffarm ist. Das Regenwasser sickert durch Risse und Spalten in das Erdinnere, in immer tiefere Bodenschichten, bis es in einer gewissen Tiefe auf eine Temperatur von 100 Grad Celsius erhitzt wird und in Dampf übergeht. Mit ungeheurem Druck wird der Dampf nach allen Seiten der Erde, auch nach oben, gedrückt, wobei die Wasserteilchen Nährsalze aus den Gesteinsschichten lösen und aufnehmen. Schauberger nennt diesen Vorgang die „Durchblutung der Erde“.

Auf diese Weise transportiert das Wasser die wichtigsten Pflanzennährstoffe in die oberen Bodenschichten. Die Ablagerung jedes Mineralsalzes beginnt bei einer ganz bestimmten Temperatur. Und dieser bisher nicht beachtete Kreislauf ist es, der für die Bildung und Erhaltung des Grundwasserspiegels und damit für die Ernährung der pflanzlichen Bodendecke eine sehr wesentliche Rolle spielt.

Der Reichtum an organischen und mineralischen Nährsalzen kann nur dann durch die Pflanze ausgebeutet werden, wenn diese den Wurzeln in aufnehmbarer Form geboten werden, wenn sie im Grundwasser gelöst sind. Die pflanzliche Bodendecke dient im Gegenzug der Erhaltung der Nährstoffe in den oberen Erdschichten. Werden dem Boden größere Mengen an Feuchtigkeit in kurzer Zeit zugeführt – was bei mangelnder Pflanzendecke der Fall ist – erfolgt eine Auswaschung der löslichen Nährstoffe. Diese werden in tiefere Bodenschichten getragen und sind für die Wurzeln nicht mehr verfügbar.

Die Versorgung des Bodens mit Nährstoffen wird auch durch Absenkung des Grundwassers unterbunden. Den eminenten Einfluß der Höhe des Grundwasserspiegels auf die Vegetation habe Feilberg durch seine Untersuchungen auf Jütland klar veranschaulicht, so Schauberger. In den dortigen Sandebenen richte sich die Vegetation nach der Höhe des Grundwasserspiegels. Steht das Grundwasser zur Vegetationszeit nur 3“ (Zoll) unter der Bodenfläche, so entwickelt sich Juncus; Moose gedeihen, wenn das Grundwasser bis etwa 6“ sinkt; bei 12“ kommt guter Graswuchs zur Ausbildung, bei 15 - 24“ gedeiht das Getreide. Steht das Grundwasser aber bei 30 - 40“ unter der Bodenfläche, so kommt Getreide nicht mehr fort, und es entsteht eine xerophytische Vegetation[41].

Bezüglich der Wichtigkeit des Wassers für das Pflanzenleben sei noch die verbessernde Wirkung des Wassers auf die physikalischen Eigenschaften des Bodens vermerkt. Wasser lockert einerseits den zu festen Boden und bindet (festigt) anderseits den allzu lockeren Boden. Jede Störung der Nährstoffzufuhr bedeutet für die Pflanzen einen empfindlichen Entzug der im Boden enthaltenen Nährstoffe und damit einen Rückgang des Bodens und der Pflanzenwelt.

Die grüne Pflanze aber ist es, in der sich die Kohlensäureassimilation, die

---

41) An trockene Standorte angepaßte Vegetation.

Umwandlung von Kohlensäure in organische Substanz, vollzieht. Würden die grünen Pflanzen aus irgendeinem Grunde vernichtet werden, so würde der Tod aller nichtgrünen Gewächse, der Tiere und des Menschen die unausbleibliche Folge sein, weil diese die anorganische Kohlensäure nicht zu verwerten vermögen, sondern auf schon vorhandene organische Stoffe angewiesen sind[(42)].

Kahlschläge und ihre Folgen

Schauberger sah in den Kahlschlägen die Hauptursache dafür, daß Quellen und Bäche versiegen und Arten verschwinden. Er meinte, daß nur ein gesunder Mischwald für eine gute Durchwurzelung des Bodens und damit für einen konstanten Grundwasserspiegel sorge. Ein weiterer Nachteil der Kahlflächen bestehe darin, daß auf verwilderten kahlen Böden das Einsickern des Niederschlages erschwert, sowie ein rasches Abfließen des Wassers begünstigt werde. Der rasche Abfluß entziehe dem im Erdinneren stattfindenden Wasser-Kreislauf große Mengen Betriebswassermassen.

Durch Kahlschlag gehe auch der unterschiedliche Unter- und Nebenwuchs verloren. Schauberger:

Die Forstwissenschaft nimmt bekannterweise durch frühzeitige Läuterungs- und Durchforstungshiebe alles ihr minderwertig und bodenschwächend Erscheinende weg und entfernt mit peinlichem Fleiß jeden Strauch und sogar die höheren Grasarten. Sie glaubt, daß diese Schmarotzer nur mithelfen, die Bodenkräfte zu verzehren. Indem Unterwuchs und Gräser entfernt werden, kann der Regen viel härter auf die Bodenoberfläche aufschlagen und die zarte Isolierschichte des Bodens zertrümmern. Der Sinn des kunterbunten Unter- und Nebenwuchses bestehe auch darin, den Regen zu zerstreuen und so zu dosieren, daß er in zerstäubtem und kühlem Zustande auf die Erde gelange. Dadurch werde die zarte Isolierschichte vor der Zerstörung geschützt.

Diese Isolierschichte ist eine Art Grenzzone zwischen Boden und At-

---

42) Schauberger, Viktor „Die Erkenntnis der Gesetzmäßigkeit des Wassers", Beilage einer Eingabe der österreichisch- ungarischen Baugesellschaft an Landwirtschaftsminister Florian Födermayr, vom 6. März 1930, Bundesministerium für Land- und Forstwirtschaft, Präsidium 15083/30.

mosphäre. Sie schützt den Boden wie die Haut den Körper. Wenn diese Schichte zerstört wird, können die Energien aus dem Erdinnern entweichen. Der Boden verliert seine Spannung. Die Bodenspannung wird durch die Mineral- und Metallwerte aufgebaut, welche durch die vitale Tätigkeit der Mikroben frei werden, wenn sie „Abfälle" (Laub, Nadeln etc.) zerlegen. Schauberger bezog sich hier auch auf die chinesische Philosophie, die es lange Zeit verbot den Boden aufzureißen. Die Indianer dachten ähnlich, wenn sie sagten: Wir können doch den Bauch unserer Mutter (= die Erde, Anm. d. Verf.) nicht aufschlitzen. Der tiefere Sinn dieser Bodenverehrung wird uns im Lichte der Aussagen Schaubergers verständlich.

Daß Landwirtschaft im Sinne der chinesisch-indianischen Philosophie möglich ist, haben wir anhand der Beispiele der Permakultur und der natürlichen Landwirtschaft nach Fukuoka gezeigt. Die traditionelle Landwirtschaft reißt nach wie vor den Boden auf – wodurch die Energien verpuffen – um den kraftlosen Boden dann mit Kunstdünger aufzuputschen. Die „Qualität" der Früchte, die auf solchen Böden gedeihen, haben wir auch erwähnt. Nun haben wir gehört, daß die verschiedenen Pflanzen (auch die vermeintlichen Schmarotzer) in Harmonie miteinander leben. Je größer die Artenvielfalt, desto stabiler die Verhältnisse und desto gesünder die Vegetation. Das wirkt sich auch auf das Wasser aus. In einem Mischwald gibt es verschiedene Wurzeltypen (zum Beispiel Herz-, Pfahl- und Flachwurzler). Diese Wurzelvielfalt ist entscheidend für die Erhaltung eines konstanten Grundwasserspiegels. Monokulturen wirken sich nachteilig auf das Grundwasser aus, weil sie eine ebenso monotone Wurzelzone bilden.

Der Baum oder die Pflanze entlädt über die Wurzelspitzen Energien in die Erde. Diese Energien kreuzen sich mit den unterirdischen Energien und bauen ein elektromagnetisches Feld auf. Schauberger nennt diese Zone „Dielektrikum". Man kann sie mit einem Magneten vergleichen, der Energien anzieht und wieder abstoßt. In dieser Zug- und Druckzone hält sich das Grundwasser in einem konstanten Gleichgewichtszustand. Wenn die Bedingungen gestört oder verändert werden, zum Beispiel durch Monokulturen oder Kahlschläge, geht die dielektrische Zone verloren und das Grundwasser sinkt ab. Wichtig ist hier zu wissen, daß eine üppige, vielfältige Vegetation auch für reichlich Grundwasser sorgt. Deswegen ist es notwendig, Mischkulturen zu pflanzen, wieder „Chaos" in den Wald zu bringen. Wir sollten uns das Prinzip des Nichteinmischens oder des Nichthandelns mehr zu Herzen nehmen. Schaubergers Feststellung, daß durch Neugierde und durch unsachgemäßes Eingreifen des Menschen in die Natur die natürlichen Aufbauvorgänge gestört werden, scheint sich in vielen Bereichen bewahrheitet zu haben. Die Ausbreitung der Wüsten sind das beredtste Zeugnis dafür. Mit dem Zurückgehen der Vegetation (ver)schwindet auch das Grundwasser. In Anbetracht dieser Situation gibt es nur mehr zwei Möglichkeiten: Entweder wir orientieren uns mehr an den biologischen Gesetzen und Kreisläufen oder unsere Nachkommen werden in einer Kunstwelt a la „Biosphere" (vielleicht auf dem Mond) leben müssen.

Dabei bekommt der Witz eine besondere Tragik: Treffen sich zwei Planeten. Fragte der eine den anderen: „Na, wie gehts?" Antwortet der andere: „Schlecht!" „Wieso?", fragt der eine. „Ich habe homo sapiens", sagt der andere. Tröstet ihn der eine: „Keine Angst, das vergeht."

Der „Grünen Front" gelang es in den Fünfziger- und Sechzigerjahren durch ihr beharrliches Vorgehen und durch ihre mediale Präsenz doch ein wenig, die versteinerten Strukturen zu lockern. Wie bereits in Kapitel 10 erwähnt, schlossen sich dieser überparteilichen Gesinnungsgruppe viele namhafte Forstfachleute aus Wirtschaft, Regierung und Bildung an. Viele Ideen und Maßnahmen der „Grünen Front" fanden Resonanz in forstwirtschaftlichen und wissenschaftlichen Kreisen. Aber, abgesehen von den bürokratischen und politischen Hindernissen, stellten sich einer ökologisch-effizienten Waldwirtschaft auch noch andere Probleme in den Weg. Ing. Richard Cieslar zitiert Christof Wagner („Grundlegung einer forstlichen Betriebslehre"):

Mit vollem Recht geißelt Wagner die Einseitigkeit als das größte Übel unseres Fachs, als Grundfehler unseres forstlichen Denkens und Handelns, wir sind zumeist Analytiker oder Spezialisten, die wenigsten sind – auf umfassenden Kenntnissen fußende – Synthetiker! Es fehlt uns die notwendige „Zusammenschau", das Erfassen der Vielheit der Erscheinungen und Tatsachen, deren Schlußfolgerungen im Hinblick auf das Wirtschaftsziel[43]!

Mit dieser Selbsterkenntnis bläst Ing. Cieslar in dasselbe Horn wie Viktor Schauberger. Dieser prangert überhaupt das rein analytische, logisch-mathe-

43) Zeitschrift für Weltforstwirtschaft, Band V, 1937, S. 319.

matisch-abstrakte Denken in bezug auf biologische Systeme an. Heute ist jeder Politiker oder Wissenschaftler froh, wenn er sein Ressort oder Fach einigermaßen zu überblicken vermag. Eine Gesamtschau, einen Überblick über alles zu haben, ist in unserer Zeit der Spezialisierung und Differenzierung unmöglich. Wir kennen ja die Aussage, daß ein Spezialist ein Mensch ist, der immer mehr von immer weniger weiß, bis er am Ende über Alles nichts weiß. Analytiker, Logiker, Bürokraten, Technokraten basteln an „einer gemeinsamen Welt". Doch wie wird diese „Expertenwelt" ausschauen, in der Bürokraten, Technokraten und Kapitalisten das Sagen haben?

Ein Umdenken im Umweltbereich hat – leider sehr spät (aber doch) – eingesetzt. Die Öffentlichkeit erfährt via Medien, daß der Wald sich wieder erholt, daß die Wassergüte – zumindest in unseren Breiten – zugenommen haben soll. Hartverbaute Flüsse sollen in einer großangelegten Aktion wieder rückgebaut werden. Der Name Viktor Schauberger taucht – wie seinerzeit bei den Holzschwemmanlagen – natürlich nirgends auf. Daß sich die Wissenschaft auf den Förster berufen würde, scheint unmöglich. Schließlich ist man selber – nach viel Irrtum, Leid und Zerstörung – draufgekommen, daß sich die traditionellen Maßnahmen als unzureichend erwiesen haben. Die Hammer-auf-den-Kopf-Methode scheint immer noch die beste zu sein.

Heute sind es die Umweltorganisationen, welche die Lorbeeren einheimsen und die Ideen vorantreiben. Einzig die Natur wird uns vor Augen führen, wie es wirklich um unseren Lebensraum und die Ressourcen bestellt ist. Daß Viktor Schauberger und seine Ideen und Erkenntnisse nicht der Vergessenheit anheimfallen, verdanken wir den Idealisten, welche die Erkenntnisse des Försters hochhalten und in regelmäßig stattfindenden Seminaren in der Pythagoras Kepler Schule (PKS) in Lauffen bei Bad Ischl weitergeben. Dort kommen auch in zunehmendem Maß Praktiker zu Wort, welche über Erfahrungen aus der Praxis berichten. Daß sich die Seminare immer größeren Zulaufs erfreuen, zeigt, daß Viktor Schauberger noch lange nicht tot ist.

Danksagung

Nachfolgenden Personen, die mich bei der Entstehung des Buches unterstützt haben, möchte ich auf diesem Wege danken: Huberta Böhm, Ing. Viktor Formanek (†), Dr. Rudolf Jerabek, Dipl.-Ing. Dr. Peter Kar, Univ. Doz. Dr. Herbert Killian, Dr. Fritz Klocker, Ministerialrat Dipl.-Ing. Dr. Peter Krausneker, Oberrevident Dieter Lautner, Primarius Dr. Walter und Grete Luib, Pater Prof. Dr. Isfried Pichler, Univ.-Prof. DDr. Oliver Rathkolb, Hans Schwengersbauer, Mag. Wilhem Soucek, Dipl.-Ing. Dr. Norbert Weigl, dem Viktor-Schauberger-Archiv in Lauffen/Bad Ischl.

ANHANG

Stammbaum der Linie der Schauberger, aus der Viktor Schauberger entstammt

Die Schaubergers sind ein altes Jäger-, Fischer-, Förster- und Holzmeistergeschlecht, deren Herkunft sich nach den zugänglichen Quellen bis ins 17. Jahrhundert in das Dorf Gsenget, im bayerischen Böhmerwald, rückverfolgen läßt. Als älteste Eintragung werden in den „Kirchenbüchern Waldkirchen“[1] ein Andreas Schauperger, † 18. 5. 1663 und ein Blasi Schauberger † 29. 1. 1712, beide Jäger in Gsenget, erwähnt. Aus der im Jahre 1686 erfolgten Verbindung zwischen Stephan Schauberger, Gsenget und Barbara Reichenberger, Altreichenau (aus Glasmacherfamilie) stammt Johann Adam Schauberger ab, mit dem die Linie von Viktor Schauberger beginnt.

Der Sohn aus der vorhin erwähnten Verbindung: Johann Adam Schauberger, Jäger, Haslbach, *1687, † 26. 8. 1767, heiratete am 25. 5. 1716 Elisabeth Reeber[2]. Von Johann Adam Schauberger stammen zehn Kinder ab:

Anna Maria *31. 7. 1718 Hallschlag, Maria † 13. 9. 1721, Anna Maria *10. 11. 1720 Haslbach, Maria Anna *25. 1. 1723, Haslbach, Johann Georg *18. 4. 1725, Johann Christoph *26. 1. 1727 Haslbach, Franz Josef *13. 4. 1729, Hochfürstlich passauischer Jäger in Gsenget, wurde am 21. 9. 1779 von dem Wildschützen Mathias Nachbar erschossen[3], Maria Ann *1. 11. 1731 Haslbach, Franz Theophil *18. 1. 1734 (Eltern: Adam und Susanna?), Gottlieb † 24. 11. 1750.[4]

---

1) Haertl, Friedl, Jäger Gelegenheitsfunde, Blätter des Bayerischen Landesvereins für Familienkunde, 53. Jg., 1990, S. 95, 96

2) Laut den Aufzeichnungen von Mag. Friedrich Schauberger-Bruck, ein Nachkomme der Mathias Schauberger Linie, hieß die Ehegattin von Johann Adam, Elisabeth Kerber, vom Hallschlag. Das Schauberger Merkbüchl, aus dem Selbstverlag des Verfassers, 3100 St. Pölten, Josefstraße 81.

3) Haertl Friedl, Jäger Gelegenheitsfunde ... S. 96

4) Aufzeichnungen stammen aus den Kirchenbüchern der Pfarre Wegscheid, Bayern. Zur Verfügung gestellt von Pater Dr. Isfried Pichler, Stift Schlägl, Aigen im Mühlkreis.

Mit Adams Sohn, Johann Georg Schauberger, *18. 4. 1725, † 1. 10. 1812, Jäger, Ulrichsberg in Oberösterreich, dürfte die oberösterreichische Linie der Schauberger beginnen. Dieser ehelichte am 9. 2. 1752 Anna Maria Wolkersdorfer *1728, † 21. 11. 1798. Aus dieser Ehe entsprangen die Kinder Elisabeth *11. 11. 1752, Fischer, Stift Schlägl, Anna Maria *9. 5. 1754, Fischer, Katharina *26. 10. 1756, Fischer, Johann Paul *25. 1. 1759, Klosterfischer, Jakob, 20. 7. 1761, Jäger, Solnau, M. Eleonore *2. 7. 1764, Jäger, Johann Georg *21. 4. 1766.(5)

Johann Paul Schauberger, *25. 1. 1759, † 14. 4. 1837, Revierjäger, Holzschlag 2, der Sohn Johann Georg Schaubergers, ehelichte am 23. 11. 1791 in Ulrichsberg Anna Maria Wöß *9. 4. 1769, † 26. 7. 1826. Aus dieser Ehe stammen die Kinder:

Rosalia *14. 8. 1792, Ulrichsberg 61, Johann Georg *30. 12. 1793, Ulrichsberg 62, Helena * 4. 8. 1795, † 3. 5. 1796, Johann *10. 12. 1796 Ulrichsberg 62, Magdalena *4. 5. 1798 Ulrichsberg 62, Paul *22. 10. 1799 Ulrichsberg 62, Josef *27. 2. 1801, Ulrichsberg 62, † 29. 6. 1801, Maria Anna *3. 7. 1802, Ulrichsberg 62, Leopold *9. 10. 1804, Ulrichsberg 62, Franz *13. 6. 1806 Holzschlag 2, Anna Maria *24. 3. 1809 Holzschlag 2, †25. 3. 1809 ebendort, Mathias *12. 2. 1810 Holzschlag 2, † 26. 2. 1812 ebendort, Michael *19. 8. 1811 Holzschlag 2, † 17. 7. 1812 ebendort, Theresia *25. 1. 1813 Holzschlag 2, Josef *16. 3. 1819 Holzschlag 2, † 21. 3. 1816 ebendort.(6)

Franz Schauberger *13. 6. 1806, Revierjägr und Fischer, Holzmeister (1844), Holzschlag 2, Sohn von Johann Paul Schauberger, ehelichte am 21. 2. 1832 Maria Anna Obermüller *6. 7. 1810 Klaffer 24. (Großeltern väterlicherseits von Viktor Schauberger). Aus dieser Ehe stammen die Kinder:

Theresia *22. 9. 1832, Stiftjäger, Vordranger 1, Franz * 11. 7. 1834, Vorderanger 1, Anna Maria *30. 1.1836, Vorderanger 1, † 19. 2. 1844, Holzschlag 2, Leopold * 30. 3. 1838 Vorderanger 1.(7)

Leopold Schauberger *30. 3. 1838, Vorderanger 1, †5. 1. 1911 Aigen 169, Sohn von Franz Schauberger, ehelichte am 6. 10. 1869 Josefa geb. Klimitsch

---

5) Aufzeichnungen stammen aus den Kirchenbüchern der Pfarre Wegscheid, Bayern. Zur Verfügung gestellt von Pater Dr. Isfried Pichler, Stift Schlägl, Aigen im Mühlkreis.

6) Aufzeichnungen stammen aus den Kirchenbüchern der Pfarre Wegscheid, Bayern. Zur Verfügung gestellt von Pater Dr. Isfried Pichler, Stift Schlägl, Aigen im Mühlkreis.

7) Ebd.

*16. 1. 1849, † 18. 12. 1920 Aigen 169 (Eltern von Viktor Schauberger). Aus dieser Ehe gingen hervor:

Adolf Heinrich *3. 8. 1866 Stollenbrg 8, Rupert *23. 6. 1872 Stollenberg 8, Paula *10. 6. 1876 Stollenberg 8, Siegmund *8. 3. 1878 Stollenberg 8, Heinrich * 22. 12. 1880, † 14. 7. 1885, Holzschlag 2, Viktor *6. 6. 1882 Holzschlag 2, † 1. 4. 1883 ebendort, Viktor *10. 2. 1884 Holzschlag 2, † 24. 6. 1885 ebendort, Viktor *30. 6. 1885 Holzschlag 2, Hermine *1. 5. 1887 Holzschlag 1, † 6. 4. 1980 Grüner Weg 2, Heinrich * 1. 7. 1888 Holzschlag 2, † 14. 7. ?, Otto *13. 8. 1890 Holzschlag 2, † 24. 8. 1892 Diendorf?, Maria *15. 8. 1892.[8]

---

8) Ebd. und Aufzeichnungen aus den Kirchenbüchern Aigen im Mühlkreis.

Zeittafel – Viktor Schauberger

1885	Viktor Schauberger wird am 30.6. in Holzschlag am Plöckenstein, Oberösterreich, geboren.
1891 - 1897	Besuch der Volksschule in Aigen.
1897 - 1900	Besuch des akademischen Staatsgymnasiums in Linz.
1900 - 1904	Besuch der Waldbauschule in Aggsbach.
1904 - 1906	Forstadjunkt in Schweinbart in Niederösterreich.
1906 - 1908	Aktive Militärdienstzeit beim Artillerieregiment 41 in Salzburg und beim Artillerieregiment 44 in Linz; danach wieder Forstadjunkt, in den Diensten des Grafen Rudolf Abensberg-Traun.
1911	Infolge des Zusammenstoßes mit Wilderern mußte er aus Gründen der persönlichen Sicherheit den Dienst quittieren. Eintritt in die Dienste des regierenden Fürsten Adolf zu Schaumburg-Lippe, Herrschafts-Verwaltung Steyrling in Oberösterreich.
1914 - 1918	Teilnahme am Ersten Weltkrieg, er wurde als Reservist zur Artillerie eingezogen. Als Reserveverrechnungsunteroffizier 1. Klasse versah er Dienst an den Kriegsschauplätzen in Rußland, Italien, Rumänien und Frankreich.
1919	Rückkehr zur Herrschaftsverwaltung Steyrling
1922	Bau der ersten Holzschwemmanlage.
1924 - 1926	Konsulent für das Schwemmwesen im Bundesministerium für Land- und Forstwirtschaft.

1928	Bau der Schwemmkanalanlage Krampen-Neuberg und weiterer Anlagen
1930	Besuch der Hochschule für Bodenkultur in Wien; Untersuchung seiner Thesen durch die Wissenschaft. Publikation seiner Erkenntnisse in der Fachzeitschrift *Die Wasserwirtschaft* und deren Hinterlegung an der Akademie für Wissenschaften in Wien; Bau weiterer Schwemmanlagen im Ausland. Film „Tragendes Wasser" über die Schwemmkanal-Anlage Krampen-Neuberg.
1931/1932	Versuche, Elektrizität aus Wasser zu gewinnen, mit Unterstützung von Dr. Ing. Anton Winter, Wien. Herstellung von „Edelwasser".
1934	Empfang durch Adolf Hitler in der Berliner Reichskanzlei, am 10. Juli.
1934 - 1936	„Der Fall Ehrenberger – Die Rheinregulierung"
1938	Weitere Versuche, Elektrizität aus Wasser zu gewinnen in Nürnberg (Mai–September) mit Sohn Dipl.-Ing. Walter Schauberger.
1939	Vom 16.10. bis 21.10. Aufenthalt in der psychiatrischen Abteilung des Wiener Allgemeinen Krankenhauses.
1941	Versuchsreihen bei Messerschmitt in Augsburg und in einer Fabrik im Sudetengau.
1942	Die „Repulsine" wird gestartet und zerschellt an der Decke der Werkshalle der Firma Kertl in Wien.
1943	Arbeit mit Technikern im KZ Mauthausen an einem Antrieb für eine „Wunderwaffe".
1944	Im Juni rückte er zur SS-Panzerdivision Breslau ein. Nach baldiger Entlassung Weiterarbeit an der „Wunderwaffe" in der

„Kraftfahrtechnischen Lehranstalt“ (SS-Ingenieurschule in der Maria Theresien Kaserne in Wien).

1945 „Hausarrest“ in Leonstein.

1947 Weitere „Wasserveredelungsapparaturen“ werden in Salzburg gebaut. Kooperation mit Firma Rosenberger in Salzburg bezüglich legierter Bodenbearbeitungsgeräte („Goldener Pflug“).

1948 Schauberger erfindet das „Spiralrohr“.

1950 Gründung des „Biologischen Institutes“ (Vorläufer der „Grünen Front“).
Patenterteilung „Bodenbearbeitungsgeräte aus Kupfer“.
Das „Gewendelte Spiralrohr“ wird am Institut für Gesundheitstechnik an der TH Stuttgart untersucht.

1952 Schaubergers Behauptungen bezüglich geändertem Reibungsverhalten flüssiger Medien in Wendelrohren bewahrheiten sich.
Kontrollversuche mit Kupferpflügen durch die landwirtschaftliche Versuchsanstalt in Linz.

1954 Die „Sogwendel“ wird entwickelt und bildet das Kernstück des „Heimkraftwerkes“. Dieses wird bei den ersten Probeläufen durch Regulierungsprobleme zerstört.

1955 „Implosion statt Explosion“ von Leopold Brandstätter erscheint im Eigenverlag, Linz.
Zusammenarbeit mit der Firma Swarovsky, Tirol. Herstellung weiterer Heimkraftwerke.

1958 USA-Aufenthalt (Juli bis September). Kurz nach der Rückkehr aus Amerika verstarb Viktor Schauberger am 25.9. in Linz.

Auszüge aus den Plänen der Schwemmkanal-Anlage Krampen-Neuberg

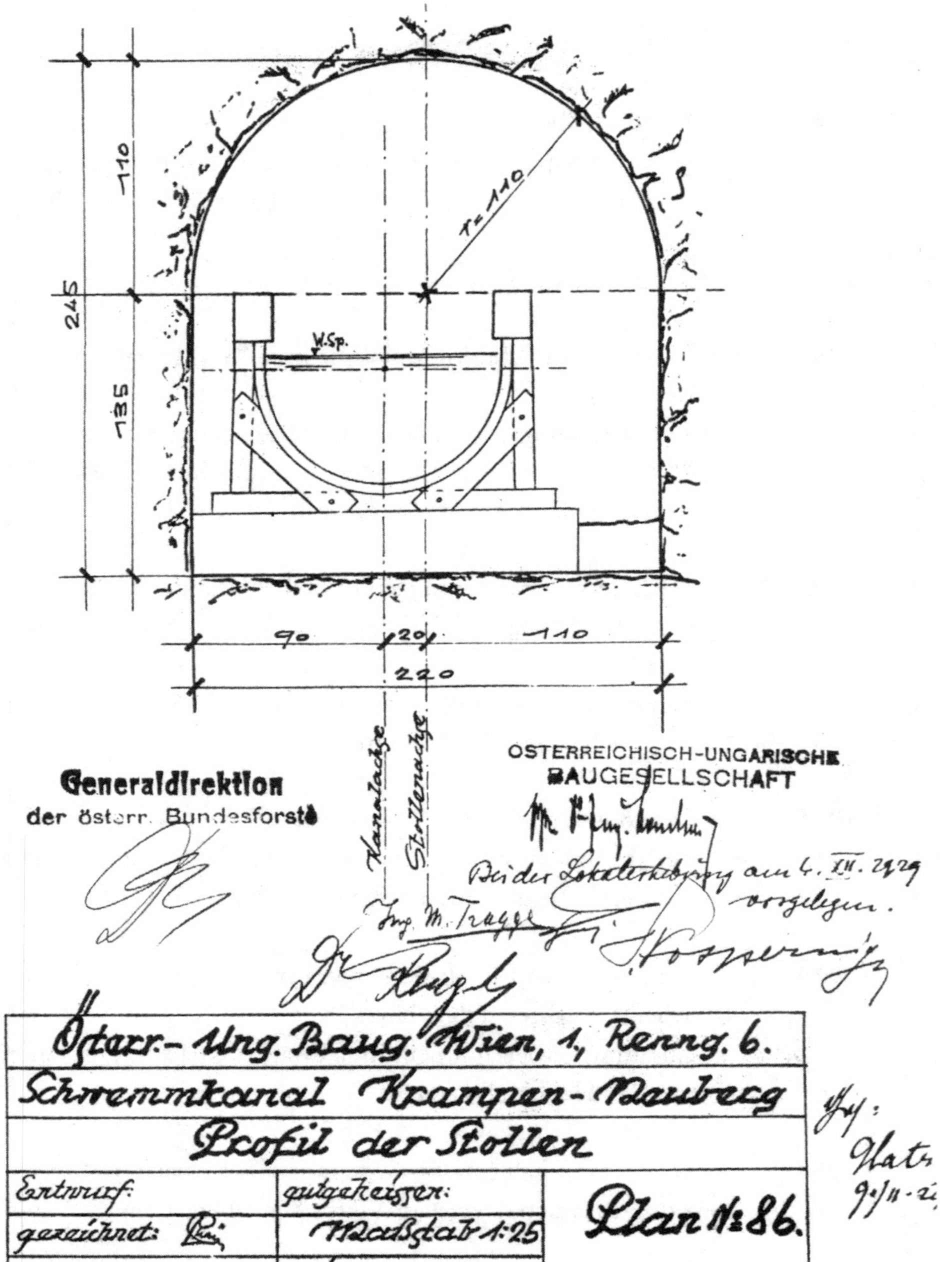

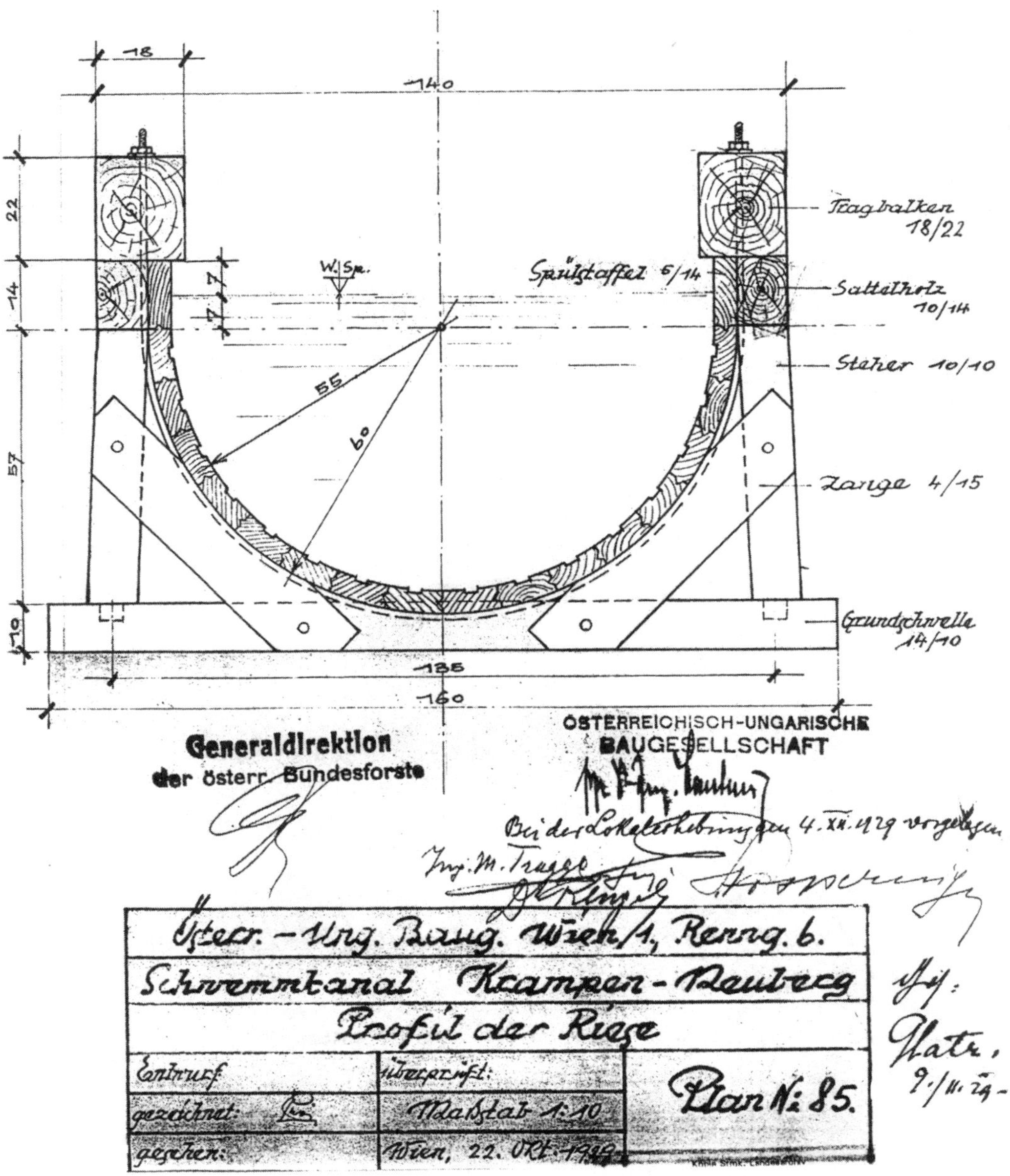

18
140
22
14
57
10
W.Sp.
55
60
Spülstaffel 6/14
Tragbalken 18/22
Sattelholz 10/14
Steher 10/10
Zange 4/15
Grundschwelle 14/10
135
160
Generaldirektion der österr. Bundesforste
ÖSTERREICHISCH-UNGARISCHE BAUGESELLSCHAFT
Bei der Lokalerhebung am 4. XII. 1929 vorgelegen
Österr.-Ung. Baug. Wien 1, Renng. 6.
Schwemmkanal Krampen-Neuberg
Profil der Riese
Entwurf
überprüft:
gezeichnet:
Maßstab 1:10
gesehen:
Plan N: 85.

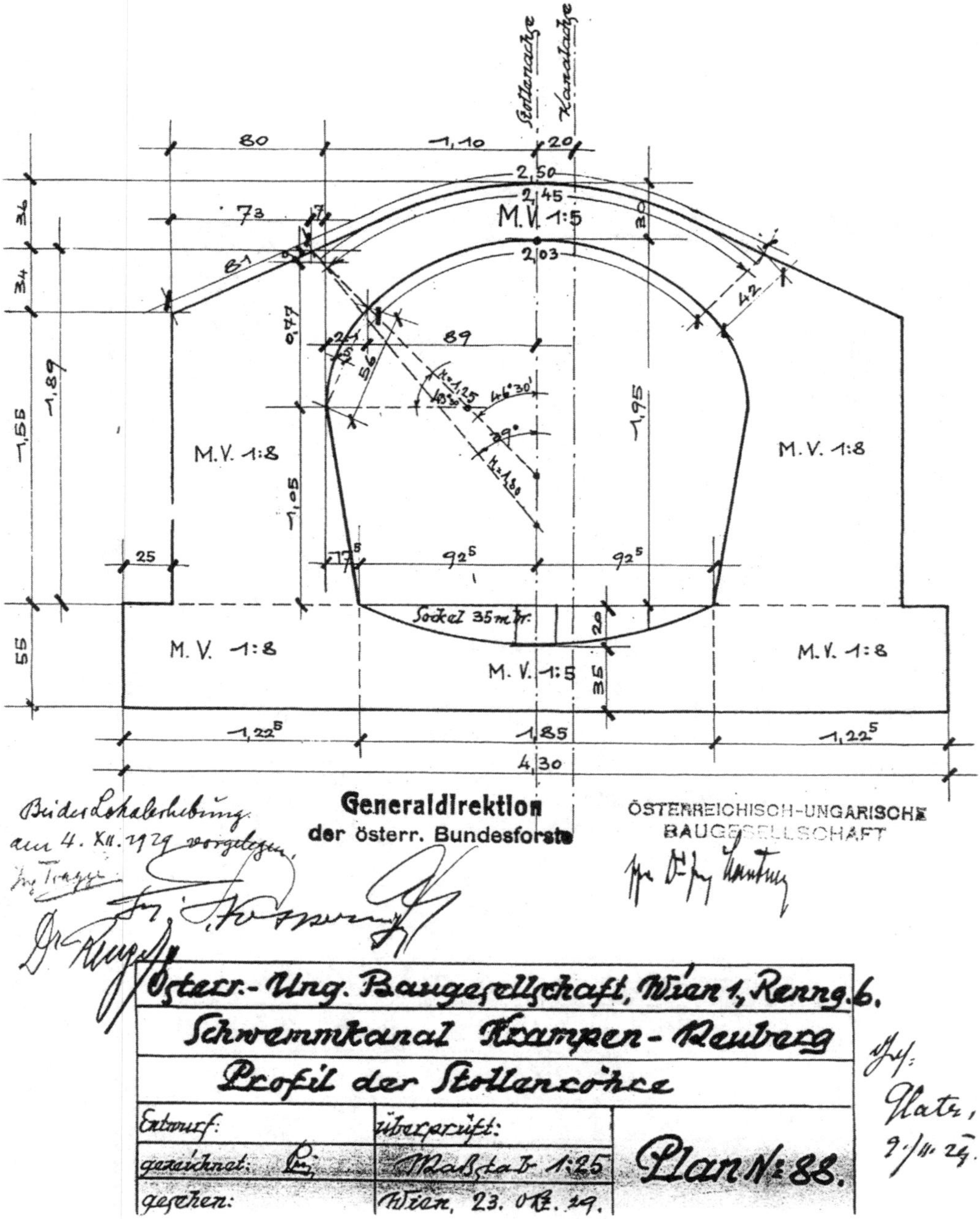
Stollenachse
Kanalachse
M.V. 1:5
M.V. 1:8
M.V. 1:8
M.V. 1:8
M.V. 1:8
M.V. 1:5
Sockel 35 m/m Br.
Generaldirektion
der österr. Bundesforste
ÖSTERREICHISCH-UNGARISCHE
BAUGESELLSCHAFT
Österr.-Ung. Baugesellschaft, Wien 1, Renng. 6.
Schwemmkanal Krampen-Neuberg
Profil der Stollenröhre
Entwurf:
überprüft:
gezeichnet:
Maßstab 1:25
gesehen:
Wien, 23. Okt. 29.
Plan N: 88.

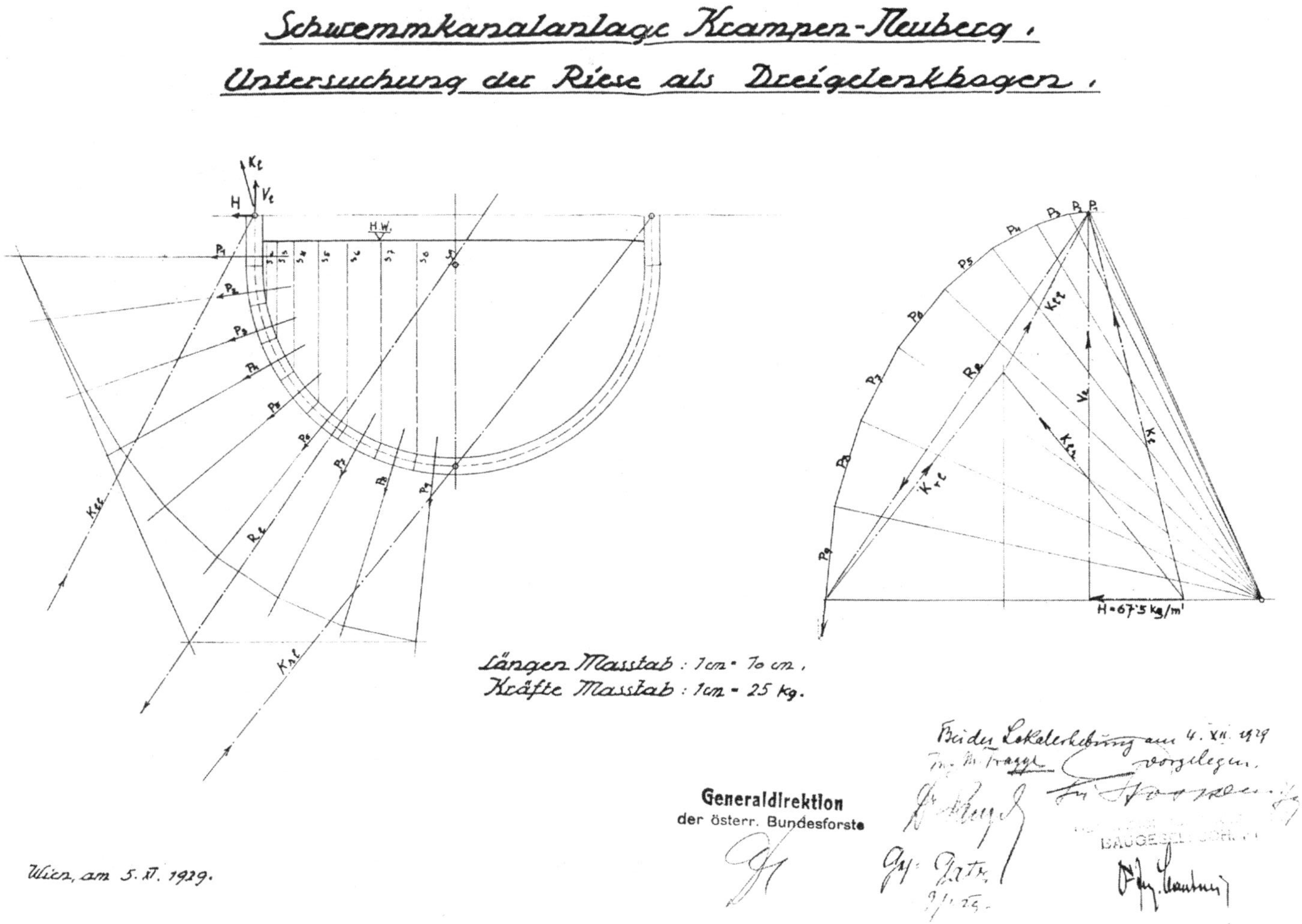
Schwemmkanalanlage Krampen-Neuberg.
Untersuchung der Riese als Dreigelenkbogen.
H.W.
H = 67·5 kg/m'
Längen Masstab: 1cm = 70 cm.
Kräfte Masstab: 1cm = 25 kg.
Wien, am 5. XI. 1929.
Bei der Lokalerhebung am 4. XII. 1929 ... vorgelegen.
Generaldirektion
der österr. Bundesforste

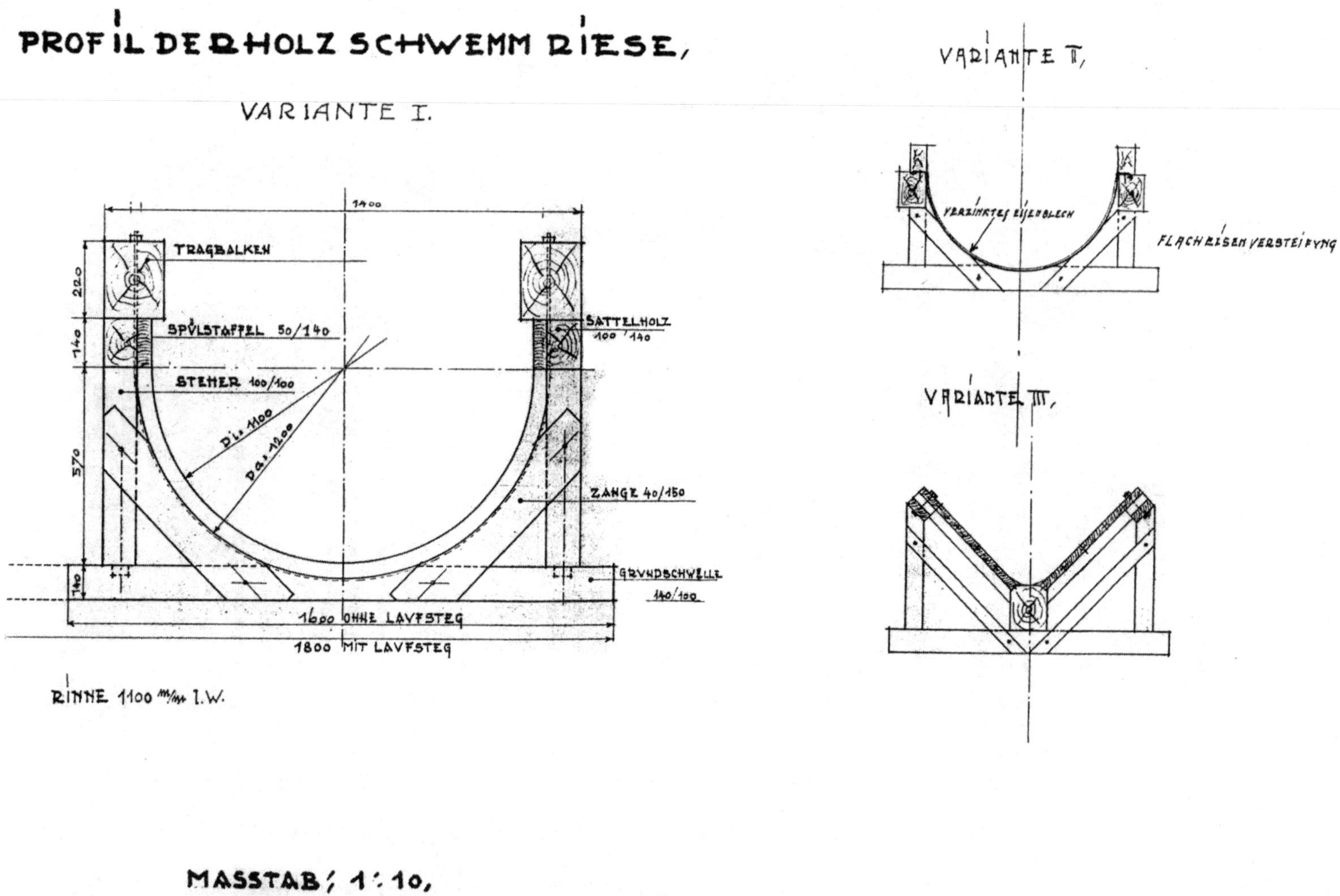
PROFIL DER HOLZSCHWEMMRIESE,
VARIANTE I.
1400
TRAGBALKEN
220
SPÜLSTAFFEL 50/140
140
SATTELHOLZ
100/140
STEHER 100/100
570
Di = 1100
Da = 1200
ZANGE 40/150
GRUNDSCHWELLE
140/100
140
1600 OHNE LAUFSTEG
1800 MIT LAUFSTEG
RINNE 1100 m/m l.W.
VARIANTE II,
VERZINKTES EISENBLECH
FLACHEISENVERSTEIFUNG
VARIANTE III,
MASSTAB: 1:10,

Gutachten über die Schwemmkanal-Anlage Krampen-Neuberg

Gutachten

des Wasserbau- und forsttechnischen Sachverständigen.

Mit dem Bescheide des B.M.f.Land- und Forstwirtschaft v.15. Juli 1929, Zl.:42824-I-28 wurde der Generaldirektion der Oe. Bundesforste im Rahmen der erteilten Triftkonzession v.29. November 19%26 ,Zl.9746-I/26 die Baubewilligung für die Herstellung einer Holzschwemmanlage vom Triftrechen in Krampen bis zum Ausländeplatz in Neuberg auf Gtund der seinerzeit vorgelegten Bauentwürfe erteilt .

Mit dem Bau dieser Anlage wurde im November 1928 begonnen und wurde dieselbe im August 1929 vollendet,worauf die ersten Schwemmversuche durchgeführt wurden.

Die Holzbrigungsanlage besteht in der Hauptsache aus

1.)Einlaufwerk,
2.)dem eigentlichen Schwemmkanal,
3.)der Ueberführungsvorrichtung vom Schwemmkanal auf die Ausländevorrichtung und
4.)die Ausländevorrichtung selbst.

Für diese vorgenannte Holzschwemmanlage wurden beigebracht:Die Ausführungspläne und der technische Bericht, aus denen die Einzelnheiten der baulichen Ausführungen entnommen werden können.Als kurze Beschreibung der Holzbringungsanlage wird angeführt,dass das Einlaufwerk zur Ueberführung des Holzs vom Rechenhof des Triftrechens in Krampen in den Schwemmkanal dient,eine 3torige Einlaufschütze,ein rechtseitig angeordneter Ueberaich,eine ebenfalls rechtseitig angebrachte Sand -,bezw. Entleerungsschleusse mit betonierten Ablaufgerinne und eine in Verbindung mit dem Schwemmkanal stehende Triftschütze vorhanden sind.Der Schwemmkanal hat eine Länge von 2087.6m, ein durchschnittliches Gefälle von o.5 pro mille und ist als halbkreisförmiges Gerinne in Weichholz(Oehrag-Riese)ausgeführt.Dieses übersetzt den Tirolbach,die Mürz und den zu dem Anwesen des Fladenhofer Anton v.Halegger und Aschacher Josef und Lang Maria in Krampen führenden Weg.

Am Ende des Schwemmgerinnes ist ein Wasserschloss angeordnet,welches zur Regulierung des Wasserstandes eine Leerlauf- und eine Ueberführungsschütze hat.

Vom Wasserschloss gelangt das Schwemmholz nach Ueberwindung der Ueberführungsschütze in die Ueberführung,welche aus einer 42% geneigten Holzriese besteht,an die sich eine Fangstauung anschliesst.Unmittelbar nach der vorerwähnten Ueberführungsschütze des Wasserschlosses ist in die Ueberführung ein Durchfallschacht eingebaut,durch den die Trennung des

Nutz- und Brennholzes in der Weise erfolgt,dass das Brennholz durch den Durchfallschacht fällt,das Nutzholz hingegen über die oben erwähnte in Form einer Holzriese ausgestalteten Ueberführung zur Fangstauung geleitet wird.Von hier gelangt das Nutzschwemmholz zur Ausländevorrichtung.Diese besteht aus einem 18cm langen,elektrisch betriebenen und auf hohen Eisenbetonrahmenständern gelagerten Rollentransporteur(Rollenförderer) mit beidseitigen Bedienungsstegen.Vom Rollenförderer wird das Nutzholz,bereits gemessen,entsprechend sortiert beiderseits abgerollt.

B E F U N D :

Die Anlage selbst kann als äusserst mustergiltig und zweckentsprechend bezeichnet werden und stellt dieselbe auch einen wesentlichen Fortschritt auf dem Gebiete des forstlichen Bringungswesens dar.

Die Kollaudierung hat weiters ergeben,dass die Anlage nach den vorgelegten Ausführungsplänen ausgeführt wurde .

Den seinerzeitigen Vorschreibungen entsprechend wurde auch der Mündungslauf des Tirolbaches von der Bezirksstrassenbrücke Krampen-Neuberg abwärts auf 52m Länge in sachgemässer Weise ausgebaut.

Die Vertrter der Jndustrie haben bei der am 21.September 1928 durchgeführten Baubewilligungskommission die Verhaimung der Krampener Wehranlage ist gleich richtig des Einlaufobjektes zum Schwemmkanal gefordert.

Diesem Verlangen wurde insoferne entsprechen ,als nunmehr ein Stauziel festgelegt wurde.

Die Stauhöhe wurde derartig bestimmt,dass der Rückstau nur bis ungefähr zu dem etwa 300m oberhalb der Einlaufvorrichtung befindliche Sperrbaum reicht.

Die Haimmarke ist an der längsseitigen,oberhalb der 3torigen Einlaufschütze hergestellten Betonwand angebracht.Die Haimmarke besteht aus einer mit 2 Steinschrauben versetzten, gusseisernen ,rechteckigen Platte mit horizontaler"Höhenmarke" Sie ist ~~10.0m~~ 10.4 m vom linksseitigen mittleren Grindlständer(U-Eisen)der 3torigen Einlaufschütze entfernt.

Als Fixpunkt wurde in einer Entfernung von 17.4m vom vorgenanntem Grindlständer und etwa in einer Höhe von 70cm über dem hinter der Betonmauer befindliche Gehweg ein 35cm

Aktenvermerk über Viktor Schaubergers Empfang bei Adolf Hitler

Reichskanzlei.
Rk. 6123.

Berlin, den 10. Juli 1934. **98**

I. Rk 6265

1./ V e r m e r k :

Der Herr Reichskanzler empfing am heutigen Tage Herrn Schauberger. An dem Empfang nahm der Unterzeichnete teil. Schauberger trug sein Verfahren vor, mit dem er Wasser verbessere. Er behau[illegible]t, aus dem schlechtesten Wasser ein hochwertiges Qualitätswasser herzustellen. Er sprach des weiteren von schwerem Wasser und leichtem Wasser, von positivem Wasser und negativem Wasser, zeigte Photographien von Maschinen und legte zwei technische Skizzen vor. Der Herr Reichskanzler fragte ihn nach seinem Begehren. Schauberger antwortete, dass er für seine Erfindung nichts verlange, er wolle nur die Möglichkeit haben, in Deutschland ruhig zu arbeiten. Der Herr Reichskanzler liess während des Empfanges Herrn Keppler kommen. Herr Keppler erhielt vom Herrn Reichskanzler die Weisung, die Besprechung mit Herrn Schauberger in seinem -Kepplers- Zimmer fortzusetzen. Nach dem Fortgang der beiden Herren äusserte der Herr Reichskanzler zu dem Unterzeichneten, er halte den Schauberger für einen Betrüger; er verstände nicht, warum man ihm einen solchen Mann anbringe. Der Unterzeichnete wurde von dem Herrn Reichskanzler angewiesen, der Unterhaltung bei Herrn Keppler beizuwohnen und aufklärende Fragen zu stellen.

Herr

Herr Keppler und der Unterzeichnete gaben sich Mühe, die Angelegenheit aufzuklären. Schauberger gab sich widersprechende Antworten, die nicht geeignet waren, in die Angelegenheit Klarheit hineinzubringen. Er wiederholte im wesentlichen die Ausführungen, die er dem Unterzeichneten bei seinem Besuch am 8. Februar d.Js. gemacht hatte (siehe Vermerk vom 10.2. zu Rk. 3685). Als der Unterzeichnete darauf hinwies, dass Schauberger sich in der Unterhaltung am 8.Februar d.Js. bereit erklärt habe, sein Geheimnis preiszugeben, wenn der Empfang durch den Herrn Reichskanzler stattgefunden habe, erwiderte er jetzt, dass er dieses nur in Wien tun würde. Als der Unterzeichnete Schauberger auf darauf hinwies, dass er dem Unterzeichneten am 8.Februar d.Js. erklärt hat, dass er, Schauberger, am 20.Februar d.Js. zu dem Italienischen Ministerpräsidenten Mussolini bestellt worden sei, und dass er diesem sein Geheimnis offenbaren würde, falls Reichskanzler Adolf Hitler ihn nicht vorher empfinge und daran die Frage knüpfte, warum er, Schauberger, auf den Empfang durch Mussolini verzichtet habe, erwiderte er: weil Generalkonsul Dr.h.c.Roselius ihn, Schauberger, gebeten habe, die Erfindung nicht nach Italien zu geben. Es kann bezweifelt werden, dass Herr Roselius sich in den Tagen vom 8.-20. Februar d.Js. mit der Angelegenheit bereits befasst hat. Herr Roselius hat auf diese Sache erstmalig mit seinem Schreiben vom 5.April d.Js. hingewiesen -Rk.3663-. Er schrieb kurz vor seiner Beinamputation. Es muss ihn demnach die Angelegenheit erst in den letzten Tagen vor seinem Schreiben beschäftigt haben. Schauberger

hat

hat im Februar im übrigen den Namen Roselius ~~auch~~ nicht erwähnt.

99

Nach Mitteilung des Prokuristen des Generalkonsuls Roselius, Rodde, hat Schauberger Herrn Rodde gegenüber die ehrenwörtliche schriftliche Erklärung abgegeben, dass er sich jeder Äusserung über den Empfang enthalten werde, und dass er diesen Empfang nicht als Reklame für seine Ideen und sein Unternehmen auswerten werde. Der Unterzeichnete hat eine gleichartige schriftl.che Erklärung Schauberger abgeben lassen -siehe Anlage-.

Es ist vertretbar, wenn die Angelegenheit von hier aus nicht mehr verfolgt wird.

D.St.S.i.d.Rkei.

Berlin, den 11. Juli 1934.

2./An

Herrn Generalkonsul Dr. rer.pol.h.c.Roselius

z.Zt. Badenweiler

i/Baden.

Sehr geehrter Herr Generalkonsul !

Jm Nachgang zum Schreiben der Reichskanzlei vom 7.d.Mts. teile ich Jhnen vertraulich ergebenst mit, dass der Herr Reichskanzler Herrn Schauberger am heutigen Tage empfangen und ihm Gelegenheit gegeben hat, seine Angelegenheit vorzutragen. Der Vortrag dauerte nur wenige Minuten. Der Herr Reichskanzler hat Herrn Schau-

Schauberger [illegible] seine Gedanken Herrn [illegible] Keppler auseinanderzusetzen. Die Unterhaltung mit Herrn Keppler hat zu keinem Ergebnis geführt. Herr Schauberger hat sich geweigert, sein Erfindergeheimnis preiszugeben, obwohl er bei seinem letzten Hiersein, am 8. Februar d.Js., erklärt hatte, dass er die Preisgabe seines Geheimnisses lediglich von einem Empfang durch den Herrn Reichskanzler abhängig mache. Die Nichteinhaltung dieser Zusage sowie der Jnhalt des Vortrages geben hinreichenden Grund zu der Annahme, dass es sich um keine einer ernsthaften Überlegung werte Angelegenheit handelt. Jch bin aus diesem Grunde gezwungen, Jhnen, sehr verehrter Herr Generalkonsul, gegenüber zum Ausdruck zu bringen, dass der Herr Reichskanzler lediglich auf Jhre Empfehlung hin mit einer Angelegenheit befasst worden ist, die einer ernsthaften Erörterung nicht stand hält.

Heil Hitler

Jhr

sehr ergebener

(N.d.H.St.S.)

Schwemmkanalanlage Krampen–Neuberg

(Fotos 1–17, Zeitschrift für Weltforstwirtschaft, Band V, Heft 2, November 1937)

Abb. 1: Hangstauung außer Betrieb. Im Vordergrund Einmündung der Blochholzriese.

Abb. 2: Hauptrechen bei Krampen vor Einbau der mittleren Regulierschütze, in Betrieb. Im Mittelgrunde Einlaufwerk zum Schwemmkanal Krampen–Neuberg.

Abb. 3: Schwemmkanal Krampen–Neuberg in Betrieb.

Abb. 4:
Schwemmkanal Krampen–Neuberg, Einzelheiten des Kanals, Baubild.

Abb. 5:
Anlage zur Holzüberführung beim Ländplatz, von unten gesehen, Bloch- und Brennholzwasserriese, in Betrieb.

Abb. 6: Brennholzländkanal, im Hintergrunde die Fangstauung

Abb. 7: Ansicht vom Ländeplatz in Neuberg mit Standpunkt beim Wasserschlosse. Im Vordergrunde Bloch- und Brennholzwasserriese, dann Hangstauung; im Mittel-- und Hintergrunde mechanische Rundholzförderanlage, außer Betrieb.

Abb. 8: Laufende Strecke des Schwemmkanals, ungefähr in der Mitte desselben, mit Entlastungsschütze.

Abb. 9: Schwemmkanal bei der Mürzüberquerung. Ansicht vom rechten Mürzufer aus.

Abb. 10: Schwemmkanal unterhalb des ersten (oberen) Tunnels, in Betrieb.

Abb. 11:
Taschlwasserriese in Betrieb

Abb. 12:
Regulier- und Entlastungsschütze, ungefähr in der Mitte des Schwemmkanals.

Abb. 13:
Freinbach. Regulierte natürliche Triftstraße, in Betrieb.

Abb. 14: Taschlklause. Holzüberführungswasserriese, außer Bertrieb.

Abb. 15: Schwemmkanal Krampen–Neuberg, Unterstellungen.

Abb. 16: Zusammenfluß der Taschl- und der Brunntalwasserriese, in Betrieb.

Abb. 17: Rechenvorhof oberhalb Krampen, in Betrieb.

Abb. 18:
Paul Gerchsheimer, Viktor Schauberger, Dipl.-Ing. Walter Schauberger, DDDDr. Johannes Ude, Norman Dodd *(von links nach rechts)*

Abb. 19:
Paul Gerchsheimer, Viktor Schauberger, DDDDr. Johannes Ude, Dipl.-Ing. Walter Schauberger, Norman Dodd *(von links nach rechts)*

Fotos von Fritz Watzl (18, 19)

Abb. 20–21: Schaubergers „Untertassenmodell“ *(Fotos: PKS-Archiv, Engleithen)*

Abb. 22: Fluß Lafnitz. Beispiel für mäanderförmigen Verlauf sowie für ausreichend Beschattung des Flußes durch Sträucher und Bäume. *(Foto: „Buch der Flüsse")*

Abb. 23: Primarius Dr. Walter Luib aus Linz mit dem Autor S. Lattacher *(Foto: Lisi Wiesbauer)*

Abb. 24–27: Wasserfälle *(Fotos von Lisi Wiesbauer, 24–27)*

Abb. 28–29:
Zwei Fotos eines Modells der Schwemmanlage Krampen–Neuberg, welches im Jagdmuseum Neuberg untergebracht ist.
(Fotos von Lisi Wiesbauer)

Abb. 30–31:
Zeitzeuge Fritz Watzl

oben: Interview durch Autor S. Lattacher

links: Fritz Watzl und ein Teil eines Modelles nach Viktor Schauberger

(Fotos von Lisi Wiesbauer)

Abb. 32: Dr. phil., Dr. theol., Dr. rer. nat., Dr. rer. pol. o. Univ.-Prof. i. R. Johannes UDE (s. Kapitel 12)

Abb. 33: Bundesminister Rudolf Buchinger (s. Kapitel 2)

Abb. 34: Viktor Schauberger in der Zeit seiner Wiener Forschertätigkeit (s. Kapitel 5, 6)

Abb. 35: Logo der Grünen Front

Abb. 36: Viktor Schauberger mit einem Heimkraftwerk-Versuchsmodell 1955

Abb. 37–38: Schaubergers Versuchsmodell einer fliegenden Scheibe aus Kupfer. Gebaut im Jahre 1940 bei Fa. Kertl in Wien IV.

Bibliographie und weiterführende Literatur

Alexandersson, Olof, „Lebendes Wasser“, Ennsthaler Verlag, Steyr, 1993

Autengruber, Peter, „Kleinparteien in Österreich 1945 bis 1966“, Studienverlag Innsbruck-Wien, 1997

Bahn Peter/Heiner Gehring, „Der Vril-Mythos“, Omega Verlag Düsseldorf, 1. Auflage 1997

Bedürftig, Friedemann, „Lexikon Drittes Reich“, Piper Verlag, 2. Auflage 1997

Bellmund Klaus/Kaarel, Siniver, „Kulte, Führer, Lichtgestalten“, Knaur Verlag, 1997

Bohnke, Ben-Alexander, „Die Natur ist ein Auslaufmodell“, Metropolitan Verlag Düsseldorf, 1997

Bower, Tom, „Verschwörung Paperclip“, NS-Wissenschaftler im Dienst der Siegermächte, List Verlag, 1987

Bürgin, Luc, „Irrtümer der Wissenschaft“, Herbig Verlag 1997

Carmin, E.R., „Das schwarze Reich, Geheimgesellschaften und Politik im 20. Jahrhundert“, Heyne Verlag 1997

Chardin, Pierre Teilhard, „Das Herz der Materie“, Walter Verlag, Olten 1990

Cheney, Margaret, „Nikola Tesla“, Biographie, Omega Verlag Düsseldorf, 1995

Coats, Callum, „Living Energies“, Gateway Books, The Hollies, Wellow, Bath, BA2 8QJ, UK, 1996

Derselbe, „The Water Wizard“, Gateway Books, The Hollies, Wellow, Bath, BA2 8QJ, UK1998

Davidson, John, „Das Geheimnis des Vakuums“, Omega Verlag Düsseldorf, 1. Auflage 1996

Duhm, Dipl.-Ing. Dr. Julius, „Hochbauten und Ingenieurbauten aus neuerer Zeit“, Verlag Georg Fromme & Co., Wien 1948

Dürr, Meyer-Abich, Mutschler, Pannenberg, Wuketits, „Gott, der Mensch und die Wissenschaft“, Pattloch Verlag, 1997

Fischer, Ernst Peter (Einführung), Schrödinger, Erwin, „Was ist Leben“, Piper Verlag, 4. Auflage, Oktober 1989

„Freie Energie statt Blut und Öl". Von der Atombombe zur Seelenmanipulation, Teil 3, VAP-Verlag Wiesbaden.
Freund, Florian/Perz, Bertrand: „Das KZ in der Serbenhalle" zur Kriegsindustrie in Wiener Neustadt, Verlag für Gesellschaftskritik, Wien, 1988
Freund, Rene, „Land der Träumer", Picus Verlag Wien.
Goodrick-Clarke, Nicholas, „Die okkulten Wurzeln des Nationalsozialismus", Leopold Stocker Verlag, Graz-Stuttgart, 1997
Gugitz, Gustav; „Kärntens Wallfahrten im Volksglauben und Brauchtum", CARINTHIA I, Heft 1-3, 141. Jg. 1951
Hafner, Dr. Ing. Franz, „Die Praxis des neuzeitlichen Holztransportes", Verlag Georg Fromme & Co. Wien, 1952
Derselbe, „Steiermarks Wald in Geschichte und Gegenwart", Österreichischer Agrarverlag, Wien 1979
Haertel, Friedl, „Jäger Gelegenheitsfunde", Blätter des Bayerischen Landesvereins für Familienkunde, 53. Jahrgang, 1990
Hauska, Dr. Ing. Leo, „Das forstliche Bauingenieurwesen, Band 1", Verlag Carl Gerold`s Sohn, Wien und Leipzig, 1933
Heinzerling, Jürgen, „Energie aus dem Nichts", Bettendorf Verlag, 1. Auflage 1996
Helsing, Jan van, „Geheimgesellschaften und ihre Macht im 20. Jahrhundert", Ewert Verlag.
Derselbe, „Unternehmen Aldebaran", Ewert Verlag, 1997
Hilscher, Gottfried, „Energie für das 3. Jahrtausend", VAP Verlag Wiesbaden, 1996
Kaiser, Rudolf, „Die Erde ist uns heilig", Verlag Herder Freiburg im Breisgau, 1992
Killian, Dr. Herbert, Univ. Doz., „Der Kampf gegen Wildbäche und Lawinen im Spannungsfeld von Zentralismus und Föderalismus", Mitteilungen der forstlichen Bundesversuchsanstalt Wien, 164. Heft, 1990
Derselbe, „Georg Huebmer und seine Werke im Spiegel zeitgenössischer Quellen", Centralblatt für das gesamte Forstwesen, 94. Jg., Heft 4, 1977, S. 196 bis 219
Koller, Engelbert, „Die Holztrift im Salzkammergut", Verlag des Amtes der oberösterreichischen Landesregierung, Linz,1954.
Derselbe, Forstgeschichte Oberösterreichs, Oberöster. Landesverlag, Linz.

Kronberger/Lattacher, „Auf der Spur des Wasserrätsels", Uranus Verlag Wien, 1995

Landsteiner, Dr. Vinzenz, „Österreichische Bundesforste, 1925-1975", Festschrift, Hrsg. Österreichische Bundesforste.

Ludescher, Marcus, „Das wissenschaftliche Personal an der technischen Universität Graz", Teil 1, von den Anfängen bis 1914, Graz 1995

Ludwig, Karl-Heinz, „Technik und Ingenieure im Dritten Reich", Droste Verlag Düsseldorf, 1974

Manning, Jeane, „Freie Energie, die Revolution des 21. Jahrhunderts", Omega Verlag Düsseldorf, 1. Auflage 1997

Matzl, Christoph, „Im Lebenskreis der Bäume", Ueberreiter Verlag, Wien 1997

Merchant, Carolyn, „Der Tod der Natur", Beck`sche Reihe, 2. Auflage 1994

Neubauer, Dr. Wilhelm, „Der Kampf um den Wald", Verlag Wilhelm Frick, 1925

Neweklowsky, Ernst, „Die Schiffahrt und Flößerei im Raume der oberen Donau", 3. Band, Oberösterreichischer Landesverlag Linz, 1964

Paracelsus, „Mikrokosmos und Makrokosmos", Okkulte Schriften, Hrsg. Helmut Werner, Diederichs Verlag, 1. Auflage 1989

Pietschmann, Dr. Herbert, „Die Wahrheit liegt nicht in der Mitte", Weitbrecht Verlag, 1990

Derselbe, „Das Ende des naturwissenschaftlichen Zeitalters", Weitbrecht Verlag, 1995

Popper Karl Raimund, „Die offene Gesellschaft und ihre Feinde", Teil 1, UTB für Wissenschaft 1724

Derselbe, „Karl Poppers Lesebuch", UTB für Wissenschaft 2000

Derselbe, „Alles Leben ist Problemlösen", Piper Verlag, 3. Auflage 1997

Praxl, Paul, „Der Dreiländerberg", Verlag Morsak Grafenau, 2. Auflage 1991

Resch-Rauter, Ingrid, „Unser keltisches Erbe", Teletool Verlag Wien, 2. Auflage 1994

Schauberger-Bruck, Mag. Friedrich, „Schauberger Merkbüchl", Selbstverlag des Verfassers, 3100 St. Pölten, Josefstraße 81

Schauberger, Viktor, „Unsere sinnlose Arbeit die Quelle der Weltkrise. Der Aufbau durch Atomverwandlung, nicht Atomzertrümmerung", Krystall Verlag Wien 1933

Schauberger, Viktor, „Wasser das Blut der Erde“, CD, Hrsg. Viktor Schauberger Archiv der PKS, Lauffen/Bad Ischl.

Schiff, Michel, „Das Gedächtnis des Wassers“, Verlag Zweitausendeins Frankfurt, 1. Auflage 1997

Schneider, Marianne, „Leonardo da Vinci - Das Wasserbuch“, Schirmer/Mosel Verlag, München, 1996

Schopenhauer, Arthur, „Die Welt als Wille und Vorstellung II“, Könemann Verlag Köln.

Schwarz, Dipl.-Ing. Mili, „Die St. Eustachius-Jägerbruderschaft in Frauenberg an der Moldau“, Schwarzenbergischer Almanach, 1980

Sebottendorf, Rudolf von, „Bevor Hitler kam“. Urkundliches aus der Frühzeit der nationalsozialistischen Bewegung. 1. Auflage 1933, Deukula Verlag Grassinger & Co. München.

Senf, Dr. Bernd, „Die Wiederentdeckung des Lebendigen“, Verlag Zweitausendeins Frankfurt, 1. Auflage Dezember1996

Sillo-Seidl, Georg, „Die Wahrheit über Semmelweis“, Genf 1978

Slapnicka, Harry, „Oberösterreich „ Die politische Führungsschichte ab 1945“, Linz 1989

Strohm Harald, „Die Gnosis und der Nationalsozialismus“, Suhrkamp Verlag 1997

Waltl, Dipl.-Ing. Artur, „Der natürliche Wasserbau an Bächen und Flüssen“, Schriftenreihe der oberösterreichischen Landesbaudirektion 1948

Witt, Armin, „Unterdrückte Entdeckungen und Erfindungen“, Ullstein Verlag, 1993

Zajonc, Arthur, „Die gemeinsame Geschichte von Licht und Bewußtsein“, Rowohlt Verlag, 1994

Zeitschriften/Schriftenreihen

Allgemeine Forstzeitung, 66. Jg., 1955, Folge 1/2, 67. Jg., 1956, Folge 21/22

Allgemeine Forstzeitung, 67. Jg. Folge 3/4, 1956

Allgemeine Forstzeitung, 67. Jg., Folge 21/22, 1956

Centralblatt für das gesamte Forstwesen, 94. Jg., Heft 4, 1977

Das Weltgewissen, II. Jahrgang, Nr. 3, April 1956

Der Standard, 22.10.1996 und 24.10.1997
Die Presse, 24.4.1996, 19.12. 1996, 8.3.1997, 25.4.1997, 21.7.1997
Der Spiegel, 18. Jänner 1947, 28. Juli 1954, 5. September 1954, 28.Juli1997
Esotera 8/1996 und 10/97
Implosion, Biotechnische Nachrichten, Hrsg. Verein für Implosionsforschung und Anwendung e.V., Windschlägerstraße 58, 77652 Offenburg, Nr. 7, 8, 19, 25, 30, 49, 51, 85, 112, 113, 115 und 119
Katalog zur Ausstellung ... eine Zeitreise durch den Bezirk Mürzzuschlag, Gemeinde Neuberg/Mürz in Zusammenarbeit mit dem Regionalen Entwicklungsverband Mürzzuschlag und ÖAR-GesmbH.
Kreuzbund-Rundbrief, 18. Jg. Mai 1964, Nummer 3
Kronen-Zeitung, vom 8.4.1997
Kurier, vom 16. Juli 1997
Linzer Volksblatt, Nr. 289, 14. 10.1950
Mensch und Technik naturgemäß, 24. Jg., 1993, Heft 2, Hrsg. „Gruppe der Neuen“
Monatsberichte über die österreichische Landwirtschaft 1/97
Neue Illustrierte Wochenschau, Nummer 42, 16.10.1955 und Nummer 8, 22.2.1959
NÖ Gestalten, Ortsbildbroschüre der Baudirektion-Ortsbildpflege im Amt der Niederösterreichischen Landesregierung. Nr. 70 Juni 1997
Österr. Vierteljahresschrift für das Forstwesen 1957
Österreichische Wasserwirtschaft, 24. Jg. 1972
raum&zeit, 16. Jahrgang, Nr. 91
Spirale und Grüne Wacht, Zeitschrift für Biotechnik, Natur und Leben, 1.Jg. Nr. 5/6, Linz 1961, Hrsg. Leopold Brandstätter.
täglich ALLES, 3. 8.1997
Tau, Monatsblätter für Verinnerlichung und Selbstgestaltung, für Erkenntnis und Tat. Hrsg. Werner Zimmermann, Rudolf Zitzmann Verlag, Lauf bei Nürnberg. Nr. 136, 137, 142, 144, 145, 146, 147 und 149
Die Wasserwirtschaft, Nr. 20, 24, 1930, Nr. 1, 3, 5, 7, 8, 9, 10, 26 und 35, 1931
Wiener Zeitung, 13.3.1997, 24.10. 1997, 16.12.1997
Zeitschrift für Weltforstwirtschaft, Band V, Heft 2, November 1937

WEITERS IM ENNSTHALER VERLAG ERSCHIENEN:

Olof Alexandersson

Lebendes Wasser

Über Viktor Schauberger und eine neue Technik, unsere Umwelt zu retten.

264 Seiten, br.
Format 16,5 x 24 cm
ISBN 978-3-85068-377-7

DER AUTOR

Olof Alexandersson, Jahrgang 1917, war seit den 1950er-Jahren in der Umweltschutzbewegung aktiv. Er gründete die erste schwedische Forschungsgruppe für biologische Technik. Leiter von implosionstechnischen Arbeiten in Schweden.

DAS WERK

Eines der wichtigsten Bücher über den legendären und lange verkannten österreichischen Naturforscher, Erfinder und Philosophen Viktor Schauberger. Es beschreibt seine bahnbrechenden Erkenntnisse und die wesentlichsten Stationen seines Lebensweges.

INHALT

Ein Buch, das in Schweden, Dänemark und England für Furore sorgte und 40 Jahre nach dem Tod von Viktor Schauberger in einer wesentlich überarbeiteten und erweiterten Ausgabe erschien. Schauberger, Förster von Beruf, verblüffte mit seinen Holzschwemmanlagen und Erkenntnissen über die Kraft des Wassers die gesamte Fachwelt seiner Zeit. Kein Wunder, dass sich Adolf Hitler und der amerikanische Geheimdienst für ihn interessierten. Schauberger beschreibt ausführlich die Funktionsweise seiner Erfindungen. Der Autor bringt uns die Warnungen Schaubergers über die Naturzerstörungen nahe, die aktueller sind denn je.

ENNSTHALER VERLAG – BÜCHER FÜR EIN BEWUSSTES LEBEN